구조해석을 위한

MSC NASTRAN 입문서

김창완 지음

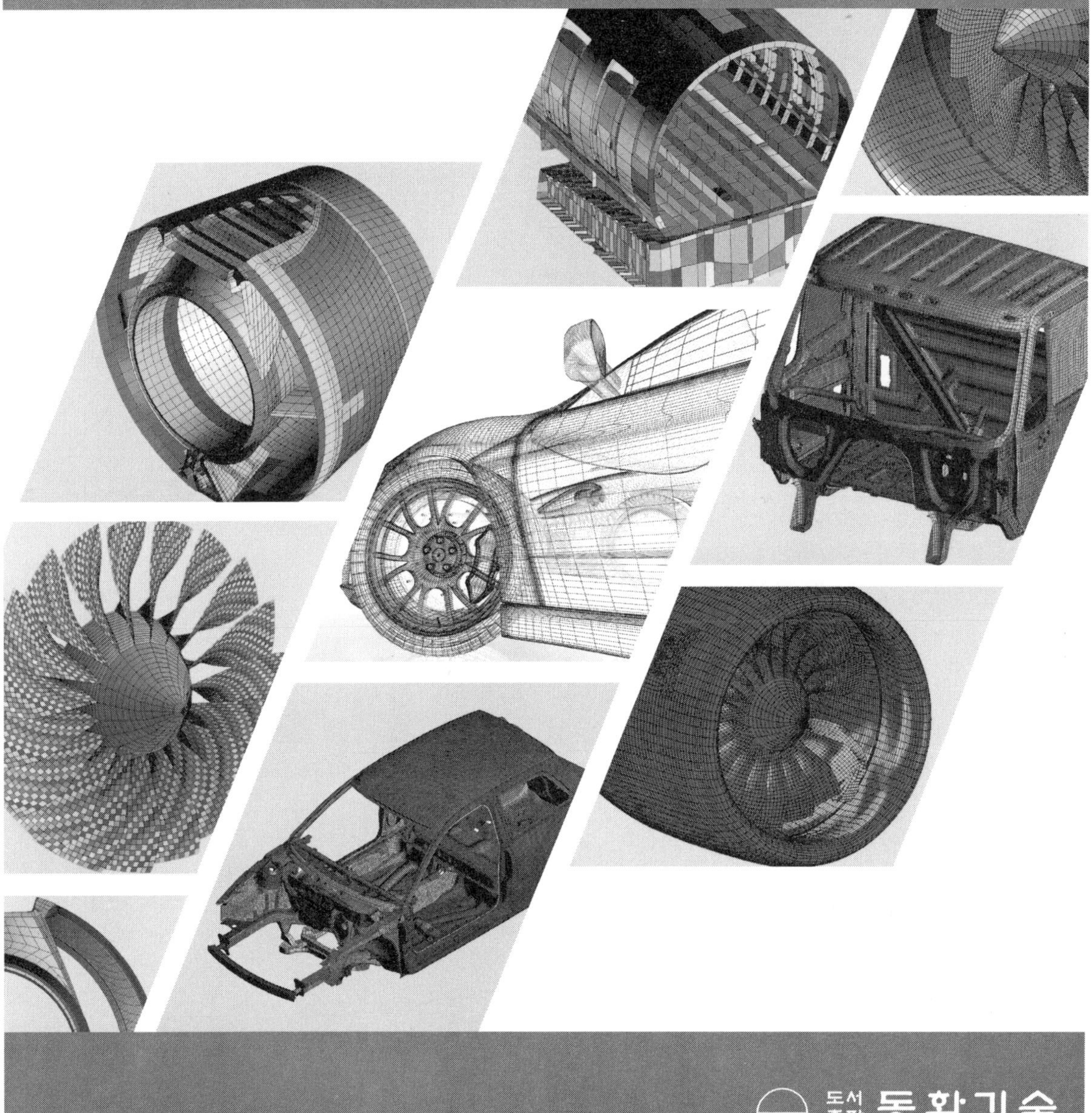

도서출판 동화기술

머리말

1991년 대학원 생활을 시작하면서 NASTRAN을 처음 사용해보았다.

VAX라는 대형컴퓨터와 조그만 흑백 단말기에서 NASTRAN을 사용하다가, Tectronix라는 당시 최첨단 칼라 모니터에서 XL이라는 pre/post processor를 사용하면서 편리함에 환호를 지르던 것이 27년 전이었다.

그리고 어느날 꿈꾸던 NASTRAN 소프트웨어 개발자로 미국에서 일을 하고 있었다. NASTRAN 개발자로 일을 시작할 때 따뜻하게 맞이해주었던 인자하신 할아버지였던 창립자 MacNeal 박사가 올해 2018년 돌아가셨다는 소식이 안타까울 뿐이다.

미국에서 NASTRAN 개발자로 일을 하면서, 또 한국에 귀국하여 건국대에서 강의와 연구를 하면서 항상 한국판 NASTRAN 교재를 만들어야겠다는 마음의 빚에서 이제 해방되는 기분이다.

본 교재는 깊은 이론보다는 중요한 예제들을 통하여 빠르게 NASTRAN의 기능들을 습득할 수 있게 저술하였다.

본 교재 집필에 많은 수고를 해준 대학원생 송승민 군을 비롯한 최병철, 김건욱 학생과, 많은 지원을 해주신 한국 MSC소프트웨어 관계자분들께 감사드립니다.

저자 김 창 완

MSC Nastran 예제 파일 주소와 QR 코드 :

본 교재는 MSC Nastran 2016.0 및 Patran 2016.0 버전을 사용하였음.

http://www.mscsoftware.co.kr/upfile/Start.zip

차 례

차 례

MSC Nastran
소개

1. MSC Nastran 소프트웨어 역사

MSC Nastran은 전세계적으로 가장 널리 사용되고 있는 유한요소해석 솔버이다. 오랜 역사와 기술력을 갖춘 MSC Nastran은 산업 제품의 선형 및 비선형의 전체 영역에 대해 정적, 동적, 열 해석 등 공학문제 해석을 위해 개발됐었으며, 현재는 전세계에서 가장 신뢰성 높은 다분야 통합 해석 솔버로 인정받고 있다.

MSC Software는 1963년 개발자 2명의 이름을 합쳐 MacNeal-Schwendler Corporation(MSC)으로 설립되었다. 당시 존 F. 케네디 대통령의 달 탐사 계획에 따라 미국 항공우주국(NASA)에서는 우주선 아폴로의 구조 안전성을 평가하기 위해 범용 유한요소해석 프로젝트를 시행했다. 이 프로젝트를 통해 MSC Nastran(NAsa STRuctural ANalysis)이 개발되었다. 1965년, MSC는 Nastran을 상용화하는 초기 계약을 NASA와 체결했다.

MSC는 이후 이 유한요소해석 소프트웨어를 초석으로 다양한 분야의 해석기능을 엔지니어들에게 제공하며 다중통합 시뮬레이션의 리더로 성장하고 있다. 현재는 전세계 산업분야의 중요도가 높은 시스템 설계 부분에서 그 신뢰성을 인정받으며 사용되고 있다. MSC Nastran이 개발된 이후, 지난 50년간 전 세계에서 설계된 거의 대부분의 우주선과 항공기, 자동차들이 MSC Nastran으로 해석되면서 설계되어지고 있다.

또한 지난 50년동안 MSC는 Patran, Adams, Marc, Dytran, Fatigue, SimXpert, SimDesigner, SimManager, Easy5, Sinda와 Actran 등 잘 알려진 많은 CAE 소프트웨어들을 개발 및 인수하였다. 이를 통하여 현재 MSC는 자동차, 우주항공, 조선 및 전자 등 다양한 업계에서 제품의 해석 성능을 인정받고 있으며, 이제는 해석 뿐 만 아니라, 데이터 및 프로세스 관리 분야에서도 기능을 확장하고 있다.

2. MSC software 제품군 소개

MSC Software

Simulating Reality, Delivering Certainty

엔지니어들은 실제 시제품을 만들기 전, 컴퓨터 상에서 가상의 시제품을 만들어 여러 조건과 상황에서 이를 시뮬레이션합니다. MSC의 제품은 이러한 시뮬레이션을 통해 제품의 디자인 적합성을 인증하고 또한 이를 최적화할 수 있게 돕고 있습니다. 전세계 제조 분야에 속한 대다수의 고객들은 MSC의 솔루션으로 시뮬레이션을 수행하고 이를 통해 제품의 설계를 보완하고 있으며, 최근에는 시제품을 제작하는 전통적인 "Build and Test" 방식을 생략하고 가상 시제품을 제작하고 테스트하는 것으로 이 과정을 대체하는 고객들이 점차 증가하고 있습니다.

MSC Software는 MSC Nastran을 포함하여 Patran, Adams, Marc, Dytran, MSC

Fatigue, SimXpert, SimDesigner, SimManager, Easy5, Sinda, Actran, Digimat 등 다양한 CAE 소프트웨어들을 보유하고 있고, 이를 이용하여 제품의 선형, 비선형, 다물체 동역학, 음향해석, FSI (Fluid-structure interaction), 최적화, 피로해석 및 컨트롤 시스템 등을 전세계 고객에게 제공하고 있다.

여러 다양한 기능의 CAE 소프트웨어들을 보유한 MSC Software는 제품의 설계 및 테스트와 관련된 영역에서 엔지니어들의 비용과 시간을 절감하고 동시에 품질은 향상시키면서 제품 개발 과정을 돕고있다. MSC의 제품은 엔지니어들이 보다 혁신적인 제품을 보다 빨리, 보다 비용 효율적으로 설계할 수 있도록 돕기 위해 시뮬레이션을 통해 실제 상황에서 제품이 어떻게 동작할지에 대해 보다 정확하고 신뢰할 수 있는 예측을 제공하면서, 자동차, 항공, 방위산업, 조선, 전자 등 대다수 산업 분야에서 산업 표준으로 사용되고 있다.

	MSC One	MSC One StartEdition
Products Included	Actran Adams Digimat Dytran Easy5 Marc MaterialCenter MSC Apex MSC Nastran Mvision Patran SimManager SimXpert Sinda SC/Tetra scFLOW scSTREAM PICLS	Adams Marc MSC Apex MSC Nastran Patran SimXpert SC/Tetra scFLOW scSTREAM PICLS

MSC Software의 가장 중요한 핵심 소프트웨어인 MSC Nastran은 개발 초창기에는 단일 부품의 해석만 제공했지만, 여러 차례에 걸친 기능 및 성능 확장을 통해 다양한 조건의 복잡한 어셈블리 부품 또는 전체 시스템까지 해석할 수 있게 되었고, 오늘날 대표적인 다분야 통합해석 솔버로 인정받고 있다.

엔지니어는 MSC Nastran의 다분야통합 기능을 사용하여 설계 대상이 기능과 안전을 확보할 수 있도록 강성, 강도, 수명 등을 해석하여 사용자가 원하지 않는 상황(과도한 응력, 공진, 좌굴, 과도한 변형 등)이 발생하지 않도록 설계를 하는 과정에 활용한다. 또한 MSC Nastran은 구조 최적설계 기능을 이용하여 경제성 및 승객의 편안함을 향상시키기 위해 사용된다.

본 교재에서 다루는 MSC Nastran 소프트웨어의 다분야통합 해석 기능을 이용하여 제조

업체들은 전체 제품 설계 과정에 대한 일관적이고 통일된 해석이 가능하고, 이를 통하여 다음과 같은 주요 장점을 얻고 있다.

- 설계 프로세스의 초기 단계에 가상 시제품을 적용함으로써, 전통적인 물리적 시제품 개발 방식에 비해서 획기적인 비용절감
- 제품의 서비스 상태에서 발생할 수 있는 구조 문제를 조기에 처리해 시간과 비용절감.
- 기존 제품에 대한 성능 최적화 또는 독특한 제품 차별화 개발로 경쟁력있는 상품 개발

DATASHEET

MSC Nastran™

Multidiscipline Simulation Solution for Advanced Engineering

Overview

Leading manufacturers around the globe have relied on MSC Nastran to bring new products to market for five decades by using its capabilities to analyze designs ranging from simple components to complex structures and assemblies. MSC Nastran's modular and scalable solution enables you to start to grow your analysis capabilities as your virtual product development needs expand. As part of your development process, you can use MSC Nastran to assess many functional aspects of your product, such as static and dynamic response, frequency response, multi-body contact interaction, nonlinear material response, and impact and crash behavior due to various working loads and boundary conditions that are experienced during the product's life cycle.

In addition to providing the most comprehensive portfolio of simulation technologies for advanced engineering analysis, MSC Nastran is optimized across multiple, integrated disciplines with the power to handle large-scale problems and to take advantage of the latest high performance computing hardware. MSC Nastran's focus on integrated and multidisciplinary solutions helps you achieve across-the-board efficiency by driving early design validation, improved product performance and rapid insight into product lifecycle performance.

Business Value

- **Accelerate Time-to-Market:** Gain faster, better insight into overall system design performance through multidisciplinary analysis.
- **Improve Engineering Productivity:** Enable efficient communication between various groups of expertise, reduce your dependency on disconnected point solutions and improve analyst efficiency.
- **Reduce Manufacturing Costs:** Accurately predict and correct the design behavior much earlier in the design cycle. Achieve an optimal solution through MSC Nastran's powerful multidisciplinary optimization capabilities.
- **Achieve Lower Warranty Costs:** With precise representation of complex interactions between disciplines, make better design decisions and avoid unexpected operational failures during use.

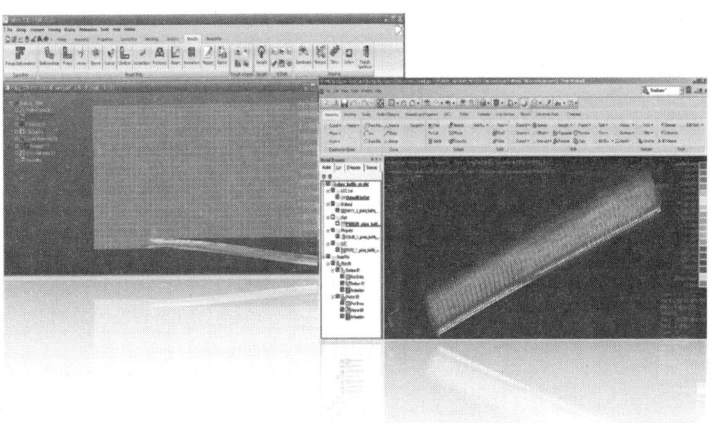

Capabilities

- Optimized for large scale systems, assemblies, dynamics and NVH simulations
- Strength, durability and vibrations assessment of structures
- Structural dynamic response simulation of loads that vary with time or frequency
- Automated Component Modal Synthesis (ACMS) for large modal based analyses and NVH solutions
- Simulation of interior and exterior acoustics for coupled structural acoustic analysis
- Static and transient analysis of structures involving material, geometric and boundary condition nonlinearities
- Linear and nonlinear contact analyses with intuitive contact definitions
- Heat transfer analysis with contact including conduction, convection and radiation
- Failure analysis of structures and composites
- Rotor dynamic stability studies of rotating machinery
- Aeroelastic analysis
- Efficient optimization using sizing, shape and topology optimization with manufacturing constraints
- Optimize large model sections through Automatic External Superelements
- Enhanced iterative and in-core sparse solvers
- Multi-model optimization to simultaneously optimize two or more structural models
- Stochastic simulation
- Use Graphics Processing Units (GPUs) for improved solver efficiency
- Add customized element formulations, materials, contact definition, and more with User Defined Services (UDS)

Benefits

- Accelerate innovation through improved event simulation
- Design optimization to achieve reduced material costs
- Deliver products that meet certification and safety requirements
- Reduce risk by using simulation to save time and cost

MSC Software

MSC Nastran is Available in the Following Convenient Packages:

MSC Nastran Base

If you are just starting with simulation and your design's function is in the linear domain, this is an excellent starting point. This package enables you to analyze components and assemblies and also study modal and buckling responses. In addition, you can create inputs required for a more accurate flexible body representation for system analysis that you perform using Adams, the leading multibody dynamics solution.

The capabilities available to you include:

- Linear Statics
- Modal Analysis
- Buckling
- Connectors
- MSC Nastran Adams Integration
- Linear Contact

MSC Nastran Linear Structures

MSC Nastran Linear Structures Package is ideal for users who design structures that are expected to exhibit linear response under applied loads. MSC Nastran's optimized architecture enables you to solve models, small to large, in an efficient manner. You can also analyze assemblies and interaction between components through the easy to use linear contact capabilities. Thermal and small nonlinear analysis capabilities supported by this package also help you solve heat transfer problems and scenarios with small strain nonlinearities, with the stress exceeding yield value. Capabilities available with this package include:

- All of MSC Nastran Base Package capabilities
- DMAP
- Dynamics
- Heat Transfer
- Shared Memory Parallel (SMP)
- Dynamic Design Analysis Method (DDAM)
- Acoustics
- Superelements
- Basic Nonlinear

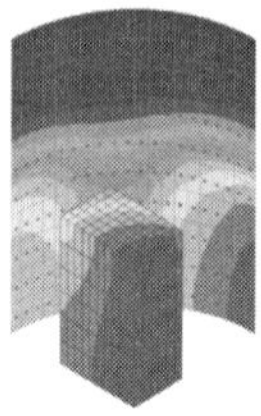

MSC Nastran Structures Package

When your designs are subjected to higher loads or when the materials exhibit more prominent nonlinear behavior, MSC Nastran Structures package provides you with the required capabilities. In addition, the available optimization capabilities enable you to optimize the shape, size and/or topology of your designs subjected to multiple constraints including manufacturing constraints. These capabilities are available in addition to the Linear Structures package:

- All or MSC Nastran Linear Structures Package capabilities
- Implicit Nonlinear (via Marc Translator)
- Design Optimization
- Multi-Model Optimization
- Automated Component Mode Synthesis (ACMS)

MSC Nastran Multidiscipline Implicit NL (Nonlinear) Package

When your simulations require you to study the structural behavior subjected to multipdisciplinary loads that could include linear statics, dynamics, thermal response, nonlinear behavior, generalized contact, perturbation studies and more, MSC Nastran provides you with an integrated multidisciplinary solution. By taking advantage of these capabilities, you not only have access to broader simulation spectrum, but also a solution that improves communication across engineering groups.

With this package, available as an add-on, you gain access to MSC Nastran's most advanced implicit nonlinear analysis capabilities that include nonlinear static and transient, advanced thermal, and the unique ability to perform multidisciplinary analysis.

MSC Nastran Optimization Package

With this add-on package, you can perform design optimization to assess the effects of design changes, improve existing designs and ensure that your designs meet all requirements. With the help of size, shape and topology optimization capabilities you can choose the appropriate methodology for your studies. MSC Software's multi-model optimization technology also integrates models from different disciplines and simultaneously optimizes the complete design to meet high-level objectives such as performance, cost, life and weight. You can simultaneously evaluate a large number of designs against a wide range of objectives to provide an objective answer to help you choose the best design.

Additional Add-On Options/Packages

In addition to the packages mentioned above, there are several options that can be added to expand analysis capabilities and also performance. Some of these include:

- Superelements
- Distributed Memory Parallel (DMP) processing
- Support for Graphics Processing Units (GPU) for additional computational power
- Rotor Dynamics
- Aeroelasticity
- Exterior Acoustics
- Advanced PFA for progressive failure analysis of composites
- Implicit Nonlinear Multi-Processor solution
- Nastran Embedded Fatigue for integrated fatigue analysis
- Poroelastic Material modeling for acoustic effects of trim materials

Corporate
MSC Software Corporation
4675 MacArthur Court
Suite 900
Newport Beach, CA 92660
Telephone 714.540.8900
www.mscsoftware.com

Europe, Middle East, Africa
MSC Software GmbH
Am Moosfeld 13
81829 Munich, Germany
Telephone 49.89.21093224
Ext.4950

Asia-Pacific
MSC Software Japan LTD.
Shinjuku First West 8F
23-7 Nishi Shinjuku
1-Chome, Shinjuku-Ku
Tokyo, Japan 160-0023
Telephone 81.3.6911.1200

Asia-Pacific
MSC Software (S) Pte. Ltd.
100 Beach Road
#16-05 Shaw Towers
Singapore 189702
Telephone 65.6272.0082

MSC Nastran

이해

1. 전/후처리기 Patran을 이용한 Nastran 해석 과정

MSC Nastran을 이용하여 공학적인 문제를 해석하기 위해서는 텍스트파일 형태의 입력파일을 생성해야 한다. Nastran의 입력파일 확장자는 '.bdf' 혹은 '.dat' 이며 해당 파일은 모델의 유한요소, 하중 및 경계조건, 재료물성치, 해석타입 등에 대한 정보들이 입력되어 있다.

이러한 MSC Nastran의 입력파일을 사용자가 쉽고 간단하게 만들어 주도록 하는 GUI 프로그램이 바로 Patran이다. Patran은 해석 모델의 정보들을 가시화 하여 작업하기 쉽도록 한다.

Patran과 MSC Nastran의 작업 흐름은 아래 그림과 같다. Patran에서 전처리를 통해 모델에 대한 정보들을 설정한 뒤 입력파일을 만들면 MSC Nastran에서 해당 모델을 해석하여 변위, 변형률, 응력 등을 계산한다. 해석된 정보들은 모두 결과 파일의 형태로 저장된다. Patran을 통해 결과파일들을 도식화 하여 변위, 변형률 응력 등과 같은 해(solution)를 확인할 수 있다.

MSC Nastran의 입력파일을 반드시 Patran을 통하여 생성하지 않아도 된다. 다른 회사들의 전처리 프로그램을 사용하여도 되고, 사용자가 텍스트 편집기를 통해 직접 입력파일을 입력하여도 된다. 본 교제는 Patran을 사용한 모델링에 대해서만 다루는 것을 알아두길 바란다.

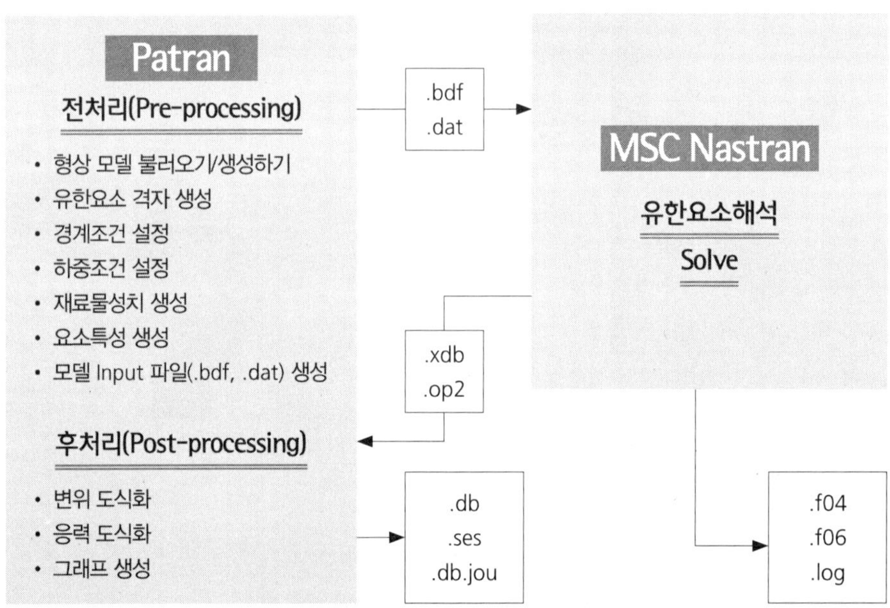

2. Patran의 기본 파일들

파일 확장자	파일 형식	설명
.db	Database File	모델 정보에 대한 파일이며 Patran으로 열기/저장 등이 가능하다.
.ses	Session File	Patran으로 작업이 수행될 때 '.db' 파일과 관련한 모든 명령어가 저장된다. Patran 실행 시 파일이 생성되었다가 Patran을 종료시키면 파일이 삭제된다.
.db.jou	Journal File	Patran을 이용하여 모델을 생성할 때 사용된 모든 커맨드들이 저장된다. Database를 다시 생성할 때 매우 유용하다.

3. MSC Nastran의 기본 파일들

파일 확장자	파일 형식	설명
.bdf .dat	입력 파일 (Input File)	모델 정의에 관한 모든 데이터가 들어있다. 해당 입력파일을 MSC Nastran으로 실행시키면 결과파일들이 출력된다.
.f06	결과파일 (Result File)	Nastran의 가장 중요한 결과파일이다. 이 파일은 변위나 응력과 같은 모든 결과들에 대한 데이터가 저장되어 있다. '.f06' 파일은 ASCII 형식으로 저장되기 때문에 텍스트 편집기를 통해서도 확인할 수 있다. 또한 경고 메시지(warning massage), 에러 메시지(error massage), 진단 메시지(diagnostic massage)를 포함하고 있어 해석결과가 이상하거나 해석에 실패 할 경우 사용자가 메시지를 확인하여 해석의 질을 높이는데 도움을 줄 수 있다.
.f04	요약파일 (Exection Summary File)	해석 실행 과정의 시간 이력 및 메모리 사용내역 등을 보여준다.
.log	운영체제 로그파일 (Operating System Log File)	해석을 수행한 시스템의 정보를 보여준다.
.op2	결과파일 (Result File)	다양한 후처리(Post-processing) 작업을 수행할 때 쓰인다.
.xdb	결과파일 (Result File)	Patran에서 후처리(Post-processing) 작업을 수행할 때 쓰인다.

4. MSC Nastran의 입력파일 (Input File)

유한요소모델의 정보를 가지고 있는 파일은 두 가지가 있다. Patran의 Database 파일인 '.db' 파일과 MSC Nastran의 입력파일인 '.bdf' 파일이다. 그 중 '.bdf' 파일을 사용할 경우 유용한 점이 몇 가지 있다.

- 어떤 텍스트 편집기로도 모델의 정보를 확인/수정이 가능하다.
- 모델링 가정이나 변경사항에 대해 사용자 임의로 주석 표시를 할 수 있다.
- Patran을 사용하지 않고 모델정보를 변경할 수 있다.
- 모델의 잘못된 부분이나 결함을 수정할 때 유용하다.

위와 같은 이점으로 일부 숙련된 사용자들은 오히려 Patran을 사용하지 않고 텍스트 편집기를 통해 모델을 확인하거나 수정한다.

MSC Natran의 입력파일이 가지고 있는 유한요소모델의 데이터는 다음과 같다.

- 수행하는 해석의 유형: (예) 선형해석, 비선형해석, 고유진동수해석, 좌굴해석 등
- 모델 형상
- 유한요소(Finite Element), 절점(Node)
- 하중
- 경계/구속조건
- 계산되는 출력에 대한 정의

위 데이터를 포함하는 입력파일은 텍스트파일 형태로 텍스트 편집기나 유한요소 전처리 프로그램 등으로 생성/수정 할 수 있다.

입력파일을 텍스트 편집기로 열어보자. MSC Nastran의 구성은 크게 5개의 섹션(Section)으로 구분되고 3개의 구분문자(Delimiter)로 구성된다. 입력파일의 구조는 아래 그림과 같다.

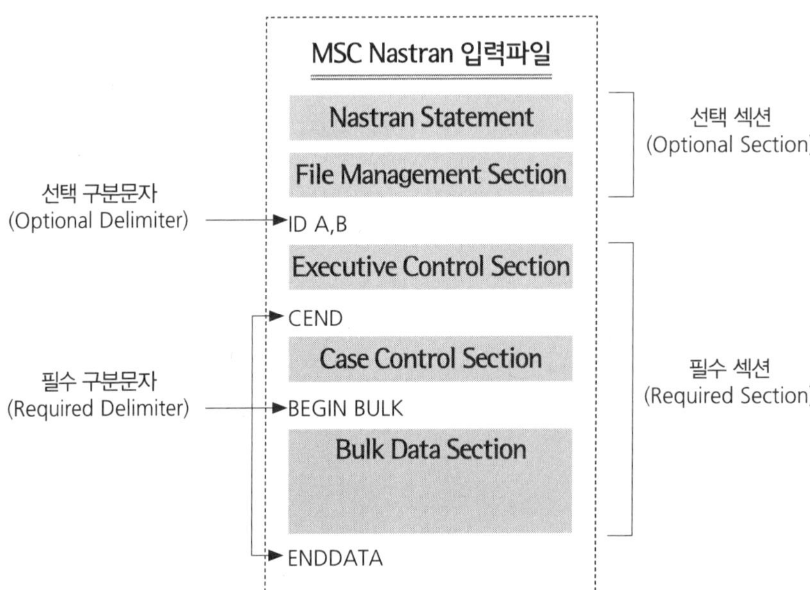

4.1 NASTRAN STATEMENT (선택)

Nastran Statement는 선택 섹션이며 시스템의 어떤 특정한 운영변수를 수정하는데 사용된다. 예를 들면 시스템의 메모리, 각종 데이터 블록, 수치해석적 방법 등을 수정할 수 있다.

Nastran Statement는 예외적인 상황이 아닌 거의 대부분의 해석에서는 사용되지 않는다.

4.2 FILE MANAGEMENT SECTION (선택)

File Management Section(FMS) 또한 선택 섹션이다. 이 섹션은 Fortran 파일이나 MSC Nastran의 데이터베이스를 초기화 하는데 사용된다. MSC Nastran은 해석이 시작될 때마다 FMS 가 매번 자동으로 실행되기 때문에 FMS를 따로 입력할 필요가 없다.

4.3 EXECUTIVE CONTROL SECTION (필수)

Executive Control Section의 주요 기능은 수행되는 해석의 유형을 정의하는 것이며 모든 MSC Nastran의 해석은 이 해석 유형을 정의하는 것이 필수적이다. 그래서 Executive Control Section에 입력되는 데이터를 'statement'라고도 불린다. 또한 최대 해석시간을 제한하거나 작업(job)의 ID를 정의하는 것도 가능하다. 'CEND'라는 구분문자를 통해 Executive Control Section의 끝을 구분한다.

4.4 CASE CONTROL SECTION (필수)

Case Control Section은 해석에 요구되는 결과의 유형을 선택하여 정의할 수 있다(예: 하중, 응력, 변위 등). 따라서 Case Control Section에 입력되는 데이터를 'command'라고 불린다. 또한 Case Control Section을 통해 여러 개의 Subcase를 정의하여 한 번의 작업(job)으로 다양한 조건에 따른 해석을 할 수 있다. Subcase는 하나의 모델에 대해 하나의 하중조건을 정의할 수 있어, Subcase를 많이 만들어 여러 하중조건에 따른 결과를 얻을 수 있다. Case Control Section은 항상 Executive Control Section과 Bulk Data Section 사이에 위치해야 한다.

4.5 BULK DATA SECTION (필수)

Bulk Data Section은 항상 Case Control Section 다음에 입력되며 'BEGIN BULK'라는 구분문자로 시작된다. Bulk Data Section는 모델을 정의하는 모든 데이터들(유한요소모델의 형상, 요소, 절점, 좌표계, 하중 및 경계조건, 재료물성, 요소특성 등이 입력된다. 그렇기 때문에 이 섹션은 MSC Nastran의 입력파일에서 대부분을 차지한다. Bulk Data Section을 끝으로 'ENDDATA'라는 구분기호를 입력하여 입력파일의 끝을 정의한다.

4.6 구분문자 (DELIMITER)

- ID A,B : Execute Control Section의 첫 문장으로, 작업(job)의 이름을 정의 - 선택사항

- CEND : Executive Control Section과 Case Control Section 사이를 구분하는 문자
- BEGIN BULK : Case Control Section과 Bulk Data Section 사이를 구분하는 문자
- ENDDATA : 입력파일의 마지막 줄에 입력하여 입력파일의 끝을 정의
- $: 주석으로 사용되며 해석 시 주석 처리된 줄은 무시하고 해석을 수행

4.7 예제 모델

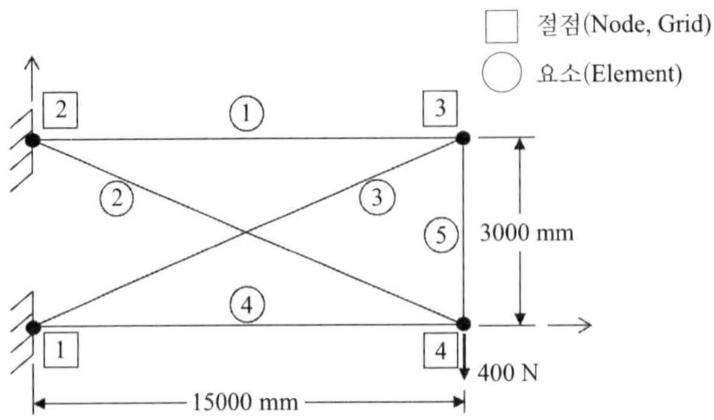

탄성계수, E = 210000 N/mm²   포아송비, ν = 0.3
단면적, A = 2500 mm²   비틀림 상수, J = 490000 mm⁴

위 모델을 입력파일 형태로 입력하면 다음과 같다.

Executive Control

```
ID TRUSS,SAMPLE
SOL 101
TIME 5
```

Case Control

```
CEND
TITLE = SAMPLE INPUT FILE
SUBTITLE = TRUSS STRUCTURE
LOAD = 10
SPC = 11
DISP = ALL
ELFORCE = ALL
SPCFORCE = ALL
BEGIN BULK
```

Bulk Data

```
$
$ GRID POINTS DESCRIBE THE GEOMETRY
$
GRID     1               0.      0.      0.
GRID     2               0.      3000.   0.
GRID     3               15000.  3000.   0.
GRID     4               15000.  0.      0.
$
$ TRUSS MEMBERS MODELED WITH ROD ELEMENTS
$
CROD     1       21      2       3
CROD     2       21      2       4
CROD     3       21      1       3
CROD     4       21      1       4
CROD     5       21      3       4
$
PROD     21      22      2500    49.E4
MAT1     22      210.E3          .3
FORCE    10      4               4000.   0.      -1.     0.
SPC1     11      12      1       2
SPC1     11      3456    1       2       3       4
ENDDATA
```

5. Executive Control Section

Executive Control Section은 MSC Nastran 입력파일의 거의 첫 부분에 입력된다. 여기서 입력되는 엔트리를 명령어(statements)라고 부른다. Executive Control Section의 기본적인 기능은 작업(job)의 이름, 해석 유형, 허용 CPU 시간 등을 정의할 수 있다.

5.1 ID 명령어

이 명령어는 작업의 이름을 정의한다. ID 명령어의 형식은 다음과 같다.

ID i1, i2

'i1', 'i2'는 각각 해당 작업의 이름을 정의하는 문자이며, i1에는 8문자까지 정의할 수 있고, i2에는 문자 수 제한이 없다. 첫 문자는 항상 알파벳으로 시작해야 한다.

5.2 SOL 명령어

이 명령어는 작업이 어떤 해석을 할 것인지에 대해 정의하며 필수적인 명령어이다. SOL 명령어의 형식은 다음과 같다.

SOL n

문자 'n'은 해석의 유형을 정의하는 정수(Integer)이다. 예를 들면 선형 정적해석(Linear Static Analysis) 같은 경우, 'SOL 101' 이다. MSC Nastran은 다양한 해석 유형을 지원하고 있으며, 그 유형들은 다음 페이지의 표와 같다.

5.3 TIME 명령어

이 명령어는 선택적으로 사용할 수 있으며 해석 시 최대 CPU시간과 I/O 시간을 정의할 수 있다. 형식은 다음과 같다.

TIME t1, t2

여기서, 't1'은 최대 CPU 시간을 의미하고 단위는 [분]이다. 't2'은 최대 I/O 시간을 의미하고 단위는 [초]이다. 대부분의 해석에서는 기본값(1.89E+9 초)을 사용하기 때문에 TIME 명령어를 거의 쓰지 않는다.

5.4 예시

선형 정적해석의 간단한 모델에 대해 Executive Control Section을 입력하면 다음과 같다.

```
ID SIMPLE, MODEL
SOL 101
CEND
```

SOL 번호	해석 이름	설명	옵션
101	SESTATIC	선형 정적해석	선형 열전달 Alternate Reduction 관성제거법(Inertia Relief) 설계민감도 분석
103	SEMODES	고유진동수(Normal mode)해석	설계민감도 분석
105	SEBUCKL	좌굴(Buckling)해석	정적해석 설계민감도 분석
106	NLSTATIC	비선형 정적해석	
107	SEDCEIG	Direct Complex Eigenvalues	
108	SEDFREQ	Direct Frequency Response	
109	SEDTRAN	Direct Transient Response	
110	SEMCEIG	Modal Complex Eigenvalues	
111	SEMFREQ	Modal Frequency Response	
112	SEMTRAN	Modal Transient Response	
114	CYCSTATX	Cylclic Statics	Alternate Reduction
115	CYCMODE	Cyclic Normal Modes	
116	CYCBUCKL	Cyclic Buckling	
118	CYCFREQ	Cyclic Direct Frequency Response	
129	NLTRAN	비선형 과도응답해석	
144	AESTAT	정적 공탄성(Aeroelastic)해석	
145	SEFLUTTR	Aerodynamic Flutter	
146	SEAERO	공탄성(Aeroelastic)응답해석	
153	NLSCSH	정상상태 비선형 열전달해석	
159	NLTCSH	과도상태 비선형 열전달해석	
190	DBTRANS	Database Transfer	
200	DESOPT	설계 최적화	
400	NONLIN	내연적(Implict)해석	선형정적해석부터 모든 비선형/동적해석을 포함
600	SESTATIC	MSC Marc 기반의 비선형해석	
700	NLTRAN	비선형 외연적(Explicit)해석	

6. Bulk Data Section 입력 형식

Bulk Data Section은 유한요소 모델을 묘사하는데 필요한 모든 데이터들이 들어있다. 각 데이터들은 엔트리(Entry)라고 불리며 유한요소, 노드, 하중 및 경계조건 등이 있다. Bulk Data Section의 엔트리들은 어떤 순서로 입력하든지 상관없다. 다만, 각 엔트리들은 정해진 형식(Format)을 가지며 사용자는 이 형식에 맞추어 데이터를 입력해야 한다. 각 엔트리의 입력 형식은 MSC Nastran 공식 홈페이지에서 다운받을 수 있는 'MSC Nastran Quick Reference Guide'에서 살펴볼 수 있다.

MSC Nastran Quick Reference Guide 다운로드 경로:

(https://simcompanion.mscsoftware.com/infocenter/index?page=content&channel=DOCUMENTATION)

아래 그림은 'MSC Nastran Quick Reference Guide'에 있는 롯드(Rod) 요소의 엔트리 형식이다. 그림에서 보면 각 엔트리는 데이터를 입력할 수 있는 필드(Field)가 정해져 있다. 첫 번째 필드는 항상 해당 엔트리의 이름이 입력되어야 하고 나머지 필드는 모두 해당 엔트리를 정의하는 값으로 입력하여야 한다. 입력파일의 한 줄(Line)은 80개의 열(Column)으로 제한된다. 각 필드에 데이터를 입력하는 방법은 3가지가 있고, 각 필드를 구분하는 형식 또한 3가지가 있다. 또한, 몇몇 엔트리의 데이터는 기본값(Default value)을 가지고 있기 때문에 데이터를 입력하지 않고 빈칸으로 남겨둘 경우 자동으로 기본값을 사용하게 되어있다.

MSC Nastran의 엔트리는 매우 많기 때문에 본 교제에서 모두 다루지 못하는 점을 이해해 주길 바란다.

CROD **Rod Element Connection**

Defines a tension-compression-torsion element.

Format:

1	2	3	4	5	6	7	8	9	10
CROD	EID	PID	G1	G2					

Example:

CROD	12	13	21	23					

Field	Contents
EID	Element identification number. (0 < Integer < 100,000,000)
PID	Property identification number of a PROD entry. (Integer > 0; Default = EID)
G1, G2	Grid point identification numbers of connection points. (Integer > 0; G1 ≠ G2)

Remarks:

1. Element identification numbers should be unique with respect to all other element identification numbers.
2. See CONROD, 1555 for alternative method of rod definition.
3. Only one element may be defined on a single entry.

6.1 데이터 입력 형식

필드에 데이터를 입력하는 방식은 3가지가 있다. 정수(Integer)를 사용하는 방법, 실수(Real)를 사용하는 방법, 문자(Character)를 포함하여 사용하는 방법이 있다. 실수를 사용할 경우 항상 소수점 표시 '.'를 포함해야 한다. 실수 '123.4'를 표현하는 방법은 아래와 같다.

123.4	1.234+2	1.234E2	12.34E+1
1234E3	.1234+3	123400E-3	12340-2

※ 문자 'E'는 10의 거듭제곱을 의미함

MSC Nastran의 입력파일에서는 위 세 가지 방법 중 어떤 방법을 사용해도 무방하다. 또한, 사용자가 Patran에서 어떤 값을 입력할 때도 항상 위 형식에 맞추어 입력해야 한다.

6.2 필드(FIELD) 구분 형식

MSC Nastran의 입력파일은 한 줄(Line)에 80개의 열(Column)로 정해져 있다. 이 80개의 열로 엔트리를 정의해야 한다. 엔트리의 데이터를 정의할 때 각 필드를 구분 짓는 방법은 3가지로 'Small Field Format', 'Large Field Format', 'Free Field Format'이 있다.

Free Field Format	데이터의 필드는 쉼표 ','로 구분된다.
Small Field Format	한 줄에 10개의 필드를 가지고 각 필드는 8개의 열로 구분된다.
Large Field Format	10개의 필드를 가지고 각 필드는 16개의 열로 구분된다. 주로 높은 정확도를 요구하는 해석에서 쓰이며 하나의 엔트리를 정의하는데 두 줄 이상이 필요하다.

Nastran Statement, File Management Section, Executive Control Section, Case Control Section은 모두 Free Field Format을 사용하고, Bulk Data Section에서는 3가지 방법 모두 사용 가능하다.

아래 표는 Grid를 정의하는 엔트리 형식이다. Bulk Data Section에서 엔트리를 정의할 때, 첫 번째 필드는 항상 엔트리의 문자이름이 입력된다. 2번째 필드에서 9번째 필드까지는 모두 해당 엔트리를 정의하는 데이터가 입력되고, 마지막 10번째 필드는 데이터를 입력하지 않고 비워둔다. 10번째 필드를 비워두는 의미는 엔트리 정의가 끝임을 말한다. 만약 Large Field Format을 사용하거나 2줄 이상의 데이터 입력이 필요한 엔트리의 경우 10번째 필드가 채워지는데, 이 경우 다음 줄에서 필드가 계속 이어진다.

GRID 엔트리를 정의하는데 필요한 데이터 입력

필드순서	1	2	3	4	5	6	7	8	9	10
데이터	GRID	ID	CP	X1	X2	X3	CD	PS	SEID	

Bulk Data 엔트리의 이름 입력

엔트리의 정의를 다음 줄로 이어갈 경우 선택적으로 사용

예 시:

필드순서	1	2	3	4	5	6	7	8	9	10
데이터	GRID	2		1.0	-2.0	3.0		136		

이제 필드를 어떻게 구분하는지 살펴보자.

- **Free Field Format**

Free Field Format에서는 필드가 쉼표(Comma) ',' 혹은 빈칸(blank)으로 구분된다. 쉼표를 사용하는 것이 훨씬 명확하기 때문에 쉼표를 사용하는 것을 추천한다.

Free Field Format을 사용하여 위 예시를 입력하면 다음과 같다.

```
GRID,2, ,1.0,-2.0,3.0, ,136
```

→ 두 개의 쉼표는 필드가 비어있음을 의미

Free Field Format을 사용할 때는 다음 규칙을 따른다.

- 항상 1열에서부터 시작해야 한다.
- 한 필드를 건너 뛸 때는 쉼표를 연속 두 번 입력하고, 두 필드를 건너 뛸 때는 연속 세 번 입력한다.
- 정수(Integer)나 문자(Character)를 포함한 입력형식을 사용할 경우 8문자 이상 사용할 경우 에러가 발생한다.
- 8문자 이상의 실수를 사용할 경우 8번째 문자까지 반올림되어 적용된다. 예를들어, 1.2345678+2를 입력할 경우 실제 계산에서는 123.4568로 반영된다. 8문자 이상 사용하고자 할 경우 Large Field Format을 사용하는 것이 좋다.
- 데이터 입력 시 절대로 빈칸이 있어서는 안 된다.

- **Small Field Format**

한 줄(Line)은 10개의 필드로 구성되며 각 필드는 8개의 열(Column)을 가지고 있다. 데이터는 해당 필드의 첫 칸부터 시작하여 입력한다.

Small Field Format을 이용한 예시는 다음과 같다.

필드순서	1	2	3	4	5	6	7	8	9	10
열 개수	←→ 8	←→ 8	←→ 8	←→ 8	←→ 8	←→ 8	←→ 8	←→ 8	←→ 8	←→ 8
데이터	GRID	2		1.0	-2.0	3.0		136		

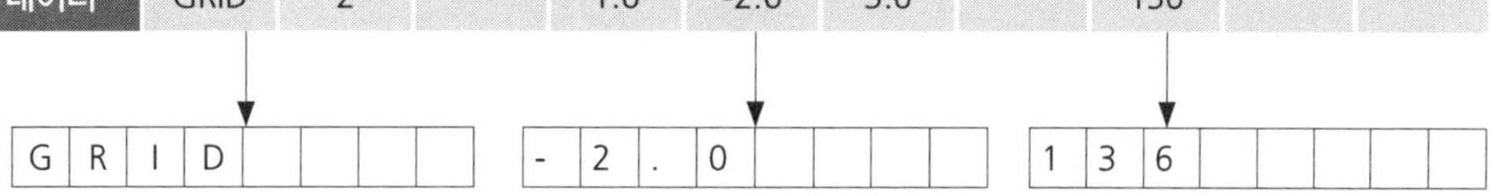

GRID	2		1.0	-2.0	3.0		136

Small Field Format을 사용할 때는 다음 규칙을 따른다.

- 첫 번째 필드와 마지막 필드의 데이터는 항상 각 필드의 왼쪽부터 시작한다.
- 두 번째 필드에서 아홉 번째 필드는 왼쪽과 오른쪽 상관없이 구분될 수 있다.
- 필드 내 데이터 사이에 빈칸이 있으면 안 된다. ex) | 1 | | 3 | 6 | | | | |

- **Large Field Format**

Large Field Format은 높은 수치 정확도가 요구되는 경우 사용된다. Free Field Format 혹은 Small Field Format의 8자리가 부족할 경우 Large Field Format을 사용하여 데이터를 16자리로 늘릴 수 있다.

Large Field Format은 최소 두 줄 이상에 엔트리 데이터를 입력한다. 각 줄의 첫 번째 필드와 마지막 필드는 8자리를 입력하고 나머지 필드는 16자리를 입력할 수 있다. 다음 줄로 넘어갈 경우 '*' 표시를 사용하여 아래와 같이 정의한다. 첫 번째 줄을 '1A', 두 번째 줄을 '1B'라고 할 경우, Large Field Format을 이용한 예시는 다음과 같다.

필드순서	1	2	3	4	5	6
열 개수	8	16	16	16	16	8
데이터 (1A)	GRID*	2		1.0	-2.0	*GRID10
데이터 (1B)	*GRID10	3.0		136		

- **Continuation**

몇몇 Bulk Data 엔트리는 데이터를 입력할 때 두 줄 이상이 필요하게 된다. 이 경우 'Continuation' 방법이 사용된다. 대표적으로 'PBAR' 엔트리의 형식이 그러하다.

Continuation 방법을 이용한 예시는 다음과 같다.

PBAR 엔트리 형식:

1	2	3	4	5	6	7	8	9	10
PBAR	PID	MID	A	I1	I2	J	NSM		
	C1	C2	D1	D2	E1	E2	F1	F2	
	K1	K2	I12						

Continuation 예시:

필드순서	1	2	3	4	5	6	7	8	9	10
데이터 (1A)	PBAR	39	6	2.9	1.86	2.92	.48			+PB1
데이터 (1B)	+PB1	0.	0.	0.	1.	1.	1.	1.	0.	+PB2

데이터 (1C)	+PB2	.86	.86							

첫 번째 줄의 마지막 필드와 두 번째 줄의 첫 번째 필드에 있는 '+PB1' 데이터로 인해 두 줄이 서로 연결된 엔트리인 것으로 정의한다. 두 번째 줄과 세 번째 줄도 마찬가지로 '+PB2'로 연결된다. 연결 데이터는 항상 '+'혹은 '*' 표시를 포함해야 한다. Small Field Format을 사용할 경우 '+' 표시를, Large Field Format을 사용할 경우 '*' 표시를 사용한다. 또한, Continuation 필드에서 첫 번째 줄을 제외한 나머지 줄들은 항상 첫 번째 줄 다음에 따라와야 한다.

그리고, 줄 간의 연결 데이터인 '+PB1', '+PB2'는 생략할 수 있다. 연결 데이터를 생략해도 MSC Nastran이 자동으로 임의의 연결 데이터를 정의해 준다. 하지만, 생략한 필드에도 쉼표','로 구분하거나 8자리를 비워놓아야 한다는 것을 명심해야 한다.

연결 데이터 생략 예시:

필드순서	1	2	3	4	5	6	7	8	9	10
데이터 (1A)	PBAR	39	6	2.9	1.86	2.92	.48			
데이터 (1B)		0.	0.	0.	1.	1.	1.	1.	0.	
데이터 (1C)		.86	.86							

7. 단위 (Units)

MSC Nastran과 Patran은 사용자가 입력한 데이터의 단위에 대해 어떤 정보도 알지 못한다. 즉, MSC Nastran과 Patran에는 단위계를 전혀 다루지 않는다. 사용자는 해석모델을 만들기 위해 일관된 단위를 갖고서 길이, 탄성계수, 힘, 질량 등을 정의하여 입력하여야 한다. 처음에는 불편할 수도 있으나, English 단위나 SI 단위 등 사용자가 편한 단위계를 마음껏 적용할 수 있다는 점에서 유용하다. 예를 들어, 만약 평판 모델에 대해 길이 단위를 [mm]로 모델링하고 탄성계수로는 210×10^9 [N/m^2]의 데이터를 입력한다면 해석은 문제없이 수행될 수도 있지만 타당하지 않는 결과를 얻게 된다. 따라서 모델링에서 단위의 일관성은 매우 중요하다.

SI 단위를 사용한다면 보통 힘은 [N], 길이는 [mm], 탄성계수나 압력은 [N/mm^2, MPa], 질량은 [Tonne (또는 ton)] 단위를 사용한다. 일관된 단위를 정하는 방법을 간단히 설명하자면 'F=ma'를 생각하면 된다. 'F=ma' 식의 차원을 맞추어 보면 [N]=[kg]×[m/sec^2] 이다. 간단한 예로 기계공학 분야에서 많이 사용하는 길이단위 [mm]로 환산해보면 [N]=[kg]×[1000 mm/sec^2]=[1000 kg]×[mm/sec^2]=[Tonne]×[mm/sec^2]이 된다. 이렇게 되면 탄성계수나 압력의 단위는 [N/mm^2] 혹은 [MPa]이 된다. 또한, N/mm/Tonne 단위를 적용할 때 일반적인 강철의 밀도 7850 kg/m^{3}을 입력하고자 할 경우 7850.E-12 (Tonne/mm^3)으로 데이터를 입력해야 한다.

해석에 많이 쓰이는 단위계를 다음 표와 같이 정리하였다.

단위계	SI	SI (mm)	English (feet)	English (inch)
길이	m	mm	ft	in
힘	N	N	lbf	lbf
질량	kg	Tonne	slug	lbf-s^2/in
시간	sec	sec	sec	sec
탄성계수 압력 응력	Pa N/m^2	MPa N/mm^2	lbf/ft^2	psi lbf/in^2
에너지	J	mJ	lbf-ft	lbf-in
밀도	kg/m^3	Tonne/mm^3	slug/ft^3	lbf-s^2/in^4

유한요소 (Finite Element) 종류

1. 유한요소 개요

MSC Nastran에서는 굉장히 많은 유한요소 이론을 제공하고 이들 이론에 사용되는 유한요소들을 제공하고 있다. 이번 장에서는 MSC Nastran이 제공하는 요소들 중에서 가장 많이 쓰이는 주요 요소들에 대해 알아보도록 한다. 아래 표는 MSC Nastran에서 많이 쓰는 요소들이다.

	0 D Elements	Scalar Elements	Line Elements	Surface Elements
물리적 의미	집중질량	스프링 댐퍼	봉(Rod) 보(Bar) 빔(Beam)	얇은 평판(Thin Plate) 막(Membrane)
MSC Nastran 요소 이름	CONM2	CBUSH CELASi (i=1,2,3,4)	CROD CONROD CTUBE CBAR CBEAM CBEND	CQUAD4 CQUAD8 CTRIA3 CTRIA6 CQUADR CTRIAR
사용할 수 있는 요소특성	-	-	PROD PBAR PBEAM PBEND	PSHELL PCOMP PCOMPG
형상		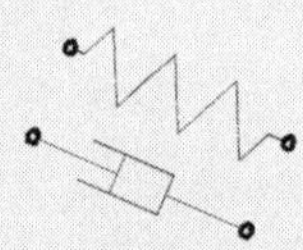		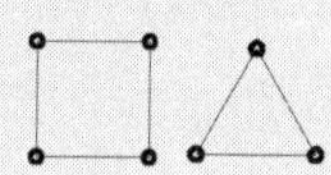

	Solid Elements	Axisymmetric Elements	Rigid Elements
물리적 의미	두꺼운 평판(Thick Plate) 벽돌(Brick)	축대칭 요소 링(Ring)	강체 보(Rigid Bar)
MSC Nastran 요소 이름	CHEXA CPENTA CTETRA	CTRIAX6 CTRIAX CQUADX	RBAR RBE2 RBE3
사용할 수 있는 요소특성	PSOLID PLSOLID	PLPLANE PAXSYMH	-
형상	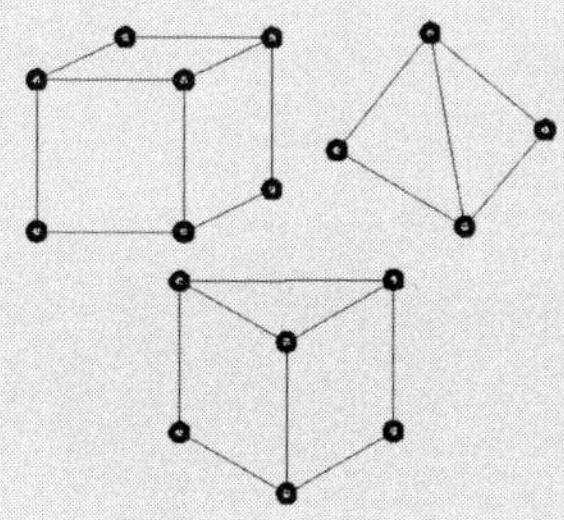	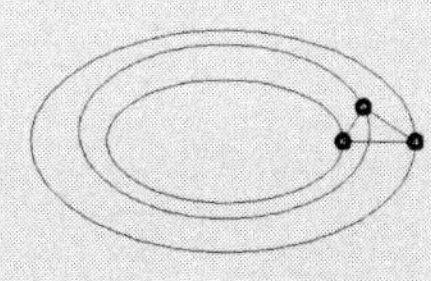	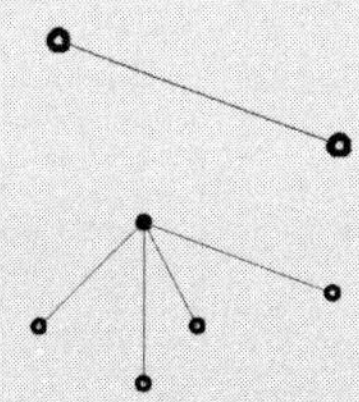

위 요소들은 MSC Nastran에서 흔히 쓰이는 요소들이고 실제로 100가지가 넘는 요소를 사용할 수 있다. 모든 요소들은 각각 고유 ID(번호)를 가지고 있다. 다른 요소들 끼리 동일한 ID를 사용할 수는 없다. 요소들의 강성행렬은 각 요소가 가지고 있는 절점의 번호와는 무관하며 각 요소의 좌표계는 요소의 연결순서, 요소 데이터 등에 따라 정의된다. 따라서 요소의 응력이나 변형률 등과 같은 결과 정보들은 각 요소의 좌표계를 기준으로 출력된다.

MSC Nastran이 제공하는 요소들에 대한 정보는 '*MSC Nastran Quick Reference Guide*'의 Bulk Data Entries에서 확인할 수 있다.

2. Scalar Element : CELAS2

2.1 CELAS2 소개

스칼라 요소(혹은 스프링 요소)는 두 자유도를 연결하여 만들어진다. 이 요소는 스프링의 인장, 압축, 회전 등과 같이 거동하고 힘과 모멘트를 전달하는 역할을 한다. 요소의 병진자유도 변위에 따라 힘이 결정되고, 회전자유도 변위에 따라 모멘트가 결정된다.

2.2 CELAS2 엔트리 형식

CELAS2 요소는 실제 스프링을 정의하는 것으로 생각하면 된다. 스프링 데이터(강성, 감쇠)를 직접 Bulk Data Entry에 정의하기 때문에 따로 요소특성을 정의할 필요가 없다.

CELAS2 의 엔트리 형식은 다음과 같다.

형 식:

필드순서	1	2	3	4	5	6	7	8	9	10
데이터	CELAS2	EID	K	G1	C1	G2	C2	GE	S	

필드	설명
EID	요소의 고유번호 (정수 〉 0)
K	스프링 강성계수 (실수)
G1, G2	스프링을 구성하는 절점 번호 (정수 ≥ 0)
C1, C2	각 절점의 종속 자유도성분 (1,2,3,4,5,6; 스칼라 점이면 빈칸 혹은 0)
GE	스프링 감쇠계수 (실수)
S	응력 계수 (실수)

'Gi', 'Ci' 필드에 빈칸 혹은 0을 입력할 경우 스프링의 한쪽 끝이 바닥(Ground)에 고정되며 변위가 모두 구속된다. 또한, G1 과 G2 필드는 같은 절점 번호를 사용할 수 없지만 같은 위치에 있는 다른 절점으로 선택은 가능하다.

예 제

아래 그림과 같은 단순 인장 스프링의 한쪽 끝은 고정되어 있고 다른 한쪽 끝은 x-방향으로 10 N의 하중을 받는다. 스프링 강성 k 는 100 N/mm 일 때 GRID 1202 의 변위는 얼마인가?

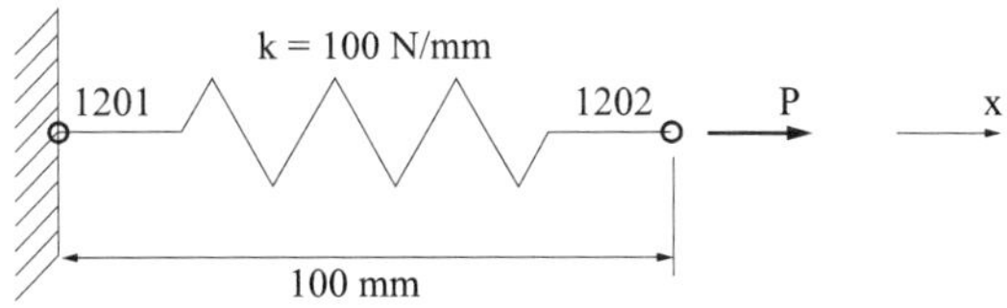

위 문제에 대한 MSC Nastran 입력파일과 Bulk Data Section은 아래와 같다.

```
SOL 101
DISP=ALL
FORCE=ALL
LOAD=1
CELAS2,1200,100.,1201,1,1202,1
GRID,1201,,0.,0.,0.,,123456
GRID,1202,,100.,0.,0.,,23456
FORCE,1,1202,,10.,1.,0.,0.
```

필드순서	1	2	3	4	5	6	7	8	9	10
데이터	CELAS2	EID	K	G1	C1	G2	C2	GE	S	
	CELAS2	1200	100.	1201	1	1202	1			
데이터	GRID	ID	CP	X1	X2	X3	CD	PS	SEID	
	GRID	1201		0.	0.	0.		123456		
	GRID	1202		100.	0.	0.		23456		

고정단의 GRID 1201의 자유도는 모두 구속되어있고, 자유단의 GRID 1202는 자유도 2에서 자유도 6까지만 고정되어 있고 자유도 1(x-방향)의 자유도만 풀려있는 상태이다.

또한 필드 8의 감쇠계수는 선형정적해석(SOL 101)에서는 적용되지 못하고 동적해석에서만 작용하기 때문에 값을 입력해도 사용되지 않는다. 9번째 필드의 응력계수는 선택사항으로 MSC Nastran에서 스프링 응력을 'P_S = S*P'의 관계에 따라서 계산한다.

위 입력파일을 MSC Nastran으로 해석을 수행하면 다음과 같은 결과파일(.f06)을 얻을 수 있다.

```
                                   D I S P L A C E M E N T   V E C T O R

   POINT ID.   TYPE          T1               T2               T3               R1               R2               R3
      1201      G      0.0              0.0              0.0              0.0              0.0              0.0
      1202      G      1.000000E-01     0.0              0.0              0.0              0.0              0.0
```

```
                       F O R C E S   I N   S C A L A R   S P R I N G S        ( C E L A S 2 )
   ELEMENT          FORCE             ELEMENT          FORCE             ELEMENT          FORCE             ELEMENT          FORCE
     ID.                                ID.                                ID.                                ID.
     1200      -1.000000E+01
```

GRID 1202의 변위가 x-방향으로 0.1만큼 인장한 것을 알 수 있다.
직접 계산을 통해 정해(Exact solution)을 구해보면,

$$u_x = \frac{P}{k} = \frac{10\,N}{100\,N/mm} = 0.1\,mm$$

MSC Nastran에서 스프링 요소에 걸리는 힘은 다음과 같이 계산된다.

$$f = k(u_x^1 - u_x^2) = 100(0 - 0.1) = -10\,N$$

$$u_x^1 = G1\ 변위$$
$$u_x^2 = G2\ 변위$$

위 식을 보면 스프링 요소에 걸리는 힘이나 응력은 스프링 요소를 생성할 때 절점의 선택 순서(혹은 데이터 순서)에 따라서 부호가 바뀔 수 있다는 것을 알 수 있다. 때문에 단순히 스프링 요소의 힘의 부호를 통해 인장 혹은 압축을 판단할 수 없고 사용자가 직접 확인해 봐야 한다. 봉(Rod) 요소나 빔(Beam) 요소 같은 벡터 성분을 가지는 요소는 부호를 통해 판단할 수 있지만 무차원 요소(스칼라 요소)는 부호만 보고 판단할 수 없다는 것을 명심해야 한다.

2.3 PATRAN에서의 CELAS2 모델링

Patran에서 CELAS2 요소를 만들기 위해서는 우선 선(line) 요소를 만들어 스프링 물성을 입혀야 한다. Patran에서는 CELAS1를 만든 뒤 CELAS2 요소로 변환한다. CELAS1과 CELAS2의 차이는 요소특성을 따로 설정하는 것에 있기 때문에 CELAS2 요소를 꼭 사용해야하는 상황이 아니라면 CELAS1 요소를 사용해도 무방하다.

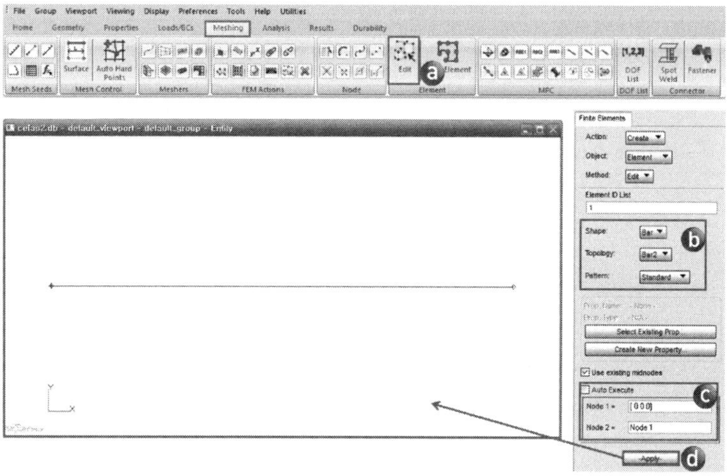

ⓐ Meshing Tap에서 **Element Edit 아이콘**을 클릭한다.

ⓑ Finite Elements Form에서 **'Shape: Bar, Topology: Bar2, Pattern: Standard'**로 설정한다.

ⓒ **Auto Execute 체크를 해제**하고 스프링 요소의 양 끝에 해당하는 **절점(Node)을 선택**한다.
(위 그림과 같이 좌표로 입력해도 되고 노드를 직접 선택해도 된다.)

ⓓ **Apply**를 클릭하면 선 요소가 생성된다.

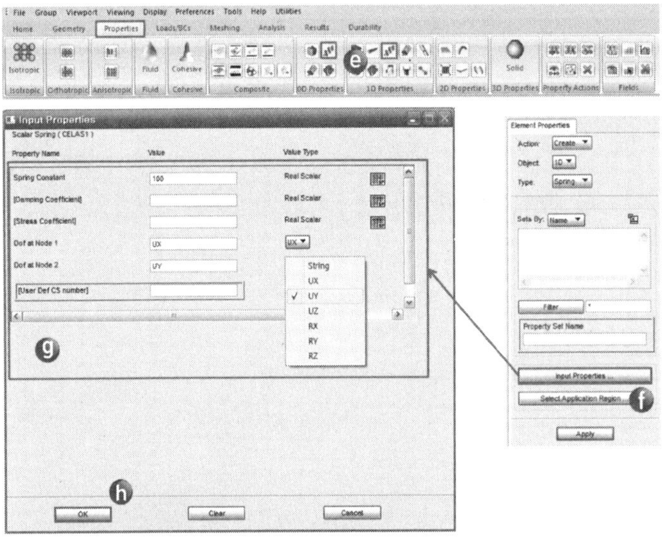

ⓔ Properties Tap에서 **0D Properties의 Spring 아이콘 혹은 1D Properties의 Spring아이콘을 선택**한다. (0D Spring은 바닥(Ground)과 연결된 스프링)

ⓕ Element Properties Form에서 **Input Properties**를 클릭한다.

ⓖ Input Properties 창에서 **스프링상수, 감쇠계수, 절점의 자유도 등을 설정**한다.

ⓗ **OK 버튼**을 클릭한다.

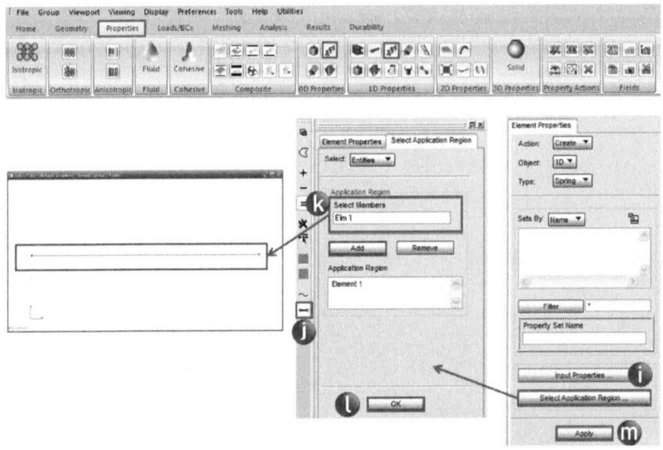

ⓘ Element Properties Form에서 **Select Application Region**을 클릭한다.

ⓙ Picking Filters Toolbar에서 **Beam element 아이콘**을 클릭한다.

ⓚ Application Region에서 화면의 **선 요소를 선택**하고 **Add**를 클릭한다.

ⓛ **OK 버튼**을 클릭한다.

ⓜ **Apply** 버튼을 클릭하면 선 요소에 CELAS1 요소가 입혀져 스프링과 같이 거동하게 된다.

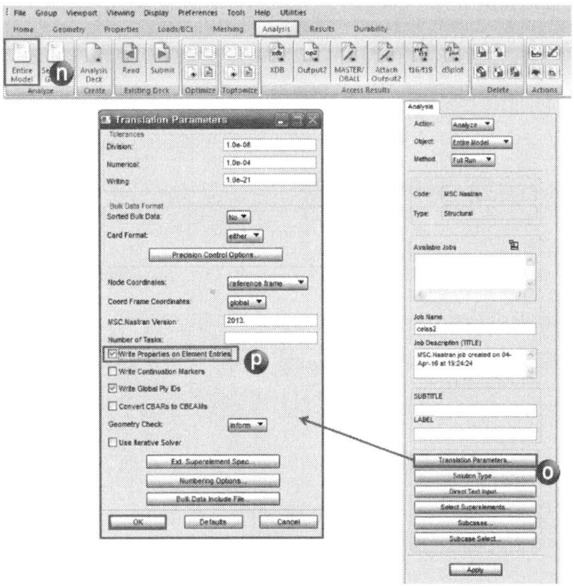

ⓝ Analysis Tap에서 **Entire Model 아이콘**을 클릭한다.

ⓞ Analysis Form에서 **Translation Parameters**를 클릭한다.

ⓟ **Write Properties on Element Entries에 체크**하고 **OK 버튼**을 클릭하면 선 요소와 CELAS1 요소가 합쳐져 CELAS2 요소로 변환된다.

3. Line Element : CROD

1차원 요소(선 요소)는 봉(Rod)이나 빔(Beam)의 거동을 해석하는데 쓰인다. 봉 요소는 인장, 압축, 축 방향 비틀림에 대해서만 계산할 수 있고 굽힘에 대해서는 고려하지 못한다. 빔 요소는 굽힘까지 포함하여 모든 하중을 고려할 수 있다. MSC Nastran에서는 빔 요소를 "simple" 빔과 "complex" 빔 두 가지로 나뉜다. Simple 빔 요소는 CBAR 요소로 구현되며 단면 형상에 따라 변하지 않는 빔 물성들만을 필요로 한다. 또한 CBAR 요소는 전단 중심(shear center)과 중립축(neutral axis)이 일치되어야하기 때문에 뒤틀림(warping)을 계산할 수 없다. 때문에 오픈 채널 단면(open channel section)을 구현할 수 없다. 반대로 Complex 빔 요소인 CBEAM 요소는 CBAR의 기능을 포함한 거의 모든 빔을 구현할 수 있다.

3.1 CROD 소개

CROD(CONROD) 요소는 아래 그림과 같이 요소 경계에 두 개의 절점을 포함하며 축 방향 힘과 토크 성분을 사용할 수 있다. 때문에 요소의 강성행렬은 한 절점에 두 개의 자유도를 가지도록 하였다. CROD는 엔트리 형식에 요소 특성을 따로 정의하여야 한다. CONROD는 요소 특성을 따로 정의할 필요 없이 요소의 엔트리형식에 요소특성을 정의할 수 있어 서로 다른 특성을 가진 ROD 요소를 사용할 때 편리하다.

3.2 CROD 엔트리 형식

대부분의 요소는 CELAS2와 다르게 요소의 특성과 재료물성을 따로 정의하여야 한다. CROD의 재료물성 엔트리는 PROD 이다.

CROD 요소의 엔트리 형식은 다음과 같다.

형 식:

필드순서	1	2	3	4	5	6	7	8	9	10
데이터	CROD	EID	PID	G1	G2					

필드	설명
EID	요소의 고유번호 (정수 〉 0)
PID	CROD 요소에 해당하는 요소특성 고유번호
G1, G2	CROD 요소를 구성하는 절점 번호

PROD 요소특성의 엔트리 형식은 다음과 같다.

형식:

필드순서	1	2	3	4	5	6	7	8	9	10
데이터	PROD	PID	MID	A	J	C	NSM			

필드	설명
PID	요소특성의 고유번호 (정수 > 0)
MID	요소특성에 적용되는 재료물성치 고유번호
A	봉 단면적
J	비틀림 상수
C	비틀림 응력 계수
NSM	단위 길이 당 비구조물(non-structural) 질량

비틀림 응력은 다음 식에 의해 계산된다.

$$\tau = \frac{T}{J} C$$

3.3 PATRAN에서의 CROD 모델링

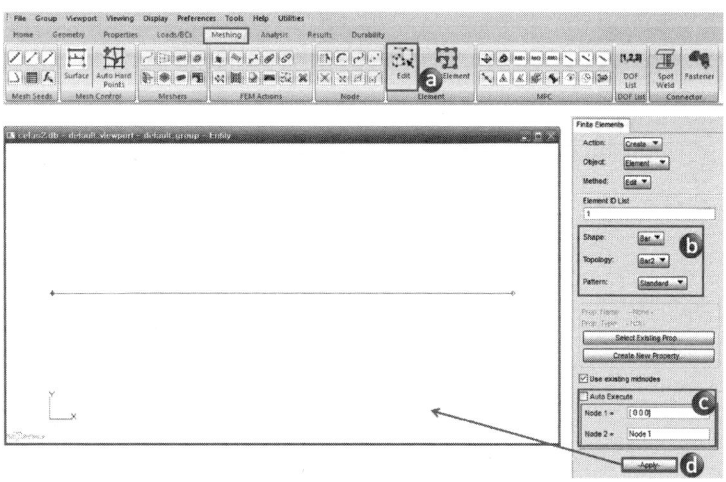

ⓐ 2.3의 a~d를 반복하여 2절점 선(Line) 요소를 생성한다.

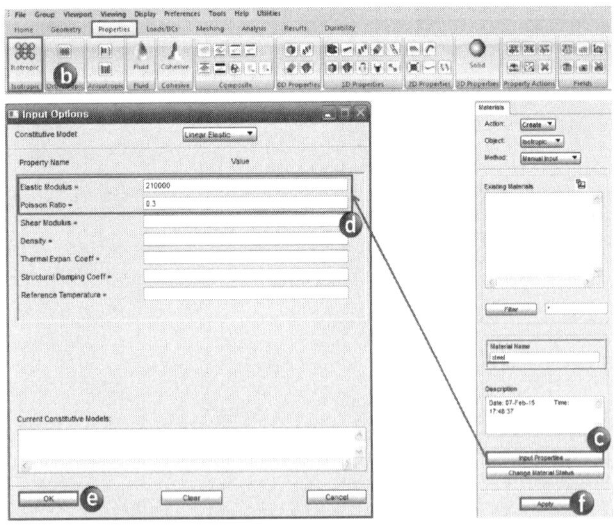

ⓑ Properties Tap에 **Isotropic 아이콘**을 클릭한다.

ⓒ Material Name에 **'steel'**을 입력하고 **Input Properties 아이콘**을 클릭한다.

ⓓ **'Elastic Modulus= 210000, Poisson Ratio= 0.3'**을 입력한다.

ⓔ **OK 버튼**을 클릭한다.

ⓕ **Apply 버튼**을 클릭하면 Steel 재료물성치가 생성된다.

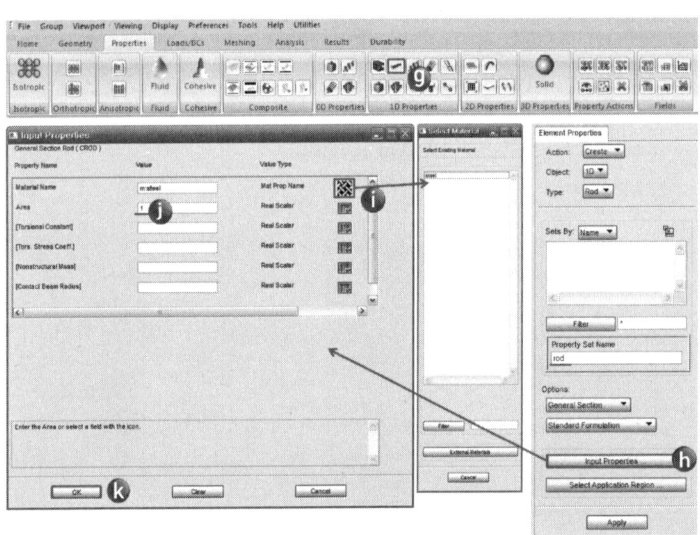

ⓖ Properties Tap에서 **Rod 아이콘**을 클릭한다.

ⓗ Property Set Name에 'rod'를 입력하고 **Input Properties 버튼**을 클릭한다.

ⓘ **Select Material 아이콘**을 클릭하고 이전에 생성한 **'steel' 재료를 선택**한다.

ⓙ 봉의 단면적 **'Area= 1'**을 입력한다.

ⓚ Input Properties 창에 **OK 버튼**을 클릭한다.

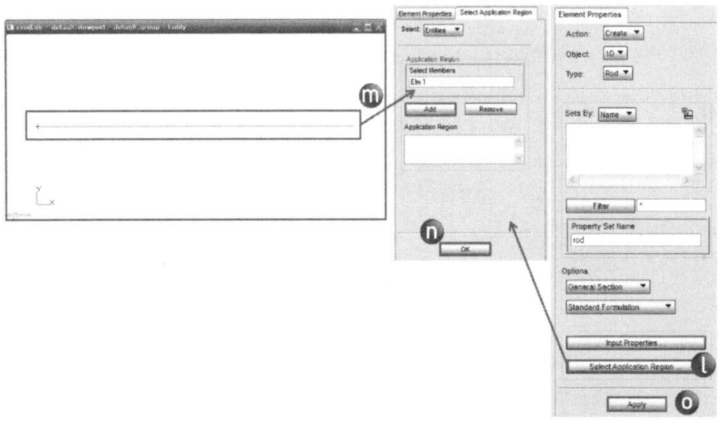

ⓛ **Select Application Region 버튼**을 클릭한다.

ⓜ Application Region에서 이전에 만든 선 요소를 선택하고 **Add 버튼**을 클릭한다.

ⓝ Select Application Region에서 **OK 버튼**을 클릭한다.

ⓞ Element Properties에서 **Apply**를 클릭하면 'steel' 재료가 적용된 봉 요소를 생성한다.

4. Line Element : CBAR

4.1 CBAR 소개

CBAR 요소는 'Simple' 빔 요소로 보통 인장, 압축, 비틀림, 굽힘, 전단 성분을 가진다. CBEAM과는 다르게 전단중심과 중립축이 일치하기 때문에 열린 단면에서 Warping 효과를 고려할 수 없다. CBAR와 CBEAM의 차이점은 'MSC Nastran Manual'에서 더 자세히 알 수 있다.

CBAR 요소는 비틀림, 굽힘, 전단 성분을 가지고 있기 때문에 CROD와 달리 단면을 정의해주어야 한다. 단면의 방향벡터 v에 의해 정의되는 요소 좌표계는 아래 그림과 같다.

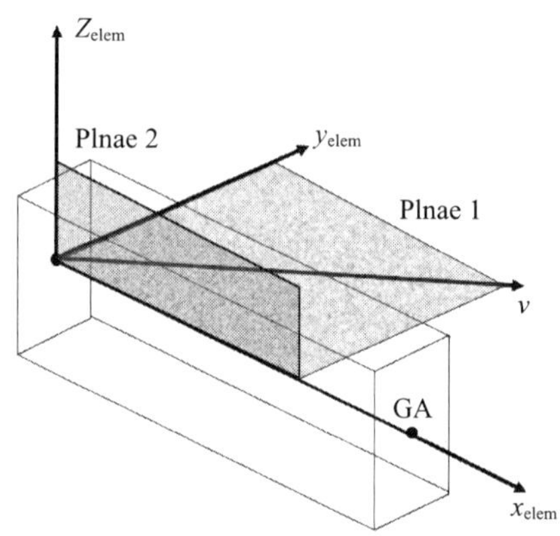

4.2 CBAR 엔트리 형식

CBAR 엔트리 형식은 두 가지로, 빔 단면의 방향을 정의해주는 벡터를 좌표로 정의하는 방법(형식 1)과 절점으로 정의하는 방법(형식 2)가 있다. 두 방식 중 어떠한 방식을 사용해도 무관하다.

형식 1:

필드순서	1	2	3	4	5	6	7	8	9	10
데이터	CBAR	EID	PID	GA	GB	X1	X2	X3		
		PA	PB	W1A	W2A	W3A	W1B	W2B	W3B	

형식 2:

필드순서	1	2	3	4	5	6	7	8	9	10
데이터	CBAR	EID	PID	GA	GB	G0				
		PA	PB	W1A	W2A	W3A	W1B	W2B	W3B	

필드	설명
EID	요소의 고유번호 (정수 〉0)
PID	요소특성 고유번호
GA, GB	CBAR 요소를 구성하는 두 절점
X1, X2, X3	빔 단면의 방향을 정의하는 벡터 성분
G0	빔 단면의 방향을 정의하는 절점
PA, PB	요소를 구성하는 두 요소에서 자유도를 제거 6자유도 중 최대 5개 자유도 까지 제거할 수 있음
W1A, W2A, W3A, W1B, W2B, W3B	두 점의 오프셋을 정의 요소 좌표계를 기준으로 함

CBAR의 요소특성을 정의해주는 엔트리는 PBAR이다.
PBAR 엔트리 형식은 다음과 같다.

형 식:

필드순서	1	2	3	4	5	6	7	8	9	10
데이터	PBAR	PID	MID	A	I1	I2	J	NSM		
		C1	C2	D1	D2	E1	E2	F1	F2	
		K1	K2	I12						

필드	설명
PID	요소특성 고유번호 (정수 〉0)
MID	요소특성에 적용되는 재료물성치 고유번호
A	빔의 단면적
I1, I2, I12	각 방향에 따른 단면2차모멘트
J	비틀림 상수
NSM	단위 길이 당 비구조물(non-structural) 질량
K1, K2	전단단면계수
Ci, Di, Ei, Fi	응력복원계수(stress recovery coefficients)

4.3 PATRAN에서의 CBAR 모델링

ⓐ 3.3의 a ~ f를 반복하여 **선(line) 요소와 'steel' 재료물성치를 생성**한다.

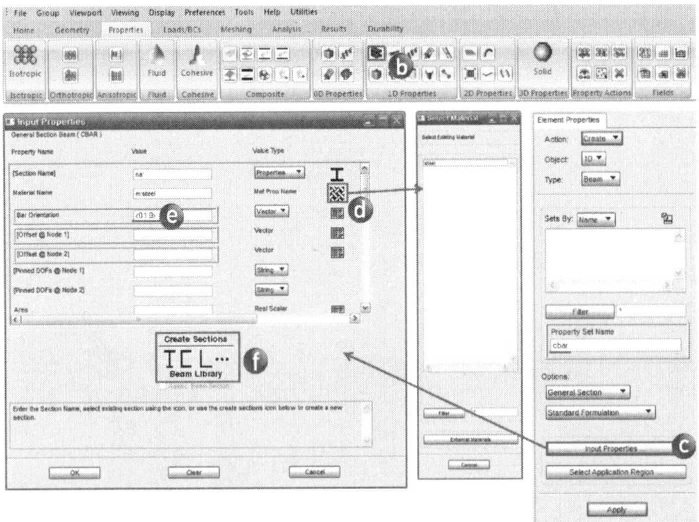

ⓑ Properties Tap에 **Beam 아이콘**을 클릭한다.

ⓒ Property Set Name에 **'cbar'를 입력**하고 **Input Properties**를 클릭한다.

ⓓ **Select Material 아이콘**을 클릭하여 **'steel' 재료물성**을 선택한다.

ⓔ **Bar Orientation에 '<0 1 0>'**을 입력한다.

ⓕ **Beam Library 아이콘**을 클릭한다.
(Beam Library을 이용하여 Beam의 모든 단면특성을 간편하게 구할 수 있다. Beam 단면특성을 이미 알고 있는 경우 직접 입력하여도 됨)

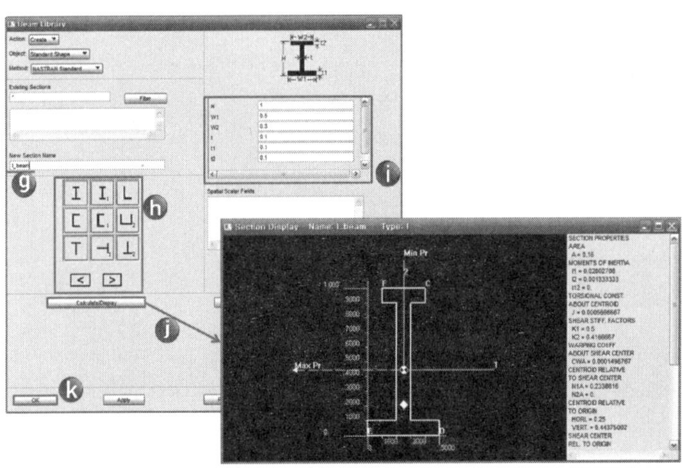

ⓖ New Section Name에 **'I_beam'을 입력**한다.

ⓗ 원하는 **빔 단면 형상을 선택**한다.

ⓘ 빔 단면 그림을 참조하여 **선택한 단면의 치수**를 기입한다.

ⓙ **Calculate/Display 버튼**을 클릭하면 빔 단면 및 특성을 볼 수 있다.

ⓚ **OK 버튼**을 클릭하면 Input Properties의 Section Name에 **'I_beam' 단면**이 설정된다.

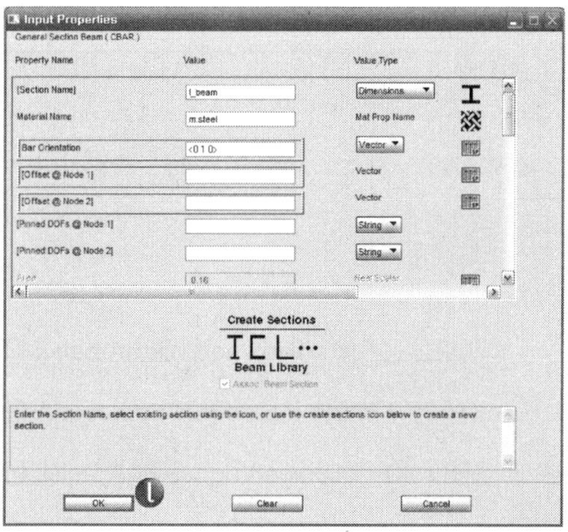

ⓛ Input Properties 창에서 **OK 버튼**을 클릭한다.

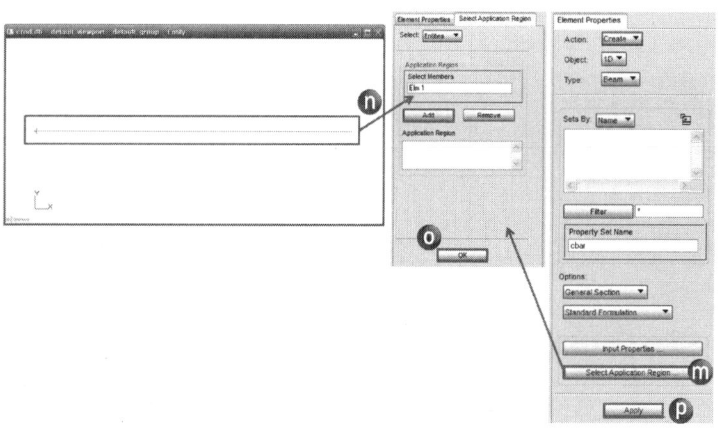

ⓜ **Select Application Region을 클릭**한다.

ⓝ Application Region에서 화면의 선 요소를 선택하고 **Add 버튼**을 클릭한다.

ⓞ **OK 버튼**을 클릭한다.

ⓟ **Apply 버튼**을 클릭하면 'cbar' 요소특성이 생성된다.

5. Surface Element : CQUAD4

면(surface element) 요소는 구조물의 두께가 나머지 두 방향의 차원보다 매우 작거나 (plane-stress) 매우 클 경우(plane-strain) 사용될 수 있다. 면 요소는 2 차원 요소라고 불리기도 하며 평판, 막, 곡률이 있는 쉘 요소 등을 만들 수 있다. 2 차원 요소의 각 절점에서는 6 자유도 중 5 개의 자유도만 가지고 있으며, 두께방향 회전 성분이 포함되어 있지 않다.

5.1 CQUAD4 소개

CQUAD4 요소는 유한요소해석에서 가장 많이 쓰이는 2 차원 요소이다. 보통 평판(Plate), 쉘(shell), 얇은 막(membrane) 구조물에 대해 해석에 사용된다. CQUAD4 요소는 면내방향 (in-plane), 굽힘, 횡 전단(transverse shear) 거동을 표현할 수 있다. CQUAD4의 하중 성분을 아래 그림에 표시하였다.

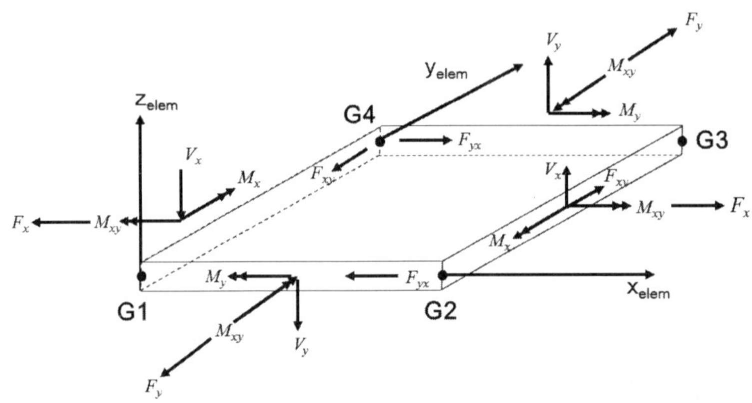

5.2 CQUAD4 엔트리 형식

CQUAD4 엔트리 형식은 다음과 같다.

형 식:

필드순서	1	2	3	4	5	6	7	8	9	10
데이터	CQUAD4	EID	PID	G1	G2	G3	G4	THETA or MCID	ZOFFS	
				T1	T2	T3	T4			

필드	설명
EID	요소의 고유번호 (정수 〉0)
PID	요소특성의 고유번호
Gi	요소를 구성하는 절점 고유번호
THETA	재료물성의 각도 [deg] (기본값 = 0)
MCID	재료물성의 방향를 결정하는 국부좌표계 (기본값 = 0)
ZOFFS	요소의 절점에서 평면 오프셋 크기 (기본값 = 0)
Ti	각 절점에서의 두께

면(surface) 요소에 사용될 수 있는 요소특성 엔트리는 대표적으로 PSHELL과 PCOMP가 있다. PSHELL은 일반적인 등방성 재료에 사용되고 PCOMP는 복합재료 적층에 사용된다.

PSHELL 요소특성의 엔트리는 다음과 같다.

형 식:

필드순서	1	2	3	4	5	6	7	8	9	10
데이터	PSHELL	PID	MID1	T	MID2	12I/T3	MID3	TS/T	NSM	
		Z1	Z2	MID4						

필드	설명
PID	요소특성의 고유번호 (정수 〉0)
MID1	면내방향에 대한 재료물성치 고유번호 (빈칸: 면내방향 강성 없음)
T	면내방향하중에 계산될 두께 (CQUAD4에 Ti가 정의된 경우 Ti로 계산)
MID2	굽힘 요소에 대한 재료물성치 고유번호 (빈칸: 굽힘 강성 없음)
12I/T3	굽힘관성모멘트 비 (기본값 = 0)
MID3	횡전단에 대한 재료물성치 고유번호 (MID2≠0 일 경우만 사용됨, 빈칸: 횡전단 강성 없음)
TS/T	전단보정계수 (기본값 = 0.833333)
NSM	단위 길이 당 비구조물(non-structural) 질량
Z1, Z2	응력이 계산되는 두께방향 위치 (기본값 = ±T/2)
MID4	면내방향-굽힘 커플링 재료물성치 고유번호 (MID1≠MID2 일 경우만 사용됨)

5.3 PATRAN에서의 CQUAD4 모델링

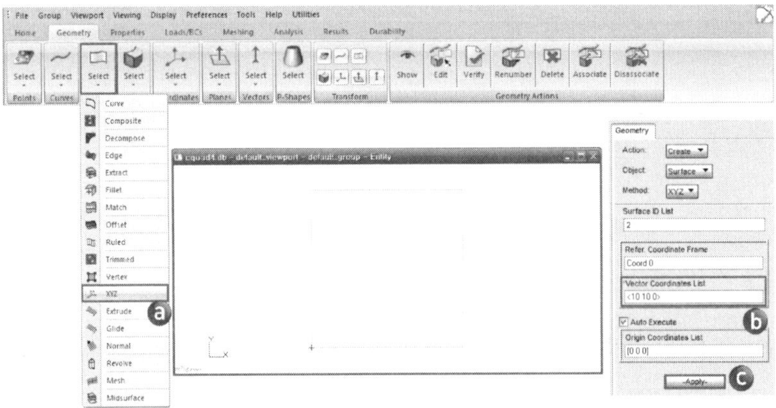

ⓐ Geometry Tap의 Surfaces에서 **XYZ 아이콘**을 클릭한다.

ⓑ Geometry Form 에서 **Vector Coordinates List에 <10 10 0>**을 입력한다.

ⓒ **Apply 버튼**을 클릭하면 정사각형 Surface가 생성된다.

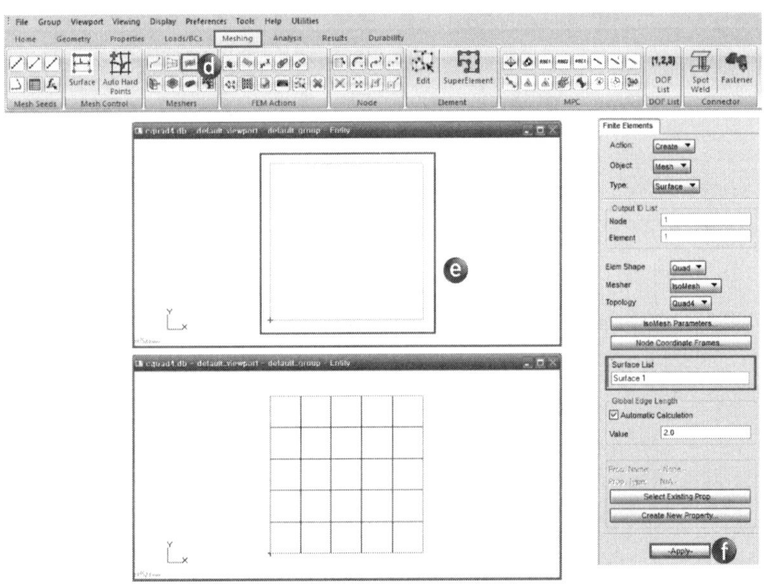

ⓓ Meshing Tap의 Meshers에서 **Surface 아이콘**을 클릭한다.

ⓔ Surface List에 화면의 **정사각형을 선택**한다.

ⓕ **Apply 버튼**을 클릭하면 요소가 생성된다.

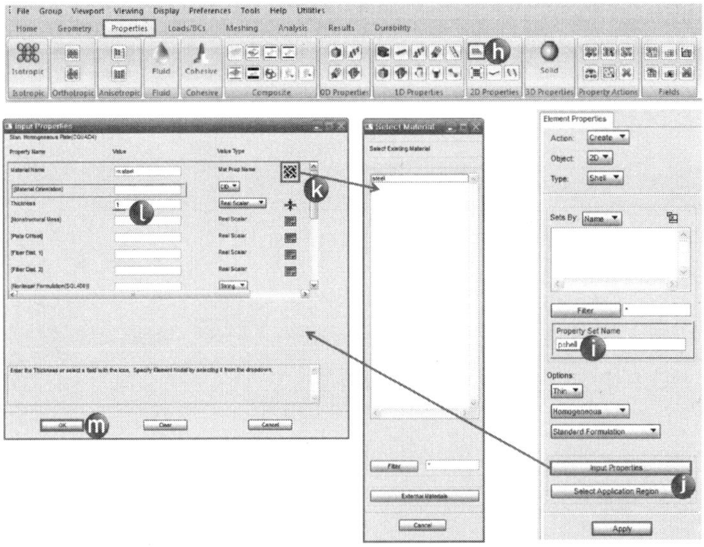

ⓖ 3.3에서 b ~ f를 반복하여 **'steel' 재료물성**을 생성한다.

ⓗ Properties Tap에 2D Properties에서 **Shell 아이콘을 클릭**한다.

ⓘ Property Set Name에 'pshell'을 입력한다.

ⓙ **Input Properties**를 클릭한다.

ⓚ **Select Material 아이콘**을 클릭하고 **'steel' 재료물성**을 선택한다.

ⓛ **Thickness에 '1'**을 입력한다.

ⓜ Input Properties 창에서 **OK 버튼**을 클릭한다.

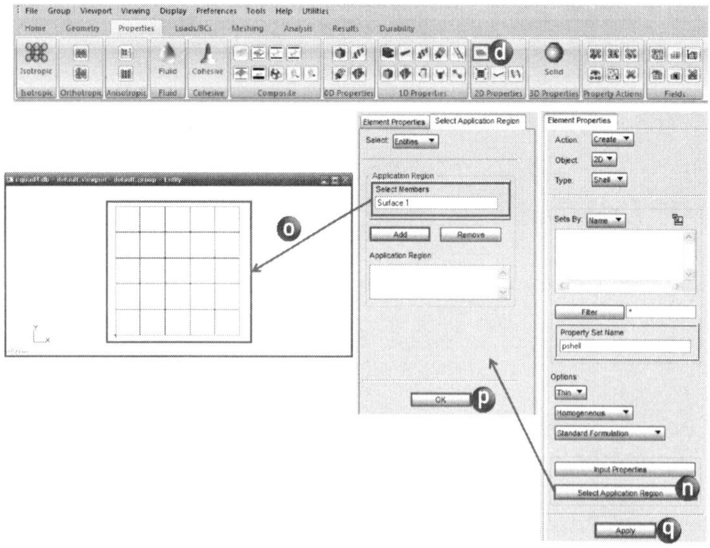

ⓝ **Select Application Region 버튼**을 클릭한다.

ⓞ Select Members에서 화면의 **Surface를 선택**하고 **Add 버튼**을 클릭한다.

ⓟ **OK 버튼**을 클릭한다.

ⓠ **Apply 버튼**을 클릭하면 'pshell' 요소특성을 가지는 CQUAD4 요소를 생성할 수 있다.

6. Solid Element : CHEXA

솔리드 요소는 3 차원 요소라고도 하며, 두꺼운 평판이나 벽돌과 같은 형상을 가지고 있다. CHEXA 요소는 6 면체 구조, CPENTA 요소는 5 면체 구조, CTETRA 요소는 4 면체 구조를 가진다. 솔리드 요소는 각 절점에서 회전자유도가 없이 병진자유도 만으로 거동한다.

6.1 CHEXA 소개

CHEXA 요소는 다른 솔리드 요소에 비해 성능이 좋아서 많이 쓰이는 요소이다. 하지만 Jacobian이나 Skew 등과 같은 요소 퀄리티에 대해 민감한 편이기 때문에 Mesh 작업을 할 때 주위를 기울여야 한다.

CHEXA 요소는 기본적으로 6 면체의 각 꼭짓점에 절점을 가지고 있어야 한다. 추가적으로 필요하다면 요소의 Edge 중간에 절점을 생성할 수 있어 아래 그림과 같이 최소 8개, 최대 20개의 절점으로 구성할 수 있다. 응력 계산은 6 면체의 중앙에서 계산된다.

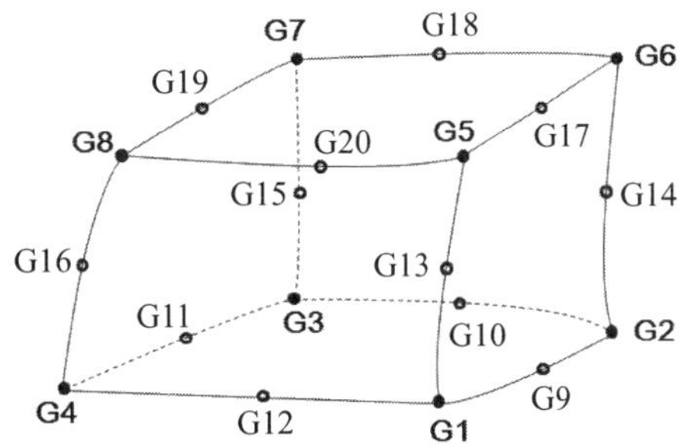

6.2 CHEXA 엔트리 형식

CHEXA 엔트리 형식은 다음과 같다.

형식:

필드순서	1	2	3	4	5	6	7	8	9	10
데이터	CHEXA	EID	PID	G1	G2	G3	G4	G5	G6	
		G7	G8	G9	G10	G11	G12	G13	G14	
		G15	G16	G17	G18	G19	G20			

필드	설명
EID	요소의 고유번호 (정수 〉0)
PID	요소특성의 고유번호
Gi	요소를 구성하는 절점 고유번호 (i = 1~8 까지는 필수, 나머지는 선택)

솔리드 요소의 요소특성을 정의하는 PSOLID 엔트리는 다음과 같다.

형 식:

필드순서	1	2	3	4	5	6	7	8	9	10
데이터	PSOLID	PID	MID	CORDM	IN	STRESS	ISOP	FCTN		

필드	설명
PID	요소특성의 고유번호 (정수 〉0)
MID	요소특성에 적용되는 재료물성치 고유번호
CORDM	재료물성의 방향을 결정하는 국부좌표계 고유번호 (기본값 = 요소좌표계)
IN	적분 인자 설정 (정수, 문자, 빈칸)
STRESS	응력 계산점 선택
ISOP	적분 방법 설정 (정수, 문자, 빈칸)
FCTN	유체요소 사용 유무 (유체요소 = PFLUID, 구조요소 = SMECH, 기본값 = SMECH)

6.3 PATRAN에서의 CHEXA 모델링

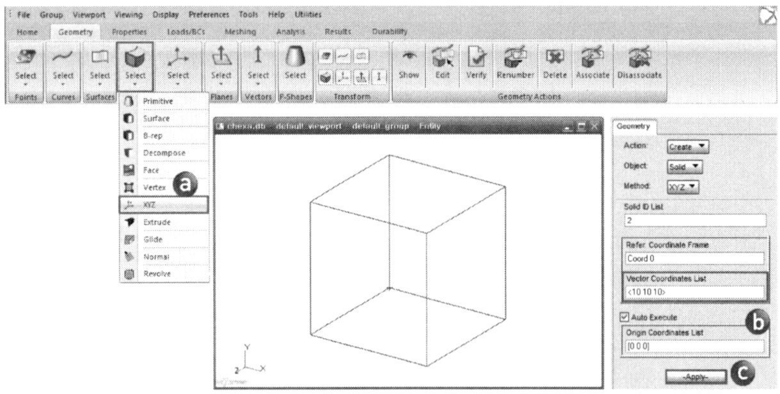

ⓐ Geometry Tap에 **XYZ 아이콘**을 클릭한다.

ⓑ **Vector Coordinates List에 <10 10 10>**을 입력한다.

ⓒ **Apply 버튼**을 클릭하면 한 변의 길이가 10인 정육면체가 생성된다.

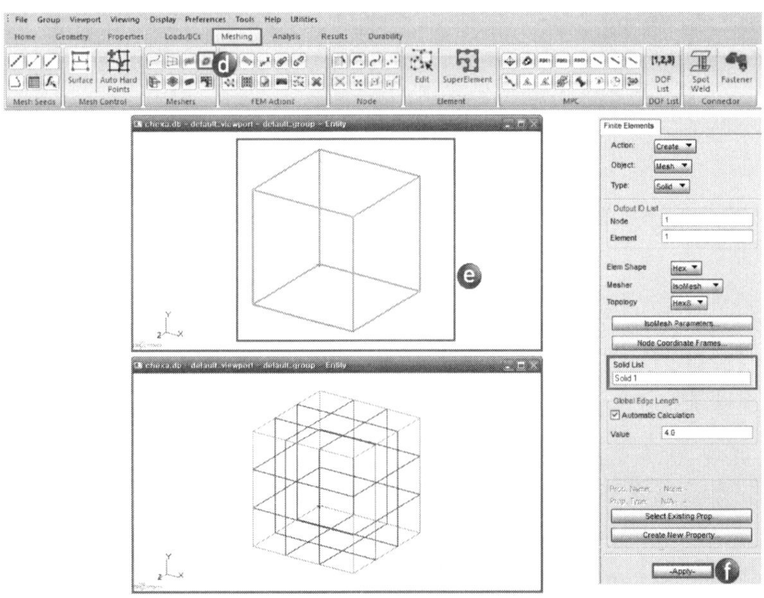

ⓓ Meshing Tap에서 Meshers에 **Solid 아이콘**을 클릭한다.

ⓔ Solid List에 화면의 **정육면체를 선택**한다.

ⓕ **Apply 버튼**을 클릭하면 Hexa 요소가 생성된다.

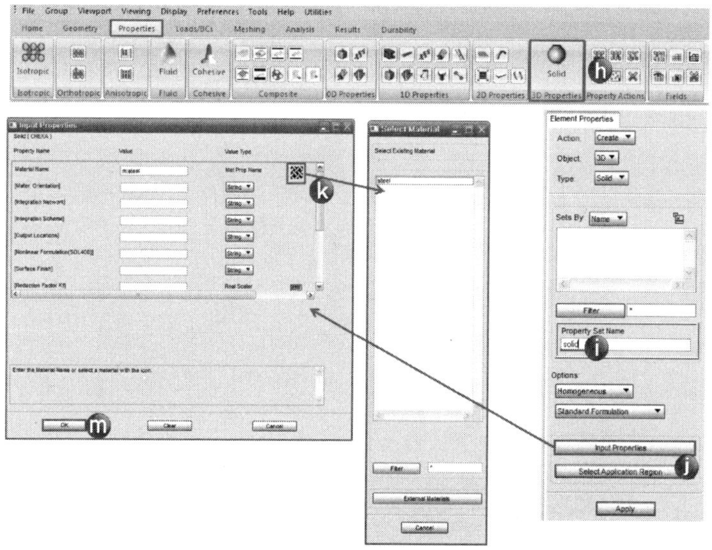

ⓖ 3.3의 b ~ f를 반복하여 **'steel' 재료물성을 생성**한다.

ⓗ Properties Tap에 **Solid 아이콘**을 클릭한다.

ⓘ Property Set Name에 'solid'를 입력한다.

ⓙ **Input Properties**를 클릭한다.

ⓚ **Select Material 아이콘**을 클릭하여 'steel' 재료물성을 선택한다.

ⓜ Input Properties 창에 **OK 버튼**을 클릭한다.

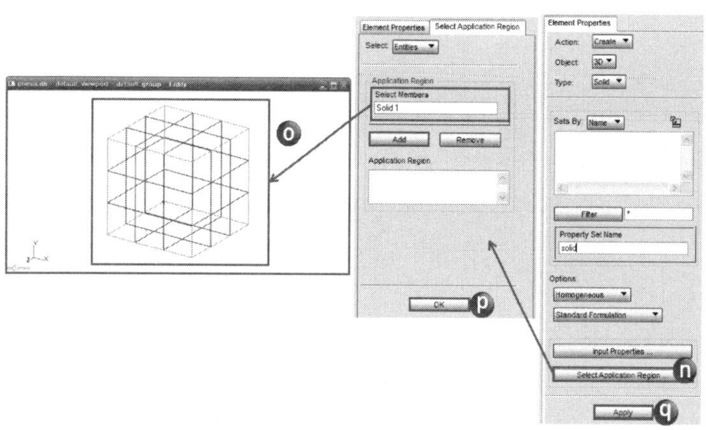

ⓝ **Select Application Region을 클릭**한다.

ⓞ Application Region에서 **화면의 정육면체를 선택**하고 **Add 버튼**을 클릭한다.

ⓟ **OK 버튼**을 클릭한다.

ⓠ **Apply 버튼**을 클릭하면 'solid' 요소특성을 가지는 CHEXA 요소를 생성할 수 있다.

Patran GUI

개요

MSC NASTRAN 버전 2016 과 Patran 버전 2016 을 사용

1. Windows GUI 소개

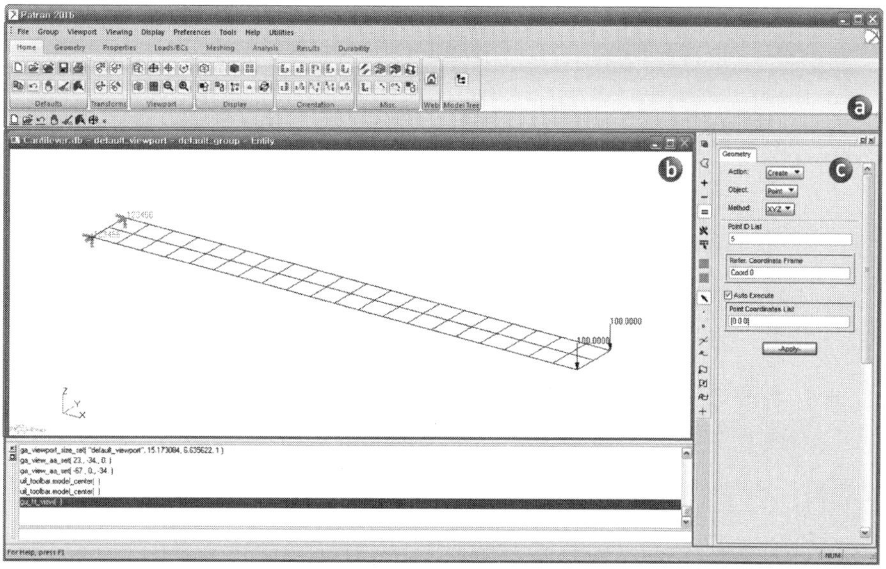

ⓐ : Main Menu

ⓑ : Viewport

ⓒ : Application Forms

1.1 MAIN MENU

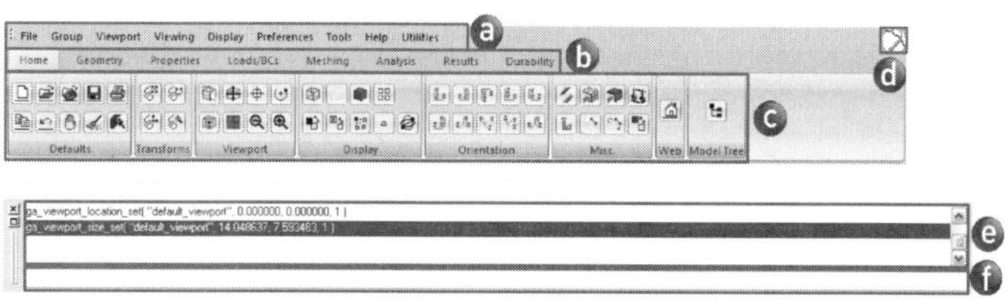

ⓐ : Menu bar

ⓑ : Application Tabs

ⓒ : Tools

ⓓ : Status Icon

- 초록색으로 멈춘 상태 : 어떠한 작업도 수행하지 않는 상태
- 파란색으로 회전하는 상태 : 어떤 작업을 수행하고 있지만 Abort icon으로 작업을 멈출 수 있는 상태
- 빨간색으로 회전하는 상태 : 작업을 수행하고 있어 사용자가 임의로 멈출 수 없는 상태

ⓔ : History window

ⓕ : Command Window

ⓖ : Defaults

- : Create a New Database
- : File Open
- : Open Recent
- : File Save
- : Print
- : Copy to Clipboard
- : Undo - 마지막 작업에 대해서만 가능
- : Abort - 수행중인 작업 취소
- : Reset Graphics
- : Refresh Graphics

ⓗ : Display and Viewing Icons

1.2 VIEWPORT

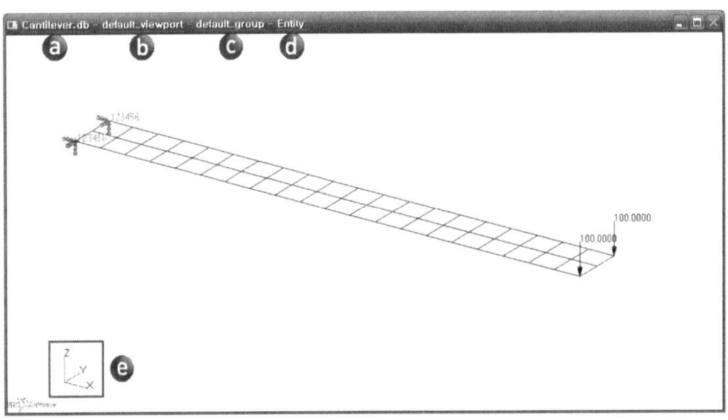

ⓐ : Database Name
ⓑ : Current Viewport
ⓒ : Current Group
ⓓ : Display Mode
ⓔ : Global Coordinate Axis

1.3 APPLICATION FORMS

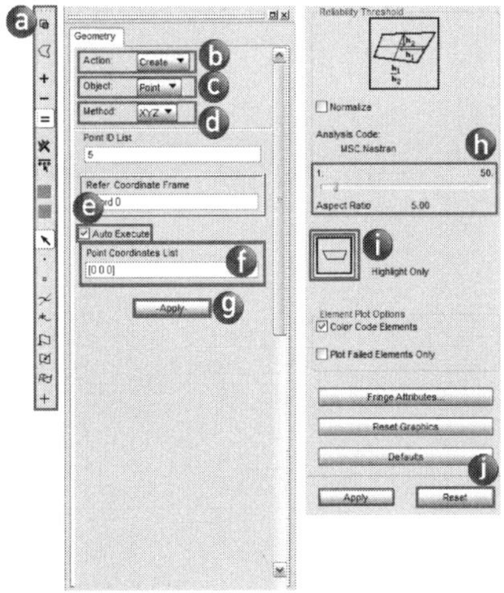

ⓐ : Picking Filters toolbar

ⓑ : Action

ⓒ : Object

ⓓ : Method

ⓔ : Check box - 해당 기능 on/off

ⓕ : Data box

- 데이터를 입력하는 방법은 두 가지 방법이 있다.
- 첫 번째 방법은 Viewport에서 원하는 위치에 마우스를 클릭하여 데이터를 선택할 수 있다.
- 두 번째 방법은 원하는 데이터를 직접 써서 선택할 수 있다.

ⓖ : Apply - 해당 작업 수행

ⓗ : Slide bar - 해당 변수 값 조절

ⓘ : Control Icon - 해당 옵션 적용 유무 선택

ⓙ : Reset - 변수 값들을 기본 값으로 재설정

2. Entity Picking

2.1 DATA BOX에서 키보드를 사용하여 직접 입력

문법	설명
Point 1 2 3	Point 1, Point 2, Point 3 선택
Point 1:9:2	Point 1에서 9 까지 2 씩 끊어서 선택 ex) Point 1, 3, 5, 7, 9
Point 1:#	모든 Point 선택
Curve 1 2, 3/ 4	데이터를 구분하는 기호들: space, “,”, “/”
Surface 3.1	상위 항목에 포함된 하위 데이터 ex) Surface 3에 있는 Edge 1 선택
Solid 1:10.2	문법 조합 ex) Solid 1~10 각각에 있는 Edge 2, 총 10개 Edge 선택
[x y z]	대괄호 “[”, “]”는 좌표 입력을 의미
[xn28, 1, 2]	각 좌표는 데이터로 표현 가능 ex) xn28 = Node 28의 x 좌표 값
[1, zp5, 3] [1, z5, 3]	y 좌표 = Point 5의 z 좌표 값 Point를 의미하는 p는 생략 가능
[1, 2, '-64.0/20.0']	각 성분의 값을 결정할 때 작은따옴표 “'”를 사용하여 수학적 표현도 가능
〈R T Z〉	화살괄호 “〈”, “〉”를 사용하여 벡터 정의
{[ ][ ]}	중괄호 “ ”, “ ”를 사용하여 축 정의 첫 번째 대괄호의 좌표는 축의 원점을 의미 두 번재 대괄호의 좌표는 축의 방향을 의미

2.2. VIEWPORT에서 마우스를 사용하여 데이터 선택

- Single Entity - 원하는 개체에 마우스 커서를 이동하여 클릭한다.

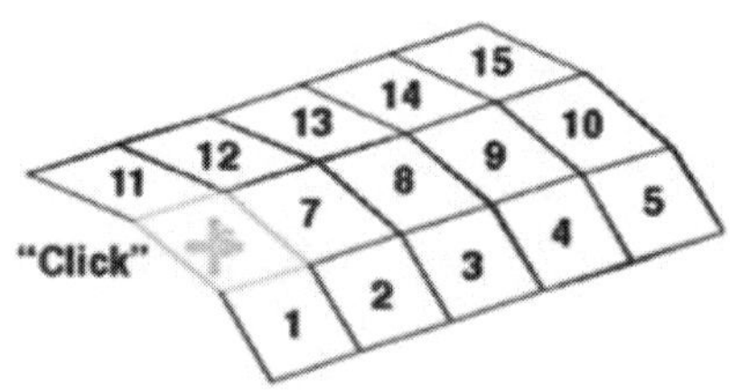

• Multiple Picking - Shift 키를 누른 상태에서 원하는 개체를 클릭한다.

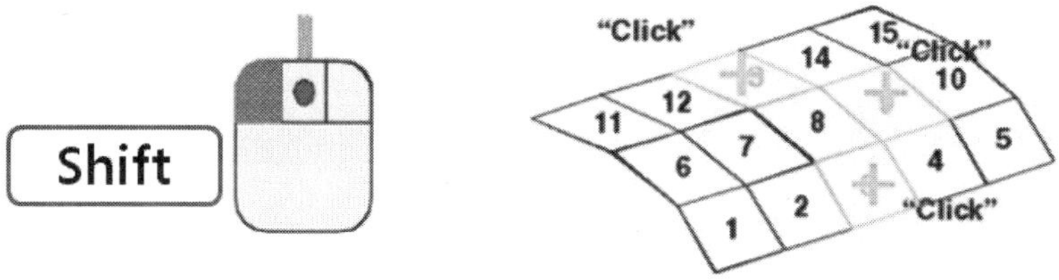

• Rectangle Picking - 클릭 및 드래그 하여 원하는 영역에 있는 개체들을 선택한다.

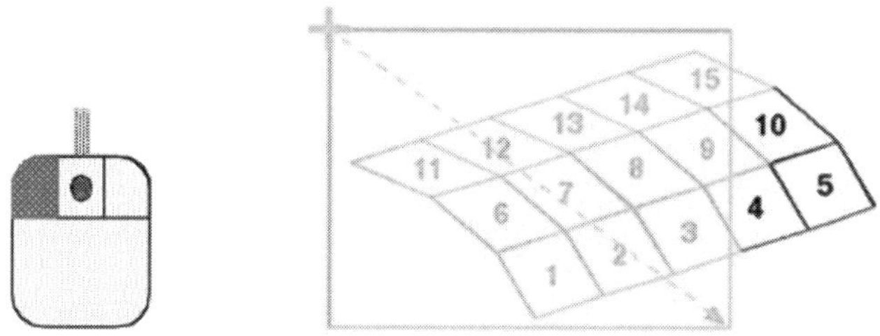

• Polygon Picking - Ctrl 키를 누른 상태로 여러 번 클릭하여 다각형을 만들면 닫힌 영역 내부에 있는 개체들이 선택된다. 더블 클릭하면 다각형이 닫힌다.

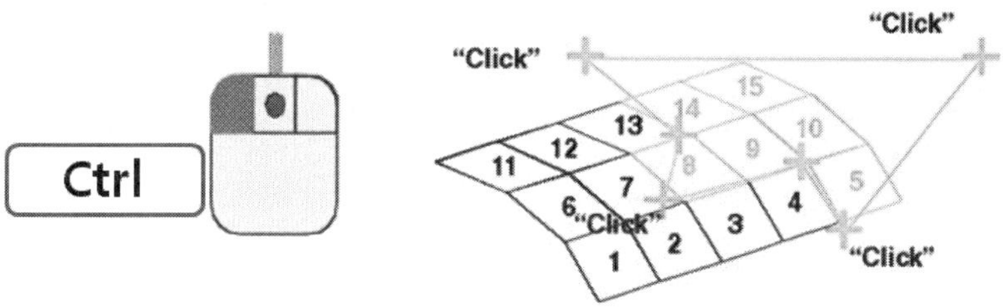

* Picking Filters Toolbar에서 아이콘으로도 선택 가능

• Cycle Picking - 원하는 개체가 다른 개체에 의해 겹쳐져 보이거나 선택하기 힘든 경우, Shift 키를 누른 상태에서 마우스 우 클릭을 하면 마우스 커서 주변의 개체들을 선택할 수 있는 창이 나타난다. Cycle picking form 창에서 원하는 개체를 선택한다.

- Deselect - Ctrl 키와 Shift 키를 누른 상태로 개체에 마우스 우 클릭 하면 개체선택을 취소할 수 있다.

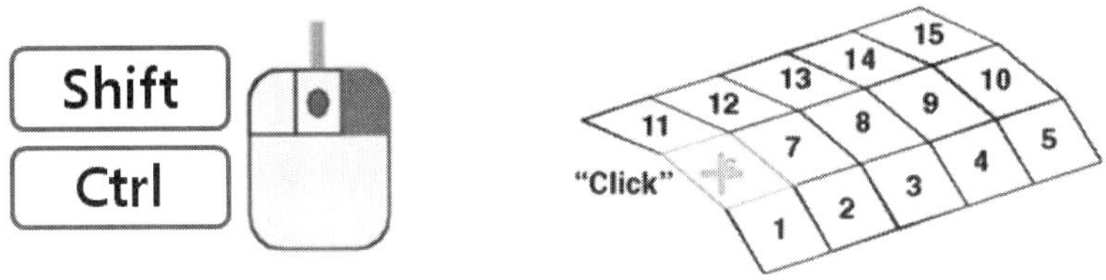

3. Viewport 화면 조작법

3.1 TRANSFORMS

ⓐ Main menu에 아이콘을 이용한 방법

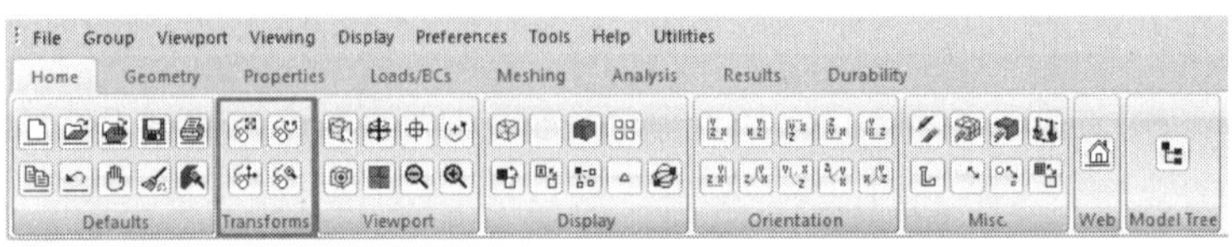

아이콘	아이콘 이름	설명
	Mouse rotate XY	마우스 휠 버튼을 눌러 모델을 XY 축에 대해 회전
	Mouse rotate Z	마우스 휠 버튼을 눌러 모델을 Z 축에 대해 회전
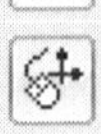	Mouse Translate XY	마우스 휠 버튼을 눌러 모델을 XY 방향에 대해 이동
	Mouse Zoom	마우스 휠 버튼을 눌러 모델을 확대 혹은 축소

ⓑ 마우스 휠 버튼을 이용한 방법

Shift 키와 Ctrl 키, 마우스 휠 버튼을 사용하여 마우스를 움직여 Viewport를 조작할 수 있다. 해당 설정은 Main menu의 Preferences에서 수정할 수 있다.

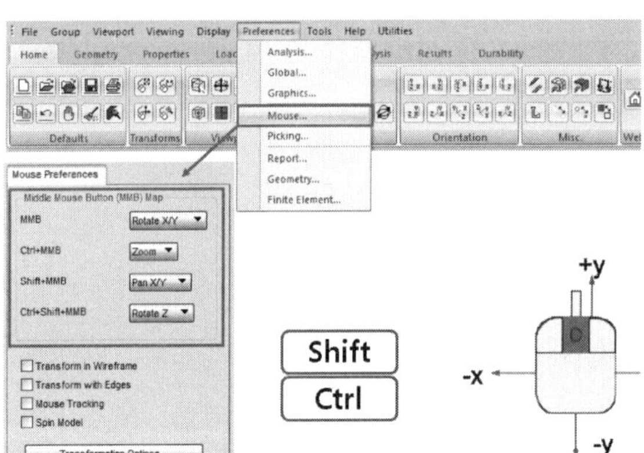

3.2 VIEWPORT

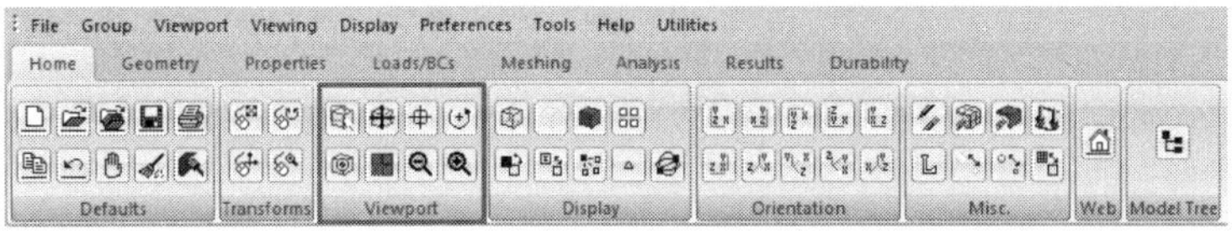

아이콘	아이콘 이름	설명
	View Corners	커서로 드래그한 직사각형 영역을 확대
	Fit View	전체 모델이 보이도록 Viewport를 자동으로 조정
	View Center	커서가 선택한 지점이 Viewport의 중앙에 오도록 조정
	Rotation Center	커서로 Viewport의 회전 중심을 지정
	Model Center	모델의 중심점이 Viewport의 회전 중심이 되도록 지정
	Tile Viewports	Viewport 창 크기를 자동으로 조정
	Zoom Out	Viewport 2배 축소
	Zoom In	Viewport 2배 확대

3.3 DISPLAY

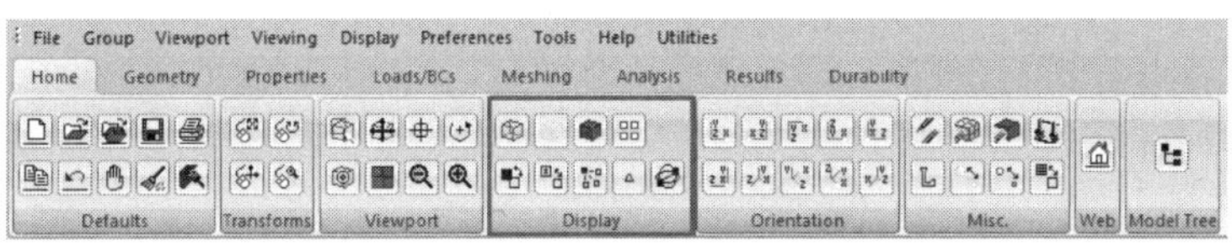

아이콘	아이콘 이름	설명
	Wire Frame	모델을 Wire Frame으로 표시
	Hidden Line	모델을 Hidden Line으로 표시
	Smooth Shaded	모델을 Smooth Shaded으로 표시
	Element Shrink	요소가 약간 축소되어 표시 (On/Off)
	Cycle Background	Viewport의 배경색 전환
	Cycle Show Labels	개체들의 라벨(번호) 표시 (On/Off)
	MPC Markers On/Off	MPC(Multiple Point Constraint) 요소 표시 (On/Off)
	Point (0D) Element Marker On/Off	Point 및 0D 요소 표시 (On/Off)
	Connector Element Markers On/Off	Connector 요소 표시 (On/Off)

3.4 ORIENTATION

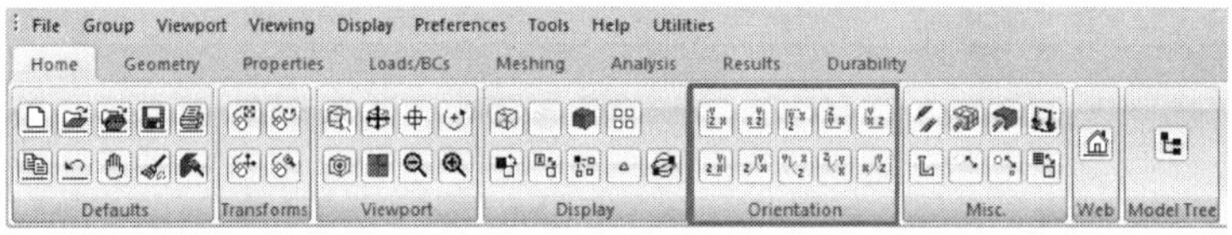

아이콘	아이콘 이름	방향
	Front	X = 0, Y = 0, Z = 0
	Rear	X = -180, Y = 0, Z = -180
	Top	X = 90, Y = 0, Z = 0
	Bottom	X = -90, Y = 0, Z = 0
	Left Side	X = 0, Y = 90, Z = 0
	Right Side	X = 0, Y = -90, Z = 0
	Iso1	X = 23, Y = -34, Z = 0
	Iso2	X = 23, Y = 56, Z = 0
	Iso3	X = -67, Y = 0, Z = -34
	Iso4	X = -157, Y = 34, Z= 180

3.5 MISC.

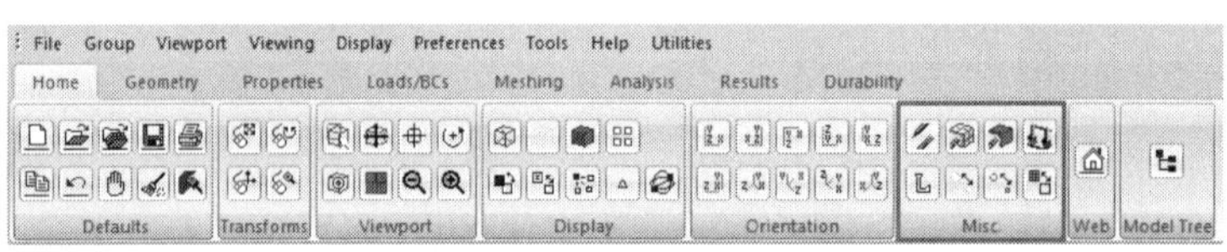

아이콘	아이콘 이름	설명
	Plot/Erase	Plot/Erase Form 열기
	Plot/Erase FEM	모든 FEM 개체 보이기/숨기기
	Plot/Erase Geometry	모든 형상 개체 보이기/숨기기
	Plot LBC Markers	모든 하중 및 경계조건 개체 보이기/숨기기
	Label Control	원하는 개체에 따라 라벨(번호)를 표시할 수 있는 Form 열기
	Point Size	Point 사이즈 크게/작게 표시
	Node Size	Node 사이즈 크게/작게 표시
	Display Lines	형상에 Line을 표시하여 시각화 (On/Off)

4. Patran Online Help

Help 메뉴는 Patran 혹은 Nastran에 대한 모든 기능 및 이론, 예제 등에 대한 정보를 제공해 준다. 아래 그림과 같이 Main menu를 통해 들어가거나 키보드의 'F1' 키를 통해 들어갈 수 있다.

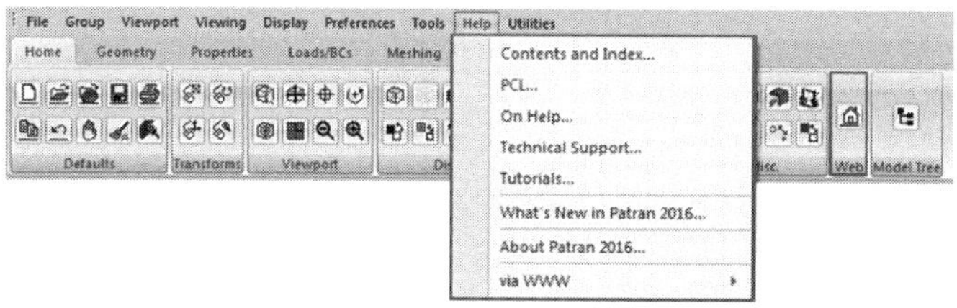

Workshop 1

Cantilever Beam

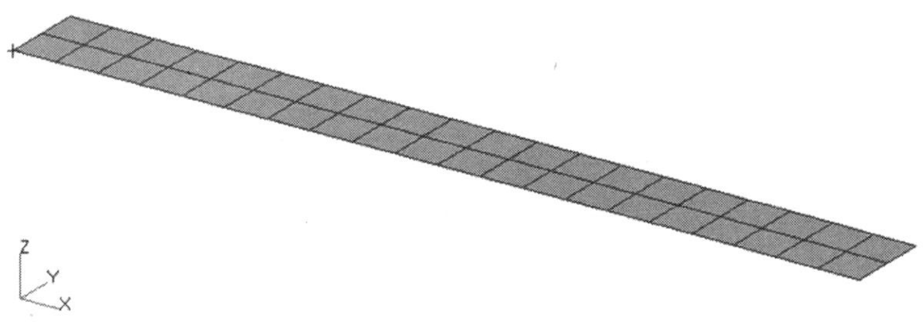

문제정의

Workshop 1에서는 가장 간단한 외팔보 문제를 다룬다. 2D 요소인 Shell 요소를 사용하여 모델링하고 요소 두께는 10 mm, 사용되는 재료는 Steel로 적용한다. 외팔보의 한쪽 끝이 고정되어 있다고 가정하고 다른 한쪽 끝은 100 N의 힘을 받을 때 외팔보의 변위와 응력을 알아보도록 한다.

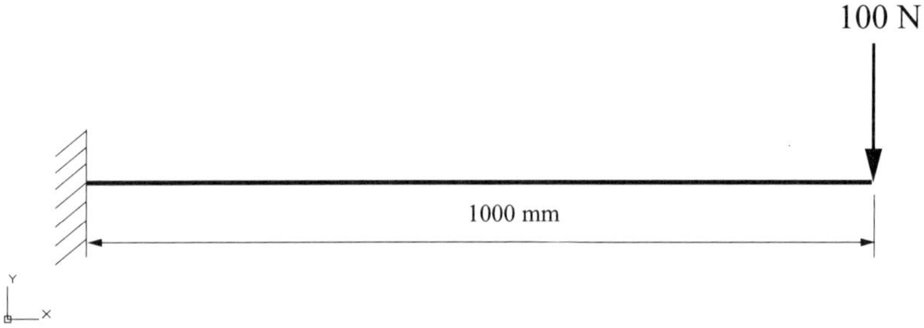

	설정
해석 시스템	Linear Static (Sol 101)
단위계	N / ton / mm
	Steel
탄성계수, G	2.00E + 05 N/mm^2
포아송 비, Nu	0.3

1 전 처리 (Pre-Process)

Step 1 .db 파일 생성

ⓐ Patran을 실행한다.

ⓑ Home Tap에서 **New 아이콘**을 클릭한다.

ⓒ 파일 이름을 'Cantilever.db'으로 입력하고 **OK 버튼**을 클릭한다.

ⓓ New Model Preference에서 그림과 같이 설정하고 **OK 버튼**을 클릭한다.

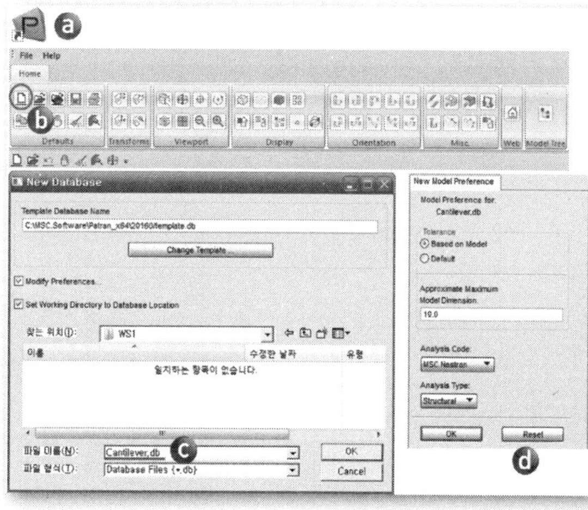

Step 2 Geometry 생성

ⓐ Geometry Tap에서 Surfaces의 **XYZ 아이콘**을 클릭한다.

ⓑ Geometry Form에서 **Auto Execute 체크를 해제**한다.

ⓒ **Vector Coordinates List에 <1000 100 0>**을 입력한다.

ⓓ **Origin Coordinates List**에 **[0 0 0]**을 입력한다.

ⓔ Geamettry Form에서 **Apply 버튼**을 클릭한다.

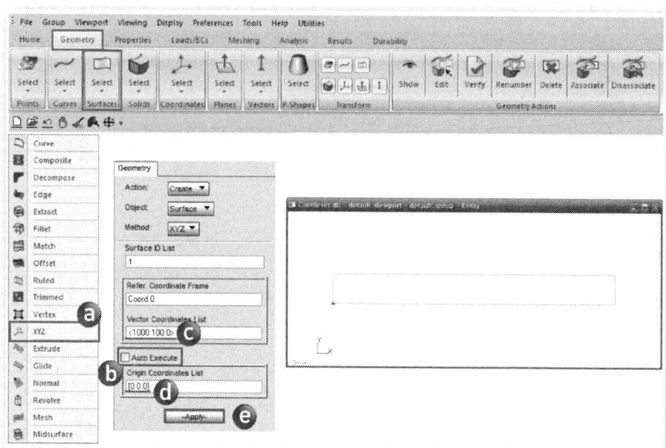

Step 3 Mesh 생성

ⓐ Meshing Tap에서 **Surface 아이콘**을 클릭한다.

ⓑ Finite Elements Form에서 **Automatic Calculation 체크**를 해제한다.

ⓒ **'Elem Shape: Quad, Mesh67er: IsoMesh, Topoloy: Quad4'**로 설정한다.

ⓓ Surface List에서 화면에 있는 **Surface를 선택**한다.

ⓔ Global Edge Length의 **Value를 '50'**으로 입력하고 **Apply 버튼**을 클릭한다.

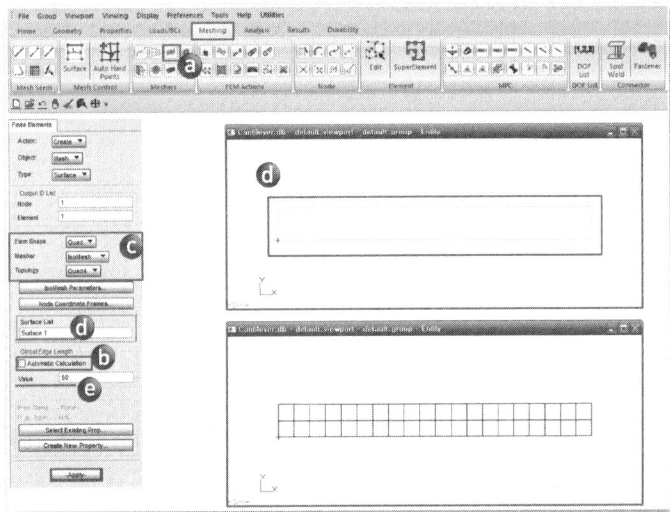

Step 4 Material 생성

ⓐ Properties Tap에서 **Isotropic 아이콘**을 클릭한다.

ⓑ Material Name을 **'steel'**로 입력한다.

ⓒ Input Properties를 클릭하여 **'Elastic Modulus: 2.00e5, Poisson Ratio: 0.3'**를 입력하고 **OK 버튼**을 클릭한다.

ⓓ Materials Form에서 **Apply 버튼**을 클릭하면 **'steel'** 물성치가 생성된다.

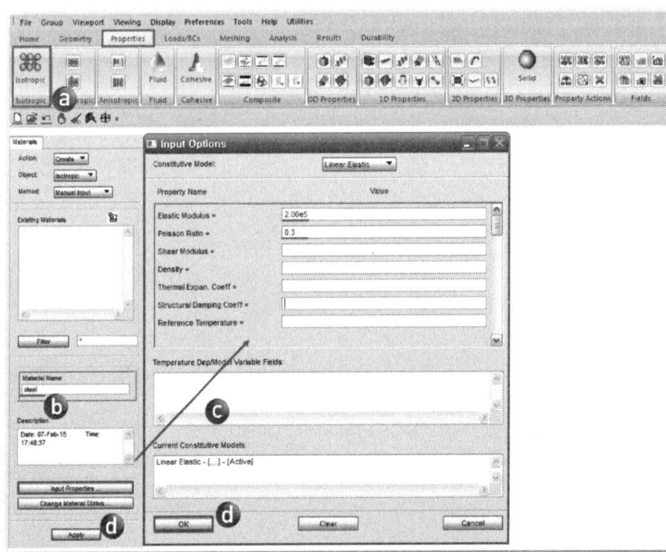

Step 5 Property 생성

ⓐ Properties Tap에서 **shell 아이콘**을 클릭한다.

ⓑ Property Set Name을 **'Cantilever'**로 입력한다.

ⓒ **Input Properties 버튼**을 클릭한다.

ⓓ Mat Prop Name의 오른쪽에 있는 아이콘을 클릭하고 Step 4 에서 만든 **'steel'** 물성치를 클릭하면 자동으로 물성치가 적용된다.

ⓔ **Thickness를 '10'**으로 입력한다.

ⓕ Input Properties 창의 **OK 버튼**을 클릭한다.

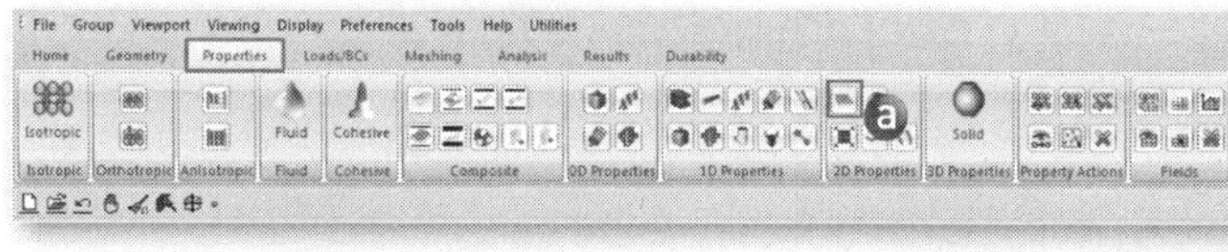

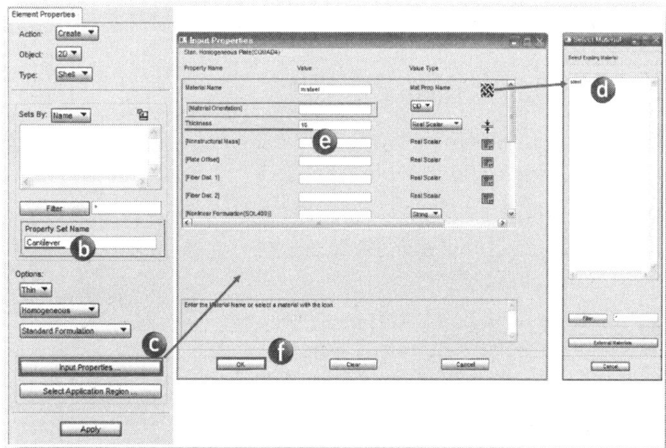

ⓖ Element Properties Form에서 **Select Application Region**을 클릭한다.

ⓗ Select Members에서 화면에 있는 **Surface를 선택**하고 **Add 버튼**을 클릭하면 Application Region에 'Surface 1'이 추가된다.

ⓘ **OK 버튼**을 클릭한다.

ⓙ Element Properties Form에서 **Apply 버튼**을 클릭하면 **'Cantilever' property**가 생성된다.

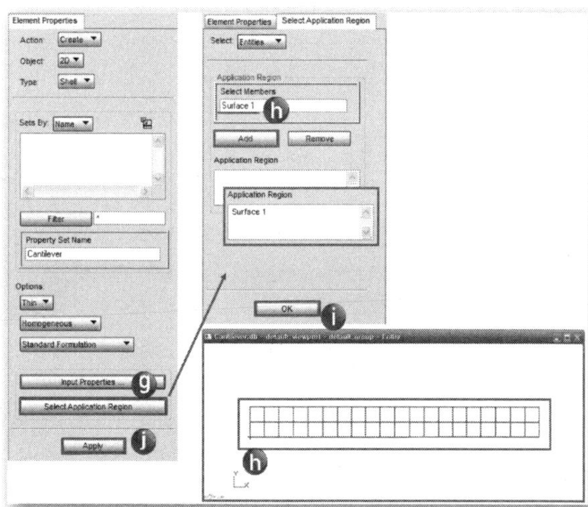

Step 6 경계조건 설정

ⓐ Loads/BCs Tap에서 **Displacement Constraint 아이콘**을 클릭한다.

ⓑ New Set Name을 **'SPC'**로 입력한다.

ⓒ Input Data를 눌러 그림과 같이 **Translations와 Rotations 항에 모두 < 0 0 0 >**로 입력한다.

ⓓ Input Data 창에 **OK 버튼**을 클릭한다.

ⓔ Load/Boundary Conditions Form에서 **Select Application Region 버튼**을 클릭한다.

ⓕ Picking Filters Toolbar에서 **Curve or Edge 아이콘**을 누르고 **외팔보의 왼쪽 끝 선**을 선택한 뒤 **Add 버튼**을 클릭한다.

ⓖ Application Region에 **'Surfaces 1.1'**이 입력된 것을 확인하고 **OK 버튼**을 클릭한다.

ⓗ Load/Boundary Conditions Form에서 **Apply 버튼**을 클릭하면 **'SPC' 경계조건**이 생성된다.

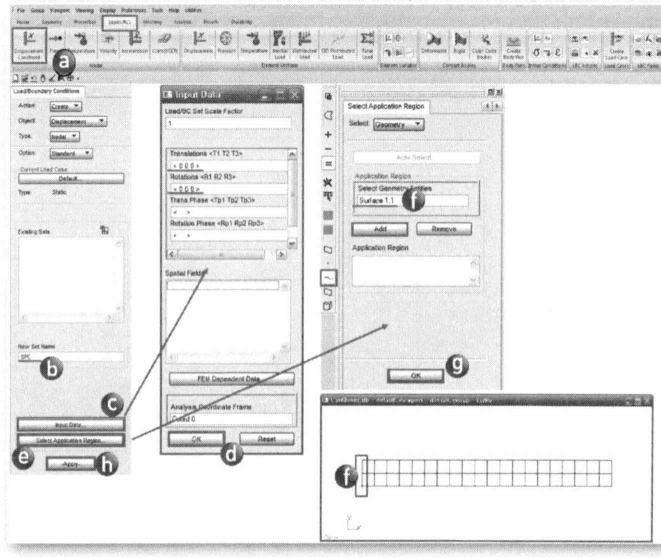

Step 7 하중조건 설정

ⓐ Loads/BCs Tap에서 **Force 아이콘**을 클릭한다.

ⓑ New Set Name을 **'Force'**로 입력한다.

ⓒ Input Data를 눌러 그림과 같이 **Force 항에 < 0 0 -100 >**로 입력한다.

ⓓ Input Data 창에 **OK 버튼**을 클릭한다.

ⓔ Load/Boundary Conditions Form에서 **Select Application Region 버튼**을 클릭한다.

ⓕ Picking Filters Toolbar에서 **Curve or Edge 아이콘**을 누르고 외팔보의 **오른쪽 선**을 선택한 뒤 **Add 버튼**을 클릭한다.

ⓖ Application Region에 **'Surfaces 1.3'**이 입력된 것을 확인하고 **OK 버튼**을 클릭한다.

ⓗ Load/Boundary Conditions Form에서 **Apply 버튼**을 클릭하면 **'Force' 하중조건**이 생성된다.

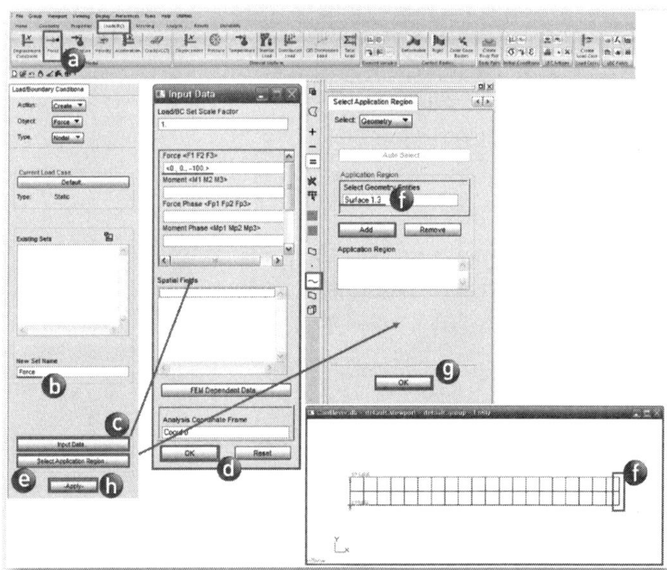

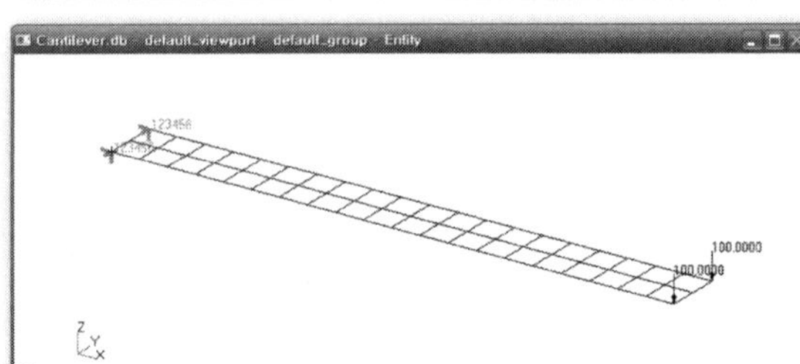

2 해석 (Solve)

Step 1 해석 설정

ⓐ Analysis Tap에서 **Entire Model 아이콘**을 클릭한다.

ⓑ Analysis Form에서 Job Name을 **'Cantilever'**로 입력한다.

ⓒ Solution Type을 클릭하여 **'LINEAR STATIC'**으로 클릭 되었는지 확인하고 **OK 버튼**을 클릭한다.

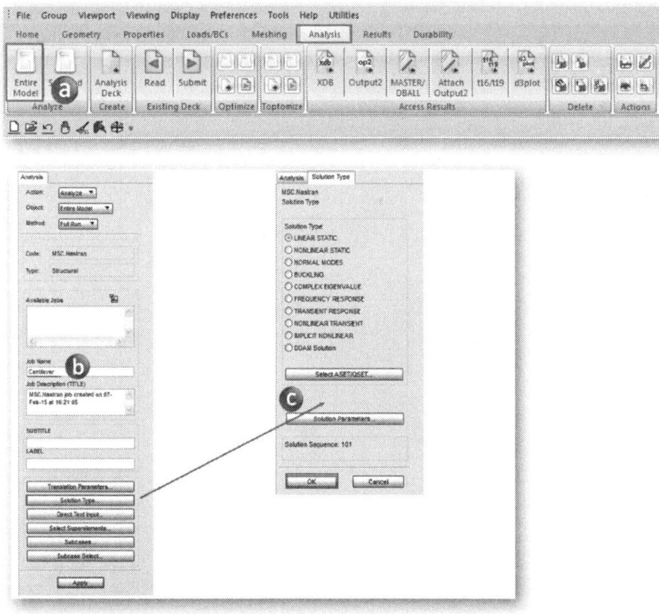

ⓓ **Subcases 버튼**을 클릭하여 **Default**를 클릭한다.

ⓔ Subcases 창의 **Output Requests**를 클릭하여 원하는 Output을 클릭한다.

ⓕ Output Requests 창의 **OK 버튼**을 클릭한다.

ⓖ Subcases 창의 **Apply 버튼**을 클릭한 뒤 **Cancel**을 클릭한다.

ⓗ **Apply 버튼**을 클릭하면 해석이 수행된다.

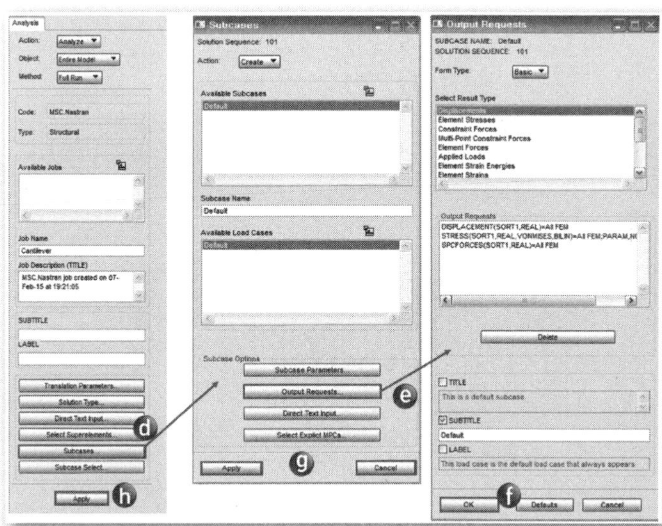

Step 2 결과파일 연결

ⓐ Analysis Tap에서 Access Results의 **XDB 아이콘**을 클릭한다.

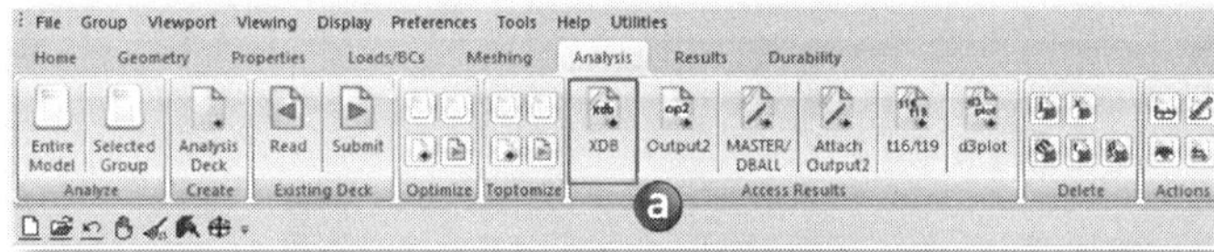

ⓑ **Select Results File 버튼**을 클릭하여 해당 파일경로에 있는 **'Cantilever.xdb'** 파일을 클릭한다.

ⓒ Analysis Form에서 **Apply 버튼**을 클릭한다.

ⓓ 연결이 완료되면 History Window 창에 그림과 같은 메시지가 뜬다.

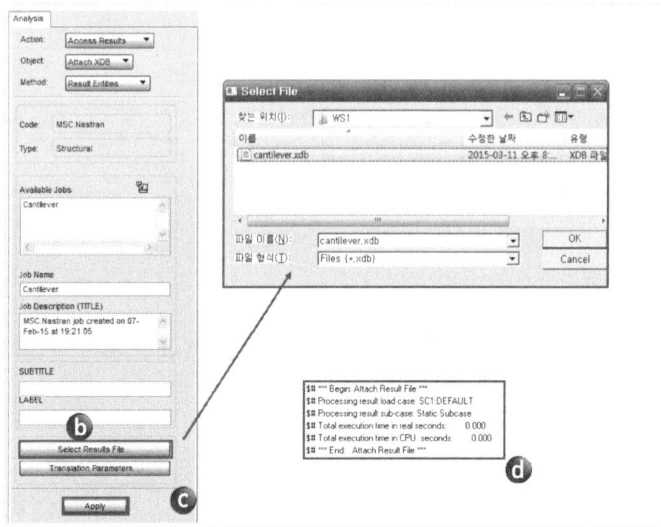

3 후 처리 (Post-Process)

Step 1 변위

ⓐ Results Tap에서 **Fringe/Deformation 아이콘**을 클릭한다.

ⓑ Select Fringe Result에서 **'Displacements, Translational'**, Select Deformation Result에서 **'Displacements, Translational'**을 선택한 뒤 **Apply 버튼**을 클릭한다.

ⓒ 화면에 나타난 결과를 확인한다.

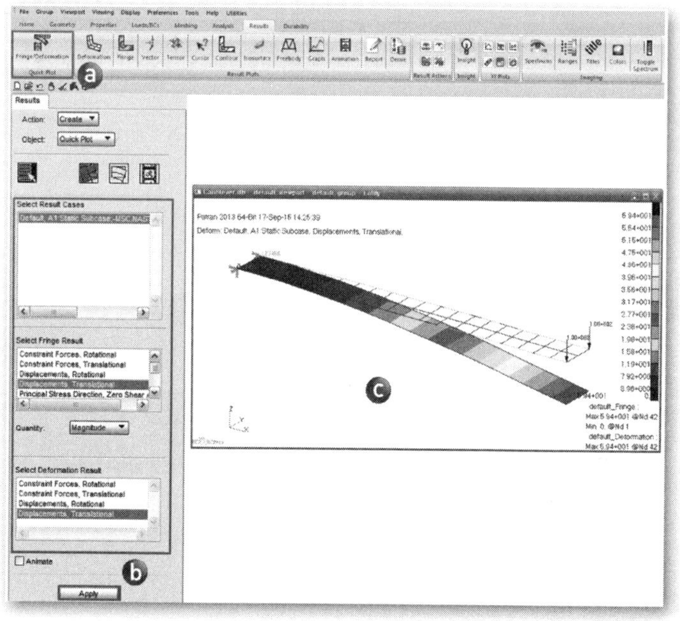

Step 2 von Mises 응력

ⓐ Select Fringe Result에서 **'Stress Tensor,'**, **'Quantity: von-Mises'**, Select Deformation Result에서 **'Displacements, Translational'**을 선택한 뒤 **Apply 버튼**을 클릭한다.

ⓑ 화면에 나타난 결과를 확인한다.

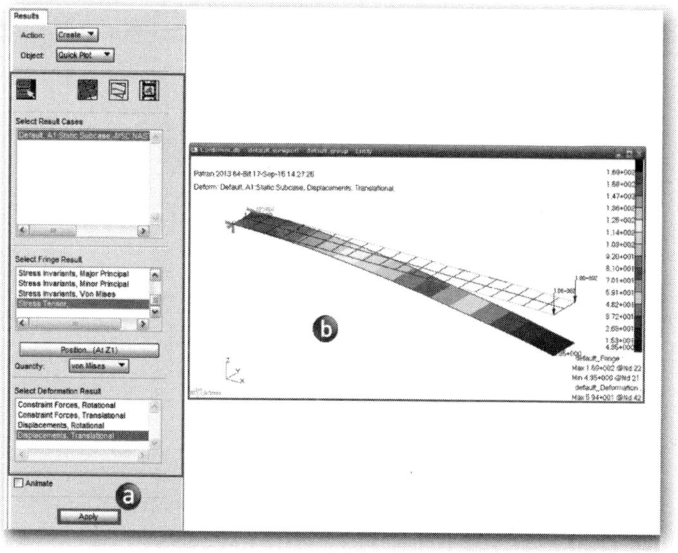

Workshop 2

Truss

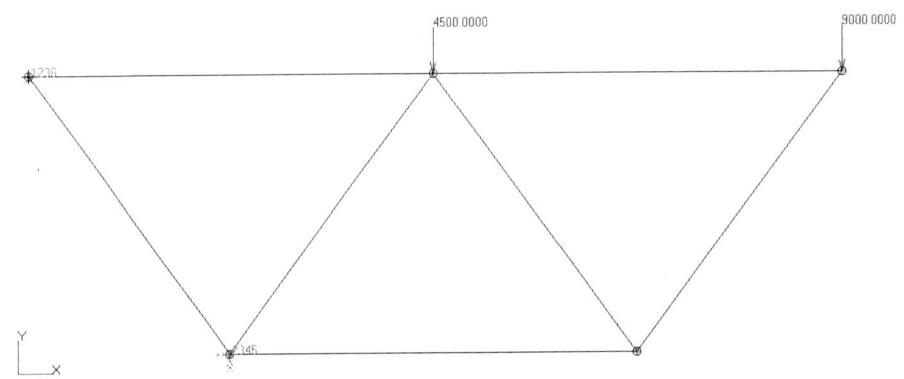

문제정의

Workshop 2에서는 1D Element인 봉(Rod) 요소를 사용한 트러스 구조를 해석한다. 봉 요소의 단면적은 0.04m^2, 사용되는 재료는 Steel을 적용했다. 트러스의 왼쪽 끝은 XYZ병진 자유도가 구속되어있고 왼쪽 하단은 Y방향 병진 자유도만 구속되어있다. 그림과 같은 하중 및 경계조건을 가지고 있을 때 각 부재들이 받는 축하중 및 변위를 유한요소법을 통해 계산해본다.

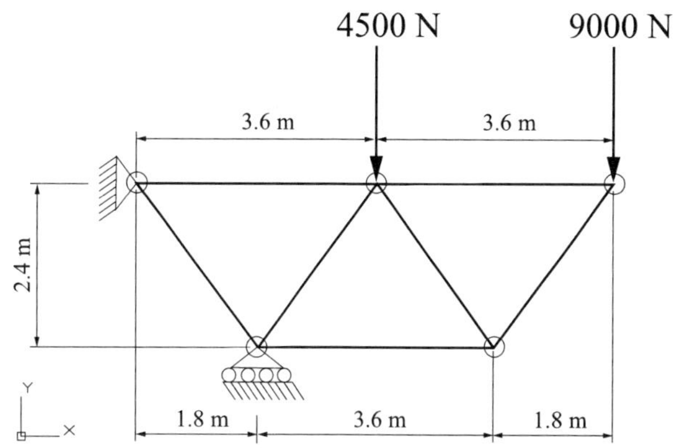

	설정
해석 시스템	Linear Static (Sol 101)
단위계	N / kg / m
	Steel
탄성계수, G	2.00E + 11 N/m^2
포아송 비, Nu	0.3

1 전 처리 (Pre-Process)

Step 1 .db파일 생성

ⓐ Patran을 실행한다.

ⓑ Home Tap에서 **New 아이콘**을 클릭한다.

ⓒ 파일 이름을 **'Truss.db'**으로 입력하고 **OK 버튼**을 클릭한다.

ⓓ New Model Preference에서 그림과 같이 설정하고 **OK 버튼**을 클릭한다.

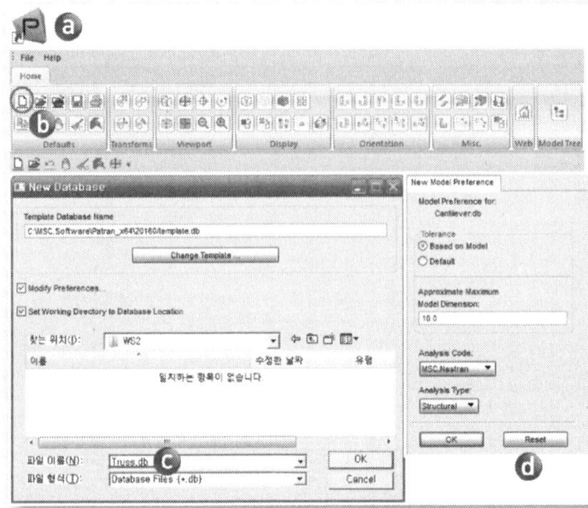

Step 2 Geometry 생성

ⓐ Geometry Tap에서 Point의 **XYZ 아이콘**을 클릭한다.

ⓑ Geometry form에서 **Auto Execute 체크**를 해제한다.

ⓒ Point Coordinates List에 **'Point 1'의 좌표**를 입력한다.

ⓓ **Apply 버튼**을 클릭하면 **'Point 1'**이 생성된다.

ⓔ 나머지 4개의 점을 같은 방법으로 **Point 2에서 Point 5까지 생성**한다.

ⓕ Geometry Tap에서 Curves의 **Point 아이콘**을 클릭한다.

ⓖ Geometry Form에서 **Auto Execute 체크를 해제**한다.

ⓗ **Starting Point List에 'Point 1', Ending Point List에 'Point 2'**를 화면에서 선택한다.

ⓘ **Apply 버튼**을 누르면 'Point 1'과 'Point 2'를 잇는 **'Curve 1'이 생성**된다.

ⓙ 나머지 6개의 선을 같은 방법으로 B에서 G까지 생성한다.

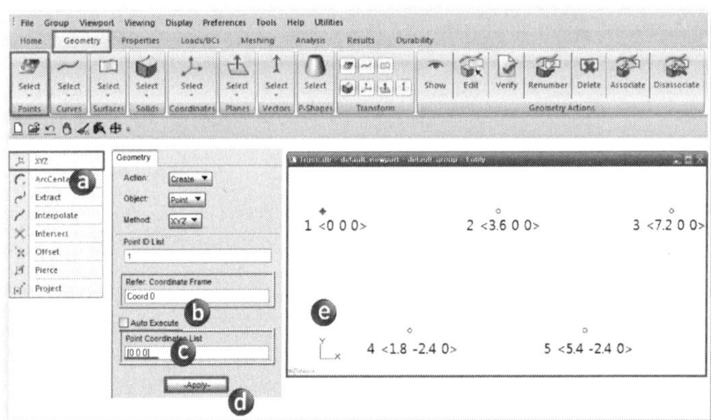

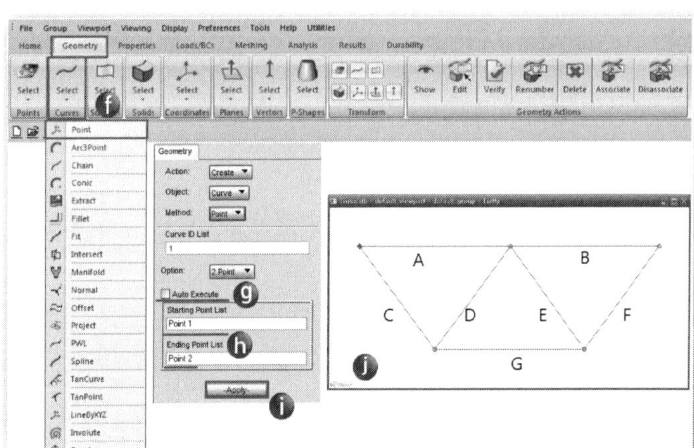

Step 3 Mesh 생성

ⓐ Meshing Tap에서 Mesh Seeds의 **Uniform 아이콘**을 클릭한다.

ⓑ Finite Elements Form에서 **Auto Execute 체크를 해제**한다.

ⓒ Number of Elements를 클릭하고 '**Number = 1**'을 입력한다.

ⓓ Picking Filters Toolbar에서 **Pick All 아이콘**을 클릭하면 모든 선이 선택된다.

ⓔ **Apply 버튼**을 클릭하면 Point가 있는 위치에 노란색 원이 생성된 것을 확인할 수 있다.

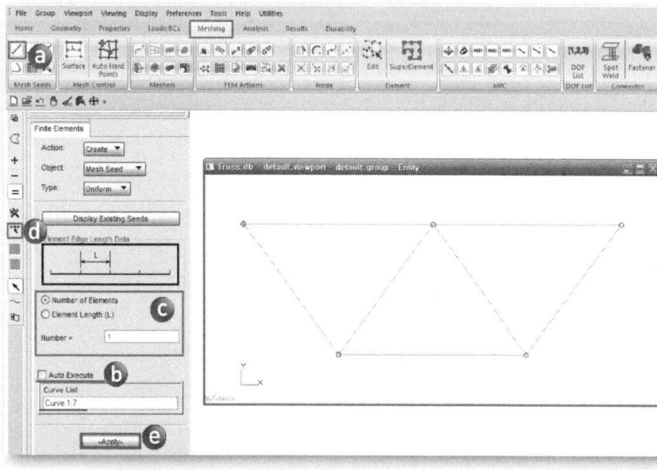

ⓕ Meshing Tap에서 Mesher의 **Curve 아이콘**을 클릭한다.

ⓖ Finite Elements Form에서 **Automatic Calculation를 체크**한다.

ⓗ Picking Filters Toolbar에서 **Pick All 아이콘**을 클릭하면 모든 선이 선택된다.

ⓘ **Apply 버튼**을 클릭하면 하나의 선에 하나의 Element와 두 개의 Node가 생성되어 총 7개의 Element와 14개의 Node가 생성된다.

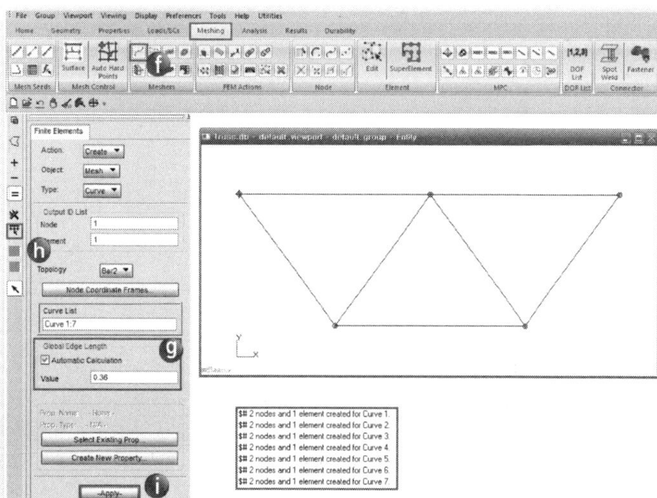

Step 4 Node Equivalence

ⓐ Meshing Tap에서 FEM Actions의 **Equivalence 아이콘**을 클릭한다.

ⓑ Finite Elements Form에서 **Apply 버튼**을 클릭한다.

ⓒ History Window를 보면 9개의 Node가 삭제되어 겹쳐진 Node가 하나로 합쳐진 것을 확인할 수 있다.

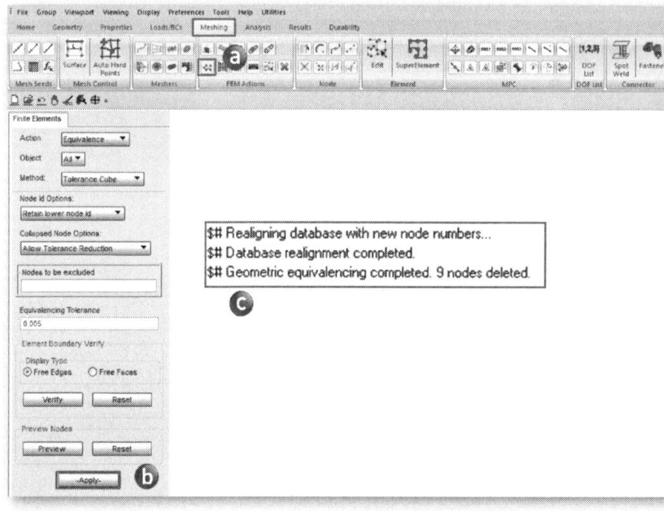

Step 5 Material 생성

ⓐ Properties Tap에서 **Isotropic 아이콘**을 클릭한다.

ⓑ Material Name을 **'Steel'**로 입력한다.

ⓒ Input Properties를 클릭하여 **'Elastic Modulus: 2.00e11, Poisson Ratio: 0.3'**를 입력하고 **OK 버튼**을 클릭한다.

ⓓ Materials Form에서 **Apply 버튼**을 누르면 **'Steel' 물성치**가 생성된다.

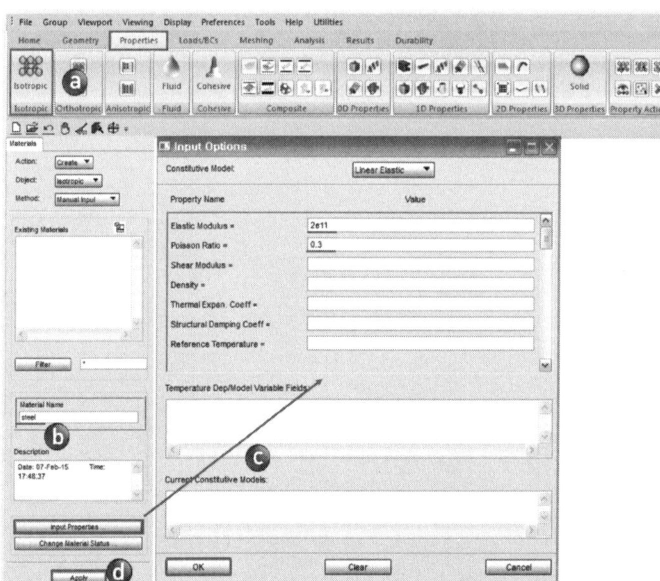

Step 6 Property 생성

ⓐ Properties Tap에서 1D Properties의 **Rod 아이콘**을 클릭한다.

ⓑ Property Set Name을 **'Truss'**로 입력한다.

ⓒ **Input Properties 버튼**을 클릭한다.

ⓓ Mat Prop Name 오른쪽에 있는 아이콘을 클릭하고 Step 5에서 만든 **'steel' 물성치**를 클릭한다.

ⓔ **'Area = 0.04'**로 입력하고 **OK 버튼**을 클릭한다. (부재 단면적 : 0.04 m^2)

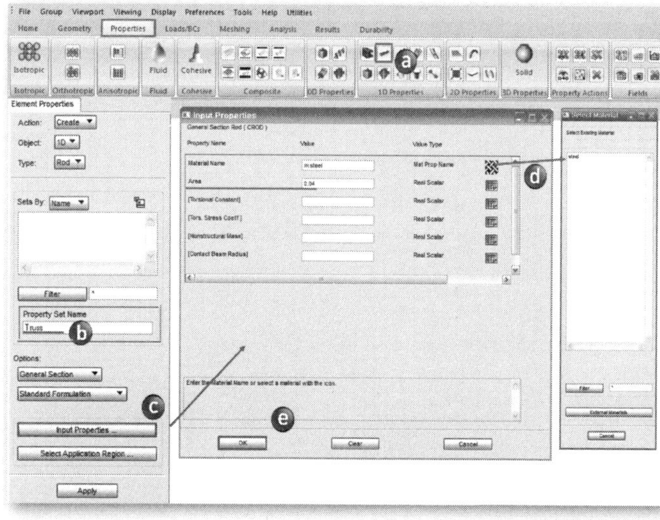

ⓕ Element Properties Form에서 **Select Application Region 버튼**을 클릭한다.

ⓖ Picking Filers Toolbar에 **Pick All 아이콘**을 클릭하여 모든 선을 선택하고 **Add 버튼**을 클릭하면 'Curve 1:7'이 추가된다.

ⓗ **OK 버튼**을 클릭하고 Element Properties Form으로 돌아온다.

ⓘ Element Properties Form에서 **Apply 버튼**을 누르면 **'Truss' property**가 생성된다.

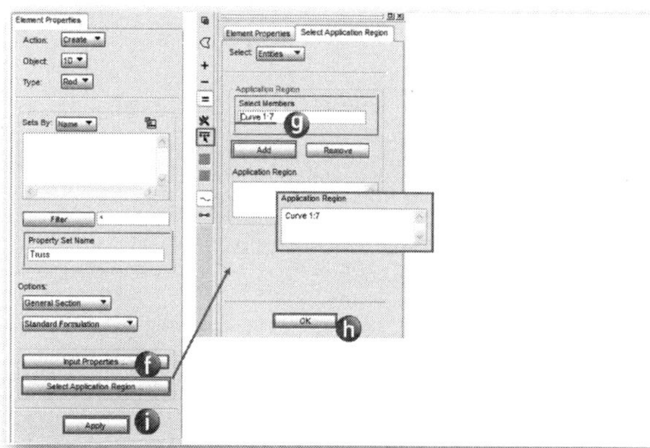

Step 7 경계조건 설정

ⓐ Loads/BCs Tap에서 **Displacement Constraint 아이콘**을 클릭한다.

ⓑ New Set Name을 **'SPC_1'**로 입력한다.

ⓒ Load/Boundary Conditions Form에서 **Input Data 버튼**을 클릭한다.

ⓓ 그림과 같이 **Translations항에 < 0 0 0 > Rotations항에 < 0, 0, >**으로 입력하고 **OK** 버튼을 클릭한다.

ⓔ Load/Boundary Conditions Form에서 **Select Application Region 버튼**을 클릭한다.

ⓕ Select Application Region에서 화면의 **'Point 1'**을 선택하고 **OK 버튼**을 클릭한다.

ⓖ Load/Boundary Conditions Form에서 **Apply 버튼**을 클릭하면 **'SPC_1' 경계조건**이 생성된다.

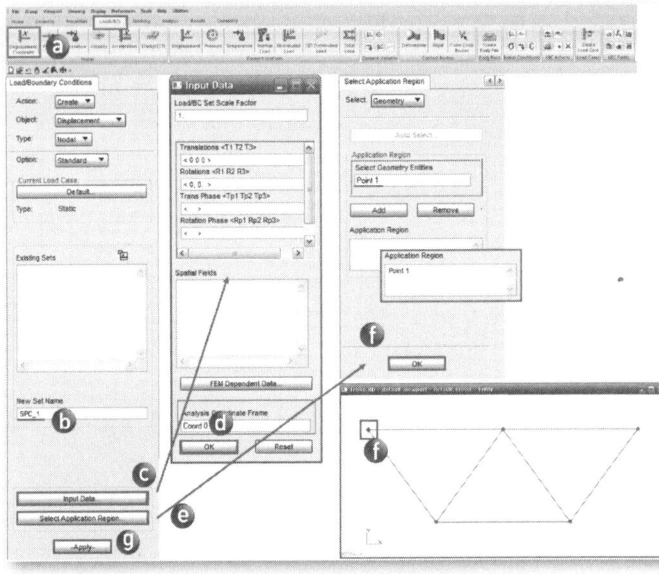

ⓗ New Set Name을 **'SPC_2'**로 입력한다.

ⓘ Load/Boundary Conditions Form에서 **Input Data 버튼**을 클릭한다.

ⓙ **Input Data**를 클릭하고 **Translations항에 < , 0, 0 >, Rotations 항에 < 0, 0, >**으로 입력하고 **OK 버튼**을 클릭한다.

ⓚ Load/Boundary Conditions Form에서 **Select Application Region 버튼**을 클릭한다.

ⓛ Select Application Region에서 화면에 있는 **'Point 4'**을 선택하고 **OK 버튼**을 클릭한다.

ⓜ Load/Boundary Conditions Form에서 **Apply 버튼**을 클릭하면 **'SPC_2' 경계조건**이 생성된다.

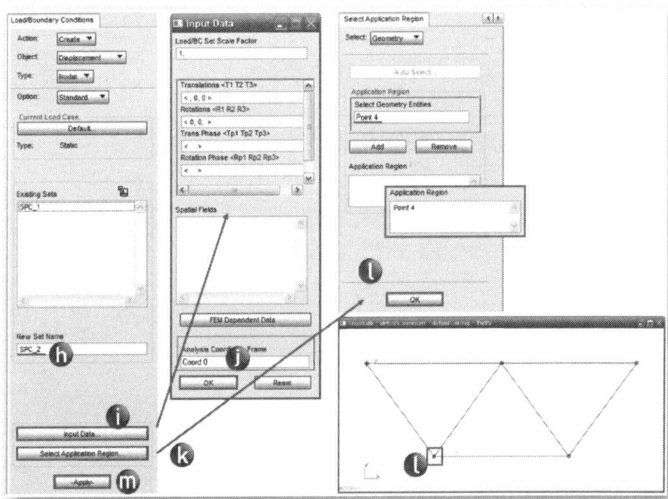

Step 8 하중조건 설정

ⓐ Loads/BCs Tap에서 **Force 아이콘**을 클릭한다.

ⓑ New Set Name을 **'Force_1'**로 입력한다.

ⓒ **Input Data 버튼**을 클릭하고 그림과 같이 **Force 항에 < 0 -4500 0 >**로 입력한다.

ⓓ Input Data 창에 **OK 버튼**을 클릭한다.

ⓔ Load/Boundary Conditions Form에서 **Select Application Region 버튼**을 클릭한다.

ⓕ Picking Filters Toolbar에서 **Point or Vertex 아이콘**을 클릭하고 트러스의 위 쪽 중간에 있는 점을 선택한 뒤 **Add 버튼**을 클릭한다.

ⓖ Application Region에 **'Point 2'**가 선택된 것을 확인하고 **OK 버튼**을 클릭한다.

ⓗ **Apply 버튼**을 클릭하면 **'Force_1' 하중조건**이 생성된다.

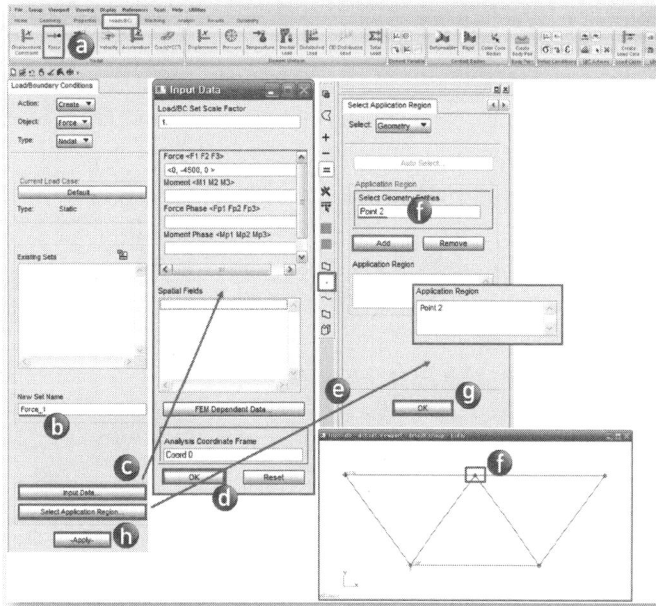

ⓘ New Set Name을 **'Force_2'**로 입력한다.

ⓙ Input Data를 눌러 그림과 같이 **Force 항에 < 0 -9000 0 >**로 입력한다.

ⓚ Input Data 창에 **OK 버튼**을 클릭한다.

ⓛ Load/Boundary Conditions Form에서 **Select Application Region 버튼**을 클릭한다.

ⓜ Picking Filters Toolbar에서 **Point or Vertex 아이콘**을 클릭하고 트러스의 오른쪽 끝에 있는 점을 선택한 뒤 **Add 버튼**을 클릭한다.

ⓝ Application Region에 **'Point 2'**가 선택된 것을 확인하고 **OK 버튼**을 클릭한다.

ⓞ Load/Boundary Conditions Form에서 **Apply 버튼**을 클릭하면 **'Force_2' 하중조건**이 생성된다.

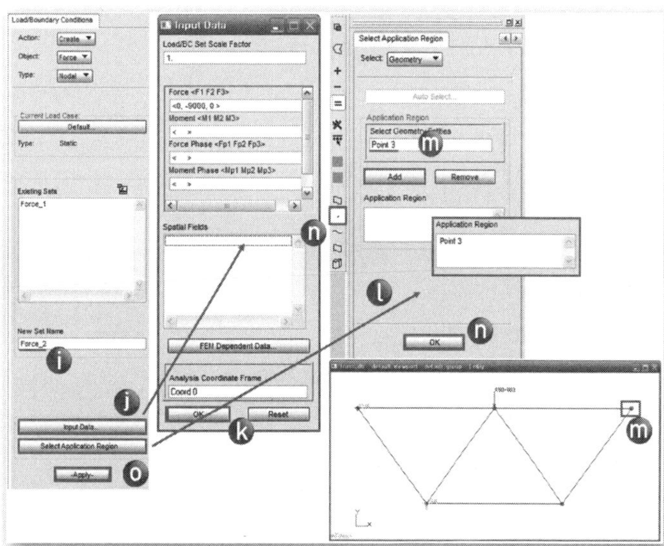

2 해석 (Solve)

Step 1 해석 설정

ⓐ Analysis Tap에서 **Entire Model 아이콘**을 클릭한다.

ⓑ Analysis Form에서 Job Name을 **'Truss'**로 입력한다.

ⓒ **Solution Type 버튼**을 클릭하여 **'LINEAR STATIC'**으로 선택되었는지 확인한 뒤 **OK 버튼**을 클릭한다.

ⓓ **Subcases 버튼**을 클릭하여 **Default**를 선택한다.

ⓔ Subcases 창의 **Output Requests**를 클릭하여 **'Element Forces'와 'Grid Point Force Balance'를 Output**으로 선택한다.

ⓕ Output Requests 창의 **OK버튼**을 클릭한다.

ⓖ Subcases 창의 **Apply** 버튼을 클릭한 뒤 **Cancel**을 클릭한다.

ⓗ Analysis Tap에서 **Apply 버튼**을 클릭하여 해석을 수행한다.

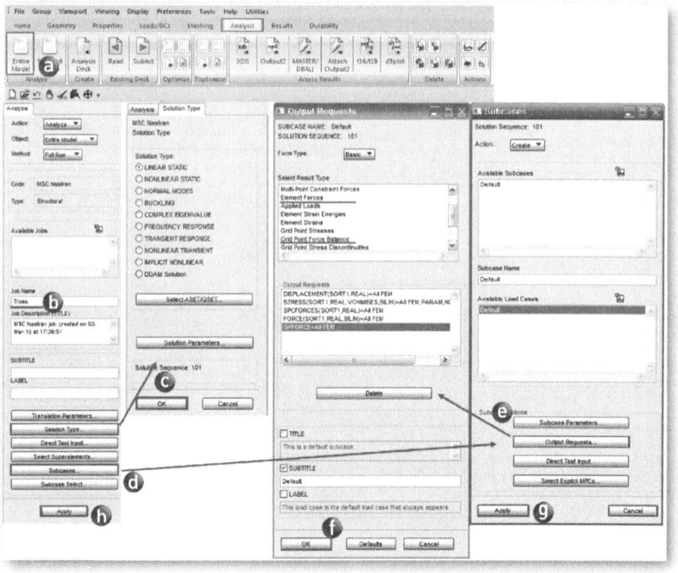

Step 2 결과파일 연결

ⓐ Analysis Tap에서 Access Results의 **XDB 아이콘**을 클릭한다.

ⓑ **Select Results File 버튼**을 클릭하여 해당 파일경로에 있는 **'truss.xdb' 파일**을 선택한다.

ⓒ Analysis Form에서 **Apply 버튼**을 클릭한다.

ⓓ 연결이 완료되면 History Window 창에 그림과 같은 메시지가 뜬다.

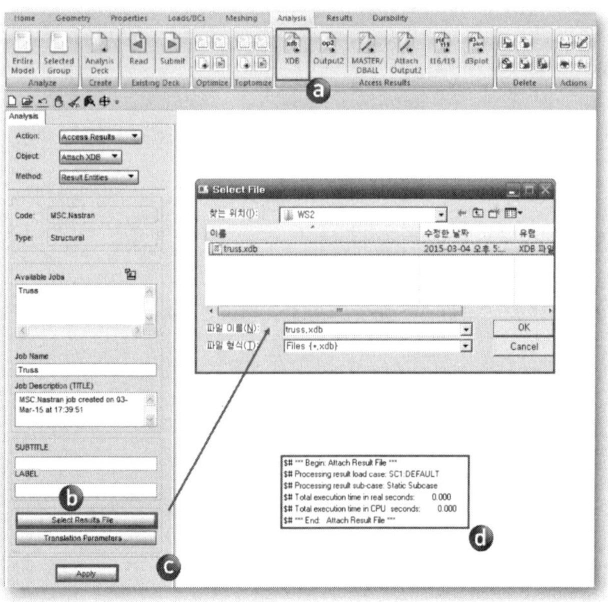

3 후 처리 (Post - Process)

Step 1 변위

ⓐ Results Tap에서 **Fringe/Deformation 아이콘**을 클릭한다.

ⓑ Select Fringe Result에서 **'Displacements, Translational', 'Quantity: Y Component', Select Deformation Result**에서 **'Displacements, Translational'**을 선택한 뒤 **Apply 버튼**을 클릭한다.

ⓒ 화면에 나타난 결과를 확인한다.

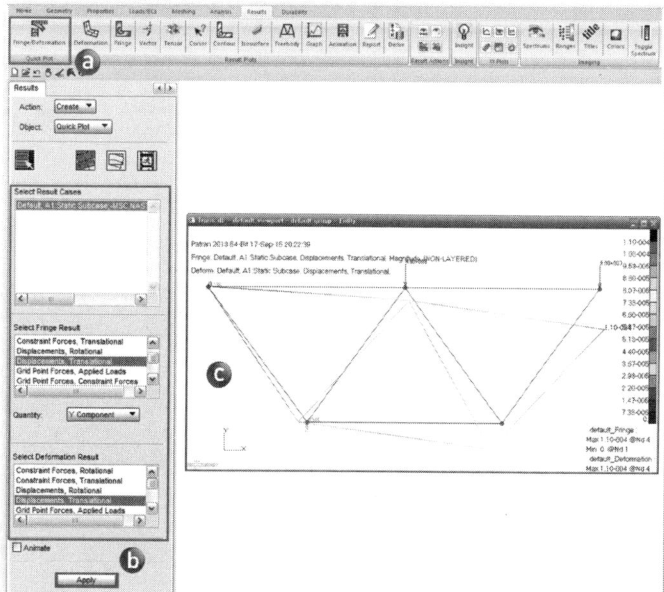

Step 2 축하중(Axial Loads)

ⓐ **Reset Graphics 아이콘**을 클릭한다.

ⓑ **Menu Bar에서 Tools Results Bar End Loads 순서**로 클릭한다.

ⓒ Bar End Load Plot Form에서 **Result Cases**를 클릭한 뒤 Picking Filters Toolbar에서 **Pick All 아이콘**을 클릭한다.

ⓓ 화면에 표시된 축 하중 결과를 확인한다.

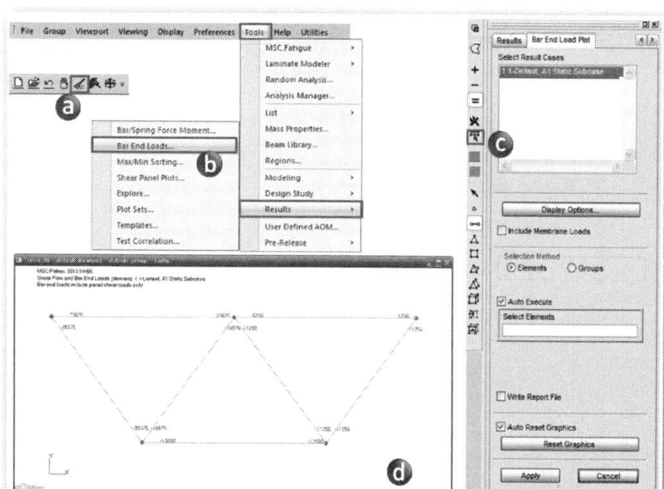

Workshop 3

Beam Applied Distributed Load

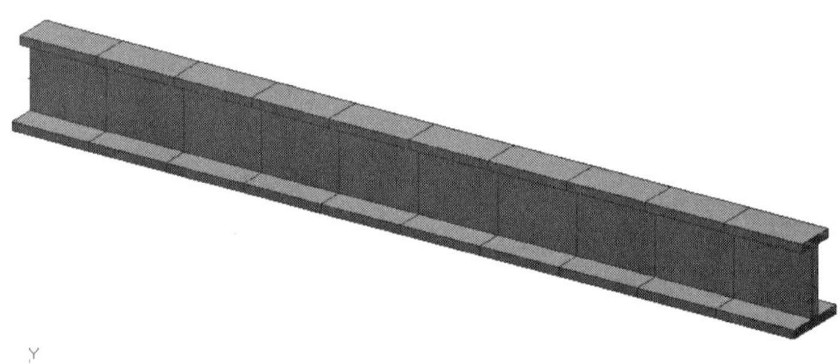

문제정의

Workshop 3에서는 1D Element인 빔(Beam) 요소를 사용하여 한쪽 끝과 부재의 중앙이 지지된 1차원 부재를 해석한다. 부재의 한쪽 끝은 고정되어 있고 중앙에는 롤러로 구속되어 있다. 하중은 부재 전체에 50 N/mm로 분포하중이 작용한다. 부재의 단면은 아래 그림과 같이 I-beam을 사용하고 재질은 Steel로 적용한다. 유한요소법을 통해 빔 요소의 변위와 굽힘응력을 알아보도록 한다.

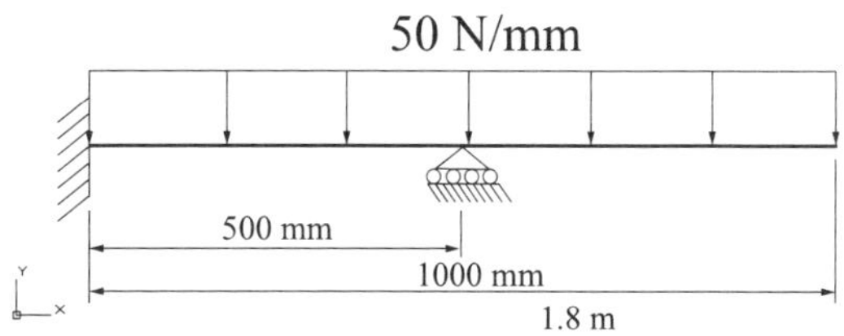

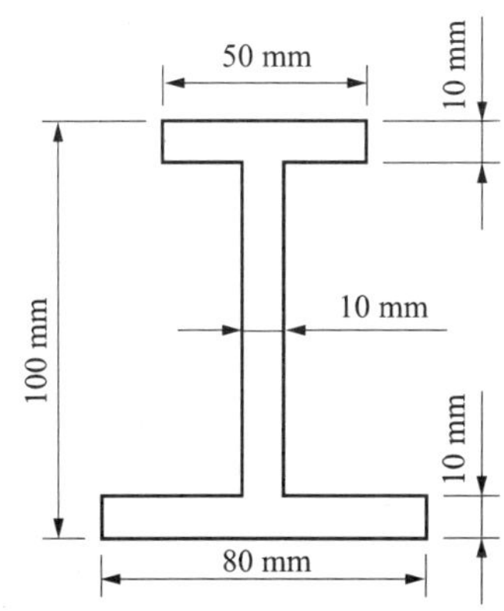

	설정
해석 시스템	Linear Static (Sol 101)
단위계	N / ton / mm
	Steel
탄성계수, G	2.00E + 5 N/mm^2
포아송 비, Nu	0.3

1 전 처리 (Pre-Process)

Step 1 .db파일 생성

ⓐ Patran을 실행한다.

ⓑ Home Tap에서 **New 아이콘**를 클릭한다.

ⓒ 파일 이름을 **'Beam.db'** 입력하고 **OK 버튼**을 클릭한다.

ⓓ New Model Preference 에서 그림과 같이 설정하고 **OK 버튼**을 클릭한다.

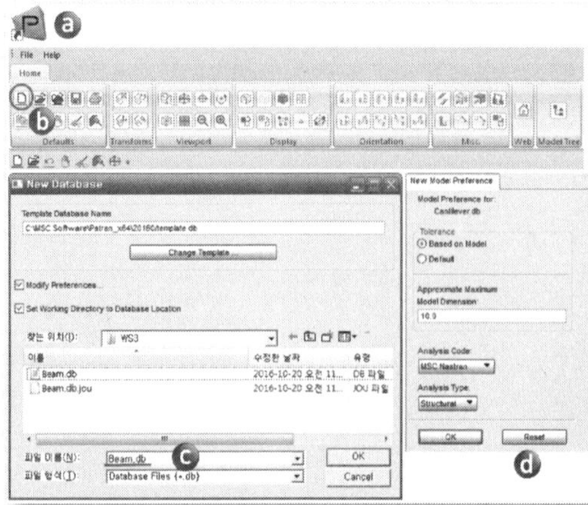

Step 2 Geometry 생성

ⓐ Geometry Tap에서 Point의 **XYZ 아이콘**을 클릭한다.

ⓑ Geometry form에서 **Auto Execute 체크**를 해제한다.

ⓒ Point Coordinates List에 **'Point 1'**의 좌표를 입력한다.

ⓓ **Apply 버튼**을 클릭하면 'Point 1'이 생성된다.

ⓔ 같은 방법으로 **'Point 2'**를 생성한다.

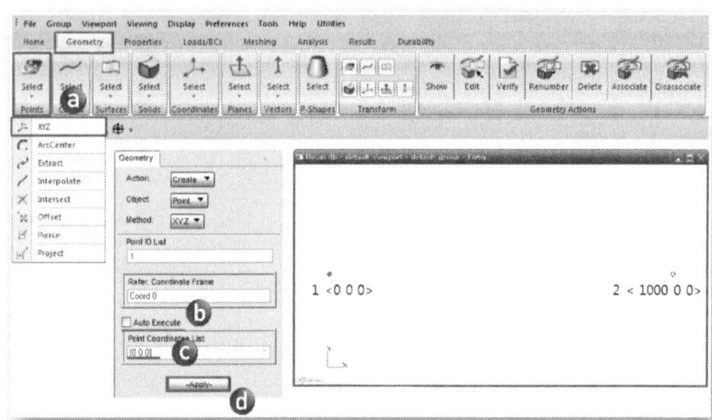

ⓕ Geometry Tap에서 Curves의 **Point 아이콘**을 클릭한다.

ⓖ Geometry form에서 **Auto Execute 체크를 해제**한다.

ⓗ **Starting Point List에 'Point 1', Ending Point List에 'Point 2'**를 화면에서 선택한다.

ⓘ **Apply 버튼**을 클릭하면 'Point 1'과 'Point 2'를 잇는 **'Curve 1'**이 생성된다.

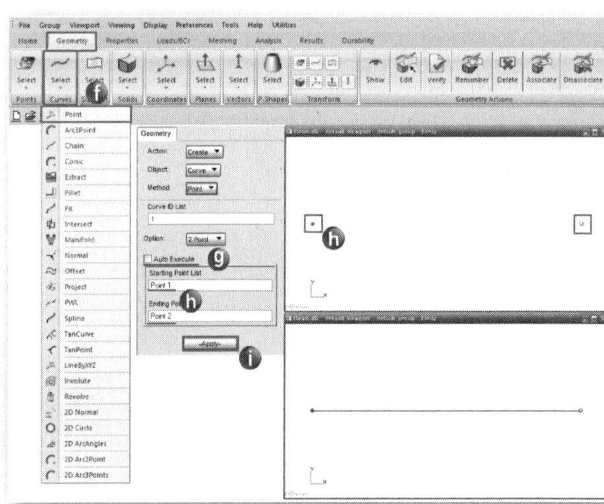

Step 3 Mesh 생성

ⓐ Meshing Tap에서 Mesher의 **Curve 아이콘**을 클릭한다.

ⓑ Finite Elements form에서 **Automatic Calculation 체크를 해제**한다.

ⓒ Curve List에서 **화면의 'Curve 1'**을 선택한다.

ⓓ Global Edge Length의 **'Value: 100'**으로 입력하고 **Apply 버튼**을 클릭하면 Mesh가 생성된다.

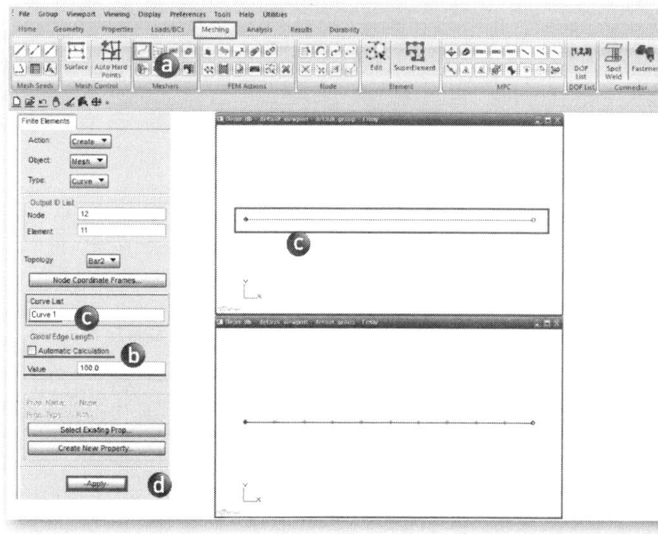

Step 4 Material 생성

ⓐ Properties Tap에서 **Isotropic 아이콘**을 클릭한다.

ⓑ Material Name을 **'steel'**로 입력한다.

ⓒ Input Properties를 클릭하여 **'Elastic Modulus= 2.00e5, Poisson Ratio= 0.3'**를 입력하고 **OK 버튼**을 클릭한다.

ⓓ Materials form에서 **Apply 버튼**을 클릭하면 **'steel' 물성치**가 생성된다.

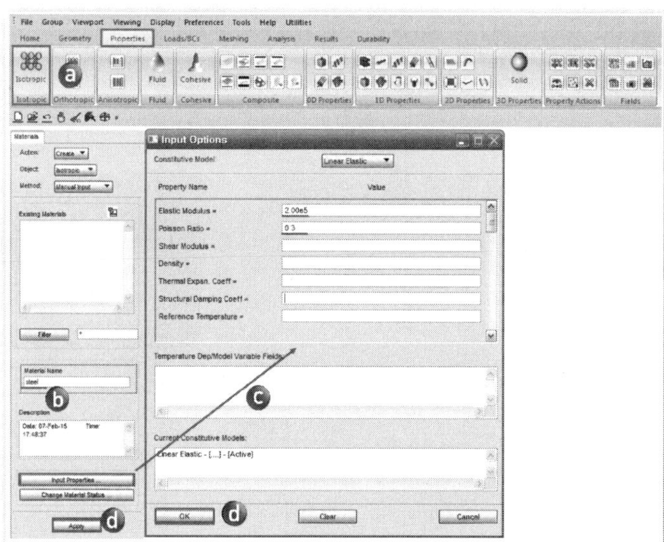

Step 5 Property 생성

ⓐ Properties Tap에서 1D Properties의 **Beam 아이콘**을 클릭한다.

ⓑ Property Set Name을 **'I_Beam'**으로 입력한다.

ⓒ **Input Properties 버튼**을 클릭한다.

ⓓ Mat Prop Name 오른쪽에 있는 아이콘을 클릭하고 Step 4 에서 만든 **'steel' 물성치**를 클릭한다.

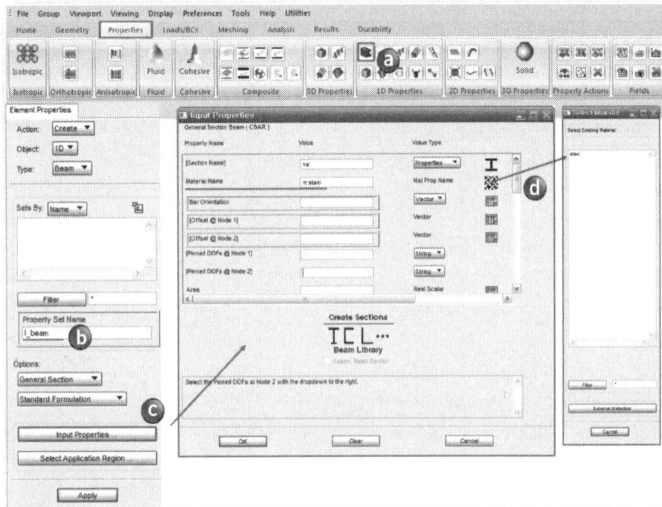

ⓔ Input Properties 창에서 **Beam Library 아이콘**을 클릭한다.

ⓕ New Section Name을 **'I_Beam'**으로 입력하고 **첫 번째 I-Beam 아이콘**을 클릭한다.

ⓖ 빔 단면 치수를 아래 표와 같이 입력한다.

ⓗ Beam 아이콘 아래에 **Calculate/Display 버튼**을 클릭하면 빔 요소의 단면에 대한 특성이 계산된다.

ⓘ Beam Library 창의 **OK 버튼**을 클릭한다.

H	100
W1	80
W2	50
t	10
t1	10
t2	10

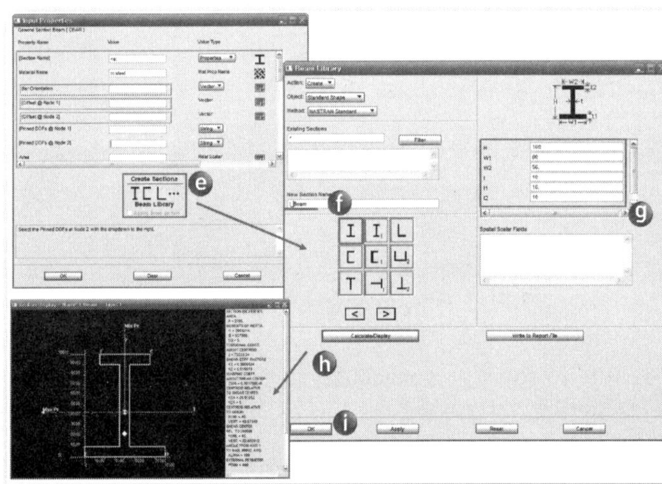

ⓙ 빔 모양 아이콘을 클릭한 뒤 이전에 생성했던 **'I_Beam'**을 클릭한다.

ⓚ **Bar Orientation 항에 < 0 1 0 >**을 입력한다.

ⓛ Input Properties 창의 **OK 버튼**을 클릭한다.

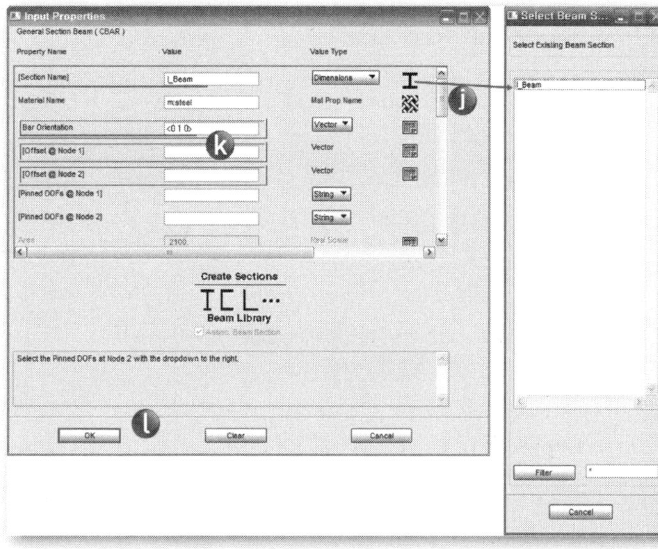

ⓜ Element Properties Form에서 **Select Application Region 버튼**을 클릭한다.

ⓝ 화면의 **'Curve 1'**을 선택하고 **Add 버튼**을 클릭하면 'Curve 1'이 추가된다.

ⓞ **OK 버튼**을 클릭하여 Element Properties Form으로 돌아온다.

ⓟ Element Properties Form에서 **Apply 버튼**을 클릭하면 **'I_Beam' Property**가 생성된다.

ⓠ **Menu bar → Display → Load/BC/Elem. Props → Beam Display**에서 **'3D:FullSpan'**으로 설정하고 **Apply 버튼**을 클릭한다.

ⓡ Home Tap에서 Display의 **Smooth Shaded 아이콘**을 클릭하면 빔형상이 적용된 것을 볼 수 있다.

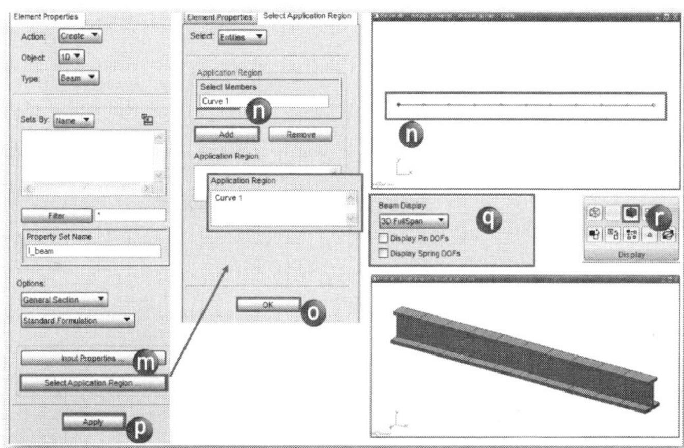

Step 6 경계조건 설정

ⓐ Loads/BCs Tap에서 **Displacement Constraint 아이콘**을 클릭한다.

ⓑ **Reset Graphics 아이콘**을 클릭한다.

ⓒ New Set Name을 **'SPC_1'**로 입력한다.

ⓓ Load/Boundary Conditions Form에서 **Input Data**를 클릭한다.

ⓔ **Translations항에 < 0 0 0 >, Rotations항에 < 0 0 0 >** 입력하고 **OK 버튼**을 클릭한다.

ⓕ Load/Boundary Conditions Form에서 **Select Application Region 버튼**을 클릭한다.

ⓖ Select Application Region에서 화면의 **'Point 1'**을 선택하고 **OK 버튼**을 클릭한다.

ⓗ **Apply 버튼**을 클릭하면 **'SPC_1' 경계조건**이 생성된다.

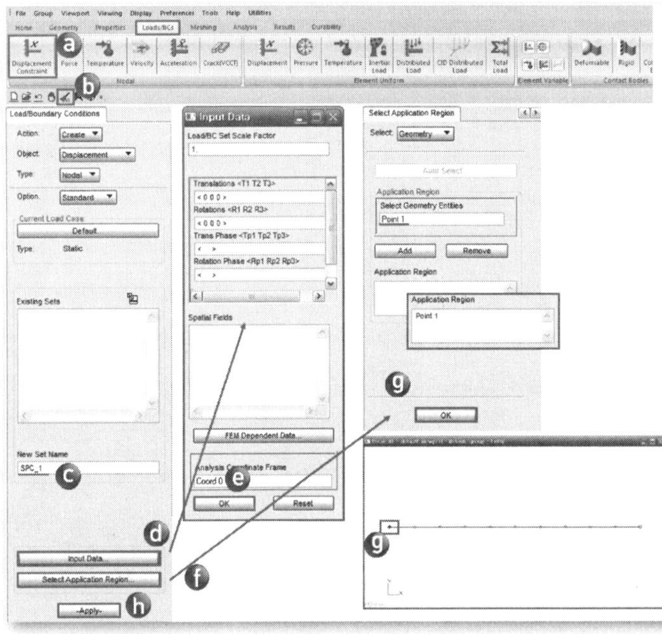

ⓘ New Set Name을 **'SPC_2'**로 입력한다.

ⓙ Load/Boundary Conditions Form에서 **Input Data 버튼**을 클릭한다.

ⓚ Input Data를 클릭하고 **Translations항에 < , 0, 0 >, Rotations 항에 < 0, 0, >**으로 입력하고 **OK 버튼**을 클릭한다.

ⓛ Load/Boundary Conditions Form에서 **Select Application Region 버튼**을 클릭한다.

ⓜ Select Application Region에서 **'Select : FEM'**으로 설정하고 부재 중앙에 있는 **'Node 6'**을 선택하고 **OK 버튼**을 클릭한다.

ⓝ **Apply 버튼**을 클릭하면 **'SPC_2' 경계조건**이 생성된다.

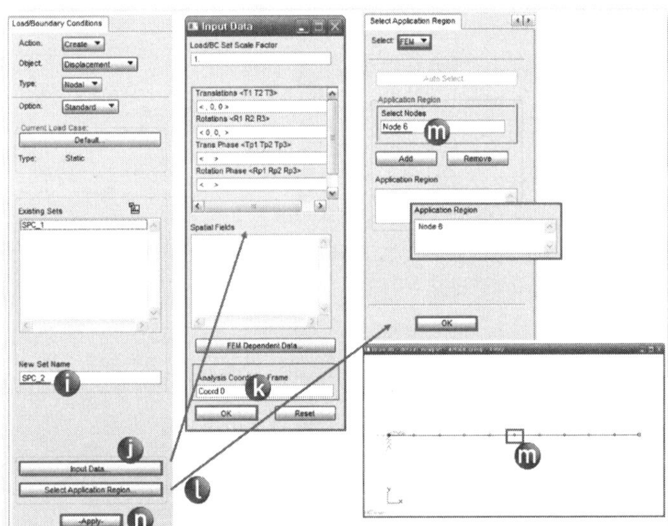

Step 7 하중조건 설정

ⓐ Loads/BCs Tap에서 **Distributed Load 아이콘**을 클릭한다.

ⓑ New Set Name을 **'Load'**로 입력하고 **'Targe Element Type : 1D'**으로 설정한다.

ⓒ Input Data를 클릭하고 **Distr load 항에 <0 -50 0>**으로 입력한다.

ⓓ Input Data 창에 **OK 버튼**을 클릭한다.

ⓔ Load/Boundary Conditions Form에서 **Select Application Region 버튼**을 클릭한다.

ⓕ Picking Filters Toolbar에서 **'Select : FEM'**으로 설정한다.

ⓖ **Pick All 아이콘**을 클릭하여 모든 요소들을 선택한 뒤 **Add 버튼**을 클릭한다.

ⓗ Application Region에 **'Elm 1:10'**이 입력된 것을 확인하고 **OK 버튼**을 클릭한다.

ⓘ Load/Boundary Conditions Form에서 **Apply 버튼**을 클릭하면 **'Load' 하중조건**이 생성된다.

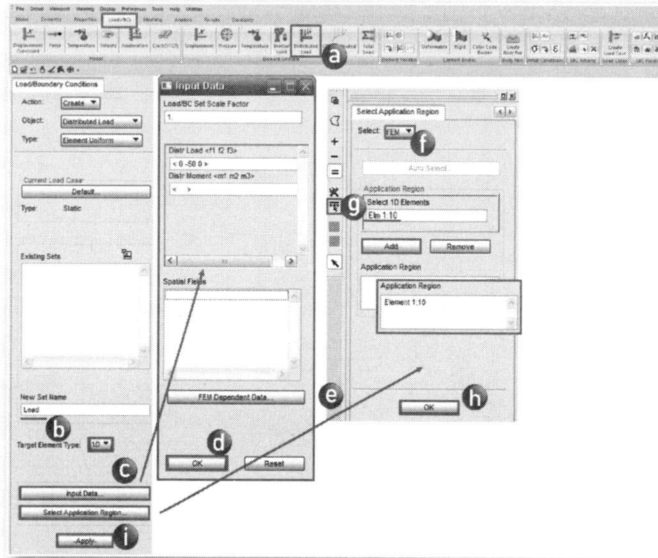

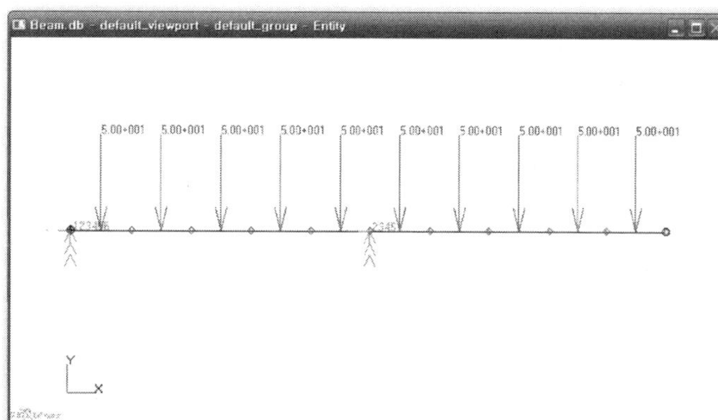

2 해석 (Solve)

Step 1 해석 설정

ⓐ Analysis Tap에서 **Entire Model 아이콘**을 클릭한다.

ⓑ Analysis Form에서 Job Name을 **'Beam'**으로 입력한다.

ⓒ **Solution Type 버튼**을 클릭하여 **'LINEAR STATIC'**으로 선택되었는지 확인하고 **OK 버튼**을 클릭한다.

ⓓ **Subcases 버튼**을 클릭하여 **Default**를 선택한다.

ⓔ Subcases 창의 **Output Requests 버튼**를 클릭하여 원하는 **Output**을 선택한다.

ⓕ Output Requests 창의 **OK 버튼**을 클릭한다.

ⓖ Subcases 창의 **Apply 버튼**을 클릭한 뒤 **Cancel**을 클릭한다.

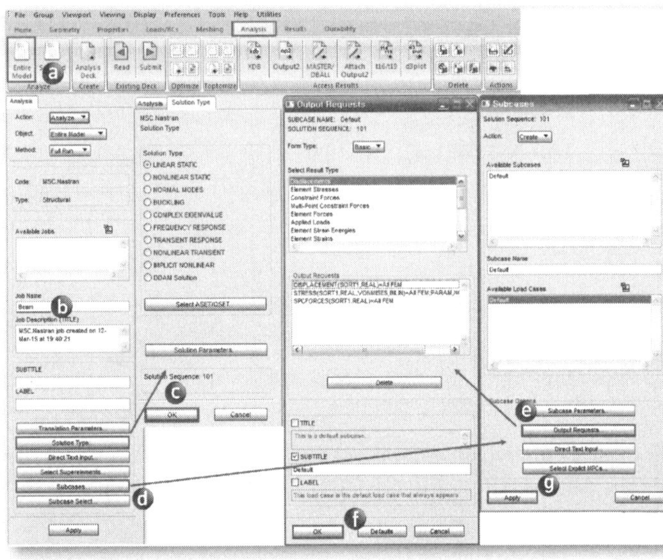

ⓗ **Subcase select 버튼**을 클릭하여 **Default**로 선택되었는지 확인하고 **OK 버튼**을 클릭한다.

ⓘ **Apply 버튼**을 클릭하면 Nastran이 실행되면서 해석이 시작된다.

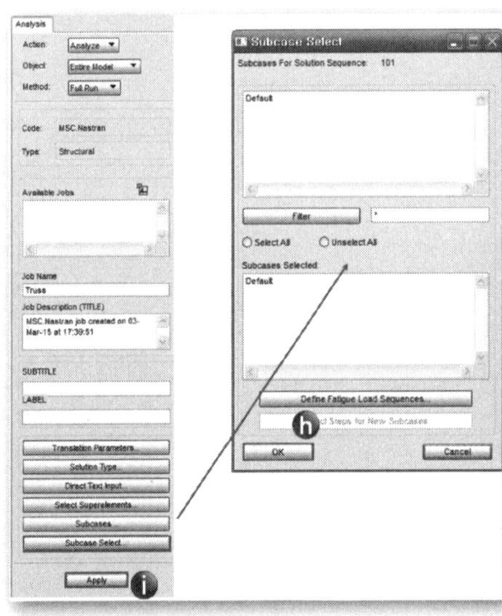

Step 2 결과파일 연결

ⓐ Analysis Tap에서 Access Results의 **XDB 아이콘**을 클릭한다.

ⓑ **Select Results File 버튼**을 클릭하여 해당 파일경로에 있는 **'Beam.xdb'** 파일을 클릭한다.

ⓒ Analysis Form에서 **Apply 버튼**을 클릭한다.

ⓓ 연결이 완료되면 History Window 창에 그림과 같은 메시지가 뜬다.

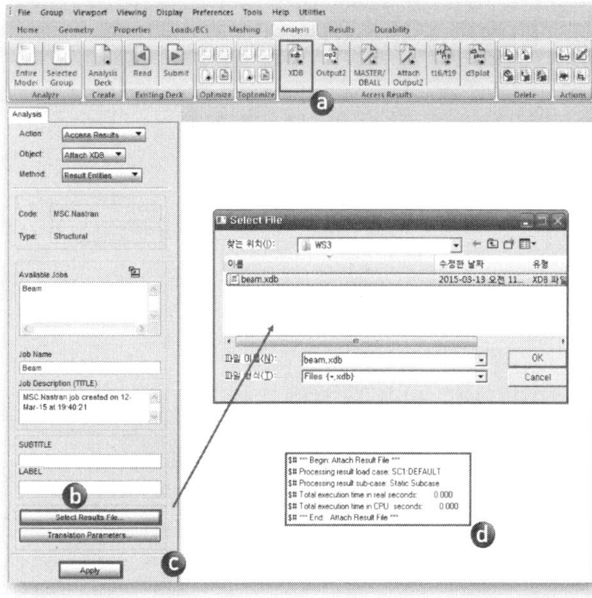

3 후 처리(Post-Process)

Step 1 변위(Displacement)

ⓐ Results Tap에서 **Fringe/Deformation 아이콘**을 클릭한다.

ⓑ Select Fringe Result에서 **'Displacements, Translational', 'Quantity: Y Component'**, Select Deformation Result에서 **'Displacements, Translational'**을 선택한 뒤 **Apply 버튼**을 클릭한다.

ⓒ 화면에 나타난 결과를 확인한다.

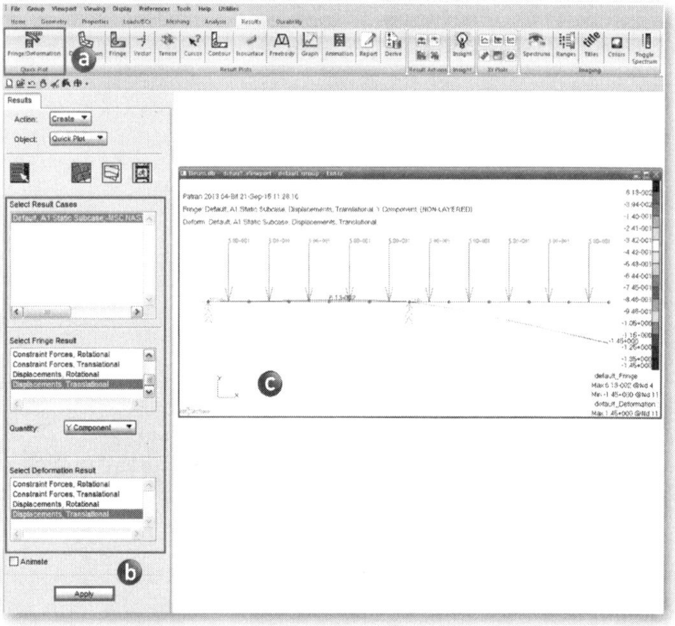

Step 2 굽힘응력(Bending Stress)

ⓐ Select Fringe Result에서 **'Bar Stresses, Bending'**을 선택한다.

ⓑ **Apply 버튼**을 클릭한다.

ⓒ 화면에 나타난 결과를 확인한다.

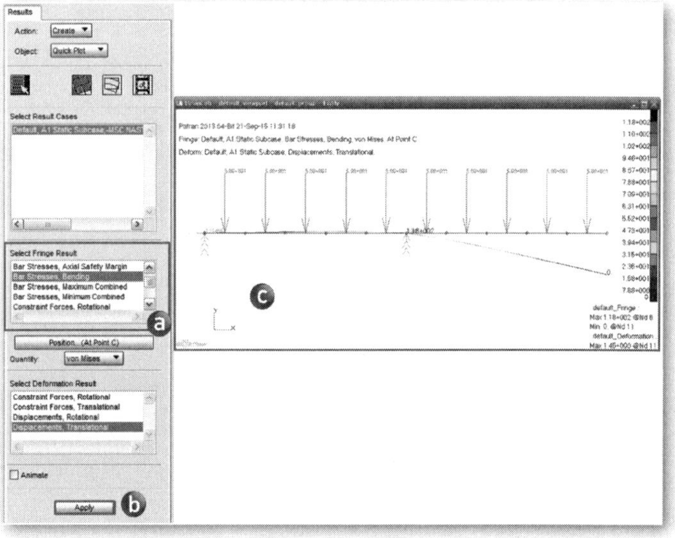

Workshop 4

Tension coupon

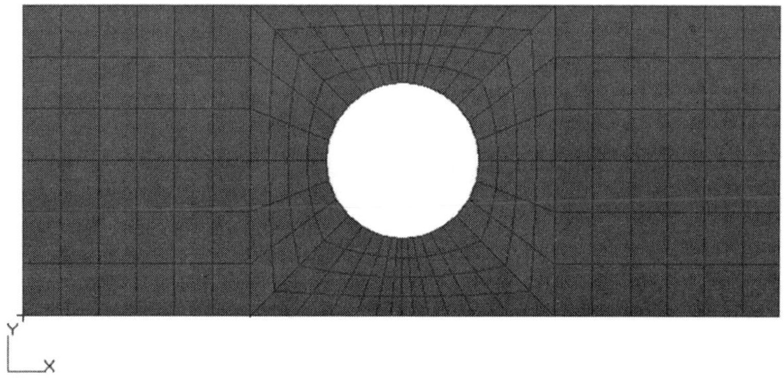

문제정의

Workshop 4에서는 2D 요소인 shell 요소를 사용하여 인장하중을 받는 Plate에 대해 해석한다. Plate의 한쪽 끝은 6자유도 모두 구속되어 있고, 반대쪽 끝에 총 하중(Total load)이 200N 으로 작용한다. 재료는 알루미늄 (E = 70 GPa, Nu = 0.3)이고 두께는 3mm로 한다. Plate의 가운데에는 지름 50mm의 원이 뚫려있다. 'Mirror'기능과 'Mesh seed'를 사용하여 이 원에 대해 대칭으로 Mesh를 생성하여 해석을 수행한다.

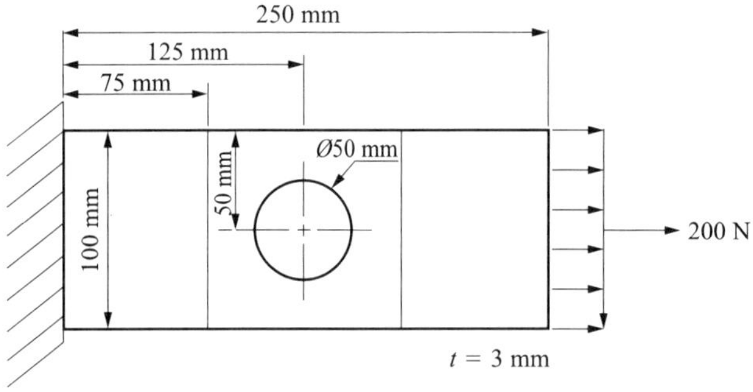

	설정
해석 시스템	Linear Static (Sol 101)
단위계	N / ton / mm
	Aluminum
탄성계수, *G*	7.00E + 4 N/mm^2
포아송 비, *Nu*	0.3

1 전 처리 (Pre-Process)

Step 1 .db파일 생성

ⓐ **Patran**을 실행한다.

ⓑ Home tap에서 **New 버튼**을 클릭한다.

ⓒ 파일 이름을 **'tension_2d.db'**로 입력하고 **OK 버튼**을 클릭한다.

ⓓ New Model Preference에서 그림과 같이 설정하고 **OK 버튼**을 클릭한다.

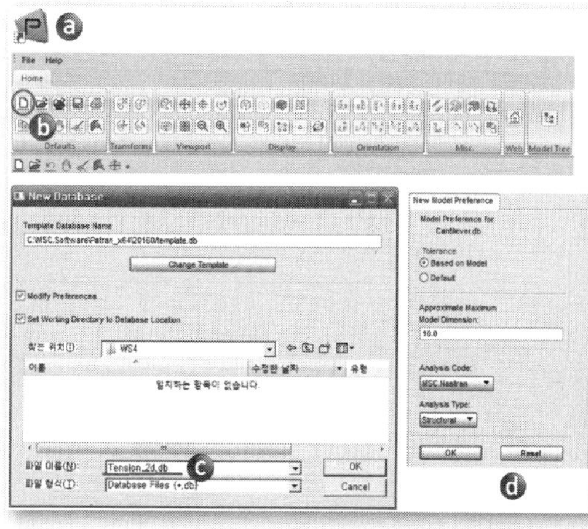

Step 2 Geometry 생성 1

ⓐ Geometry Tap에서 Curves의 **2D Arc-Angles**를 클릭한다.

ⓑ Arc Parameters에 **'Radios: 25, Start Angle: 0, End Angle: 45'**를 입력한다.

ⓒ Center Point List에 **[125 50 0]**를 입력한다.

ⓓ **Apply 버튼**을 클릭하면 반지름 25의 0°~45° 원호가 생성된다.

ⓔ 같은 방법으로 **'Start Angle : 45 End Angle : 90'**를 입력하여 a~d를 반복한다.

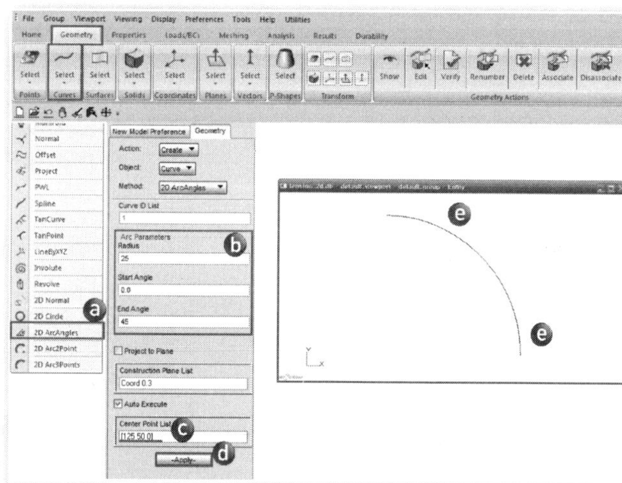

ⓕ Geometry Tap에서 Curves의 **LineByXYZ 아이콘**을 클릭한다.

ⓖ Geometry Form에서 **Vector Coordinates List에 <0 50 0>, Origin Coordinates List에 [175 50 0]**을 입력한다.

ⓗ **Apply 버튼**을 클릭하면 Y방향으로 길이 50의 선이 생성된다.

ⓘ 같은 방법으로 **Vector Coordinates List에 <50 0 0>, Origin Coordinates List에 <125 100 0>**을 입력하여 f~h를 반복한다.

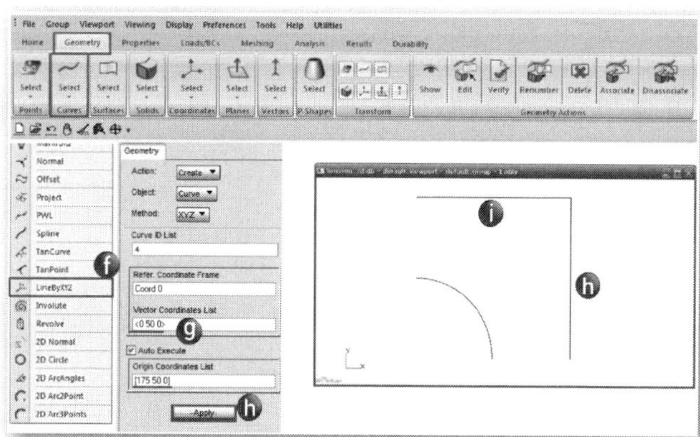

ⓙ Geometry Tap에서 Surfaces의 **Curve 아이콘**을 클릭한다.

ⓚ Geometry Form에서 **Auto Execute 체크를 해제**하고 **Starting Curve List에 위쪽 직선**을 선택한다.

ⓛ **Ending Curve List에 위쪽 원호**를 선택한다.

ⓜ **Apply 버튼**을 클릭하면 두 선을 채우는 Surface가 생성된다.

ⓝ 같은 방법으로 **Starting Curve List에 오른쪽 직선, Ending Curve List에 아래쪽 원호를 선택**해 j~m을 반복한다.

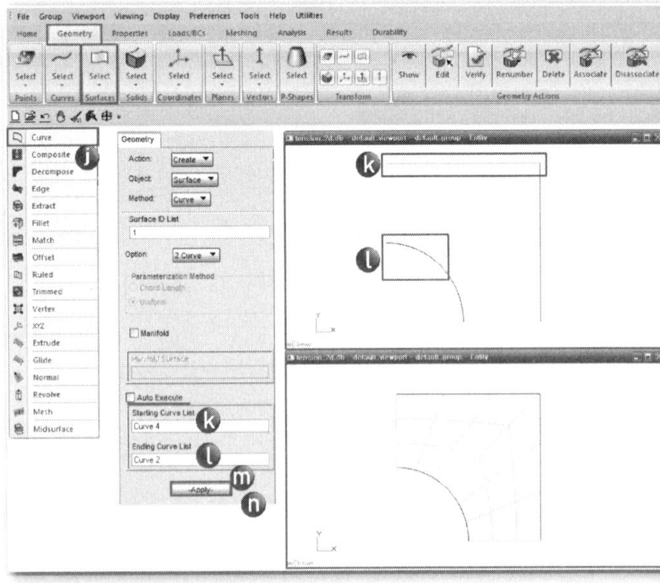

ⓞ Home Tap에 Misc.에서 **Display Lines 아이콘**을 클릭하여 생성된 Surface를 확인한다.

ⓟ Geometry Tap에서 Surfaces의 **Extrude 아이콘**을 클릭한다.

ⓠ Geometry Form에서 **Translation Vector에 <75 0 0>**을 입력한다.

ⓡ **Curve List에 오른쪽 직선**을 선택한다.

ⓢ **Apply 버튼**을 클릭하면 오른쪽 직선에서 길이 75의 직사각형 Surface가 생성된다.

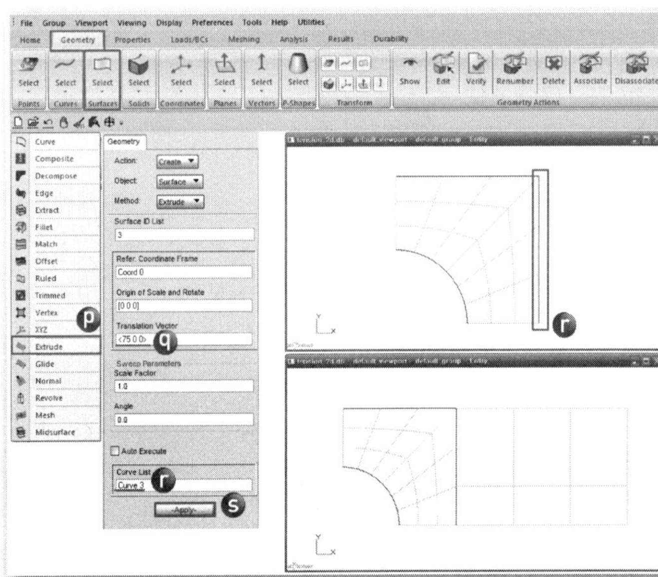

Step 3 Geometry 생성 2

ⓐ Geometry Tap에서 Transform의 **Surface 아이콘**을 클릭한다.

ⓑ Geometry Form에서 **'Method: Mirror'**로 설정한다.

ⓒ Define Mirror Plane Normal에 **'Coord 0.2'**로 입력한다.

ⓓ **'Offset: 50'**으로 입력한다.

ⓔ **Auto Execute 체크를 해제**하고 Surface List에서 그림과 같이 **마우스를 드래그**하여 **모든 Surface**을 **선택**한다.

ⓕ **Apply 버튼**을 클릭하면 XZ평면을 기준으로 하여 대칭면이 생성된다.

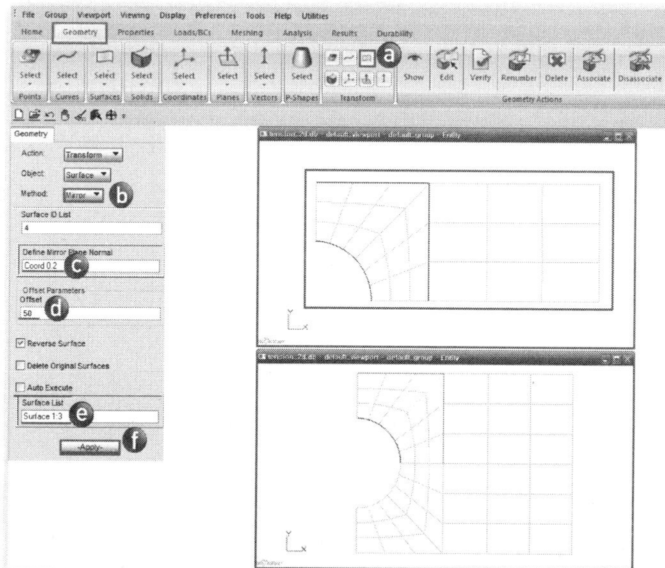

ⓖ Geometry Form에서 Define Mirror Plane Normal에 **'Coord 0.1'**을 입력한다.

ⓗ **'Offset: 125'**로 입력한다.

ⓘ Surface List에서 그림과 같이 마우스를 드래그하여 **모든 Surface를 선택**한다.

ⓙ **Apply 버튼**을 클릭하면 YZ평면을 기준으로 하여 대칭면이 생성된다.

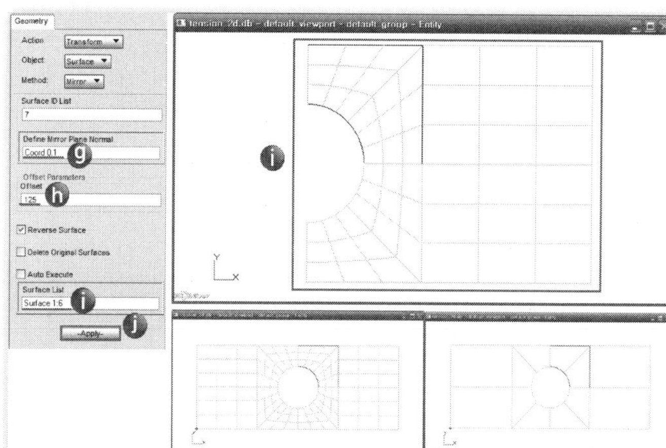

ⓚ Home Tap에 Misc.에서 **Display Lines 아이콘( )**을 클릭하여 Surface의 선을 보이지 않도록 한다.

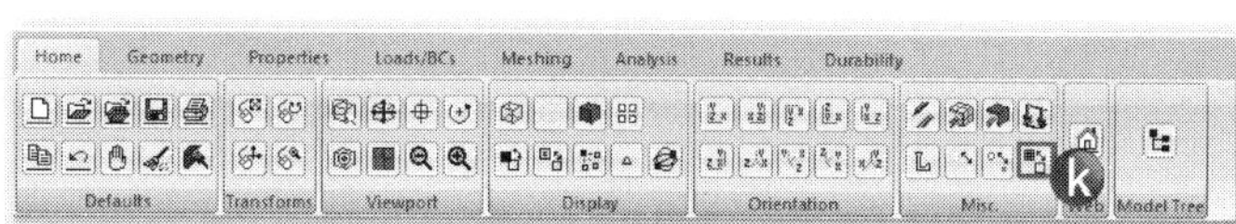

Step 4 Mesh seeds 생성 1

ⓐ Meshing Tap에서 Mesh Seeds의 **Uniform 아이콘**을 클릭한다.

ⓑ Finite Elements Form에서 **'Number= 3'**으로 입력한다.

ⓒ Curve List에서 **구멍의 왼쪽과 오른쪽 원호를 각각 선택**한다.

ⓓ 총 4개의 원호에 Mesh Seed가 3개씩 생성된다.

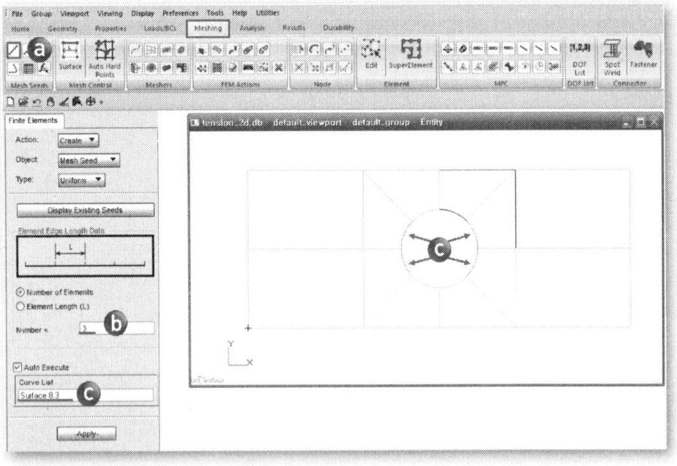

ⓔ Meshing Tap에서 Mesh Seeds의 **One Way Bias 아이콘**을 클릭한다.

ⓕ Finite Elements Form에서 **'Number= 6, L2/L1= 4'로 입력**한다.

(원호의 화살표 방향이 **반대일 경우 L2/L1 = -4**로 입력)

ⓖ Curve List에서 구멍의 **위쪽과 아래쪽 원호를 각각 선택**한다.

ⓗ 총 4개의 원호에 Mesh Seed가 6개씩 생성되고 위쪽과 아래쪽으로 갈수록 좁아지도록 생성된다.

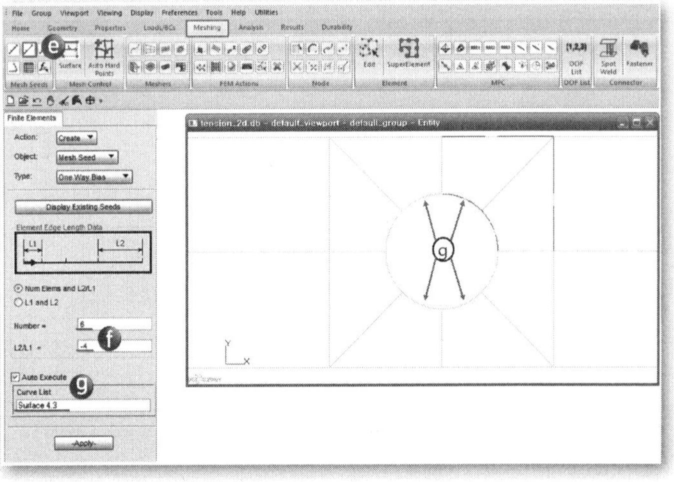

Step 5 Mesh seeds 생성 2

ⓐ Meshing Tap에서 Mesher의 **Surface 아이콘**을 클릭한다.

ⓑ Finite Elements Form에서 Surface List에 화면을 드래그하여 **모든 Surface를 선택**한다.

ⓒ **'Value: 12.5'로** 입력한다.

ⓓ **Apply 버튼**을 클릭하면 Mesh가 생성된다.

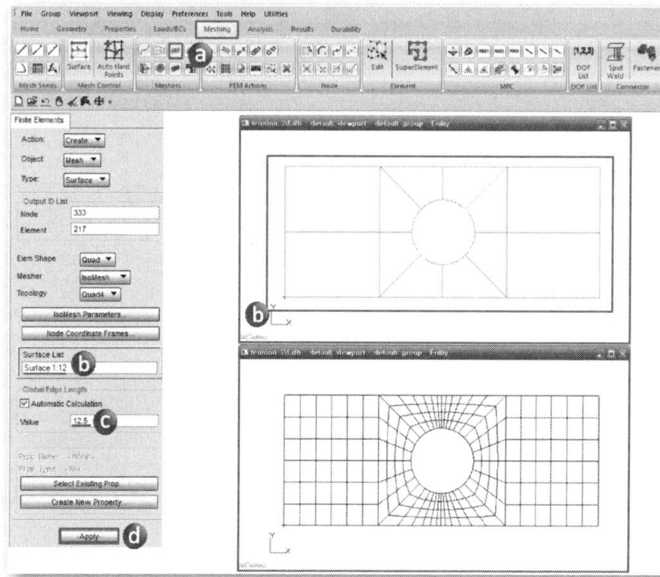

ⓔ Meshing Tap에서 FEM Actions의 **Equivalence 아이콘**을 클릭한다.

ⓕ **Apply 버튼**을 클릭하면 겹쳐진 Node가 공유된다.

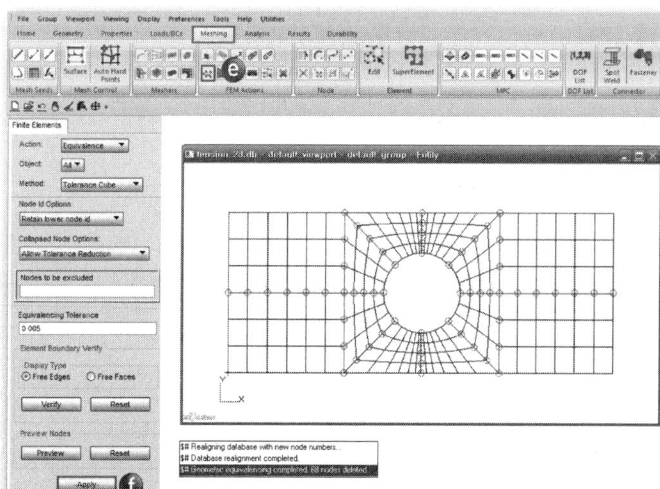

Step 6 Material 생성

ⓐ Properties 탭에서 **Isotropic 아이콘**을 클릭한다.

ⓑ Material Name을 **'al'**로 입력한다.

ⓒ Input Properties를 클릭하여 '**Elastic Modulus = 7.00e4, Poisson Ratio= 0.3'**를 입력하고 **OK 버튼**을 클릭한다.

ⓓ Materials form에서 **Apply 버튼**을 클릭하면 'al' 물성치가 생성된다.

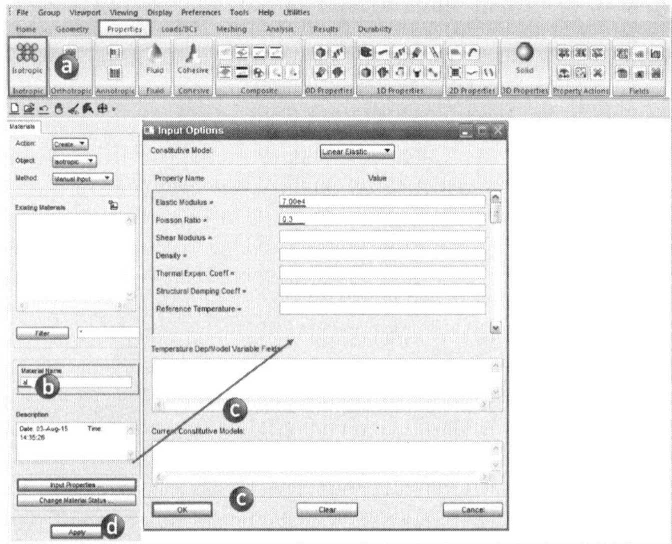

Step 7 Property 생성

ⓐ Properties Tap에서 2D Properties의 **Shell 아이콘**을 클릭한다.

ⓑ Property Set Name을 **'shell'**로 입력한다.

ⓒ **Input Properties 버튼**을 클릭한다.

ⓓ Mat Prop Name 오른쪽에 있는 아이콘을 누르고 Step 5 에서 만든 **'al'** 물성치를 클릭한다.

ⓔ **'Thickness: 3'**을 입력한다.

ⓕ **OK 버튼**을 클릭한다.

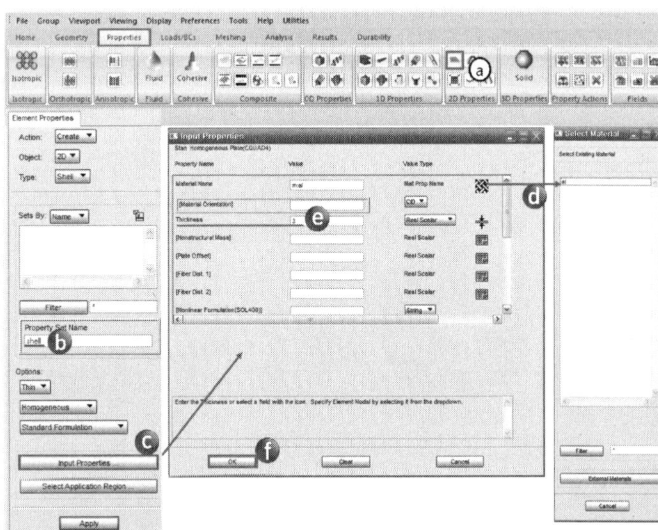

ⓖ **Select Application Region 버튼**을 클릭한다.

ⓗ **Pick All 아이콘**을 클릭하여 **모든 Surface를 선택**한다.

ⓘ **Add 버튼**을 클릭하면 Application Region에 Surface가 추가된다.

ⓙ **OK 버튼**을 클릭한다.

ⓚ Element Properties Form에서 **Apply 버튼**을 클릭하면 **'Shell'** Property가 생성된다.

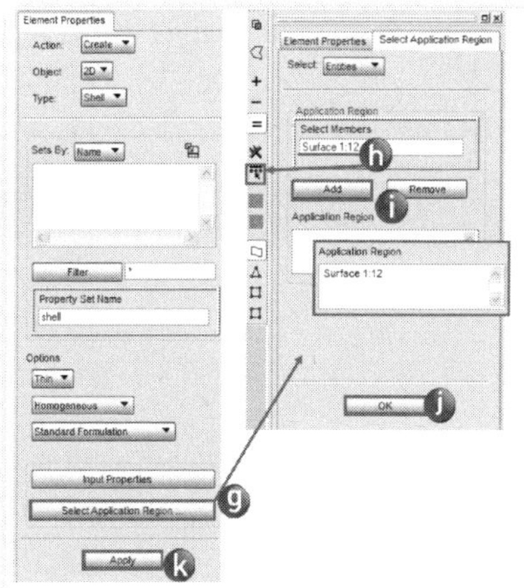

Step 8 경계조건 설정

ⓐ Loads/BCs Tap에서 **Displacement Constraint 아이콘**을 클릭한다.

ⓑ New Set Name을 **'spc'**로 입력한다.

ⓒ Load/Boundary Conditions Form에서 **Input Data**를 클릭한다.

ⓓ **Translations항에 < 0 0 0 > Rotations 항에 < 0 0 0 >** 입력하고 **OK 버튼**을 클릭한다.

ⓔ Load/Boundary Conditions Form에서 **Select Application Region 버튼**을 클릭한다.

ⓕ Picking Filters Toolbar에서 **Curve or Edge 아이콘**을 클릭한다.

ⓖ 화면에 **왼쪽 끝의 두 선**을 **Shift + 클릭**으로 선택한 뒤 **Add 버튼**을 클릭한다.

ⓗ **OK 버튼**을 클릭한다.

ⓘ Load/Boundary Conditions Form에서 **Apply 버튼**을 클릭하면 **'spc' 경계조건**이 생성된다.

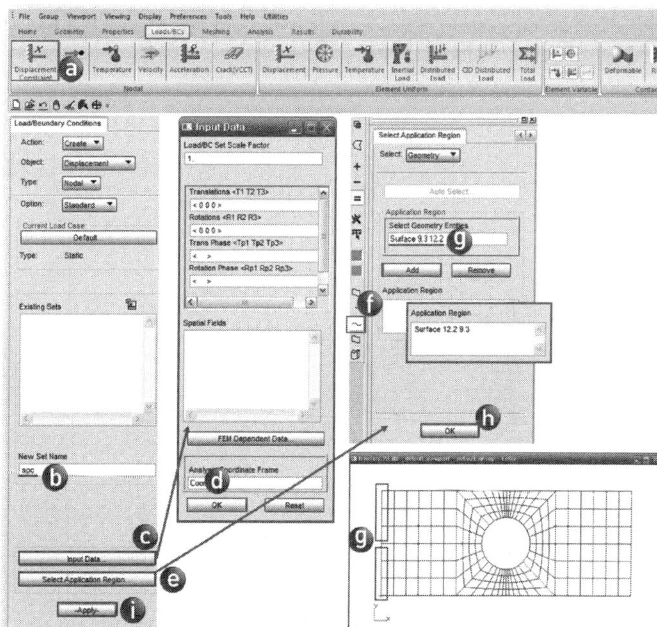

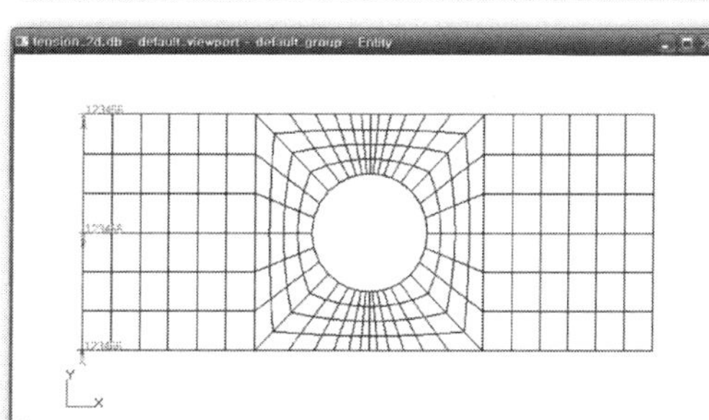

Step 9 하중조건 설정

ⓐ Loads/BCs Tap에서 **Total Load 아이콘**을 클릭한다.

ⓑ New Set Name 을 '**load**'로 입력하고 **'Target Element Type: 2D'**로 설정한다.

ⓒ Load/Boundary Conditions Form에서 **Input Data 버튼**을 클릭한다.

ⓓ Edge Load 항에 **<200 0 0>**으로 입력하고 **OK 버튼**을 클릭한다.

ⓔ Load/Boundary Conditions Form에서 **Select Application Region 버튼**을 클릭한다.

ⓕ Select Application Region에서 화면에 **오른쪽 끝의 두 선**을 **Shift + 클릭**으로 선택한 뒤 **Add 버튼**을 클릭한다.

ⓖ **OK 버튼**을 클릭한 뒤 Load/Boundary Conditions Form에서 **Apply 버튼**을 클릭하면 **'Load' 하중조건**이 생성된다.

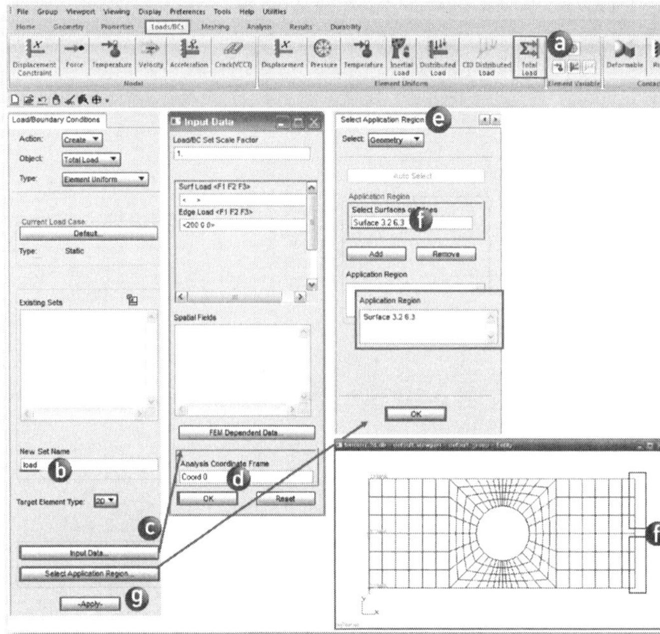

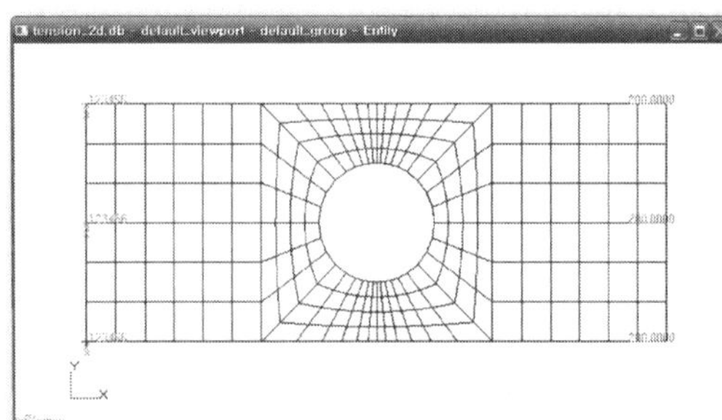

2 해석 (Solve)

Step 1 해석 설정

ⓐ Analysis Tap에서 **Entire Model 아이콘**을 클릭한다.

ⓑ Analysis Form에서 Job Name을 **'tension_2d'**로 입력한다.

ⓒ **Solution Type 버튼**을 클릭하여 'LINEAR STATIC'으로 선택 되었는지 확인하고 **OK 버튼**을 클릭한다.

ⓓ **Apply 버튼**을 클릭하여 해석을 수행한다.

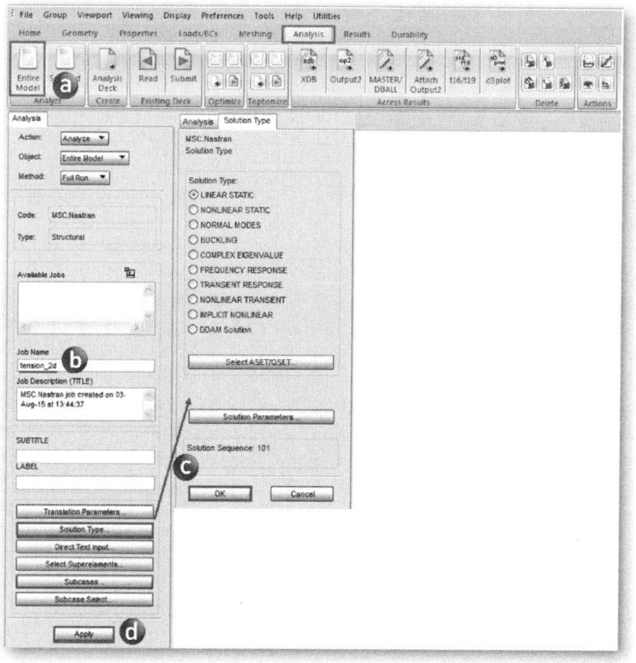

Step 2 결과파일 연결

ⓐ Analysis Tap에서 Access Results의 **XDB 아이콘**을 클릭한다.

ⓑ **Select Results File 버튼**을 클릭한 뒤 해당파일 경로에 있는 **'tenstion_2d.xdb'파일**을 클릭한다.

ⓒ Analysis Form에서 **Apply 버튼**을 클릭한다.

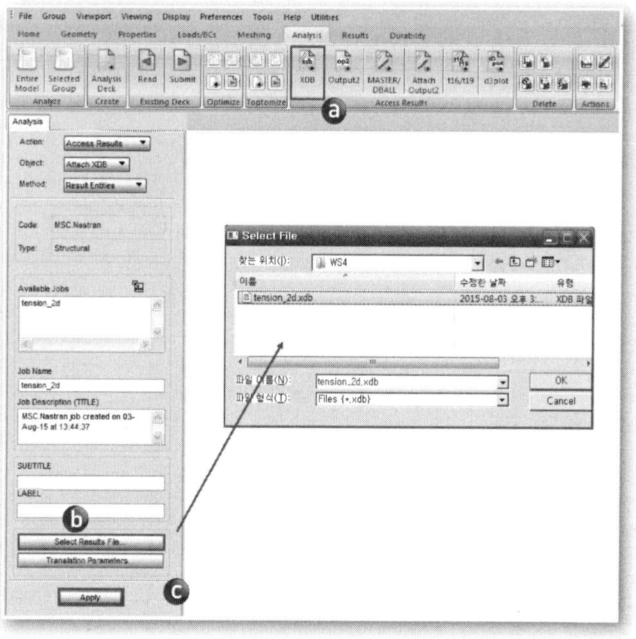

Step 1 von-Mises 응력(von-Mises Stress)

ⓐ Results Tap에서 **Fringe/Deformation 아이콘**을 클릭한다.

ⓑ Select Fringe Result에서 **'Stress Tensor,'**, **'Quantity: X component'**, Select Deformation Result에서 **'Displacements, Translational'**을 선택한 뒤 **Apply 버튼**을 클릭한다.

ⓒ 구멍의 위, 아래에서 응력집중이 발생하는 것을 알 수 있다.

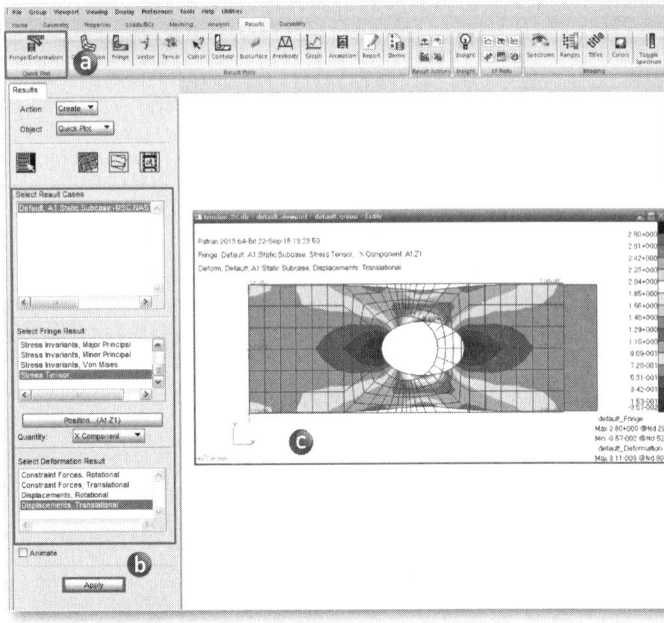

Workshop 5

Mid-Surface 모델링

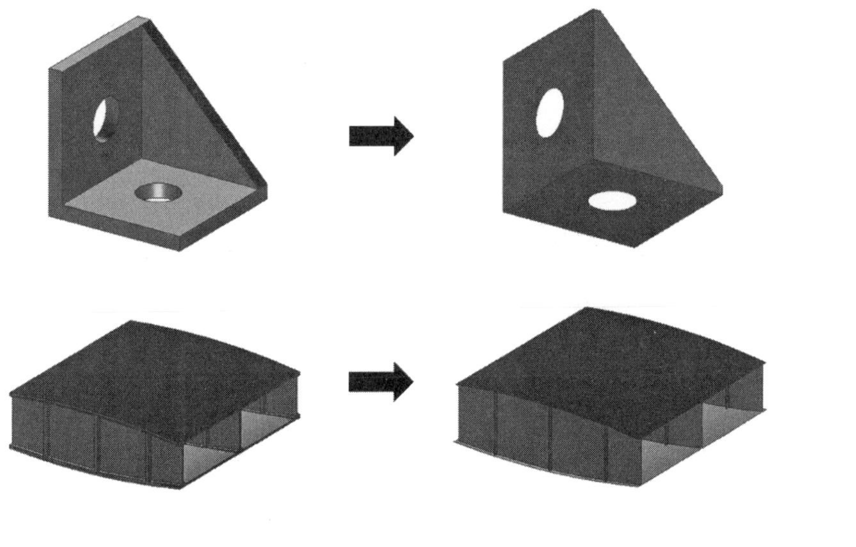

문제정의

Workshop 5에서는 Mid-surface 기능에 대해 알아본다. 얇은 두께를 가지는 Solid 형상의 모델을 불러올 경우, Mid-surface 기능을 이용하여 Solid 형상을 Surface 형상으로 바꿀 수 있다. 얇은 Solid 형상은 3D Mesh를 생성할 때 좋지 않기 때문에 Surface 형상으로 바꾸어 2D Mesh를 생성하여 더 효율적인 해석을 할 수 있다. 이번 Workshop은 두 모델에 대해 진행된다. Bracket 모델은 Manual 방법으로 Mid-surface를 생성할 경우 Surface가 바깥을 튀어나온다. 이 경우 Break 기능을 통해 제거할 수 있다. 반대로 Wing section 모델은 Rib, Rib stiffener 형상이 Wing skin과 떨어져 있어 작은 틈이 발생한다. 이 경우 Extend 기능을 통해 형상을 수정한다.

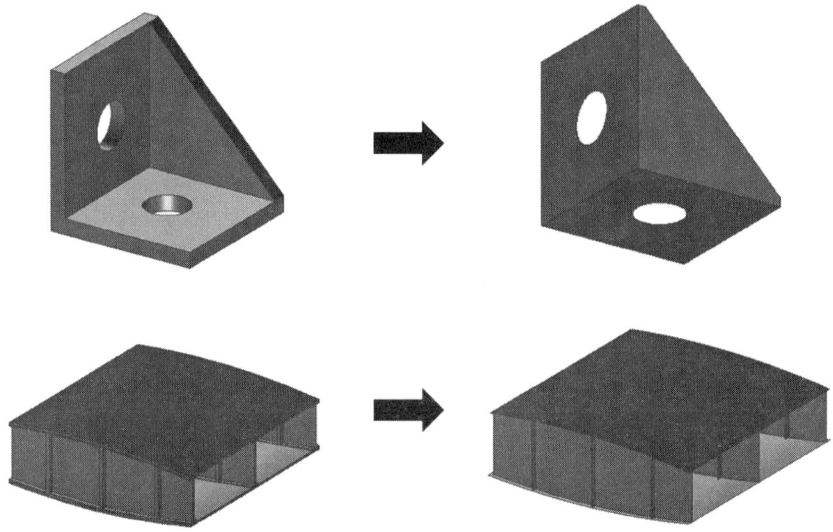

1 Bracket 모델 1

Step 1 .db파일 생성

ⓐ **Patran**을 실행한다.

ⓑ Home tap에서 **New 버튼**을 클릭한다.

ⓒ 파일 이름을 **'mid_surface_1.db'**로 입력하고 **OK 버튼**을 클릭한다.

ⓓ New Model Preference에서 **OK 버튼**을 클릭한다.

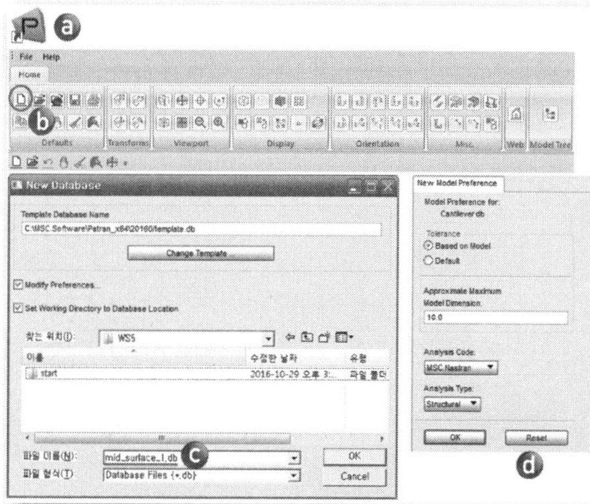

Step 2 Geometry 파일 불러오기

ⓐ File Menu에서 **Import 버튼**을 클릭한다.

ⓑ **'Source: Parasolid xmt'** 으로 설정한다.

ⓒ start 폴더에 있는 **'MS_bracket.xmt_txt'** 파일을 선택하고 **Apply 버튼**을 클릭한다.

ⓓ 메시지 창이 뜨면 **OK 버튼**을 클릭한다.

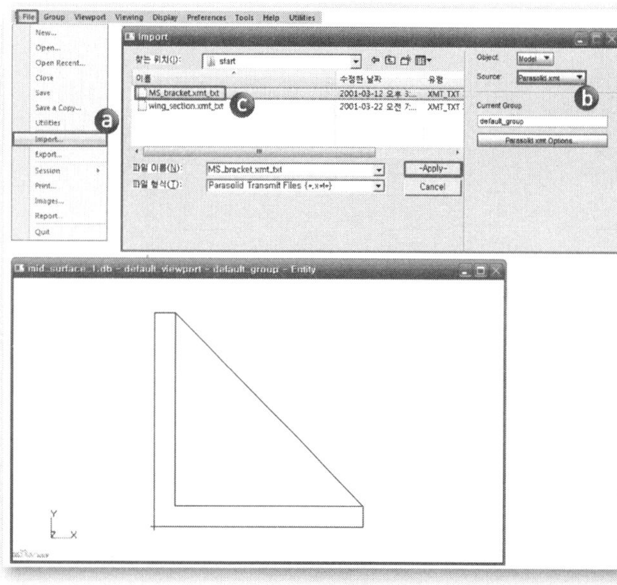

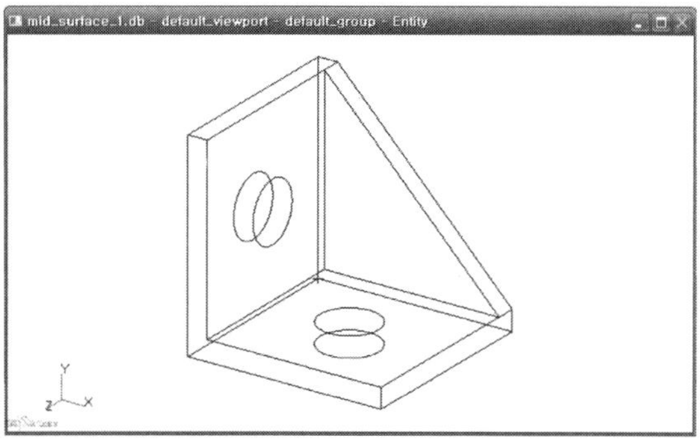

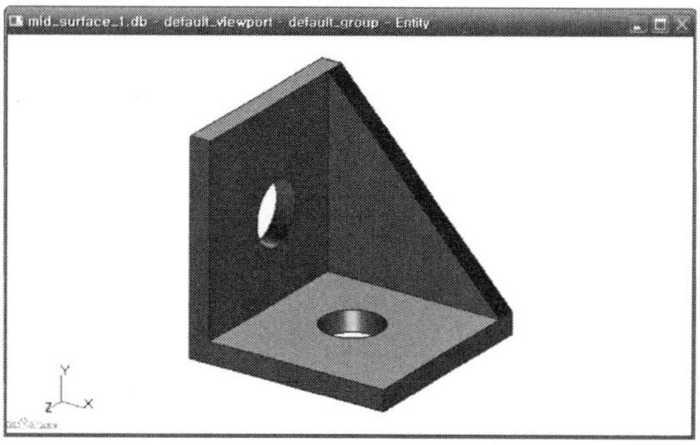

Step 3 Mid-surface 생성

ⓐ Geometry Tap에서 Surfaces에 **Midsurface 아이콘**을 클릭한다.

ⓑ **Automatic 아이콘**을 클릭한다.

ⓒ Solid List에서 **Solid 1**을 **선택**하면 자동으로 Mid-surface가 생성된다.

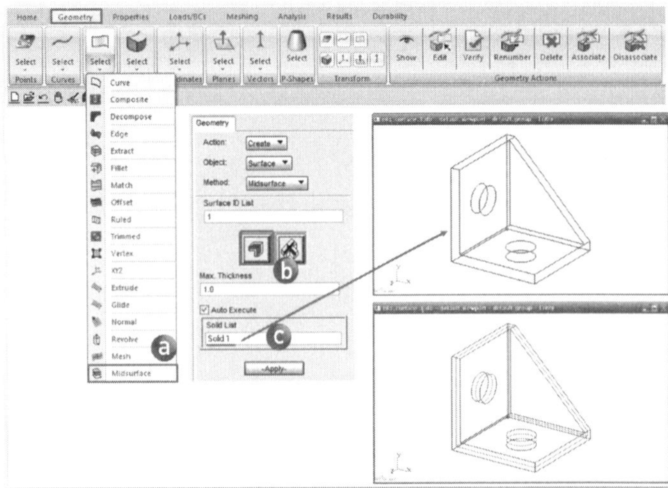

Step 4 Solid 형상 감추기

ⓐ Home Tap에서 **Plot/Erase 아이콘**을 클릭한다.

ⓑ Selected Entities에서 **Solid 1**을 **선택**한다.

ⓒ **Erase 버튼**을 클릭하면 Solid 1이 사라진다.

ⓓ **OK 버튼**을 클릭한다.

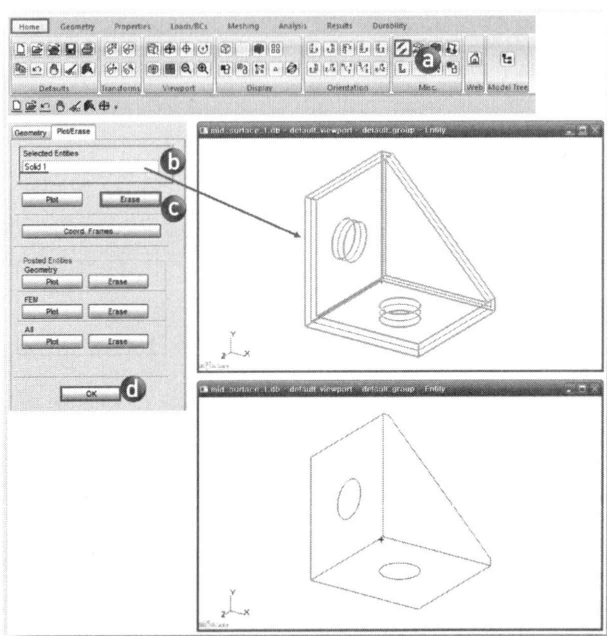

2 Bracket 모델 2

Step 1 .db 파일 생성

ⓐ File Menu에서 **Close**를 클릭하고 다시 **New**를 클릭한다.

ⓑ 파일 이름에 **'mid_surface_2.db'**라고 입력하고 **OK 버튼**을 클릭한다.

ⓒ New Model Preference에서 **OK 버튼**을 클릭한다.

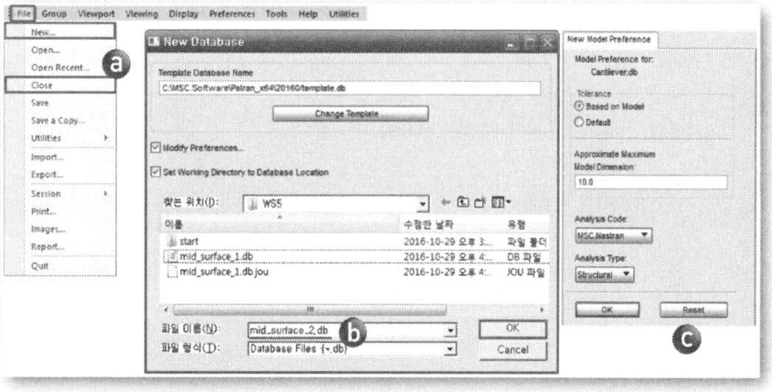

Step 2 Geometry 파일 불러오기

ⓐ File Menu에서 **Import 버튼**을 클릭한다.

ⓑ **'Source: Parasolid xmt'** 으로 설정한다.

ⓒ start 폴더에 있는 **'MS_bracket.xmt_txt'** 파일을 선택하고 **Apply 버튼**을 클릭한다.

ⓓ 메시지 창이 뜨면 **OK 버튼**을 클릭한다.

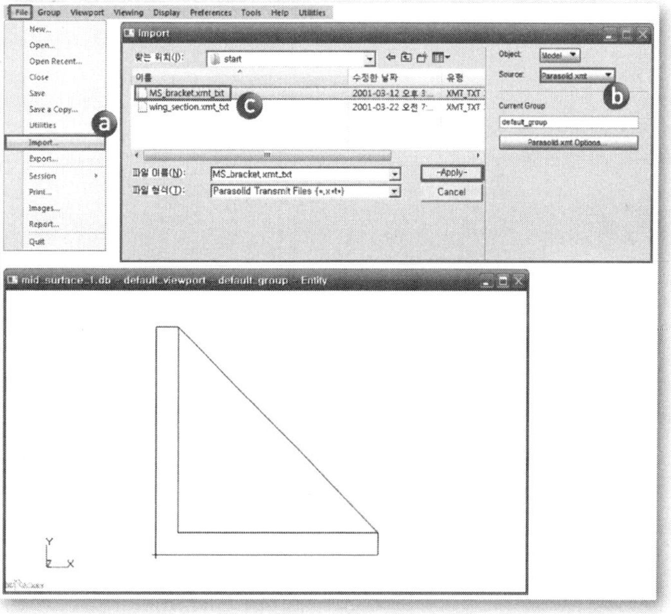

Step 3 Mid-surface 생성

ⓐ Geometry Tap에서 Surfaces에 **Midsurface 아이콘**을 클릭한다.

ⓑ **Manual 아이콘**을 클릭한다.

ⓒ Solid Face List에서 **Solid 1.7**을 **선택**한다.

ⓓ Offset Solid Face List에서 맞은편에 있는 **Solid 1.2를 선택**하면 Mid-surface가 생성된다.

ⓔ 같은 방법으로 나머지 두 개의 Mid-surface를 생성한다.

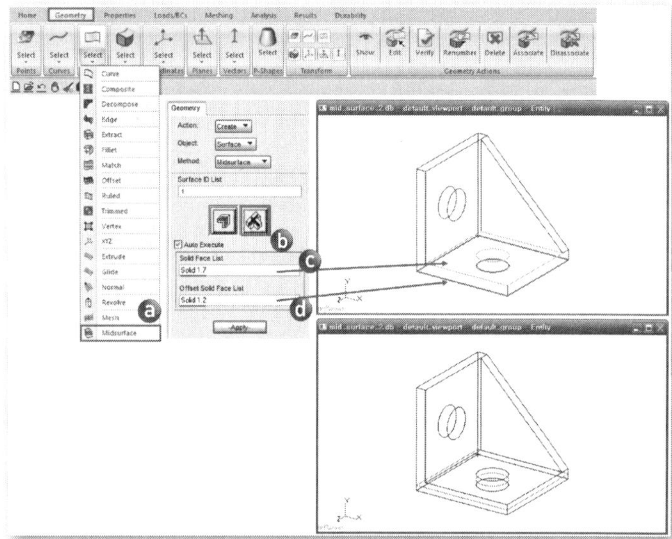

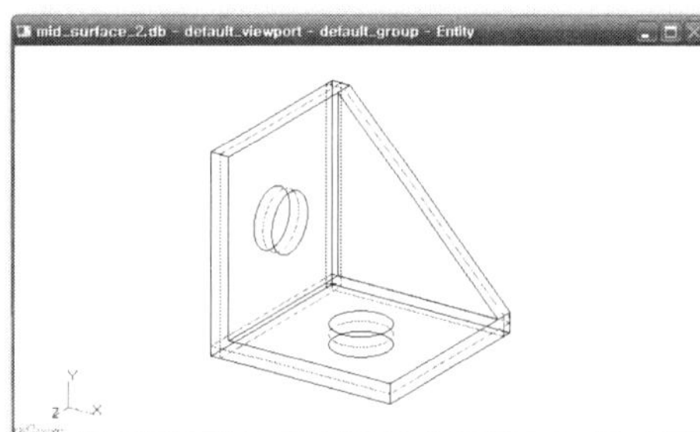

Step 4 Solid 형상 감추기

ⓐ Home Tap에서 **Plot/Erase 아이콘**을 클릭한다.

ⓑ Selected Entities에서 **Solid 1**을 **선택**한다.

ⓒ **Erase 버튼**을 클릭하면 Solid 1이 사라진다.

ⓓ **OK 버튼**을 클릭한다.

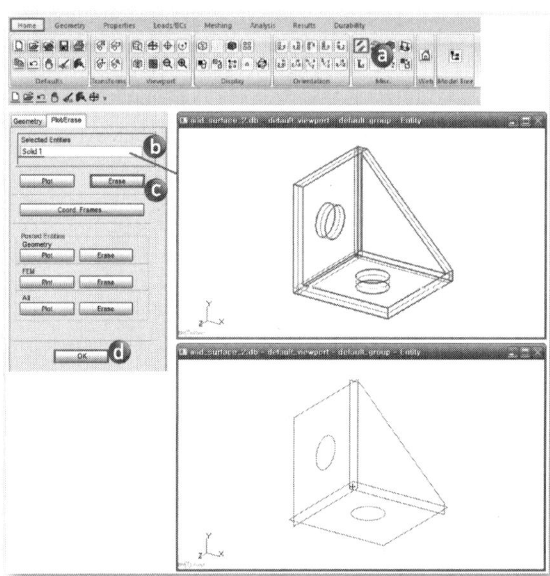

Step 5 Surface Break

ⓐ Geometry Tap에서 **Edit 아이콘**을 클릭한다.

ⓑ Geometry Form에서 **'Action: Edit, Object: Surface, Method: Break'**으로 설정한다.

ⓒ **'Option: Surface'**으로 설정한다.

ⓓ Surface List에 **Surface 1**을 **선택**한다.

ⓔ Break Surface List에 **Surface 2**을 **선택**하면 Surface 1의 뒷부분이 초록색 선으로 표시된다.

ⓕ 같은 방법으로 나머지 Surface에 대해 작업을 수행한다.

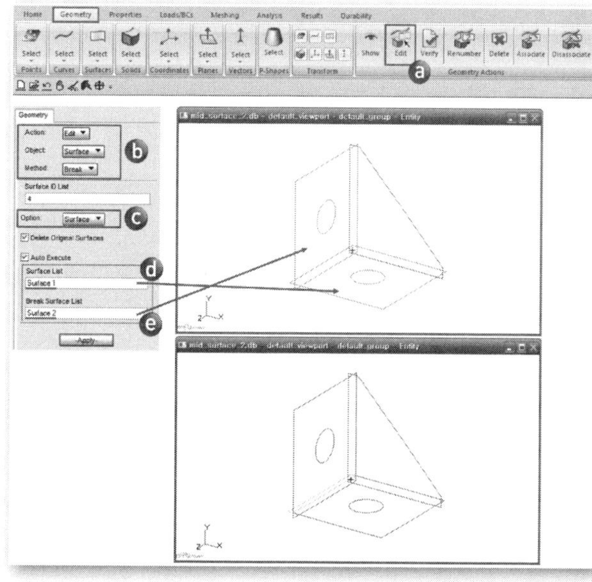

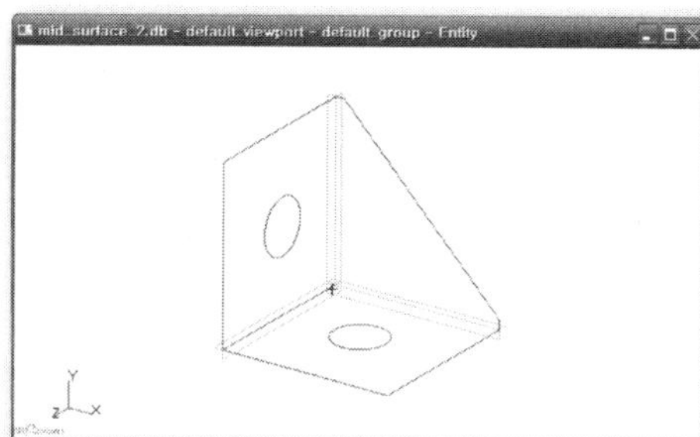

Step 6 Surface 제거

ⓐ Geometry Tap에서 **Delete 아이콘**을 클릭한다.

ⓑ Picking Filters Toolbar에서 **Surface 아이콘**을 클릭한다.

ⓒ **Auto Execute 체크를 해제**하고 그림에 표시된 **Surface를 모두 선택**한다. (Shift + 클릭)

ⓓ **Apply 버튼**을 클릭한다.

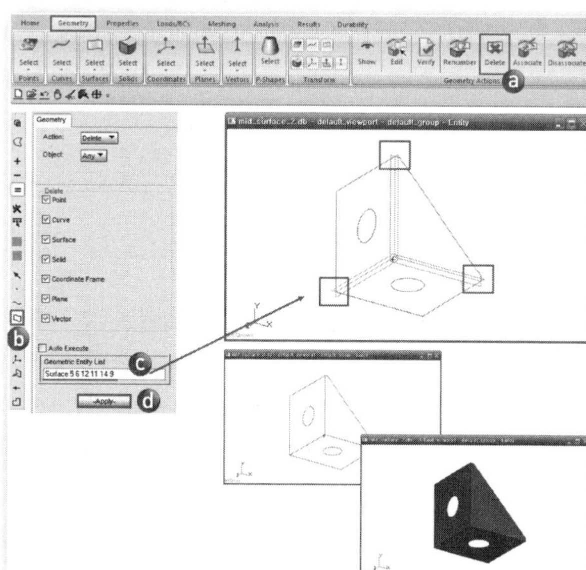

3 Wing Section 모델

Step 1 .db 파일 생성

ⓐ File Menu에서 **Close**를 클릭하고 다시 **New**를 클릭한다.

ⓑ 파일 이름에 **'mid_surface_3.db'**라고 입력하고 **OK 버튼**을 클릭한다.

ⓒ New Model Preference에서 **OK 버튼**을 클릭한다.

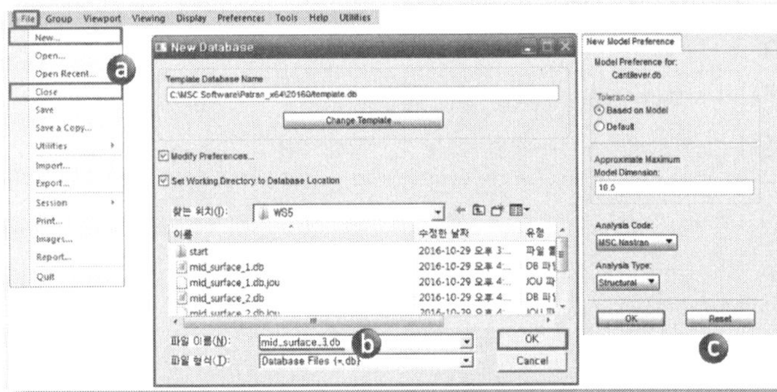

Step 2 Geometry 파일 불러오기

ⓐ File Menu에서 **Import 버튼**을 클릭한다.

ⓑ **'Source: Parasolid xmt'** 으로 설정한다.

ⓒ start 폴더에 있는 **'MS_bracket.xmt_txt'** 파일을 선택하고 **Apply 버튼**을 클릭한다.

ⓓ 메시지 창이 뜨면 **OK 버튼**을 클릭한다.

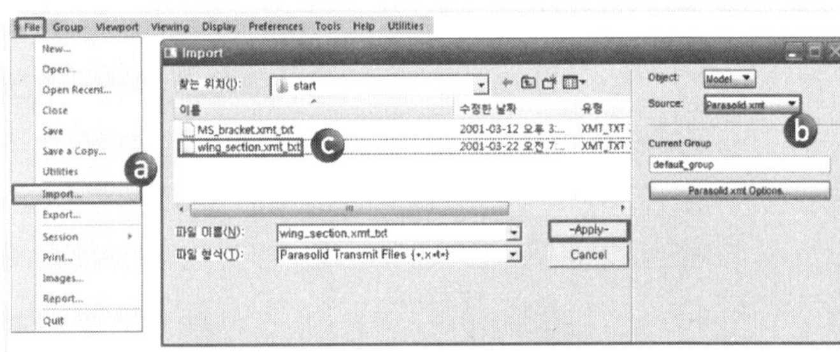

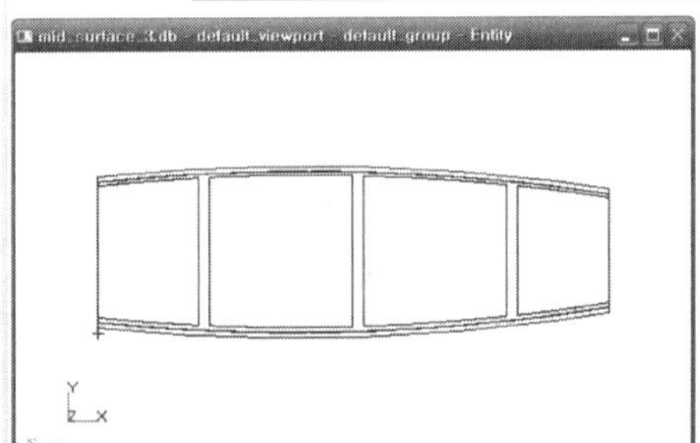

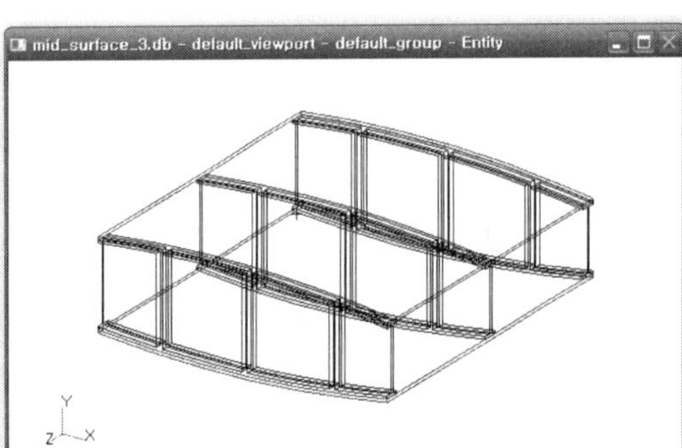

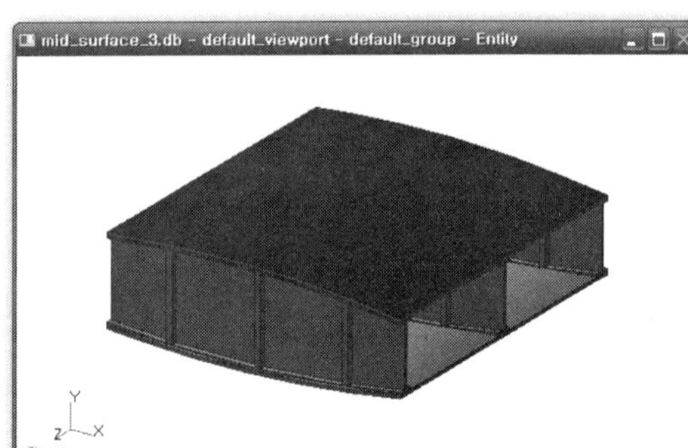

Step 3 Wing skin 형상 감추기

ⓐ Home Tap에서 **Plot/Erase 아이콘**을 클릭한다.

ⓑ Wing skin에 해당되는 **Solid 4와 Solid 5를 선택**한다.

ⓒ **Erase 버튼**을 클릭하면 Wing skin을 제외한 형상만 남는다.

ⓓ **OK 버튼**을 클릭한다.

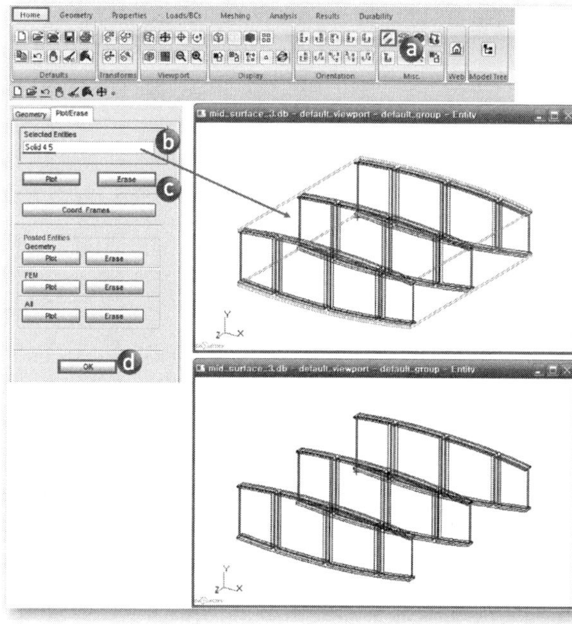

Step 4 Mid-surface 생성: Rib

ⓐ Geometry Tap에서 Surfaces에 **Midsurface 아이콘**을 클릭한다.

ⓑ **Manual 아이콘**을 클릭한다.

ⓒ Solid Face List에서 **Solid 1.5을 선택**한다.

ⓓ Offset Solid Face List에서 맞은편에 있는 **Solid 1.7를 선택**하면 Mid-surface가 생성된다.

ⓔ 같은 방법으로 아래 표를 참조하여 나머지 두 Rib의 Mid-surface를 생성한다.

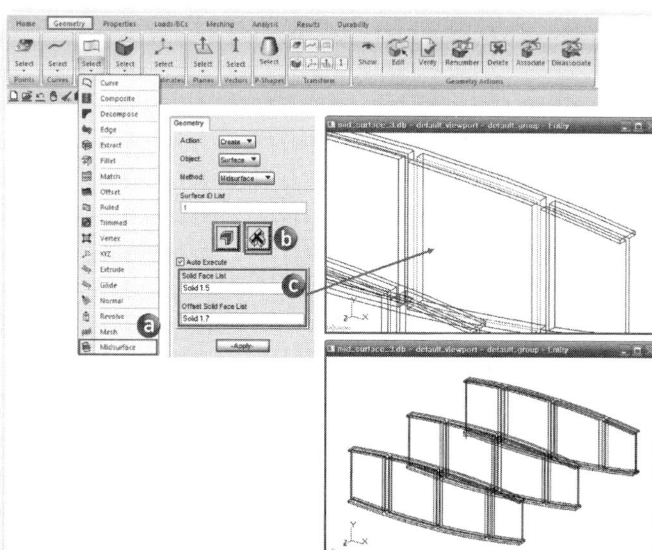

Solid Face List	Offset Solid Face List
Solid 1.5	Solid 1.7
Solid 2.5	Solid 2.7
Solid 3.5	Solid 3.7

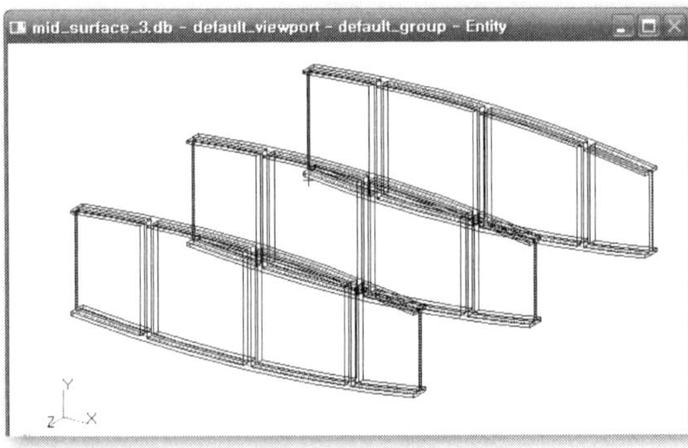

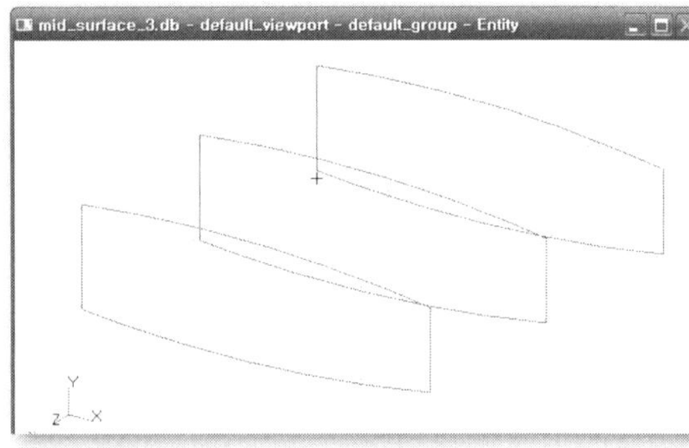

Step 5 Mid-surface 생성: Rib stiffener

ⓐ Geometry Tap에서 Surfaces에 **Midsurface 아이콘**을 클릭한다.

ⓑ **Manual 아이콘**을 클릭한다.

ⓒ Solid Face List에서 **Solid 1.32**을 **선택**한다.

ⓓ Offset Solid Face List에서 맞은편에 있는 **Solid 1.33를 선택**하면 Mid-surface가 생성된다.

ⓔ 같은 방법으로 아래 표를 참조하여 나머지 Rib stiffener의 Mid-surface를 생성한다.

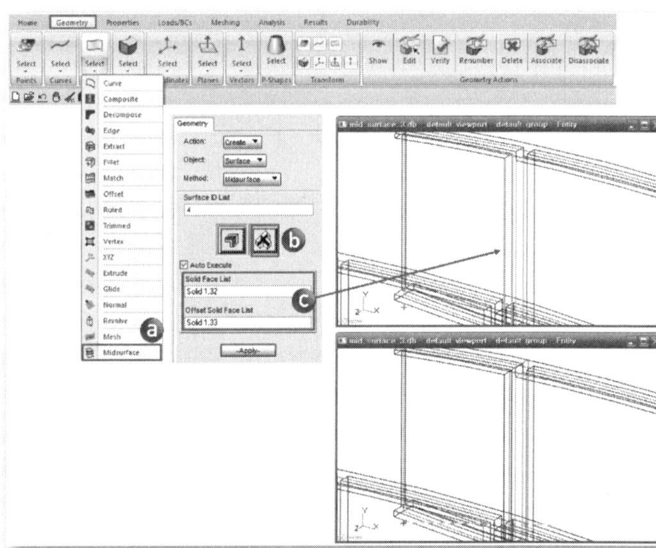

Solid Face List	Offset Solid Face List
Solid 1.32	Solid 1.33
Solid 1.36	Solid 1.37
Solid 1.40	Solid 1.41
Solid 2.32	Solid 2.33
Solid 2.36	Solid 2.37
Solid 2.40	Solid 2.41
Solid 3.32	Solid 3.33
Solid 3.36	Solid 3.37
Solid 3.40	Solid 3.41

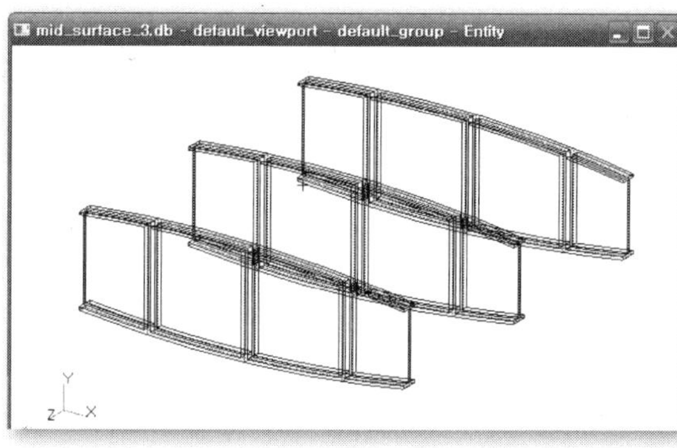

Step 6 Rib, Rib stiffener 형상 감추기

ⓐ Home Tap에서 **Plot/Erase 아이콘**을 클릭한다.

ⓑ Picking Filters Toolbar에서 **Geometric Entity 아이콘**을 클릭한 뒤 **Surface 아이콘**을 클릭한다.

ⓒ **Pick All 아이콘**을 클릭한다.

ⓓ **Erase 버튼**을 클릭하면 Rib과 Rib stiffener의 Mid-surface 형상만 남는다.

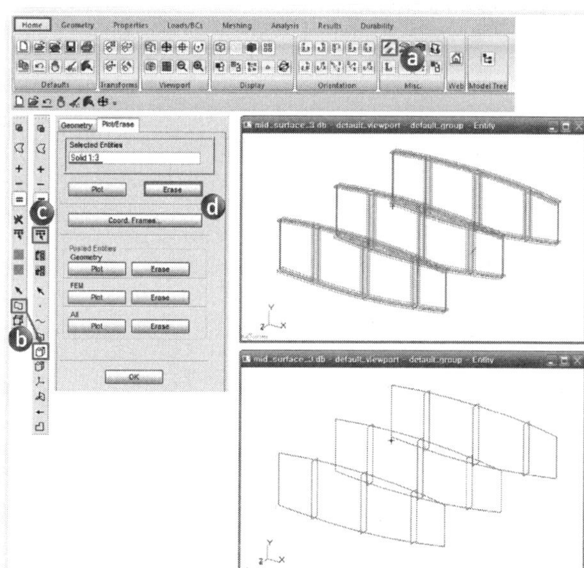

Step 7 모든 형상 보이기

ⓐ Posted Entities에서 **Geometry Plot 버튼**을 클릭하면 다시 모든 형상이 보인다.

ⓑ **OK 버튼**을 클릭한다.

ⓒ Home Tap에서 **Smooth shaded 아이콘**을 클릭한다.

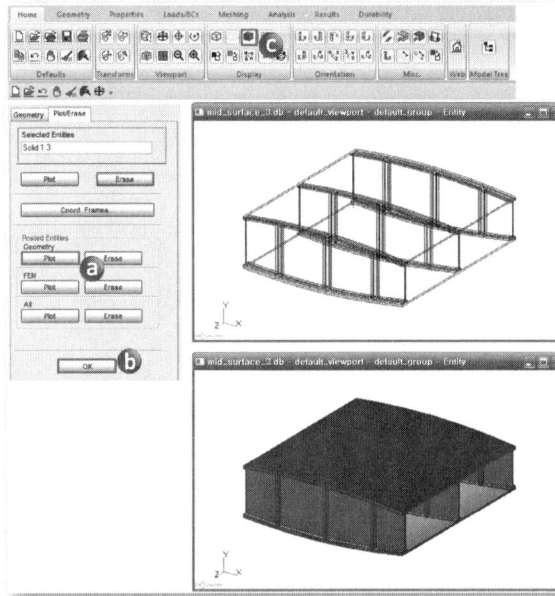

Step 8 Mid-surface 생성: Wing skin

ⓐ Geometry Tap에서 Surfaces에 **Midsurface 아이콘**을 클릭한다.

ⓑ **Automatic 아이콘**을 클릭한다.

ⓒ Solid Face List에서 Wing skin에 해당하는 **Solid 4와 Solid 5를 선택**한다. (Shift + 클릭)

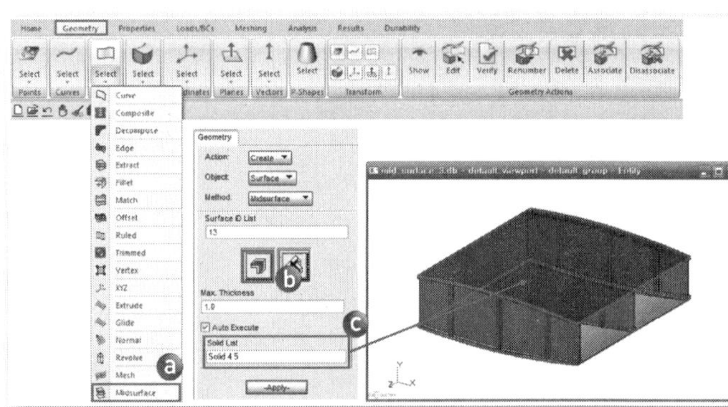

Step 9 Solid 형상 감추기

ⓐ Home Tap에서 **Plot/Erase 아이콘**을 클릭한다.

ⓑ Picking Filters Toolbar에서 **Geometric Entity 아이콘**을 클릭한 뒤 **Surface 아이콘**을 클릭한다.

ⓒ **Pick All 아이콘**을 클릭한다.

ⓓ **Erase 버튼**을 클릭하면 Mid-surface 형상만 남는다.

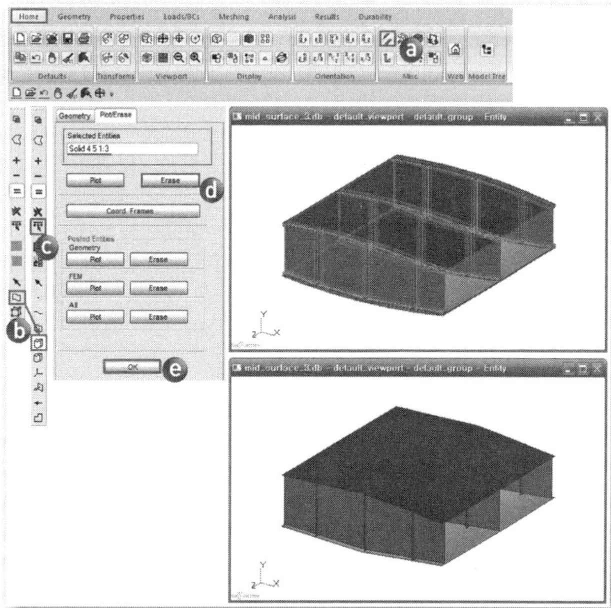

(Mid-surface 형상을 살펴보면 Rib, Rib stiffener와 Wing skin 사이에 Gap이 존재하는 것을 알 수 있다. **Surface Extend** 기능을 통해 Gap을 제거해야 한다.)

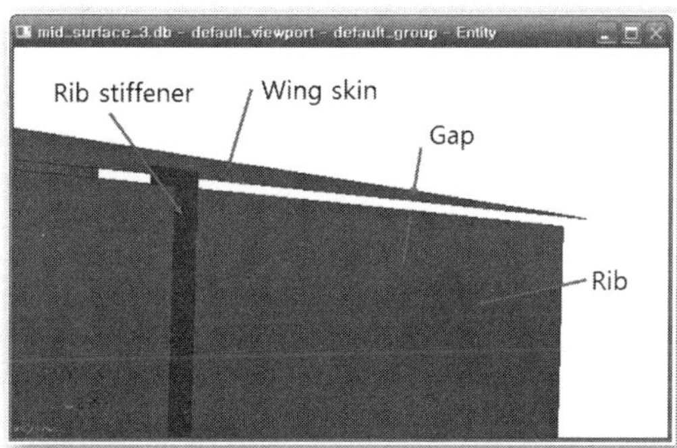

Step 10 Surface Refit

ⓐ Home Tap에서 **Wireframe 아이콘**을 클릭한다.

ⓑ Geometry Tap에서 **Edit 아이콘**을 클릭한다.

ⓒ **'Action: Edit, Object: Surface, Method: Refit'**으로 설정한다.

ⓓ 그림과 같이 **Rib stiffener**에 해당하는 **모든 surface를 선택**한다.

ⓔ 메시지 창이 나오면 **모두 'Yes For All' 혹은 'Yes' 버튼**을 클릭한다.

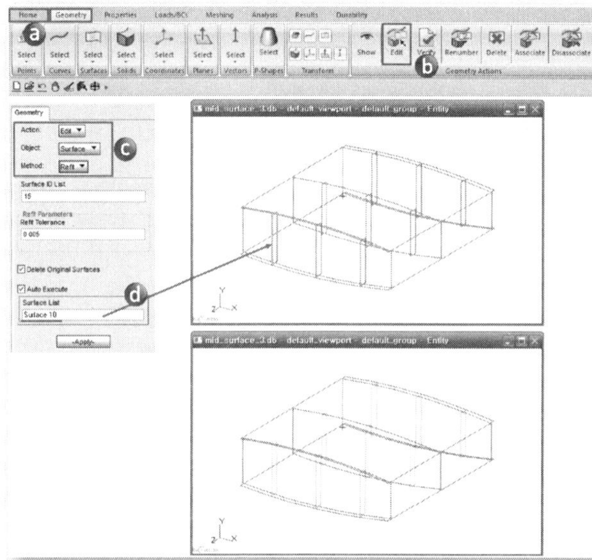

Step 11 Surface Extend

ⓐ Geometry Form에서 **'Action: Edit, Object: Surface, Method: Extend'**으로 설정한다.

ⓑ **To a Surface 아이콘**을 클릭한다.

ⓒ **Edit All Associated Surfaces 아이콘**을 클릭한다.

ⓓ **Break Intersecting Surface 체크**와 **Auto Execute 체크**를 해제한다.

ⓔ **Surface Edge에 모든 Rib stiffener의 위쪽 Edge를, Intersecting Surface에 Wing skin의 위쪽 Surface**를 선택한다.

ⓕ **Apply 버튼**을 클릭하면 Rib stiffener의 윗부분이 Wing skin으로 연장된다.

ⓖ 같은 방법으로 아랫부분에 작업을 수행한다.

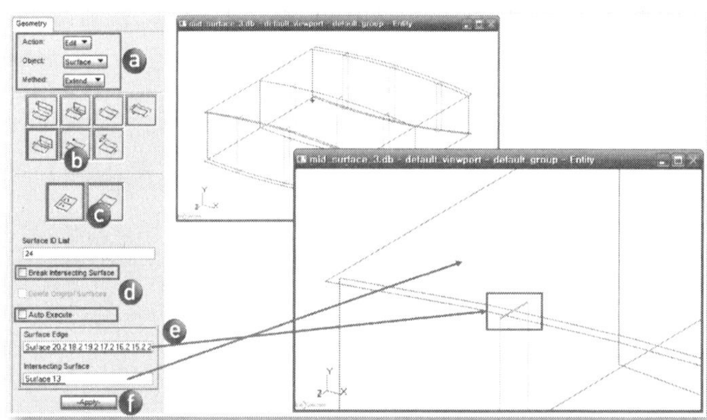

ⓖ **Break Intersecting Surface 체크**와 **Delete Original Surfaces 체크**를 클릭한다.

ⓗ **Surface Edge에 Rib의 위쪽 Edge를, Intersecting Surface에 Wing skin의 위쪽 Surface**를 선택한다.

ⓘ **Apply 버튼**을 클릭하면 Rib의 윗부분이 Wing skin으로 연장된다.

ⓙ 같은 방법으로 나머지 Rib과 아랫부분에 작업을 수행한다.

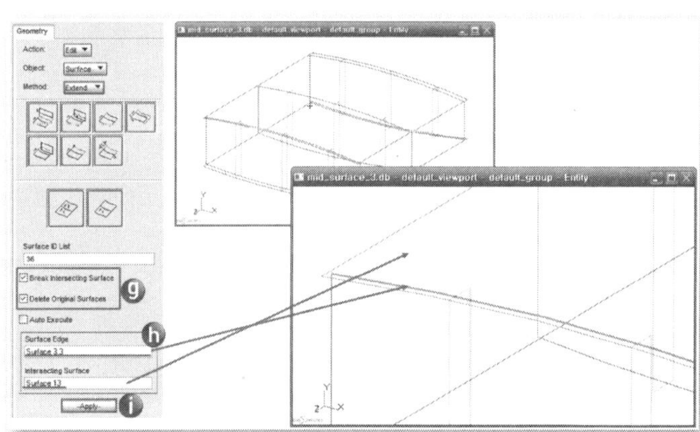

Step 12 Chordal Tolerance 수정

ⓐ **Display Menu에서 Geometry**를 클릭한다.

ⓑ **'Chordal Tolerance: 1e-006'**으로 입력한다.

ⓒ **Apply 버튼**을 클릭한 뒤 **Cancel 버튼**을 클릭한다.

ⓓ Home Tap에서 **Smooth shaded 아이콘**을 클릭하면 형상이 더 부드럽게 보이는 것을 알 수 있다.

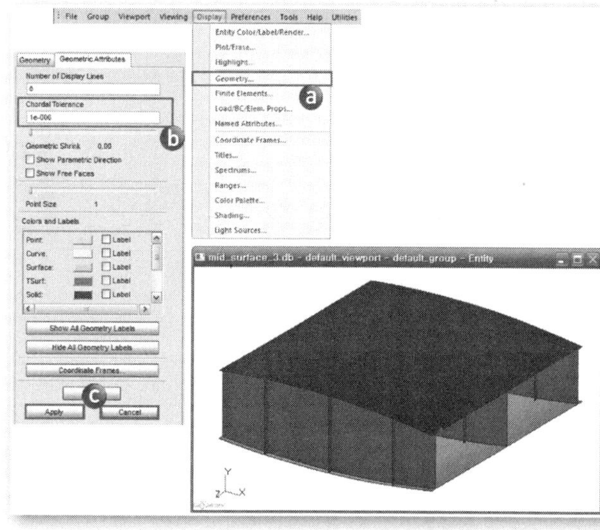

Step 13 Surface Break

ⓐ Home Tap에서 **Wireframe 아이콘**을 클릭한다.

ⓑ Geometry Form에서 **'Action: Edit, Object: Surface, Method: Break'**으로 설정한다.

ⓒ **'Option: Surface'**으로 설정한다.

ⓓ Surface List에 **Rib**을 **선택**한다.

ⓔ Break Surface List에 **Rib stiffener 중 하나를 선택**하면 Rib 형상이 Rib stiffener와 교차되는 선을 따라 나누어진다.

ⓕ 같은 방법으로 나머지 모든 Rib과 Rib stiffener에 작업을 수행한다.

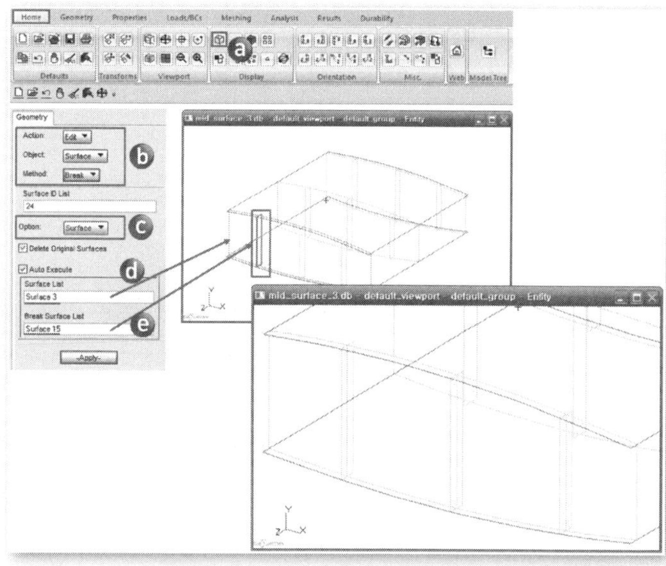

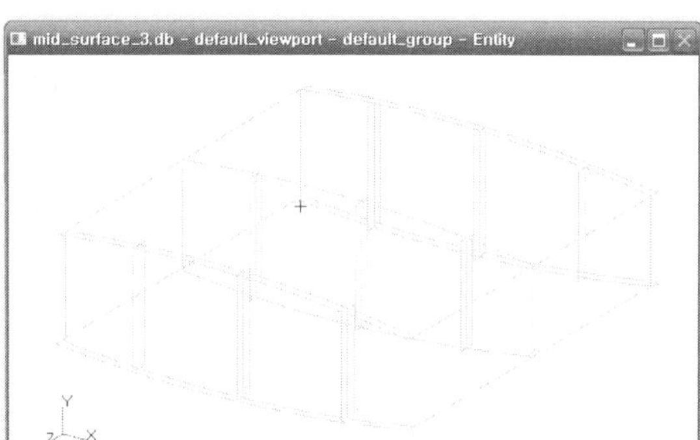

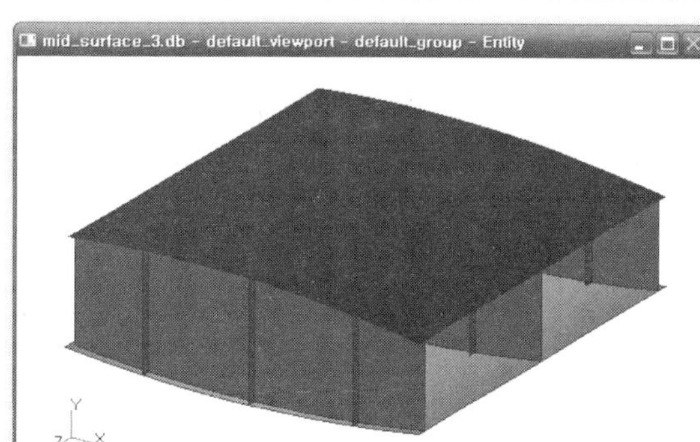

Workshop 6

3D Meshing technique

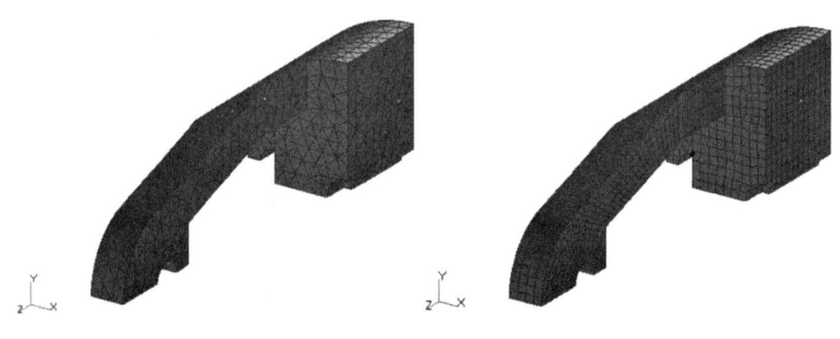

문제정의

Workshop 6에서는 Solid에 대해 3D Mesh를 생성하는 방법에 대해 배워본다. 첫 번째로 Tetra 요소를 이용하여 쉽게 Mesh 생성하는 방법이 있고, 두 번째로는 Surface만 있는 상태에서 Solid를 생성하고 Hexa 요소를 생성하는 방법이 있다. Hexa Mesh를 생성할 경우, 2D Mesh를 Extrude시키는 방법과 Mesher 기능을 이용한 방법이 있다. 이번 Workshop은 두 방법 모두 다루게 되었다. Tetra Mesh는 복잡한 형상이라도 자동으로 생성할 수 있기 때문에 간편하지만, 해석 시 좋은 결과는 얻지 못 할 수 있다. 반대로 Hexa Mesh는 복잡한 형상에 대해 자동으로 생성될 수 없기 때문에 Extrude 기능 등을 이용하여 생성해야 한다는 번거로움이 있다. 하지만 비교적 좋은 결과를 얻을 수 있다.

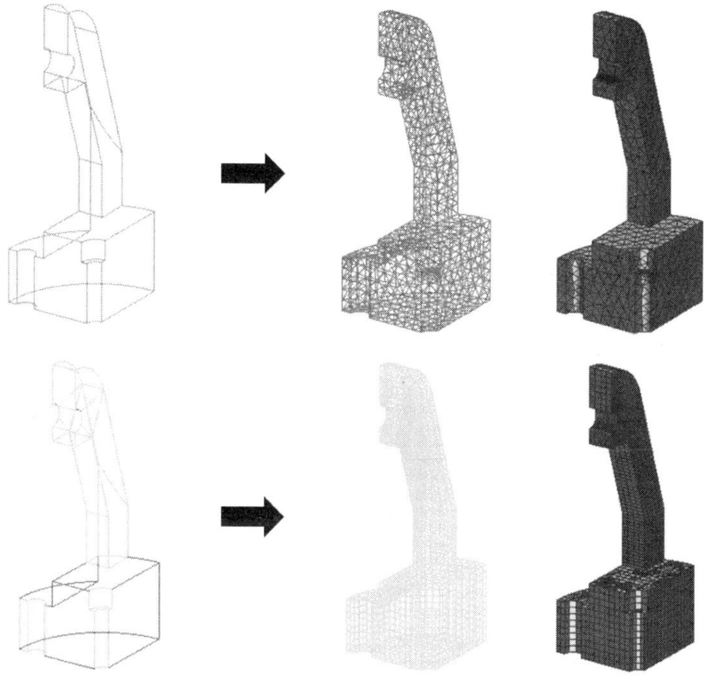

1 Tetra Mesh

Step 1 .db파일 생성

ⓐ **Patran**을 실행한다.

ⓑ Home tap에서 **New 버튼**을 클릭한다.

ⓒ 파일 이름을 **'modeling_3d.db'**로 입력하고 **OK 버튼**을 클릭한다.

ⓓ New Model Preference에서 **OK 버튼**을 클릭한다.

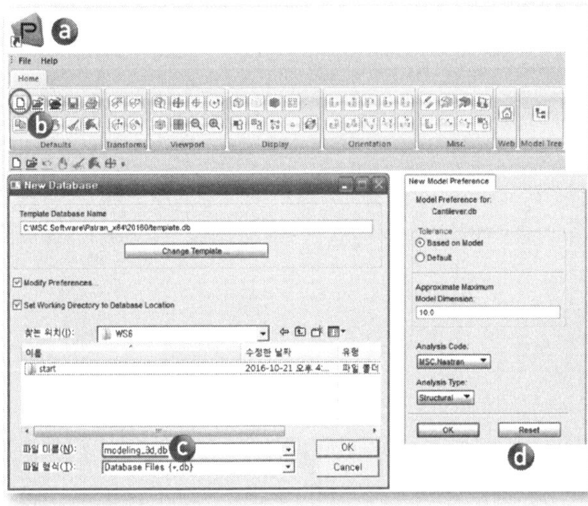

Step 2 Geometry 파일 불러오기

ⓐ File Menu에서 **Import** 버튼을 클릭한다.

ⓑ **'Source: Parasolid xmt'** 으로 설정한다.

ⓒ start 폴더에 있는 **'Part.xmt'** 파일을 선택하고 **Apply 버튼**을 클릭한다.

ⓓ **메시지 창이 뜨면 OK 버튼**을 클릭한다.

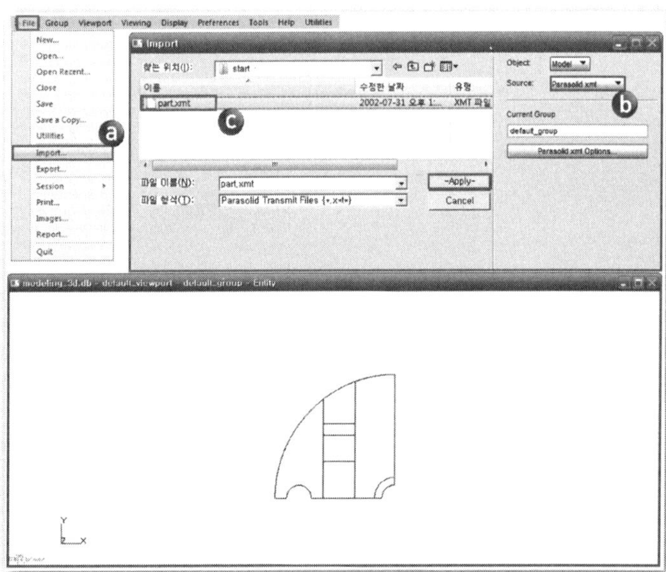

Step 3 Tetra Mesh 생성

ⓐ Meshing Tap에서 Meshers에 **Solid 아이콘**을 클릭한다.

ⓑ **'Elem Shap: Tet, Mesher: TetMesh, Topology: Tet10'으로 설정**한다.

ⓒ Input List에 화면의 **'Solid 1'을 선택**한다.

ⓓ Global Edge Length에서 **Value에 '5'를 입력**한다.

ⓔ **Apply 버튼**을 클릭하면 Tetra 요소가 생성된다.

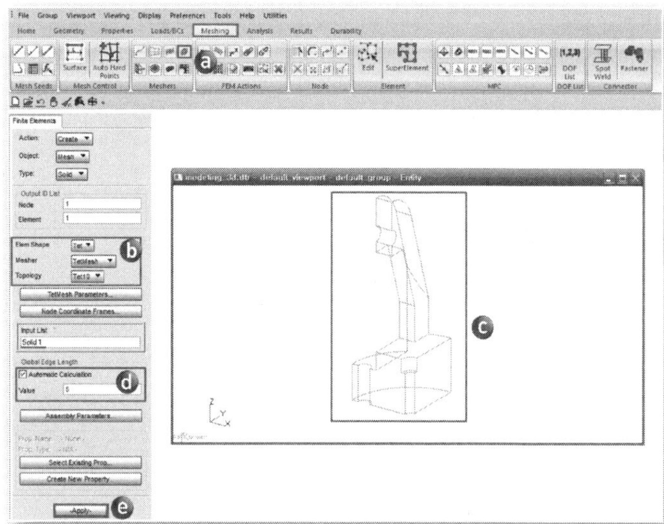

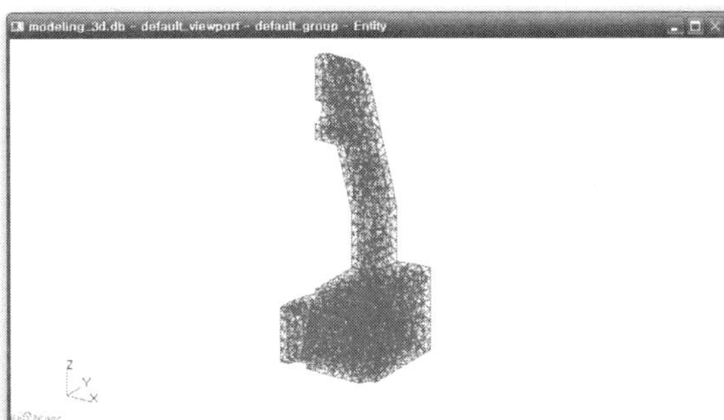

Step 4 Mesh Quality 확인

ⓐ Meshing Tap에서 **Verify 아이콘**을 클릭한다.

ⓑ **'Object: Tet, Test: All'**으로 설정한다.

ⓒ **Apply 버튼**을 클릭하면 Mesh Quality에 대한 메시지가 뜬다.

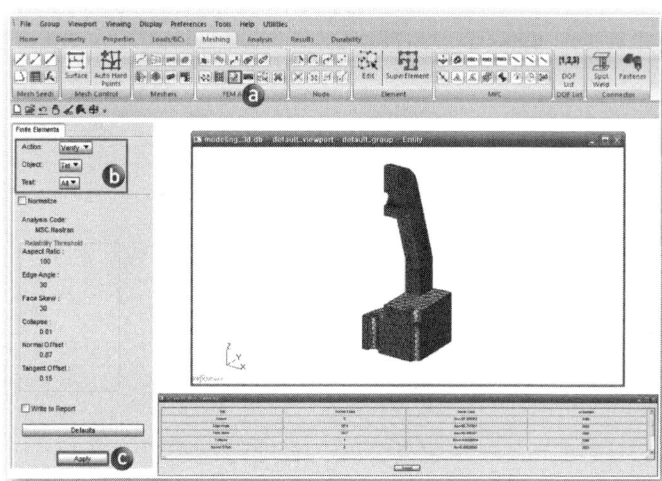

2 Hexa Mesh

Step 1 .db파일 생성

ⓐ File Menu에서 **Close를 클릭**하고 **다시 New를 클릭**한다.

ⓑ 파일 이름에 **'modeling_3d_hexa.db'**라고 입력하고 **OK 버튼**을 클릭한다.

ⓒ New Model Preference에서 **OK 버튼**을 클릭한다.

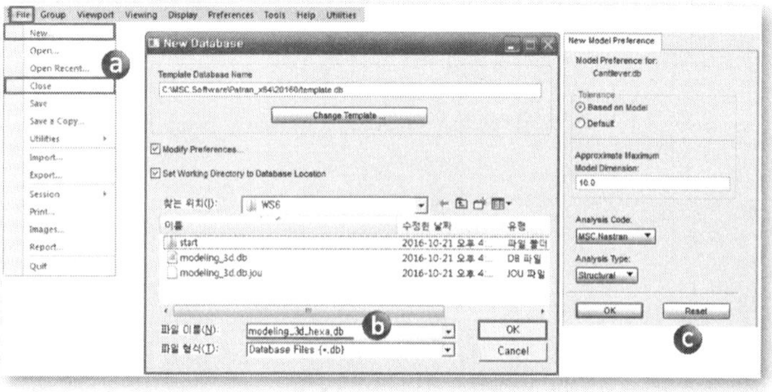

Step 2 Geometry 파일 불러오기

ⓐ File Menu에서 **Import**를 클릭한다.

ⓑ Import 창에서 **'Source: IGES'으로 설정**한다.

ⓒ **Import to Parasolid 체크를 해제**한다.

ⓓ start 폴더에 **'surfaces.igs'** 파일을 선택하고 **Apply 버튼**을 클릭한다.

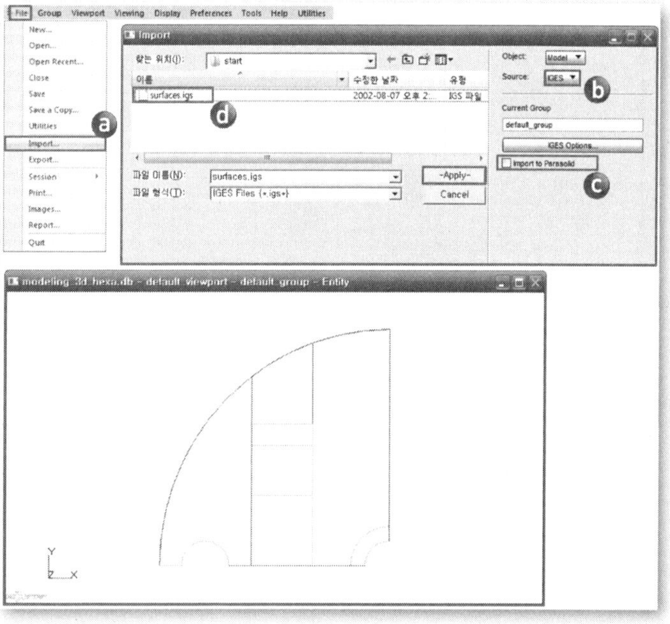

Step 3 Plane 생성

ⓐ Home Tap에서 **Iso 1 View 아이콘**을 클릭한다.

ⓑ **Geometry Tap**을 **클릭**한다.

ⓒ Geometry Form에서 **'Action: Create, Object: Plane, Method: 3 Points'으로 설정**한다.

ⓓ **Point 1 List: Point 17, Point 2 List: Point 18, Point 3 List: Point 5**를 선택한다.

(직접 입력하고 Apply 버튼을 클릭하여도 무방하다.)

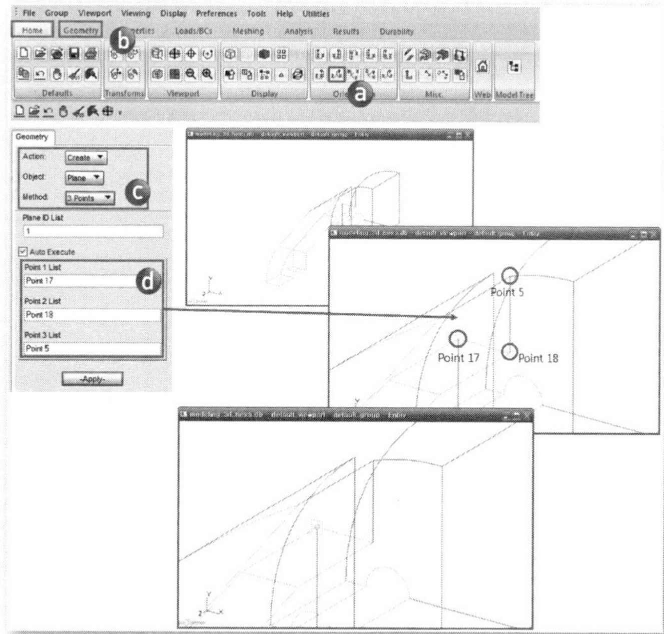

Step 4 Surface Break

ⓐ Geometry Form에서 **'Action: Edit, Object: Surface, Method: Break'**으로 설정한다.

ⓑ **'Option: Plane'**으로 설정한다.

ⓒ Picking Filters Toolbar에서 **Pick All 아이콘**을 클릭한다.

ⓓ Break Plane List에서 이전에 만든 **Plane 1**을 **선택**한다.

ⓔ 메시지 창이 뜨면 **Yes For All 버튼**을 클릭한다.

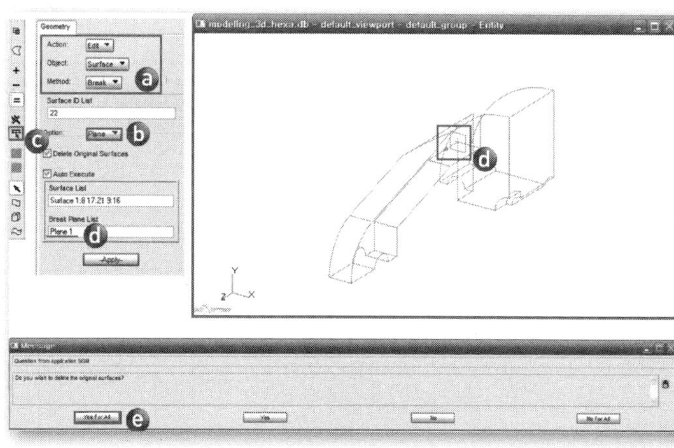

Step 5 Group 생성 1

ⓐ Group Menu에서 **Create**를 클릭한다.

ⓑ Home Tap에서 **Left Side View 아이콘**을 클릭한다.

ⓒ New Group Name에 **'base'**으로 입력한다.

ⓓ **Unpost All Other Groups 체크를 해제**한다.

ⓔ **Preference Menu**에서 **Picking**을 클릭한 뒤 **Rectangle/Polygon Picking**에서 **Enclose entire entity를 선택**하고 **Close 버튼**을 클릭한다.

ⓕ Group Form의 Entity Selection에서 위 그림과 같이 **드래그하여 선택**한다.

ⓖ **Apply 버튼**을 클릭하면 'base' 그룹이 생성된다.

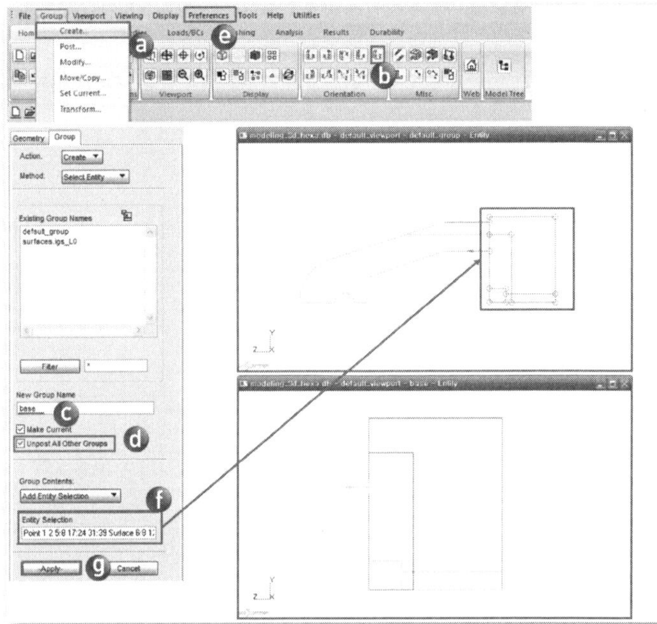

Step 6 Group 생성 2

ⓐ Group Form에서 **'Action: Post'**으로 설정한다.

ⓑ **'default_group'**을 **선택**하고 **Apply 버튼**을 클릭한다.

ⓒ Group Form에서 **'Action: Create, Method: Select Entity'**으로 설정한다.

ⓓ New Group Name에 **'top'**으로 입력한다.

ⓔ **Unpost All Other Groups 체크를 해제**한다.

ⓕ **Preference Menu**에서 **Picking**을 클릭한 뒤 **Rectangle/Polygon Picking**에서 **Enclose any portion of entity를 선택**하고 **Close 버튼**을 클릭한다.

ⓖ Group Form의 Entity Selection에서 위 그림과 같이 **드래그하여 선택**한다.

ⓗ **Apply 버튼**을 클릭하면 'top' 그룹이 생성된다.

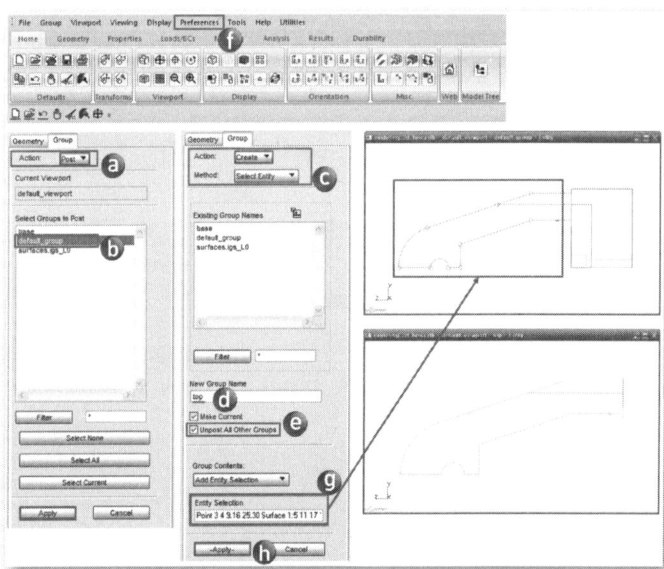

Step 7 Surface 생성

ⓐ Home Tap에서 **Smooth shaded 아이콘**을 클릭한다.

ⓑ **Iso 2 View 아이콘**을 클릭한다.

ⓒ Group Form에서 **'Action: Post'**으로 설정한다.

ⓓ **'base'**을 **선택**하고 **Apply 버튼**을 클릭한다.

ⓔ **Geometry Tap**을 클릭한다.

ⓕ **'Action: Create, Object: Surface, Method: Curve'**으로 설정한다.

ⓖ **'Option: 2 Curve'**으로 설정한다.

ⓗ Starting Curve List에 **Surface 22.3**, Ending Curve List에 **Surface 13.2**를 선택한다.

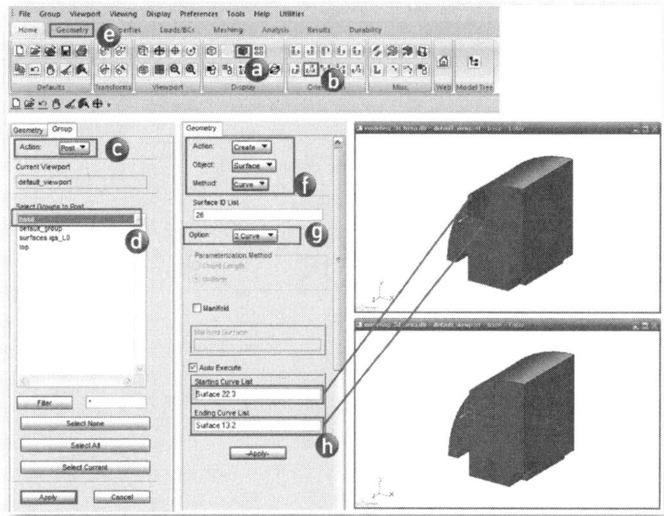

Step 8 Mesh seeds 생성

ⓐ Meshing Tap에서 Mesh Seeds의 **Uniform 아이콘**을 클릭한다.

ⓑ Finite Elements Form에서 **'Number= 9'**으로 입력한다.

ⓒ **Curve List에서 Surface 13.1을 선택한다.**

ⓓ 같은 방법으로 **'Number= 3'으로 설정하고 Surface 26.1을 선택**한다.

ⓔ 같은 방법으로 **'Number= 4'으로 설정하고 Surface 26.4, Surface 8.4을 선택**한다.

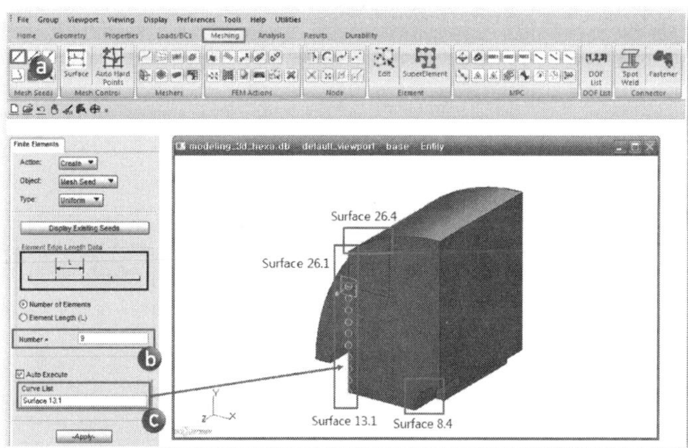

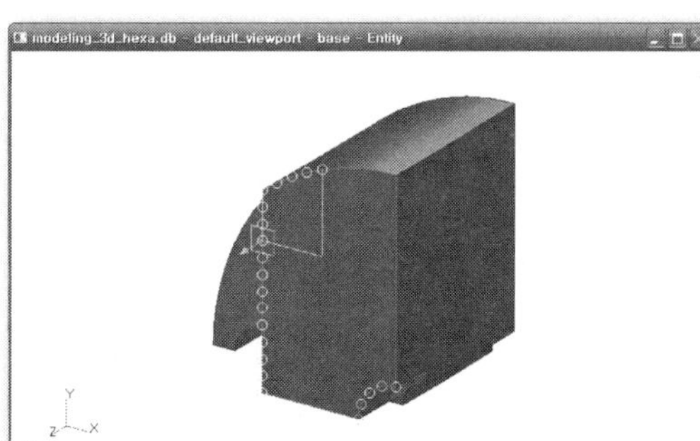

Step 9 2D Mesh 생성

ⓐ Meshing Tap에서 Meshers에 **Surface 아이콘**을 클릭한다.

ⓑ **'Elem Shape: Quad, Mesher: Paver, Topology: Quad4'**으로 설정한다.

ⓒ Surface List에 **Surface 13을 선택**한다.

ⓓ Global Edge Length에서 **Automatic Calculation 체크를 해제**하고 **'Value= 3'**을 입력한다.

ⓔ **Apply 버튼**을 클릭하면 Surface 13에 2D Mesh가 생성된다.

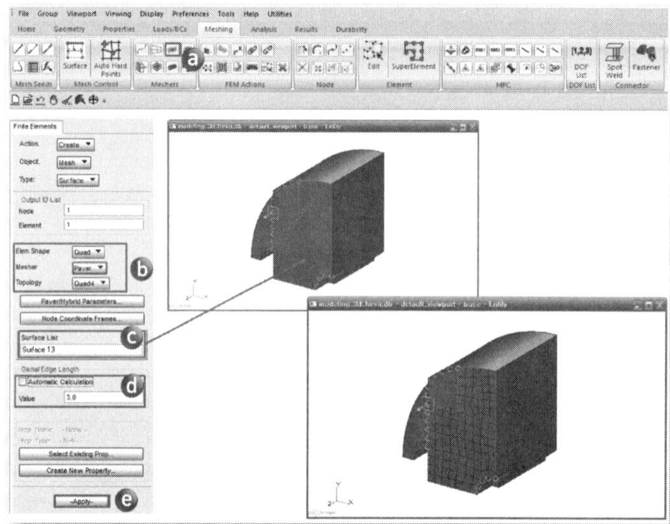

ⓕ **'Elem Shape: Quad, Mesher: IsoMesh, Topology: Quad4'**으로 설정한다.

ⓖ Surface List에 **Surface 26을 선택**한다.

ⓗ Global Edge Length에서 **Automatic Calculation 체크를 해제**하고 **'Value= 3'**을 입력한다.

ⓘ **Apply 버튼**을 클릭하면 Surface 26에 2D Mesh가 생성된다.

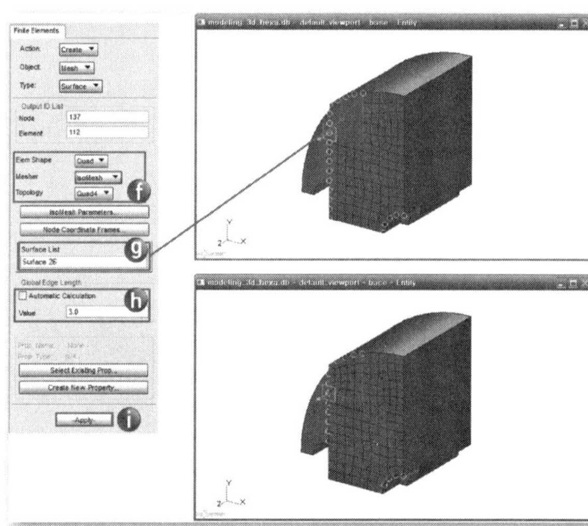

Step 10 Sweep 기능을 이용한 Hexa Mesh 생성

ⓐ **'Action: Sweep, Object: Element, Method: Extrude'**으로 설정한다.

ⓑ **Mesh Control 버튼**을 클릭하고 **'Number= 3'**을 입력하고 **OK 버튼**을 클릭한다.

ⓒ Direction Vector에서 Picking Filters Toolbar에 **Base and Tip Points 아이콘**을 클릭한다.

ⓓ 그림과 같이 **Base point와 Tip point를 순서대로 선택**하면 Extrude Distance가 자동으로 입력된다.

ⓔ Base Entity List에서 Picking Filters Toolbar에 **Meshed Entity 아이콘**을 클릭하고 **Meshed Surface 아이콘**을 클릭한다.

ⓕ **Surface 13과 Surface 26을 선택**한다.

ⓖ **Apply 버튼**을 클릭하면 3D Mesh가 생성된다.

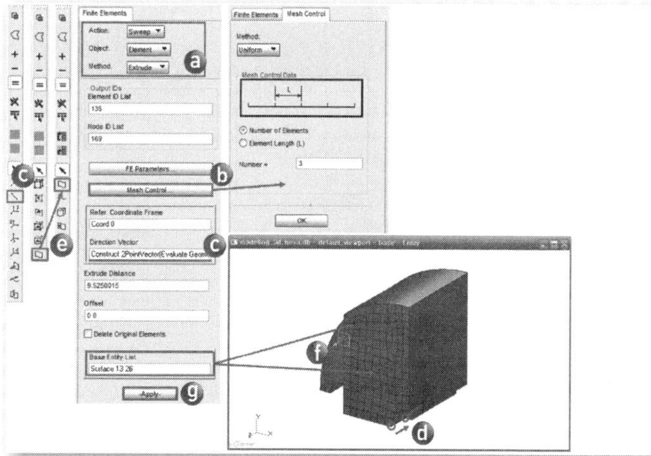

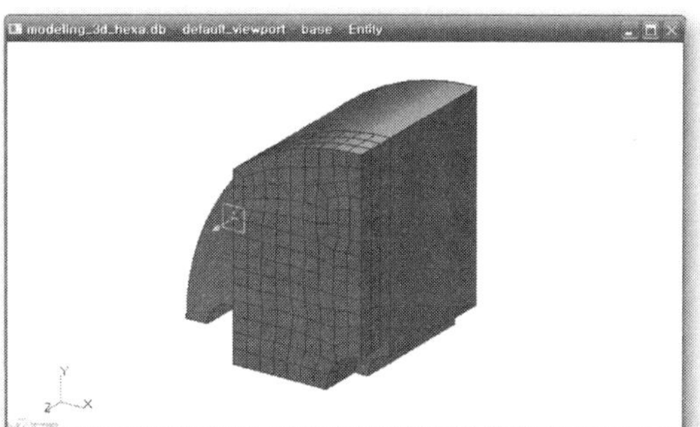

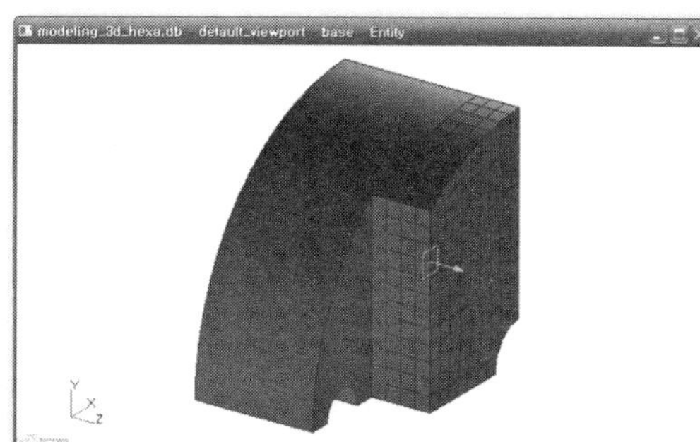

Step 11 Mesh Seed 생성

ⓐ Meshing Tap에서 Mesh Seeds의 **Uniform 아이콘**을 클릭한다.

ⓑ Finite Elements Form에서 **'Number= 4'**으로 입력한다.

ⓒ **Curve List에서 Surface 7.2을 선택한다.**

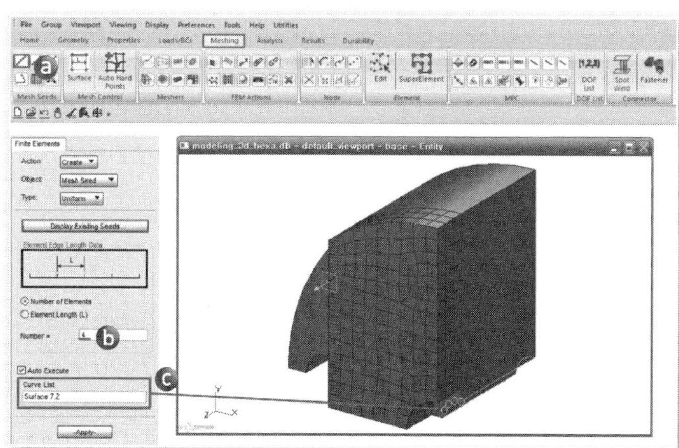

Step 12 2D Mesh 생성

ⓐ Meshing Tap에서 Meshers에 **Surface 아이콘을 클릭**한다.

ⓑ **'Elem Shape: Quad, Mesher: IsoMesh, Topology: Quad4'**으로 설정한다.

ⓒ Surface List에 **Surface 18을 선택**한다.

ⓓ Global Edge Length에서 **Automatic Calculation 체크를 해제**하고 **'Value= 3'**을 입력한다.

ⓔ **Apply 버튼**을 클릭하면 Surface 18에 2D Mesh가 생성된다.

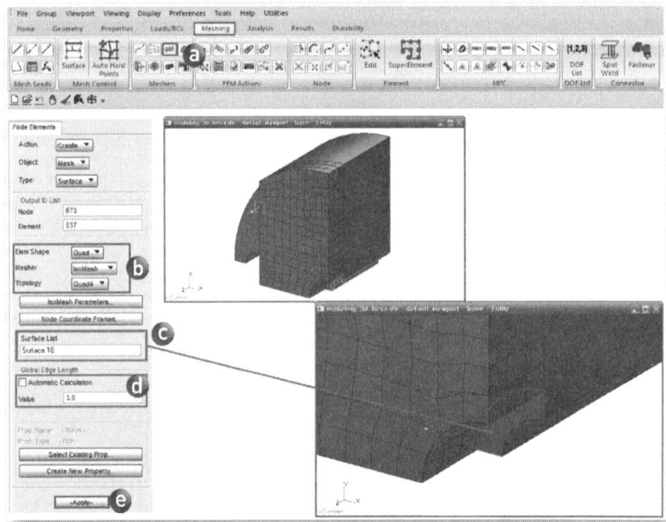

Step 13 Sweep 기능을 이용한 Hexa Mesh 생성 1

ⓐ Home Tap에서 **Wireframe 아이콘**을 클릭한다.

ⓑ **Iso 2 View 아이콘**을 클릭한다.

ⓒ **'Action: Sweep, Object: Element, Method: Extrude'**으로 설정한다.

ⓓ **Mesh Control 버튼**을 클릭하고 **'Number= 1'**을 입력하고 **OK 버튼**을 클릭한다.

ⓔ Direction Vector에서 Picking Filters Toolbar에 **Base and Tip Points 아이콘**을 클릭한다.

ⓕ 그림과 같이 **Base point와 Tip point를 순서대로 선택**하면 Extrude Distance가 자동으로 입력된다.

ⓖ Home Tap에서 **Left side View 아이콘**을 클릭한다.

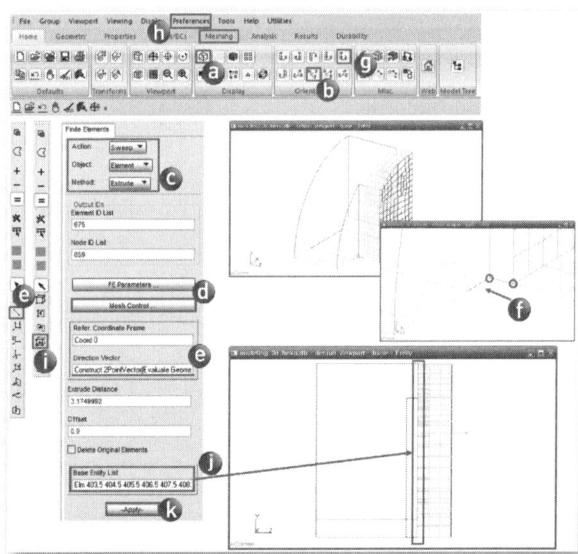

ⓗ **Preference Menu**에서 **Picking을** 클릭 한 뒤 **Rectangle/Polygon Picking**에서 **Enclose entire entity를 선택**하고 **Close 버튼**을 클릭한다.

ⓘ Base Entity List에서 Picking Filters Toolbar에 **Element`s face 아이콘**을 클릭한다.

ⓙ Base Entity List에서 그림과 같이 **드래그하여 선택**한다.

ⓚ **Apply 버튼**을 클릭하면 3D Mesh가 생성된다.

Step 14 Sweep 기능을 이용한 Hexa Mesh 생성 2

ⓐ Home Tap에서 **Iso 1 View 아이콘**을 클릭한다.

ⓑ Base Entity List에서 Picking Filters Toolbar에 **Meshed Entity 아이콘**을 클릭하고 **Meshed Surface 아이콘**을 클릭한다.

ⓒ **Surface 18을 선택**한다.

ⓓ **Apply 버튼**을 클릭하면 3D Mesh가 생성된다.

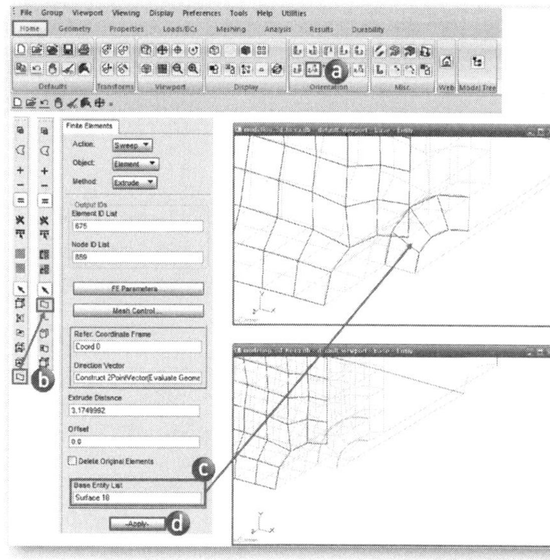

Step 15 Mesh Seed 생성

ⓐ Home Tap에서 **Smooth shaded 아이콘**을 클릭한다.

ⓑ **Iso 2 View 아이콘**을 클릭한다.

ⓒ Finite Elements Form에서 **'Action: Create, Object: Mesh Seed, Method: Tabular'**으로 설정한다.

ⓓ Coordinate Type을 **Node and Point**로 설정한다.

ⓔ Nodes or Points List에서 Picking Filters Toolbar에 **Node 아이콘**을 선택한다.

ⓕ 그림과 같이 **드래그하여 Node를 선택**한다.

ⓖ Curve List에 **Surface 12.2를 선택**한다.

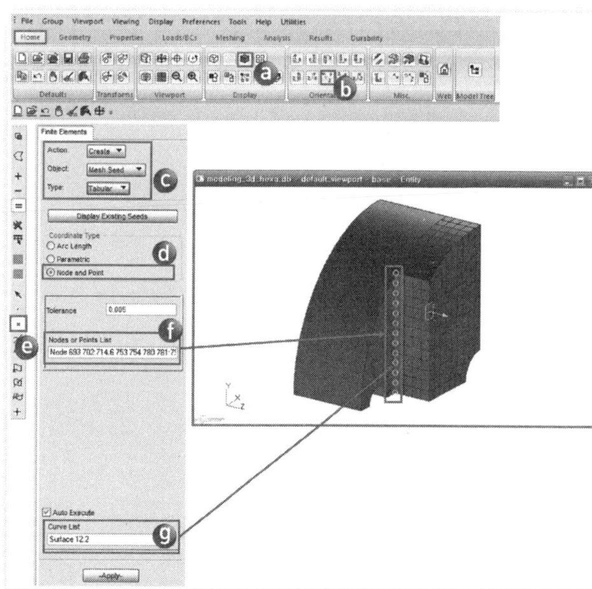

Step 16 2D Mesh 생성

ⓐ Meshing Tap에서 Meshers에 **Surface 아이콘**을 클릭한다.

ⓑ **'Elem Shape: Quad, Mesher: Paver, Topology: Quad4'**으로 설정한다.

ⓒ Surface List에 **Surface 12을 선택**한다.

ⓓ Global Edge Length에서 **Automatic Calculation 체크를 해제**하고 **'Value= 3'**을 입력한다.

ⓔ **Apply 버튼**을 클릭하면 Surface 12에 2D Mesh가 생성된다.

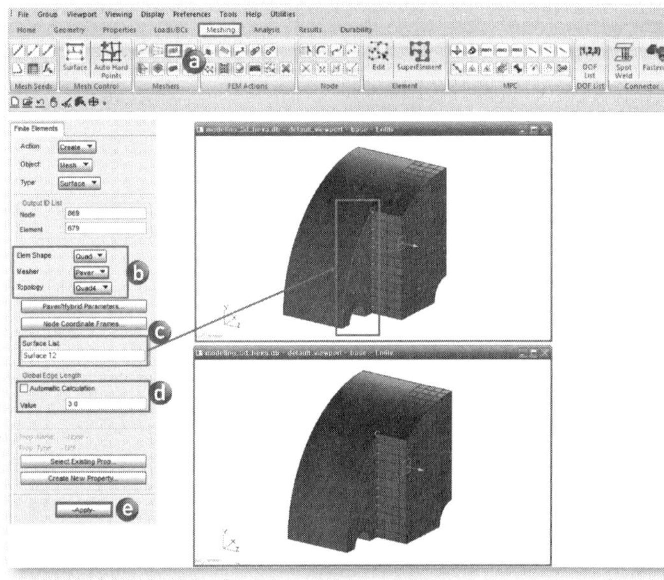

Step 17 Sweep 기능을 이용한 Hexa Mesh 생성

ⓐ Home Tap에서 **Wireframe 아이콘**을 클릭한다.

ⓑ Left side **View 아이콘**을 클릭한다.

ⓒ **'Action: Sweep, Object: Element, Method: Extrude'**으로 설정한다.

ⓓ **Mesh Control 버튼**을 클릭하고 **'Number= 8'**을 입력하고 **OK 버튼**을 클릭한다.

ⓔ Direction Vector에서 Picking Filters Toolbar에 **Base and Tip Points 아이콘**을 클릭한다.

ⓕ 그림과 같이 **Base point와 Tip point를 순서대로 선택**하면 Extrude Distance가 자동으로 입력된다.

ⓖ Base Entity List에서 Picking Filters Toolbar에 **Element`s face 아이콘**을 클릭하고 그림과 같이 **드래그하여 선택**한다.

ⓗ **Apply 버튼**을 클릭하면 3D Mesh가 생성된다.

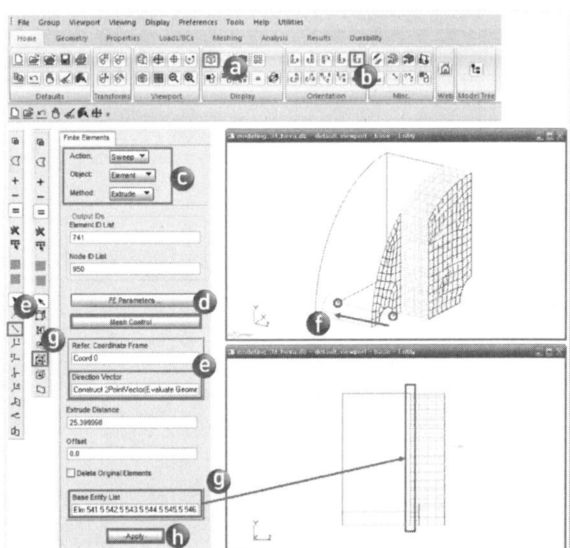

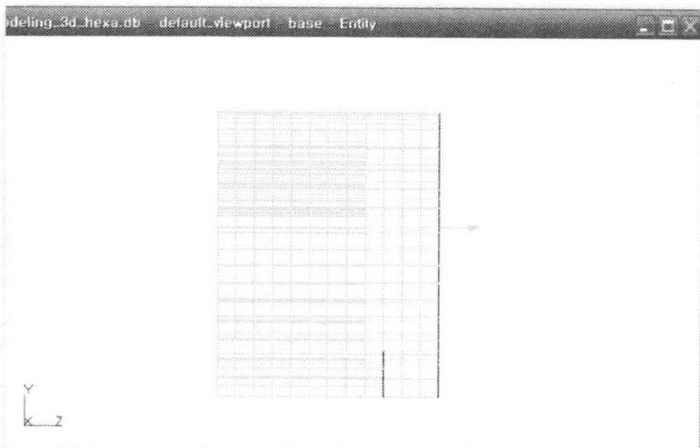

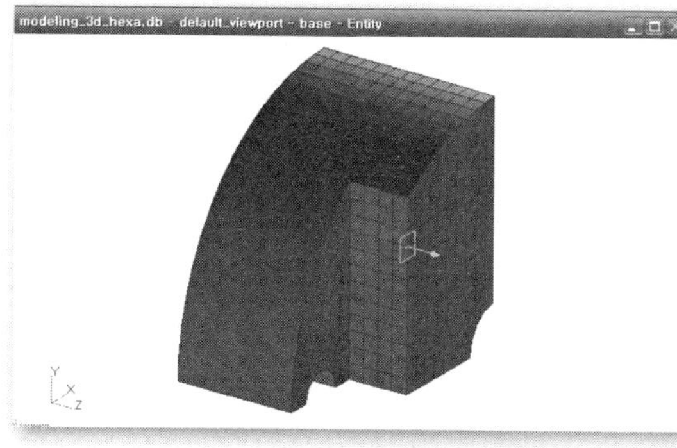

ⓘ Base Entity List에서 Picking Filters Toolbar에 **Meshed Entity 아이콘**을 클릭하고 **Meshed Surface 아이콘**을 클릭한다.

ⓙ **Surface 12을 선택**한다.

ⓚ **Apply 버튼**을 클릭하면 3D Mesh가 생성된다.

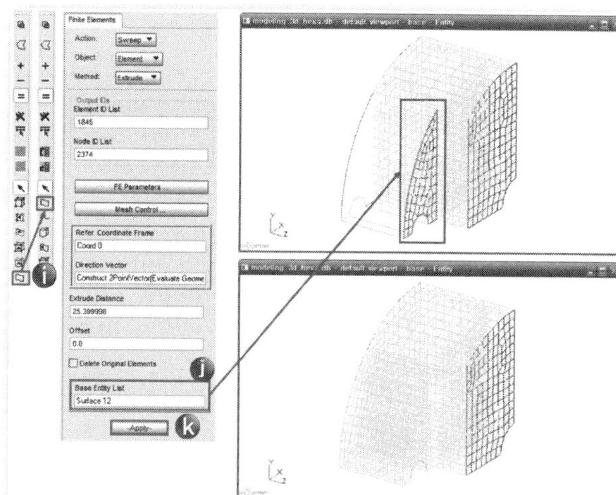

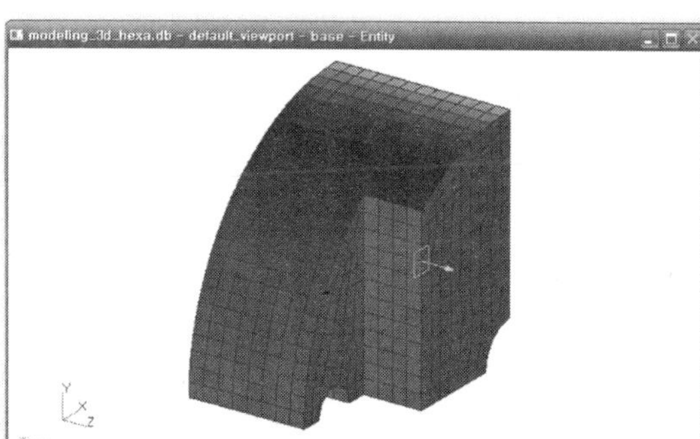

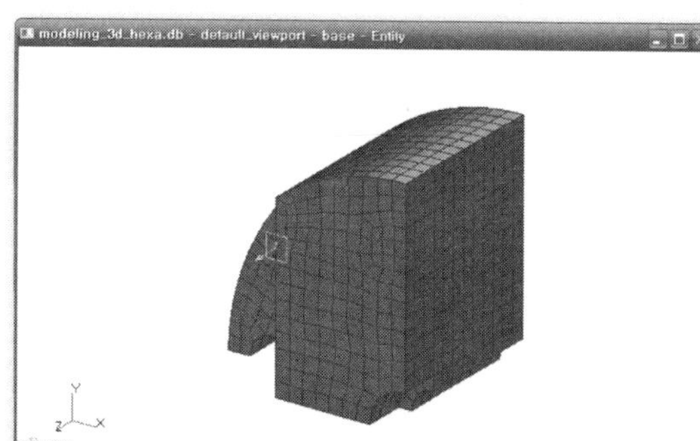

Step 18 2D Mesh 삭제

ⓐ Meshing Tap에서 **Delete 아이콘**을 클릭한다.

ⓑ **Auto Execute 체크를 해제**한다.

ⓒ Picking Filters Toolbar에서 **Element 아이콘**을 클릭하고 **Quad Element 아이콘**을 클릭한다.

ⓓ **Pick All 아이콘**을 클릭한다.

ⓔ **Apply 버튼**을 클릭하면 2D Mesh가 모두 삭제된다.

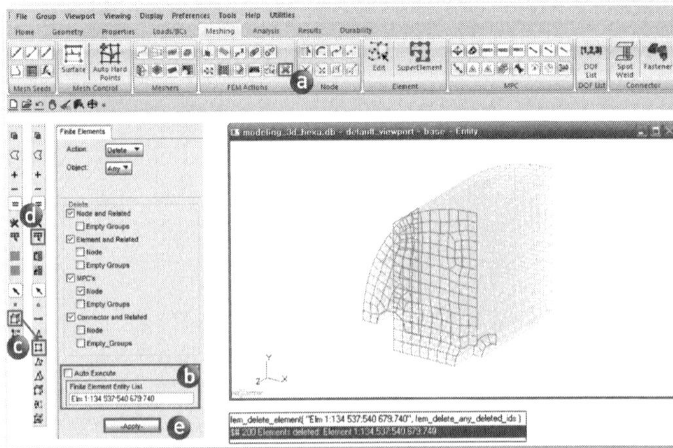

Step 19 Node Equivalence

ⓐ Meshing Tap에서 **Equivalence 아이콘**을 클릭한다.

ⓑ **Preview 아이콘**을 클릭하여 해당되는 Node를 확인한다.

ⓒ **Apply 버튼**을 클릭하여 중복되는 Node를 삭제하고 요소를 연결시킨다.

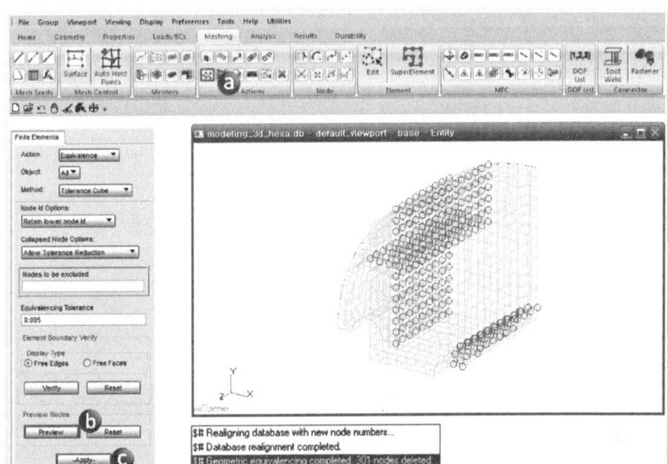

Step 20 Post Group

ⓐ Group Menu에서 **Post**를 클릭한다.

ⓑ **'top'**를 선택하고 **Apply 버튼**을 클릭한다.

ⓒ Home Tap에서 **Label Control 아이콘**을 클릭하고 **Curve 아이콘, Surface 아이콘, Solid 아이콘**을 클릭한다.

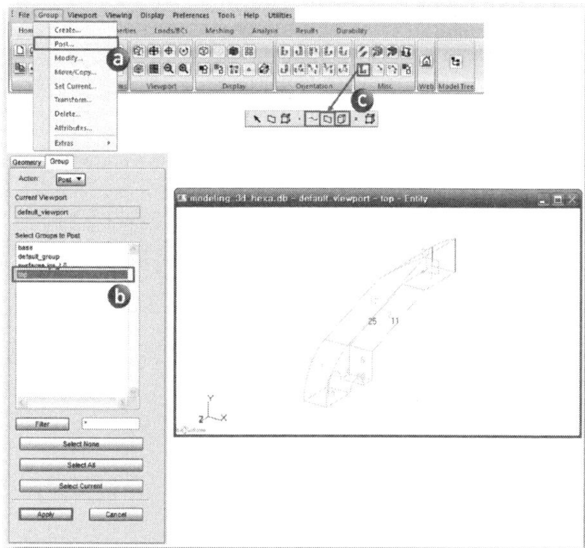

Step 21 Solid 생성

ⓐ Geometry Tap에서 **Solid에 Surface 아이콘**을 클릭한다.

ⓑ **'Option: 2 Surface'**으로 설정한다.

ⓒ **Starting Surface List**에 **Surface 23을 선택**한다.

ⓓ **Ending Surface List**에 **Surface 3**을 선택하면 두 개의 Surface를 둘러싼 Solid가 생성된다.

ⓔ 같은 방법으로 **Surface 17과 Surface 2를 선택하여 Solid를 생성**한다.

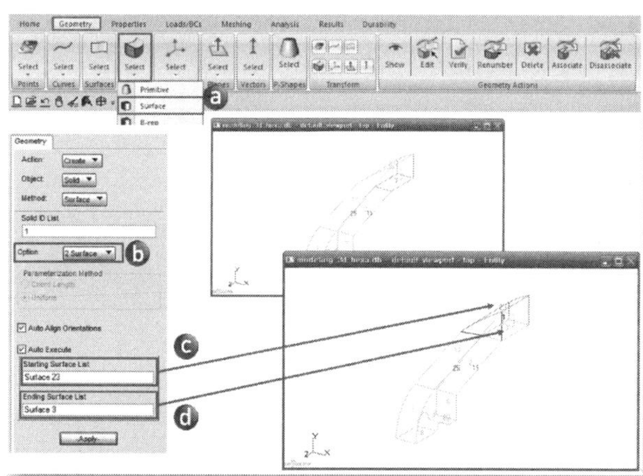

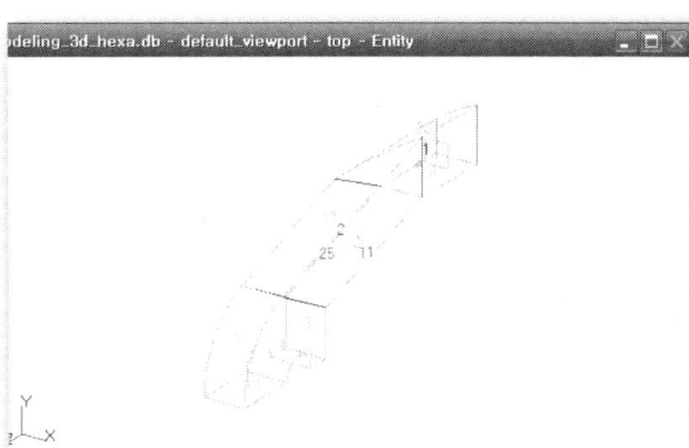

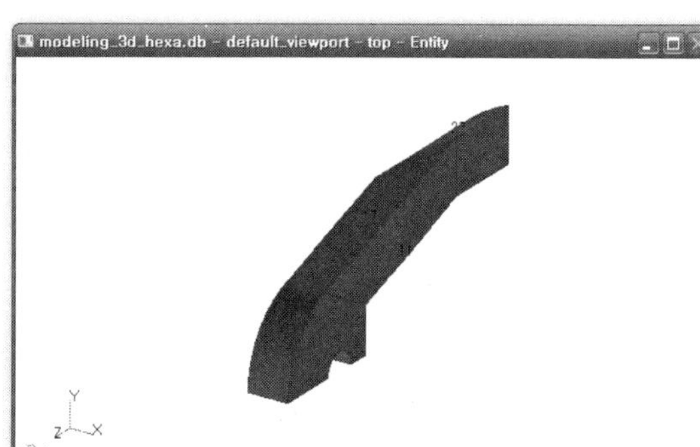

Step 22 Curve Break

ⓐ Home Tap에서 **Point Size 아이콘**을 클릭하면 Point를 볼 수 있다.

ⓑ Geometry Form에서 **'Action: Edit, Object: Curve, Method: Break'**으로 설정한다.

ⓒ **'Option: Parametric'**으로 설정하고 **Break Point에서 값을 '0.7'**으로 설정한다.

ⓓ Curve List에 **Surface 4.2와 Surface 4.4를 선택**하면 Curve가 나누어지면서 Point가 생성된다.

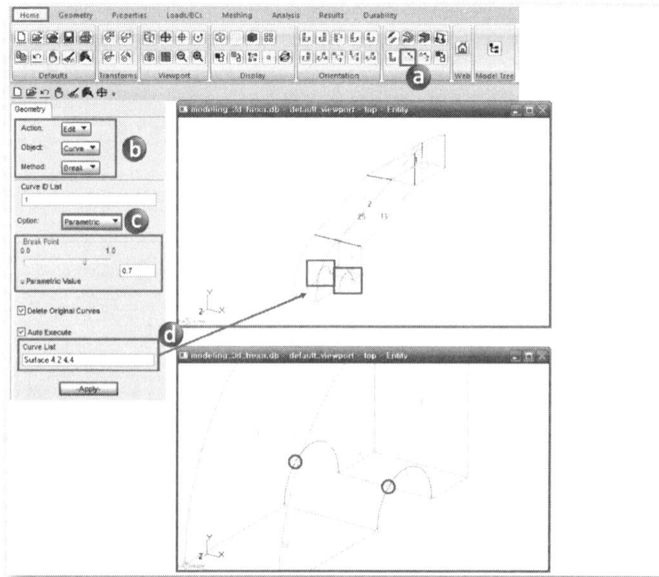

ⓔ 같은 방법으로 **Break Point에 값을 '0.5'**으로 입력한다.

ⓕ Curve List에 새로 생성된 **Curve 1과 Curve 3을 선택**하면 Curve가 나누어지면서 Point가 생성된다.

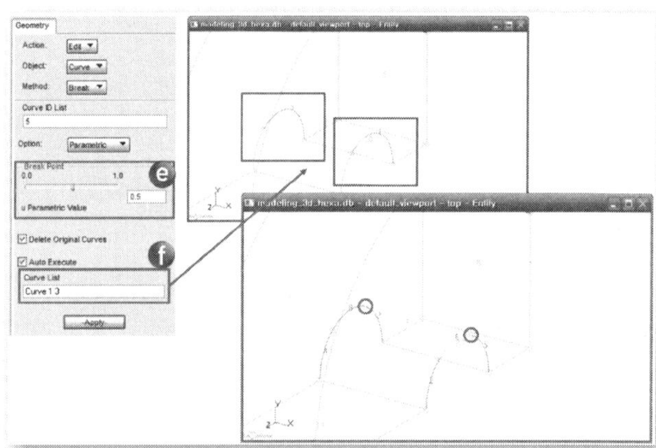

Step 23 Surface 생성

ⓐ Geomotry Form에서 **'Action: Create, Object: Surface, Method: Curve'**으로 설정한다.

ⓑ **'Option: 2Curve'**으로 설정한다.

ⓒ **Starting Curve List에 Surface 1, 4를 선택**하고 **Ending Curve List에 Curve 4를 선택**한다.

ⓓ 같은 방법으로 **아래 표를 참조하여 5개의 Surface를 추가로 생성**한다.

(Surface와 Solid의 고유번호는 사용자 마다 다를 수 있으니 위 그림의 화살표도 참조할 것.)

Starting Curve List	Ending Curve List
Surface 1.2	Curve 2
Solid 2.2.3	Curve 6
Solid 2.2.3	Curve 8
Surface 5.4	Curve 7
Surface 5.2	Curve 5

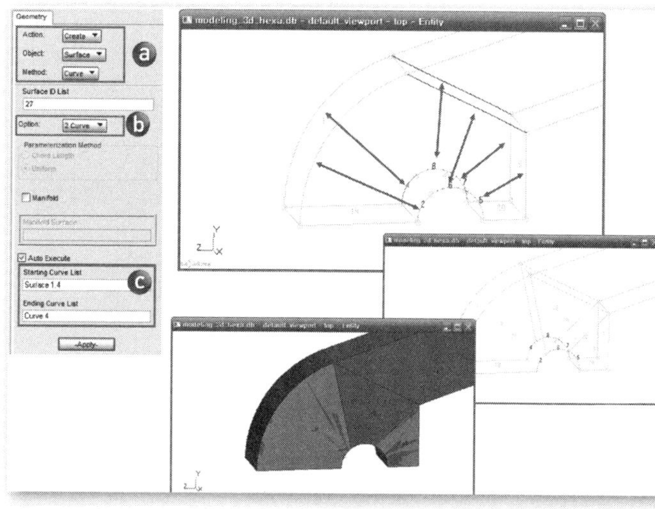

Step 24 Solid 생성

ⓐ Geometry Form에서 **'Action: Create, Object: Solid, Method: Surface'으로 설정한다.**

ⓑ **'Option: 2 Surface'으로 설정한다.**

ⓒ **Starting Surface List에 Surface 27을 선택**하고 **Ending Surface List에 Curve 28을 선택**한다. (전 단계에서 Surface를 생성한 순서에 따라 고유번호가 다를 수 있음)

ⓓ 같은 방법으로 **아래 표를 참조하여 2개의 Solid를 추가로 생성**한다.

(고유번호는 사용자 마다 다를 수 있으니 위 그림의 화살표도 참조할 것.)

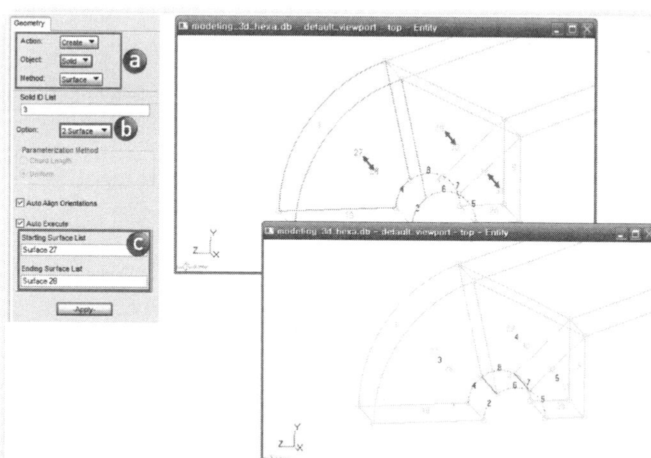

Starting Surface List	Ending Surface List
Surface 1.2	Curve 2
Solid 2.2.3	Curve 6

Step 25 Curve와 Surface 감추기

ⓐ Home Tap에서 **Plot/Erase 아이콘**을 클릭한다.

ⓑ Picking Filters Toolbar에서 **Geometric Entity 아이콘**을 클릭한 뒤 **Curve 아이콘**을 클릭한다.

ⓒ **Pick All 아이콘**을 클릭한다.

ⓓ **Erase 버튼**을 클릭하여 모든 Curve를 숨긴다.

ⓔ 같은 방법으로 **Surface 아이콘**을 사용하여 모든 Surface를 숨긴다.

ⓕ **OK 버튼**을 클릭한다.

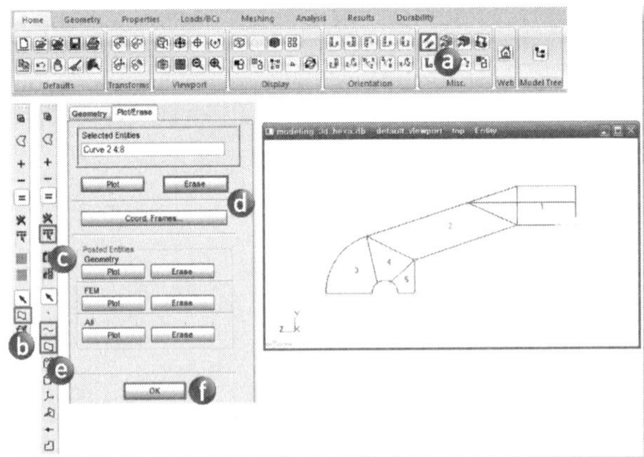

Step 26 Post Group

ⓐ Group Menu에서 **Post**를 클릭한다.

ⓑ **'base'와 'top' 그룹을 선택**한다.

ⓒ **Apply 버튼**을 클릭한 뒤 **Cancel 버튼**을 클릭하면 두 그룹이 화면에 나타난다.

ⓓ Home Tap에서 **Smooth shaded 아이콘**을 클릭한다.

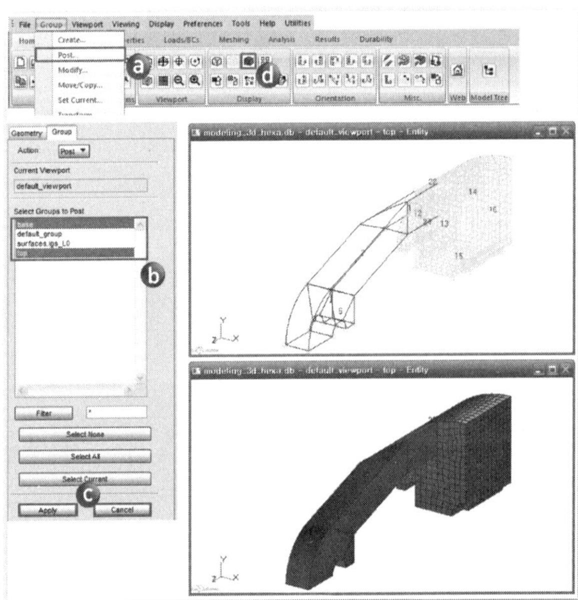

Step 27 Mesh Seed 생성

ⓐ Meshing Tap에서 **Uniform 아이콘**을 클릭한다.

ⓑ Finite Elements Form에서 **'Action: Create, Object: Mesh Seed, Method: Tabular'**으로 설정한다.

ⓒ Coordinate Type을 **Node and Point**로 설정한다.

ⓓ Nodes or Points List에서 Picking Filters Toolbar에 **Node 아이콘**을 선택한다.

ⓔ 그림과 같이 'Shift + 클릭'을 이용하여 **Node를 선택**한다.

ⓕ Curve List에서 **Auto Execute 체크를 해제**하고 **Surface 26.2와 Surface 26.3를 선택**한다. (직접 입력하여도 무방하다.)

ⓖ **Apply 버튼**을 클릭한다.

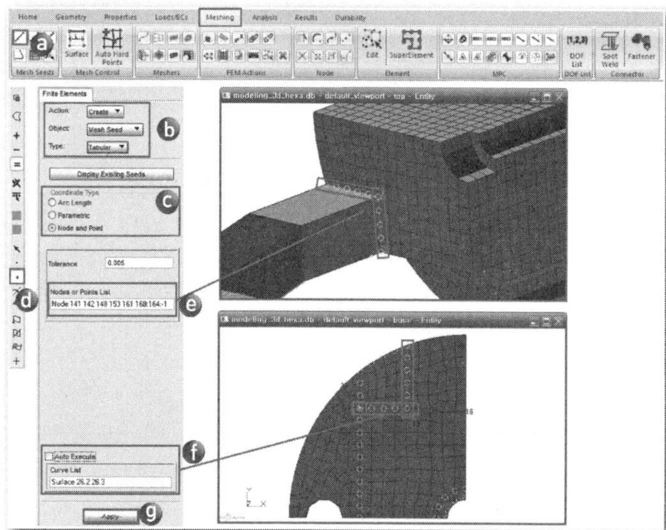

Step 28 Mesher 기능을 이용한 Hexa Mesh 생성

ⓐ Meshing Tap에서 Meshers에 **Solid 아이콘**을 클릭한다.

ⓑ **'Elem Shap: Hex, Mesher: IsoMesh, Topology: Hex8'으로 설정**한다.

ⓒ Solid List에 **Solid 1을 선택**한다. (여러 개의 Solid를 한 번에 선택하여 Mesh를 생성하면 에러 메시지가 발생할 수 있으니 하나씩 선택하여 Mesh를 생성하여야 한다.)

ⓓ **Automatic Calculation 체크를 해제**하고 **'Value= 3'을 입력**한다.

ⓔ **Apply 버튼**을 클릭하면 3D Mesh가 생성된다.

ⓕ 같은 방법으로 나머지 4개의 Solid를 **하나씩 선택하여 Mesh를 생성**한다.

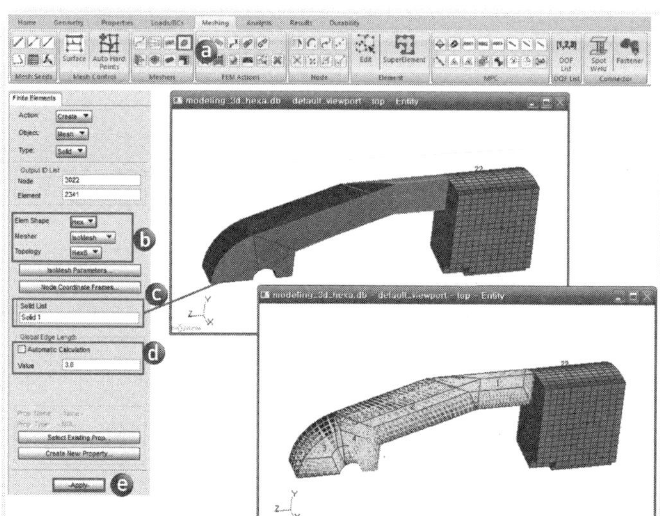

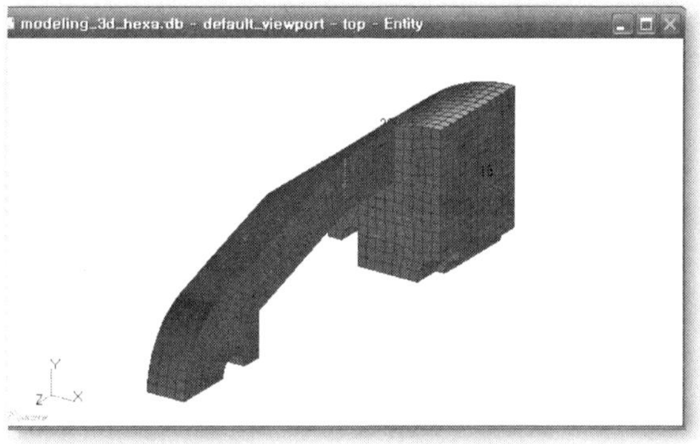

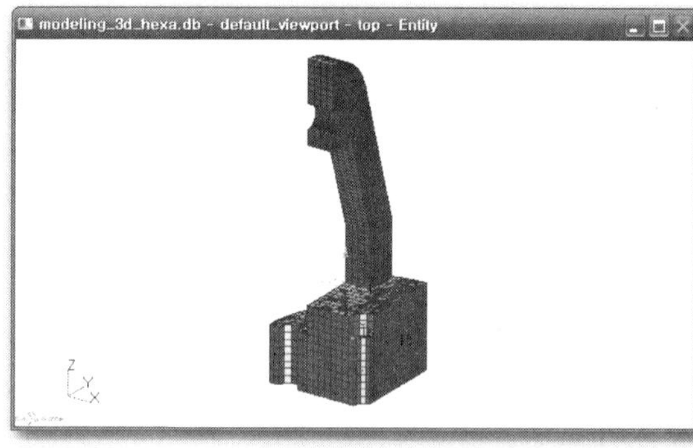

Step 29 Node Equivalence

ⓐ Meshing Tap에서 **Equivalence 아이콘**을 클릭한다.

ⓑ **Preview 아이콘**을 클릭하여 해당되는 Node를 확인한다.
(위 그림에서 Solid 1과 Solid 2 사이의 내부 Node들이 선택되지 않는 것을 확인할 수 있다. 곡률을 가지는 형상은 작은 Tolerance로 매칭되기 어렵다.)

ⓒ **Apply 버튼을 클릭**하여 중복되는 Node를 삭제하고 요소를 연결시킨다.

ⓓ 같은 방법으로 **'Equivalencing Tolerance= 0.5'를 입력**하고 **Preview 버튼**을 클릭하면 내부 Node들이 선택된 것을 볼 수 있다.

ⓔ **Apply 버튼**을 클릭하여 요소를 연결시킨다.

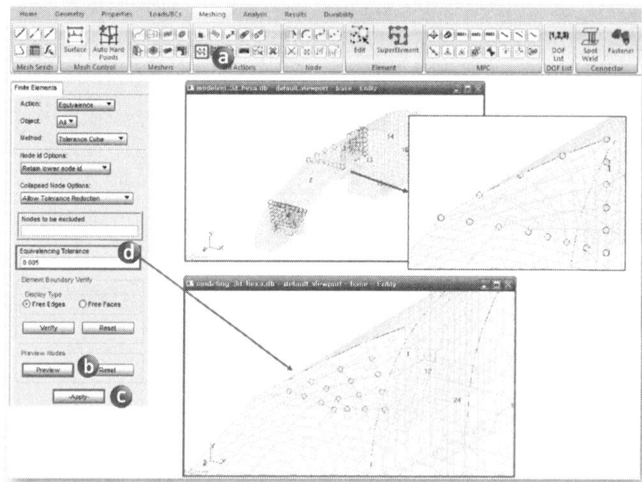

Step 30 Mesh Quality 확인

ⓐ Meshing Tap에서 **Verify 아이콘**을 클릭한다.

ⓑ **'Object: Hex, Test: All'**으로 설정한다.

ⓒ **Apply 버튼**을 클릭하면 Mesh Quality에 대한 메시지가 뜬다.
(Tetra Mesh의 Mesh Quality와 비교해 보았을 때, 매우 좋아진 것을 알 수 있다.
Mesh Quality는 구조해석 시 결과에 직접적인 영향을 준다.)

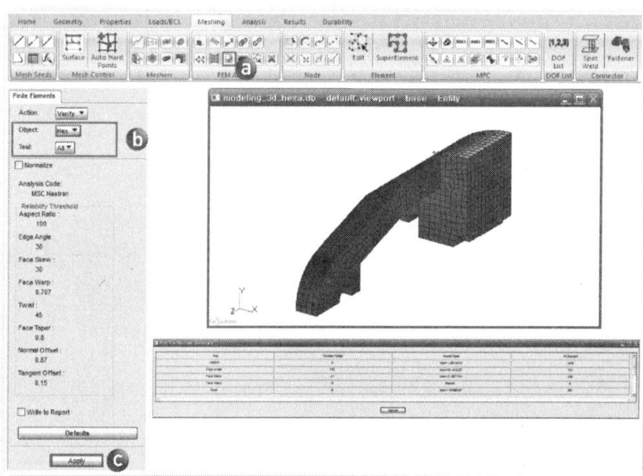

Workshop 7

Pressure vessel

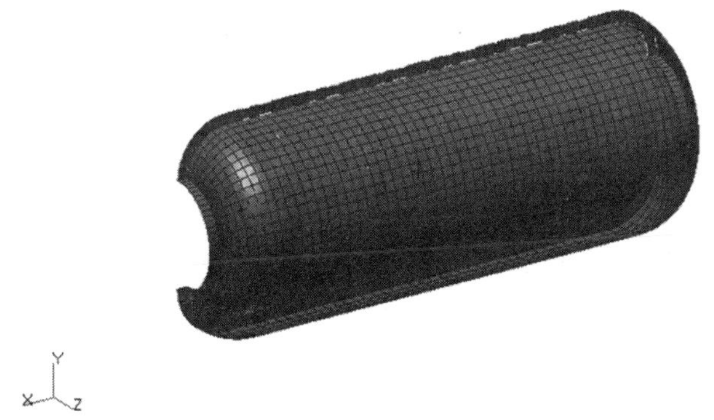

문제정의

Workshop 7에서는 압력하중을 받는 압력용기(Pressure vessel)에 대해 해석한다. 압력용기의 치수는 아래와 같다. 내부에서 100MPa의 압력이 발생하고 압력용기의 아래, 위 구멍은 완전히 고정되어있다. 또한 압력용기는 XY평면에 대해 대칭이므로 대칭경계조건을 설정한다. 이번 예제를 통해 압력하중을 설정하는 방법과 대칭 경계조건을 설정하는 방법에 대해 학습한다.

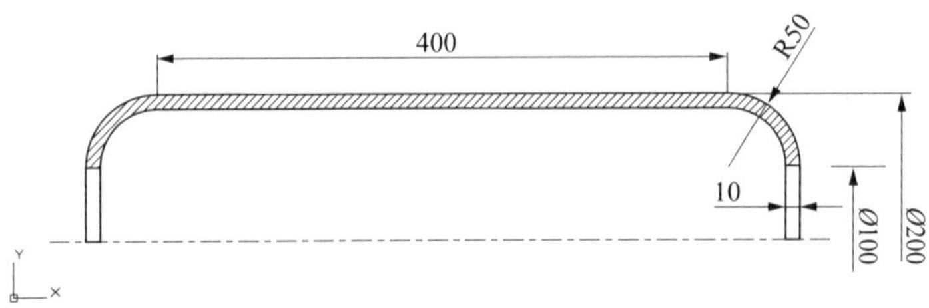

	설정
해석 솔버	Linear Static (Sol 101)
단위계	N / ton / mm
	Steel
탄성계수, E	2.00E + 5 N/mm^2
포아송 비, Nu	0.3

1 전 처리 (Pre-Process)

Step 1 .db파일 생성

ⓐ **Patran**을 실행한다.

ⓑ Home tap에서 **New 버튼**을 클릭한다.

ⓒ 파일 이름을 **'pressure_vessel.db'**로 입력하고 **OK 버튼**을 클릭한다.

ⓓ New Model Preference에서 그림과 같이 설정하고 **OK 버튼**을 클릭한다.

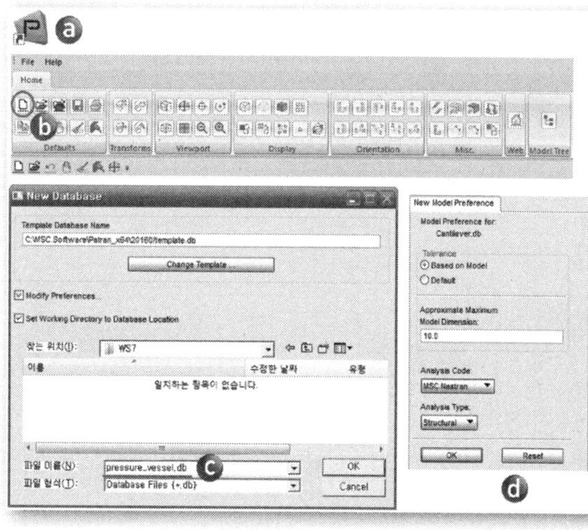

Step 2 Geometry 생성 1

ⓐ Geometry Tap에서 Points의 **XYZ 아이콘**을 클릭한다.

ⓑ Geometry Form에서 Point Coordinates List에 **'Point 1' 좌표 [-200 50 0]**를 입력하고 **Apply 버튼**을 클릭한다.

ⓒ 같은 방법으로 **'Point 2' 좌표 [200 50 0]**를 입력하여 a~b를 반복한다.

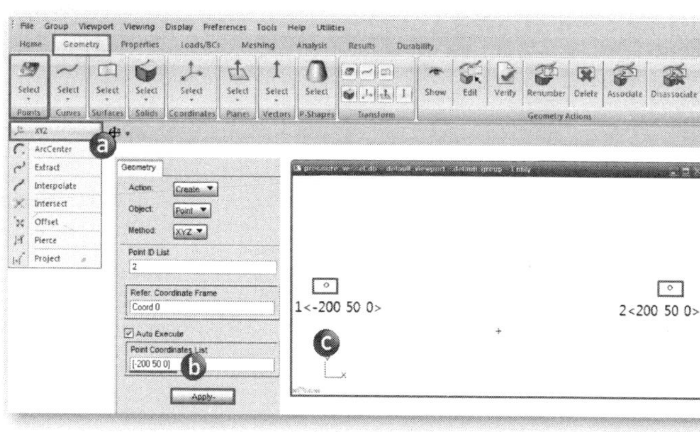

ⓓ Geometry Tap에서 Curves의 **2D Arc-Angles 아이콘**을 클릭한다.

ⓔ Geometry Form에서 Arc Parameters에 **'Radius: 50, Start Anlge: 90, End Angle: 180'** 으로 입력한다.

ⓕ **Auto Execute 체크**를 **해제**한다.

ⓖ Center Point List에서 화면의 **'Point 1'**을 선택하고 **Apply 버튼**을 클릭한다.

ⓗ e~g를 반복하여 아래의 표를 따라 **총 4개의 원호**를 생성한다.

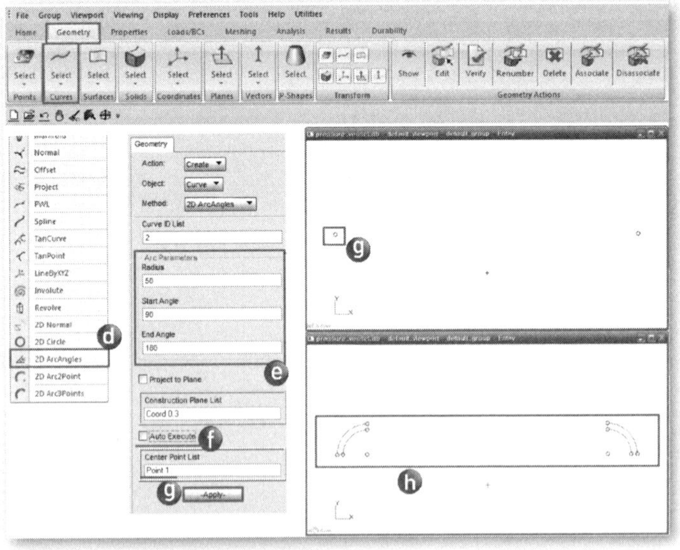

Curve	Radius	Start Angle	End Angle	Center Point List
1	50	90	180	Point 1
2	40	90	180	Point 1
3	50	0	90	Point 2
4	40	0	90	Point 2

ⓘ Geometry Tap에서 Curves의 **Point 아이콘**을 클릭한다.

ⓙ Starting Point List를 화면에서 **'Point 3'**을 선택한다.

ⓚ Ending Point List를 화면에서 **'Point 8'**을 선택하면 바깥 원호를 잇는 직선이 생성된다.

ⓛ 같은 방법으로 안쪽 원호를 잇는 직선을 생성한다.

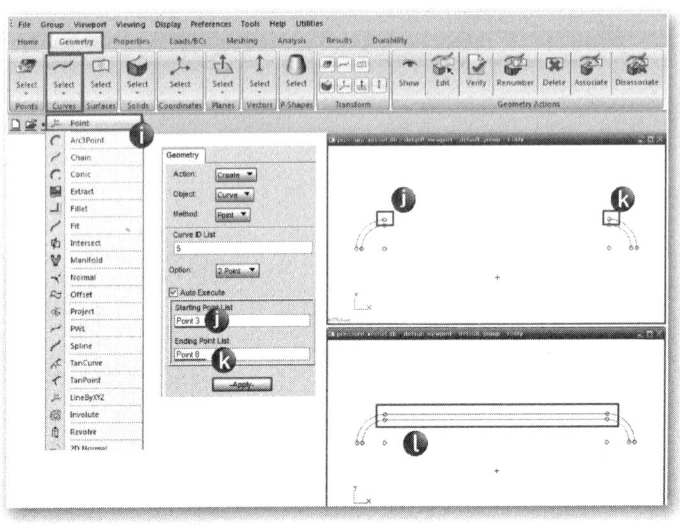

Step 3 Geometry 생성 2

ⓐ Geometry Tap에서 Surfaces의 **Curve 아이콘**을 클릭한다.

ⓑ Starting Curve List에 화면에서 **왼쪽의 바깥 원호를** 선택한다.

ⓒ Ending Curve List에 화면에서 **왼쪽의 안쪽 원호를 선택**하면 두 원호를 채우는 Surface가 생성된다.

ⓓ 같은 방법으로 나머지 **두 개의 Surface를 생성**한다.

ⓔ Home Tap에서 Display의 **Smooth Shaded 아이콘( )** 을 클릭한다.

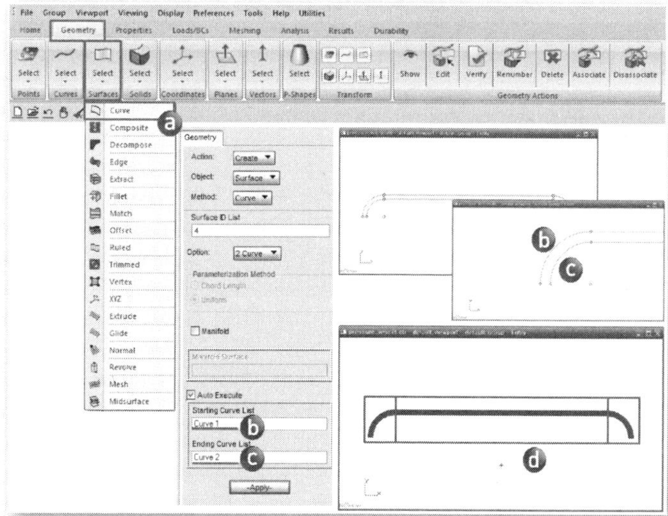

ⓕ Geometry Tap에서 Solids의 **Revolve 아이콘**을 클릭한다.

ⓖ Solid Type에서 **Isomeshable 아이콘**을 선택한다.

ⓗ Axis에서 Picking Filters Toolbar의 **Axis 1 아이콘**을 클릭하고 **화면의 좌표축**을 선택한다.

ⓘ **'TotalAngle: 180'**으로 입력한다.

ⓙ **Auto Execute 체크를 해제**하고 Surface List에서 그림과 같이 마우스를 드래그하여 **모든 Surface를 선택**한다.

ⓚ **Apply 버튼**을 클릭하면 Surface가 X축을 기준으로 회전하여 Solid가 생성된다.

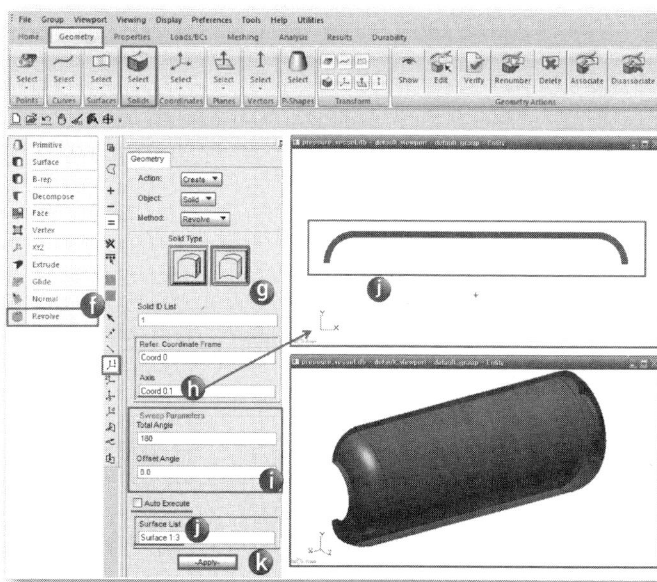

Step 4 Mesh 생성

ⓐ Meshing Tap에서 Mesher의 **Solid 아이콘**을 클릭한다.

ⓑ Finite Elements Form에서 **'Elem Shape: Hex, Mesher: IsoMesh, Topology: Hex8'**로 설정한다.

ⓒ Solid List에 화면을 드래그하여 **모든 Solid를 선택**한다.

ⓓ **'Value: 10'**로 입력하고 **Apply 버튼**을 클릭하면 Mesh가 생성된다.

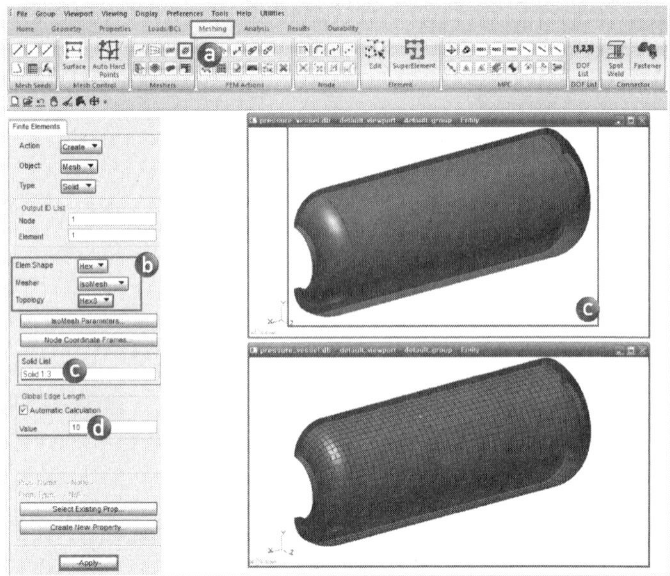

ⓔ Meshing Tap에서 **FEM Actions의 Equivalence 아이콘**을 클릭한다.

ⓕ **Apply 버튼**을 클릭하면 겹쳐진 Node가 공유된다.

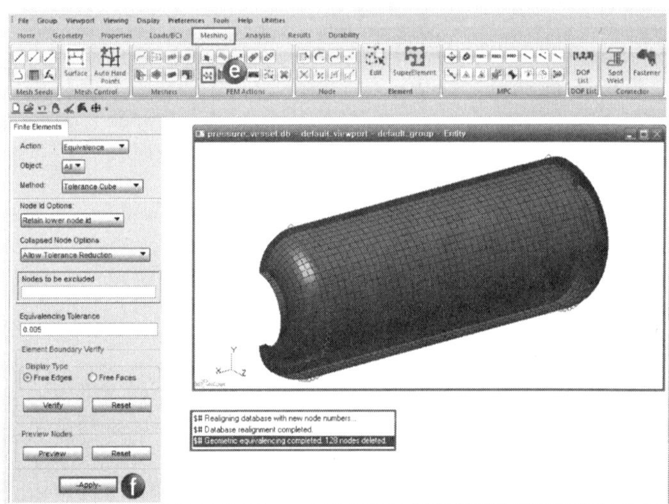

Step 5 Material 생성

ⓐ Properties 탭에서 **Isotropic 아이콘**을 선택한다.

ⓑ Material Name을 **'steel'**로 입력한다.

ⓒ **Input Properties 버튼**을 클릭하여 **'Elastic Modulus= 2.00e5, Poisson Ratio= 0.3'**를 입력하고 **OK 버튼**을 클릭한다.

ⓓ Materials form에서 **Apply 버튼**을 누르면 **'steel' 물성치**가 생성된다.

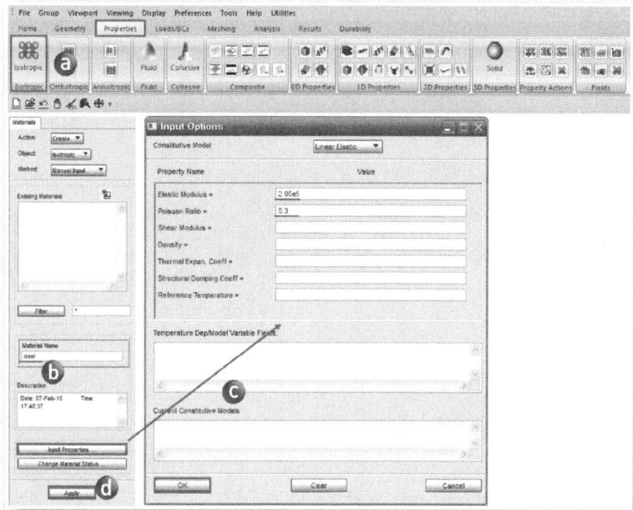

Step 6 Property 생성

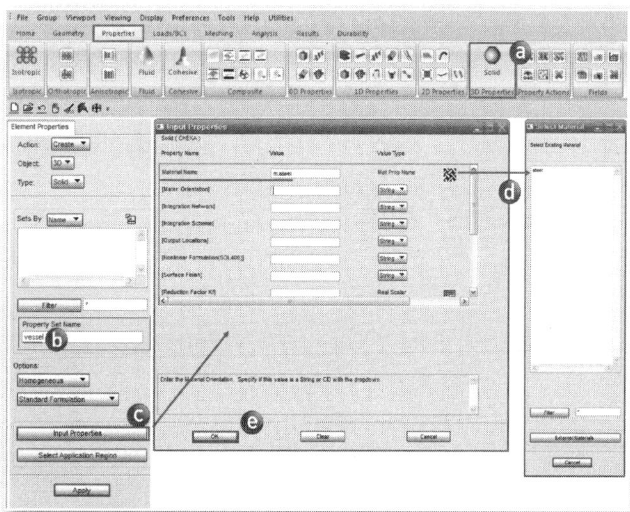

ⓐ Properties Tap에서 3D Properties의 **Solid 아이콘**을 클릭한다.

ⓑ Property Set Name을 **'vessel'**로 입력한다.

ⓒ **Input Properties 버튼**을 클릭한다.

ⓓ Mat Prop Name 오른쪽에 있는 아이콘을 누르고 Step 5 에서 만든 **'steel'** 물성치를 클릭한다.

ⓔ **OK 버튼**을 클릭한다.

ⓕ **Select Application Region 버튼**을 클릭한다.

ⓖ **Pick All 아이콘**을 클릭하여 **모든 Solid를 선택**한다.

ⓗ **Add 버튼**을 클릭하면 Application Region에 모든 Solid가 추가된다.

ⓘ **OK 버튼**을 클릭한다.

ⓙ Element Properties Form에서 **Apply 버튼**을 클릭하면 **'vessel'** Property가 생성된다.

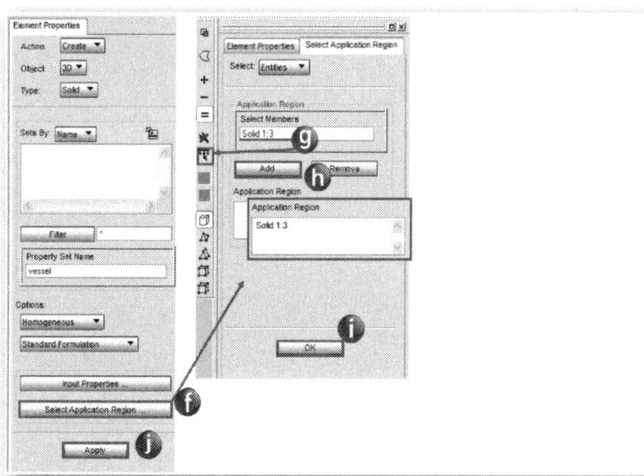

Step 7 경계조건 설정

ⓐ Loads/BCs Tap에서 **Displacement Constraint 아이콘**을 클릭한다.

ⓑ New Set Name을 **'spc'**로 입력한다.

ⓒ Load/Boundary Conditions Form에서 **Input Data**를 클릭한다.

ⓓ 그림과 같이 **Translations항에 < 0 0 0 > Rotations 항에 < 0 0 0 >**으로 입력하고 **OK 버튼**을 클릭한다.

ⓔ Load/Boundary Conditions Form에서 **Select Application Region**을 클릭한다.

ⓕ Picking Filters Toolbar에서 **Surface or Face 아이콘**을 클릭한다.

ⓖ Select Application Region에서 화면에 표시된 **두 개의 Face**를 **Shift + 클릭**으로 선택한 뒤 **Add 버튼**을 클릭한다.

ⓗ **OK** 버튼을 누른 뒤 Load/Boundary Conditions Form에서 **Apply** 버튼을 클릭하면 **'spc' 경계조건**이 생성된다.

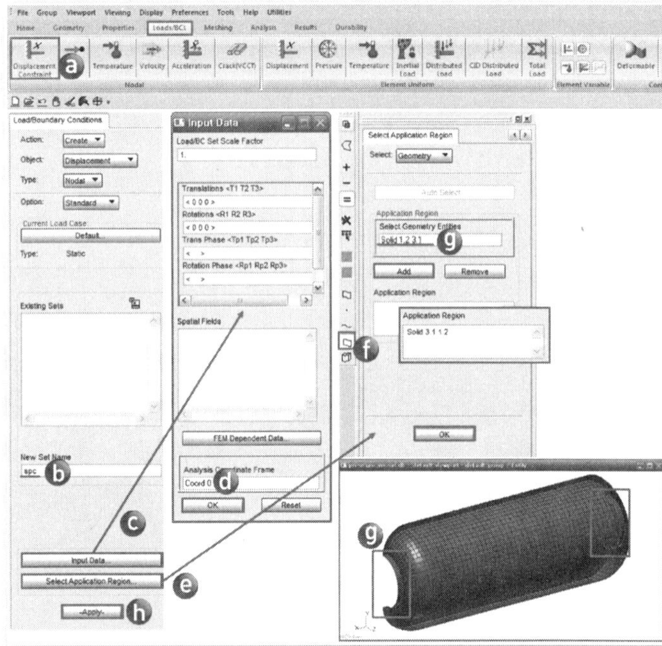

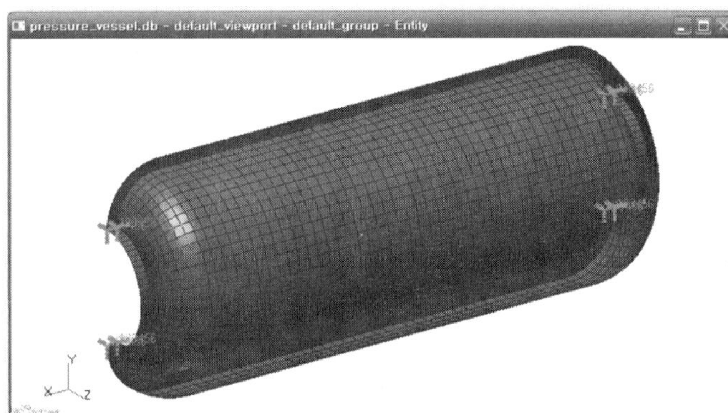

Step 8 대칭 경계조건 설정

ⓐ New Set Name을 **'symmetry'**로 입력한다.

ⓑ Load/Boundary Conditions Form에서 **Input Data 버튼**을 클릭한다.

ⓒ 그림과 같이 **Translations항에 < , ,0 > Rotations 항에 < 0, 0, >**으로 입력하고 **OK 버튼**을 클릭한다.

ⓓ Load/Boundary Conditions Form에서 **Select Application Region 버튼**을 클릭한다.

ⓔ Picking Filters Toolbar에서 **Surface or Face 아이콘**을 클릭한다.

ⓕ Select Application Region에서 화면에 표시된 **6개의 Face**를 **Shift + 클릭**으로 선택한 뒤 **Add 버튼**을 클릭한다.

ⓖ **OK 버튼**을 누른 뒤 Load/Boundary Conditions Form에서 **Apply 버튼**을 클릭하면 **'symmetry'** 대칭 경계조건이 생성된다.

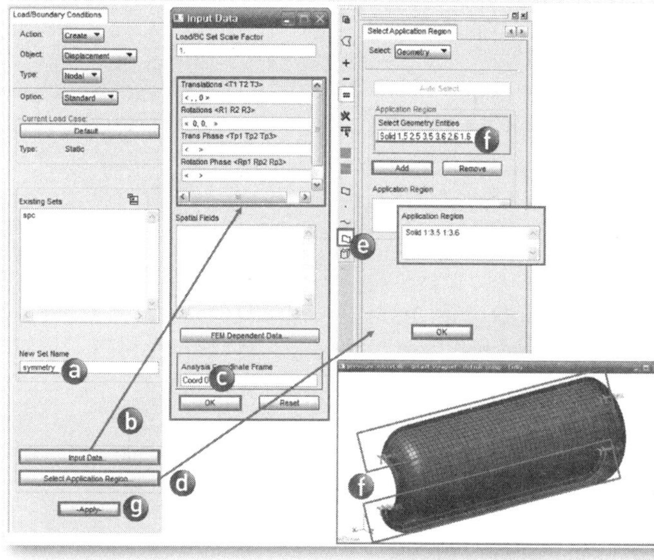

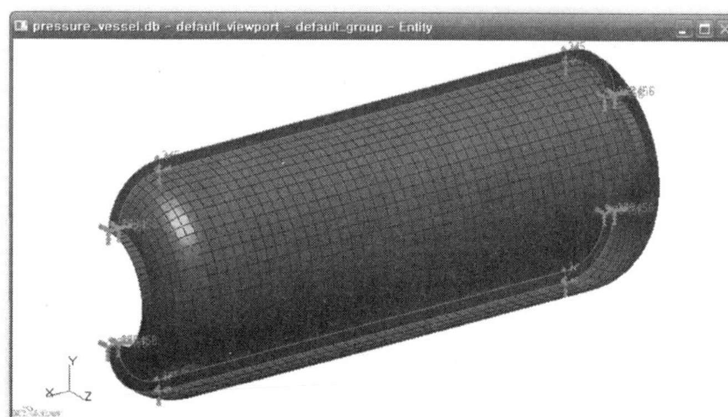

Step 9 하중조건 설정

ⓐ Loads/BCs Tap에서 **Pressure 아이콘**을 클릭한다.

ⓑ New Set Name을 **'pressure'**로 입력하고 **'Target Element Type: 3D'**로 설정한다.

ⓒ Load/Boundary Conditions Form에서 **Input Data 버튼**을 클릭한다.

ⓓ Pressure 항에 **'100'**으로 입력하고 **OK 버튼**을 클릭한다.

ⓔ Load/Boundary Conditions Form에서 **Select Application Region 버튼**을 클릭한다.

ⓕ Select Application Region에서 화면에 **안쪽 3개의 면**을 **Shift + 클릭**으로 선택한 뒤 **Add 버튼**을 클릭한다. (바깥 면과 혼동하여 선택되지 않도록 주의)

ⓖ **OK 버튼**을 누른 뒤 Load/Boundary Conditions Form에서 **Apply 버튼**을 클릭하면 **'pressure' 하중조건**이 생성된다.

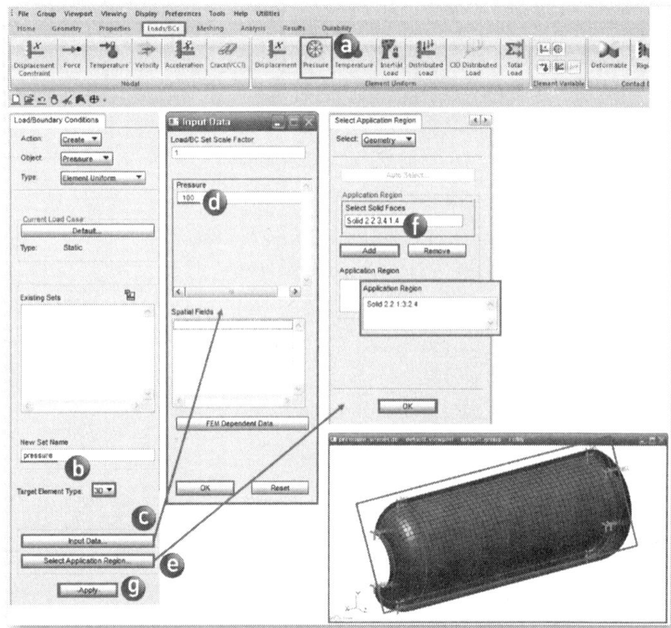

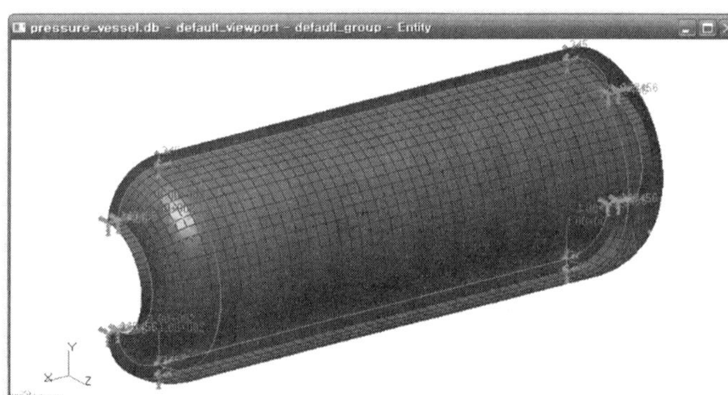

2 해석 (Solve)

Step 1 해석 설정

ⓐ Analysis Tap에서 **Entire Model 아이콘**을 클릭한다.

ⓑ Analysis Form에서 Job Name을 **'pressure_vessel'**로 입력한다.

ⓒ **Solution Type 버튼**을 클릭하여 **'LINEAR STATIC'**으로 선택 되었는지 확인하고 **OK 버튼**을 클릭한다.

ⓓ **Apply 버튼**을 클릭하여 해석을 수행한다.

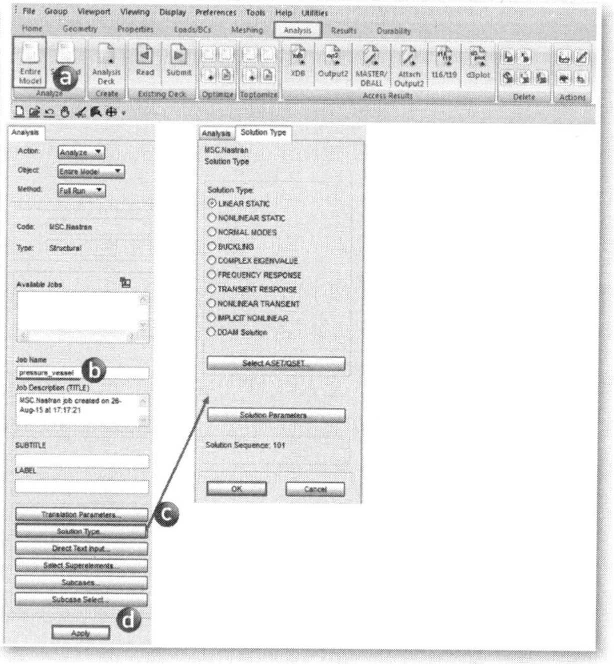

Step 2 결과파일 연결

ⓐ Analysis Tap에서 Access Results의 **XDB 아이콘**을 클릭한다.

ⓑ **Select Results File 버튼**을 클릭한 뒤 해당파일 경로에 있는 **'pressure_vessel.xdb'파일**을 클릭한다.

ⓒ Analysis Form에서 **Apply 버튼**을 클릭한다.

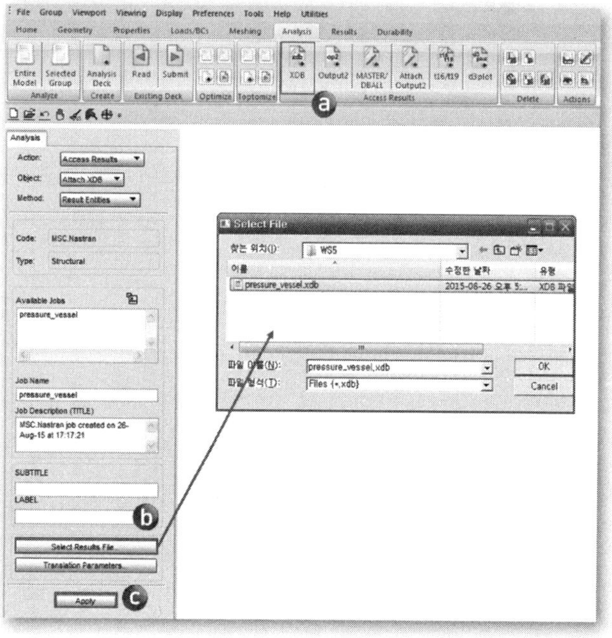

3 후 처리 (Post-Process)

Step 1 변위(Displacement)

ⓐ Results Tap에서 **Fringe/Deformation 아이콘**을 클릭한다.

ⓑ Select Fringe Result에서 **'Displacements, Translational'**, Select Deformation Result에서 **'Displacements, Translational'**을 선택한 뒤 **Apply 버튼**을 클릭한다.

ⓒ 화면에 나타난 결과를 확인한다.

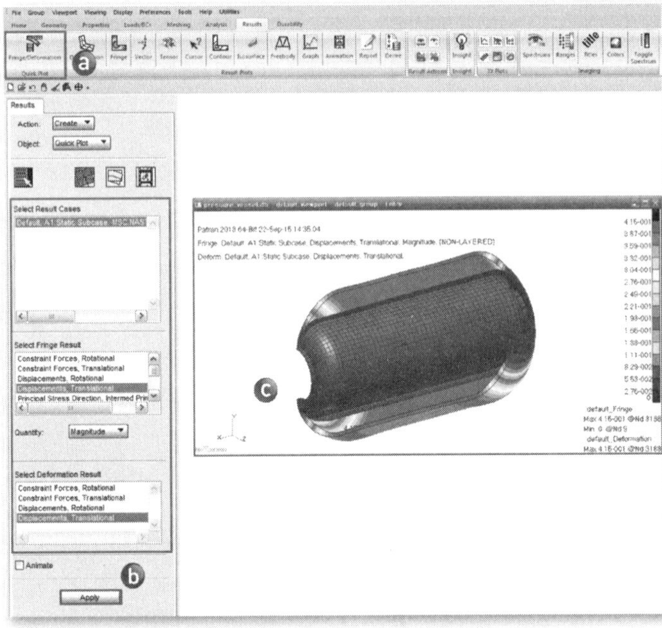

Workshop 8

RBE2 vs RBE3

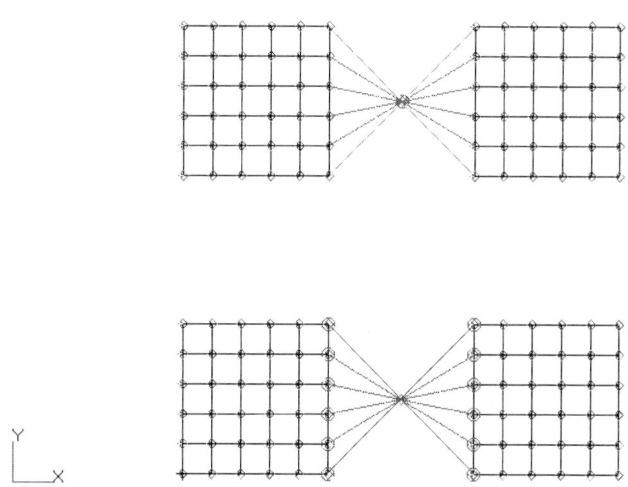

문제정의

Workshop 8의 모델은 두 쌍의 250mm x 250mm 알루미늄 평판이고 Quad 요소로 구성되어있다. 한 쌍의 평판은 RBE3요소로 연결되어있고 나머지 한 쌍은 RBE2요소로 구성되어있다. 각 평판들은 모두 바깥쪽 모서리가 고정되어있고 RBE요소에 500N 만큼의 하중을 받는다. 이번 Workshop을 통해 RBE요소를 생성하는 방법과 RBE2와 RBE3 요소의 차이를 알 수 있다.

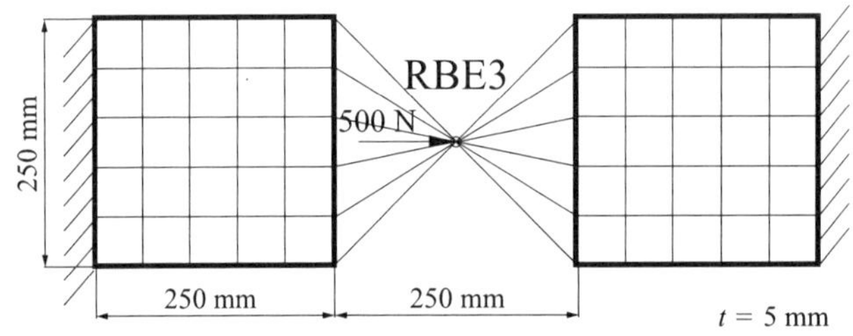

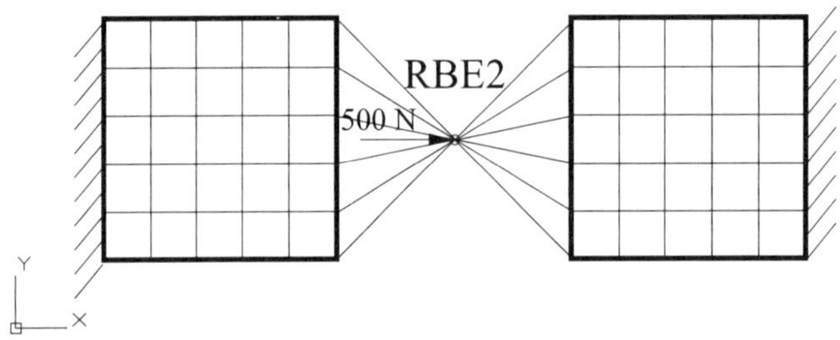

	설정
해석 솔버	Linear Static (Sol 101)
단위계	N / ton / mm
	Aluminum
탄성계수, *G*	7.00E + 4 N/mm^2
포아송 비, *Nu*	0.3

1 전 처리 (Pre-Process)

Step 1 .db파일 생성

ⓐ **Patran**을 실행한다.

ⓑ Home tap에서 **New 버튼**을 클릭한다.

ⓒ 파일 이름을 **'rbe2_rbe3.db'**로 입력하고 **OK 버튼**을 클릭한다.

ⓓ New Model Preference에서 그림과 같이 설정하고 **OK 버튼**을 클릭한다.

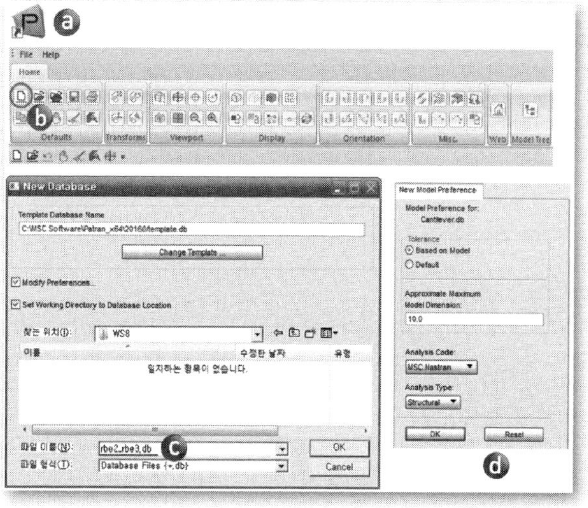

Step 2 Geometry 생성

ⓐ Geometry Tap에서 Surfaces의 **XYZ 아이콘**을 클릭한다.

ⓑ Geometry Form에서 **Vector Coordinates List에 <250 250 0>**를 입력한다.

ⓒ **Origin Coordinates List에 [0 0 0] [0 500 0] [500 0 0] [500 500 0]**를 입력한다.

ⓓ **Apply 버튼**을 클릭하면 4개의 정사각형 Surface가 생성된다.

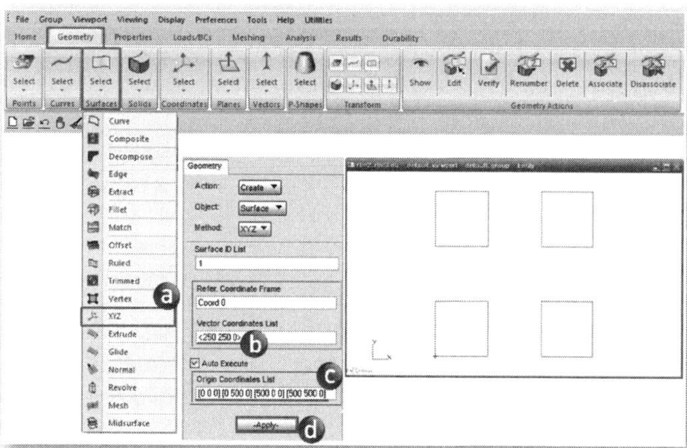

Step 3 Mesh 생성

ⓐ Meshing Tap에서 Meshers의 **Surface 아이콘**을 클릭한다.

ⓑ Picking Filters Toolbar에서 **Pick All 아이콘**을 클릭하여 Surface List에 모든 Surface가 선택되도록 한다.

ⓒ **Apply 버튼**을 클릭하면 Mesh가 생성된다.

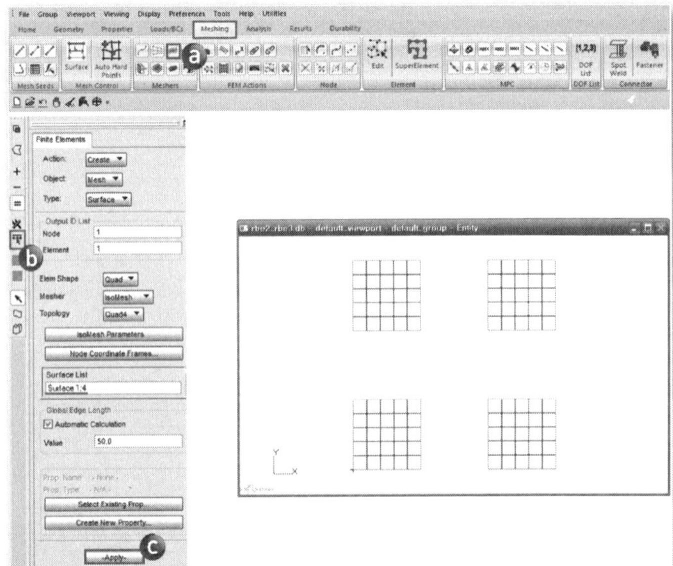

ⓓ Meshing Tap에서 Node의 **Interpolate 아이콘**을 클릭한다.

ⓔ Finite Elements Form에서 **Point 1 List에 왼쪽 하단 평판의 오른쪽 하단에 위치한 Point**를 선택하고 **Point 2 List에 오른쪽 하단 평판의 왼쪽 상단에 위치한 Point**를 선택하면 두 Point 사이의 중간점이 생성된다.

ⓕ 같은 방법으로 위쪽 두 평판에 중간점을 생성한다.

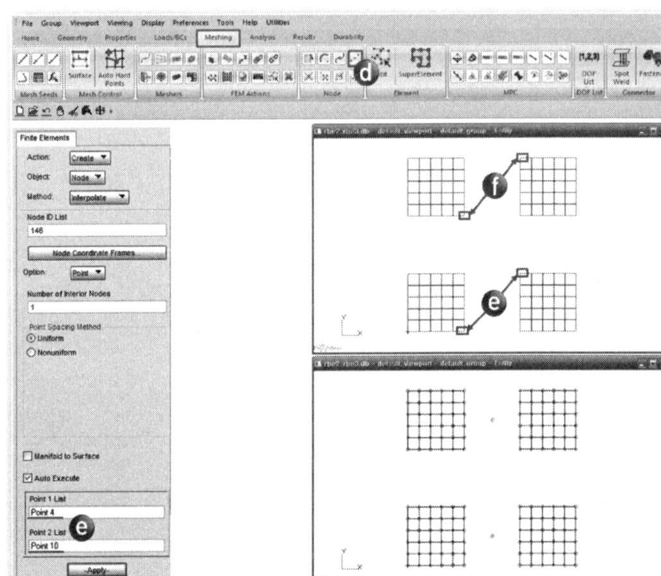

ⓖ Home Tap에서 Misc.의 **Node Size 아이콘**을 클릭하면 Node가 원으로 표시된다.

Step 4 RBE2(Rigid Body Element 2) 생성

ⓐ Mesher Tap에서 MPC의 **RBE2 아이콘**을 클릭한다.

ⓑ Finite Elements Form에서 **Define Terms 버튼**을 클릭한다.

ⓒ **Auto Execute 체크를 해제**한다.

ⓓ Node List에 표시된 아래쪽 평판의 **두 모서리를 Shift + 드래그로 선택**한다.

ⓔ DOFs에서 **6개의 자유도 모두 선택**한다.

ⓕ **Apply 버튼**을 클릭한다.

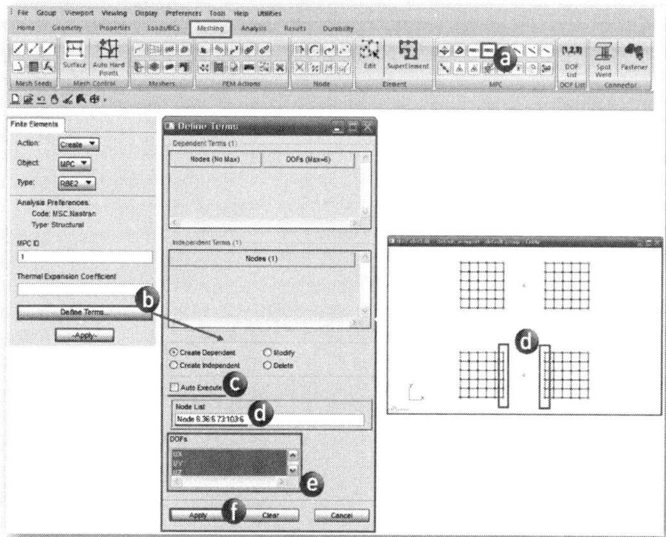

ⓖ 다시 Node List에 **아래쪽 두 평판 사이에 위치한 Node**를 선택한다.

ⓗ Define Terms 창의 **Apply 버튼**을 클릭한다.

ⓘ **Cancel 버튼**을 클릭한다.

ⓙ Finite Elements Form에서 **Apply 버튼**을 클릭하면 RBE2가 생성된다.

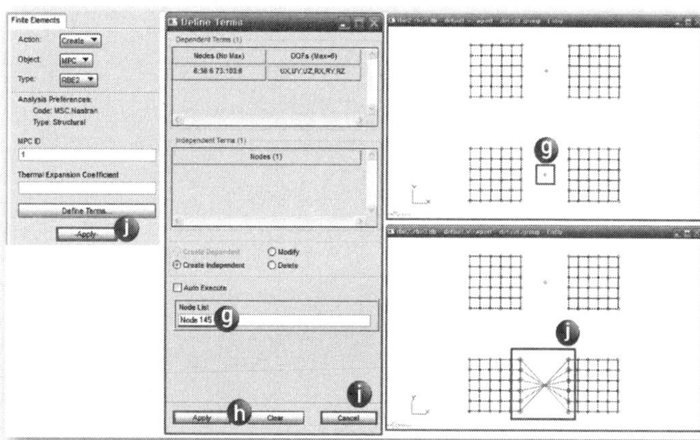

Step 5 RBE3(Rigid Body Element 3) 생성

ⓐ Mesher Tap에서 MPC의 **RBE3 아이콘**을 클릭한다.

ⓑ Finite Elements Form에서 **Define Terms 버튼**을 클릭한다.

ⓒ Node List에 **위쪽 두 평판 사이에 위치한 Node**를 선택한다.

ⓓ DOFs에서 **6개의 자유도 모두 선택**한다.

ⓔ **Apply 버튼**을 클릭한다.

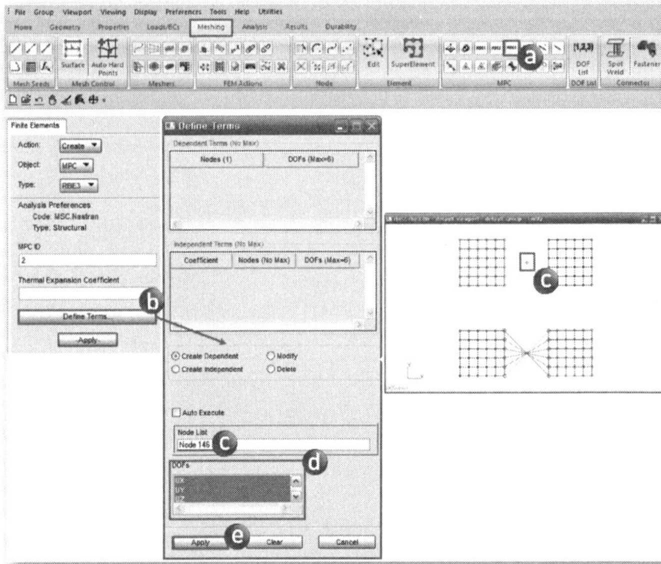

ⓕ **'Create independent'**를 선택한다.

ⓖ 다시 Node List에 표시된 위쪽 평판의 **두 모서리를 Shift + 드래그로 선택**한다.

ⓗ DOFs에서 **UX, UY, UZ 자유도**를 선택한다.

ⓘ Define Terms 창의 **Apply 버튼**을 클릭한다.

ⓙ **Cancel 버튼**을 클릭한다.

ⓚ Finite Elements Form에서 **Apply 버튼**을 클릭하면 RBE3가 생성된다.

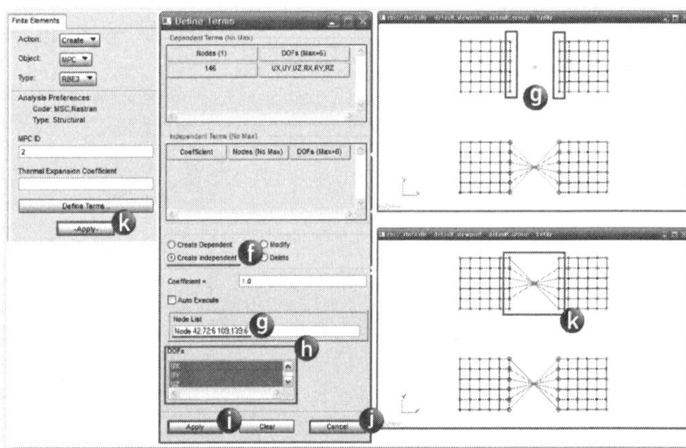

Step 6 Material 생성

ⓐ Properties 탭에서 **Isotropic 아이콘**을 클릭한다.

ⓑ Material Name을 **'al'**로 입력한다.

ⓒ Input Properties를 클릭하여 **'Elastic Modulus= 7.00e4, Poisson Ratio= 0.3'**를 입력하고 **OK 버튼**을 클릭한다.

ⓓ Materials form에서 **Apply 버튼**을 클릭하면 'al' 물성치가 생성된다.

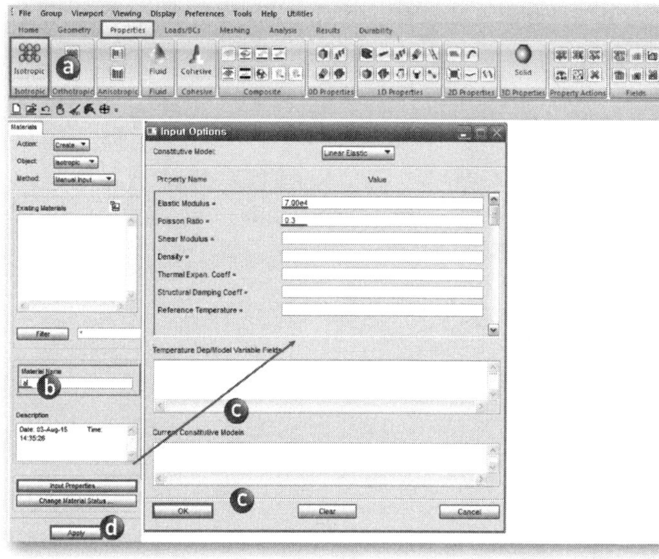

Step 7 Property 생성

ⓐ Properties Tap에서 2D Properties의 **Shell 아이콘**을 클릭한다.

ⓑ Property Set Name을 **'plate'**로 입력한다.

ⓒ **Input Properties 버튼**을 클릭한다.

ⓓ Mat Prop Name 오른쪽에 있는 아이콘을 클릭하고 Step 5 에서 만든 **'al'** 물성치를 클릭한다.

ⓔ **'Thickness: 5'**을 입력한다.

ⓕ **OK 버튼**을 클릭한다.

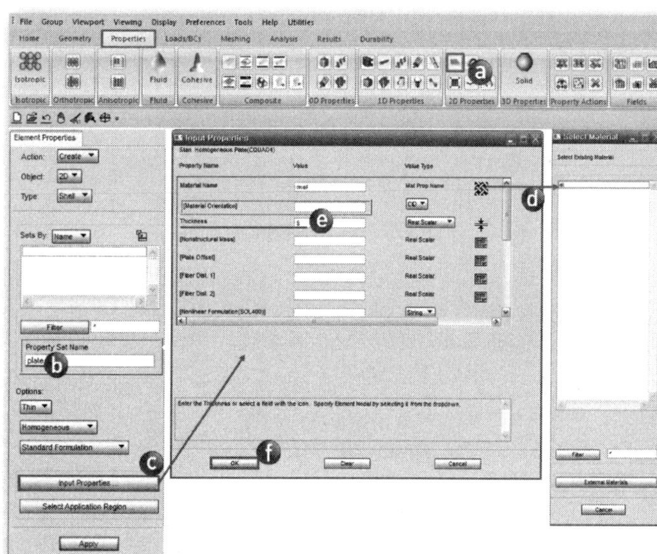

ⓖ **Select Application Region 버튼**을 클릭한다.

ⓗ **Pick All 아이콘**을 클릭하여 **모든 Surface를 선택**한다.

ⓘ **Add 버튼**을 클릭하면 Application Region에 Surface가 추가된다.

ⓙ **OK 버튼**을 클릭한다.

ⓚ Element Properties Form에서 **Apply 버튼**을 클릭하면 **'plate'** Property가 생성된다.

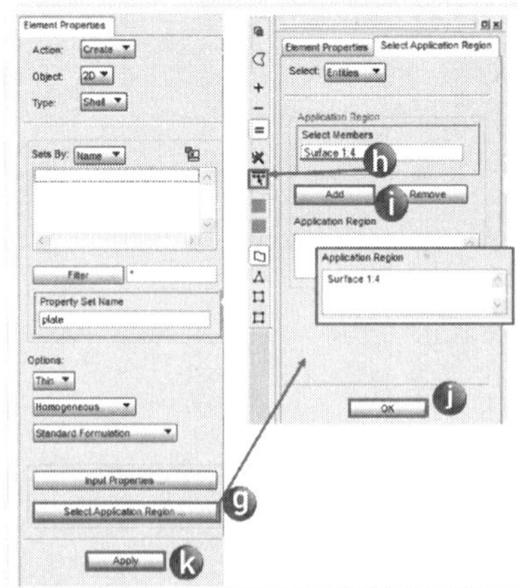

Step 8 경계조건 설정

ⓐ Loads/BCs Tap에서 **Displacement Constraint 아이콘**을 클릭한다.

ⓑ New Set Name을 **'fixed'**로 입력한다.

ⓒ Load/Boundary Conditions Form에서 **Input Data 버튼**을 클릭한다.

ⓓ 그림과 같이 **Translations항에 < 0 0 0 > Rotations 항에 < 0 0 0 >**으로 입력하고 **OK** 버튼을 클릭한다.

ⓔ Load/Boundary Conditions Form에서 **Select Application Region 버튼**을 클릭한다.

ⓕ Picking Filters Toolbar에서 **Curve or Edge 아이콘**을 클릭한다.

ⓖ Select Application Region에 화면에서 표시된 **평판의 바깥쪽 모서리들**을 **Shift + 클릭**으로 선택한 뒤 **Add 버튼**을 클릭한다.

ⓗ **OK 버튼**을 클릭한 뒤 Load/Boundary Conditions Form에서 **Apply 버튼**을 클릭하면 **'fixed' 경계조건**이 생성된다.

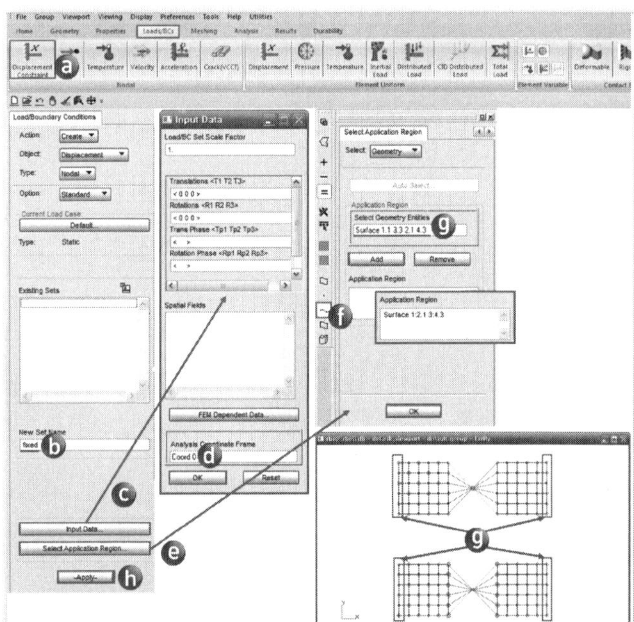

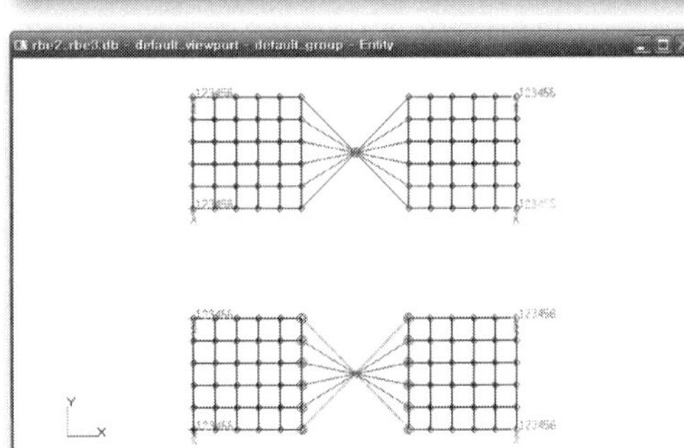

Step 9 하중조건 설정

ⓐ Loads/BCs Tap에서 **Force 아이콘**을 클릭한다.

ⓑ New Set Name 을 **'force'**로 입력한다.

ⓒ Load/Boundary Conditions Form에서 **Input Data 버튼**을 클릭한다.

ⓓ Force 항에 **<500 0 0>**으로 입력하고 **OK 버튼**을 클릭한다.

ⓔ Load/Boundary Conditions Form에서 **Select Application Region 버튼**을 클릭한다.

ⓕ **'Select: FEM'**으로 설정한다.

ⓖ Select Application Region에 화면에서 표시된 평판 사이에 위치한 중간점 두 개를 **Shift + 클릭**으로 선택한 뒤 **Add 버튼**을 클릭한다.

ⓗ **OK 버튼**을 클릭한 뒤 Load/Boundary Conditions Form에서 **Apply 버튼**을 클릭하면 **'force' 하중조건**이 생성된다.

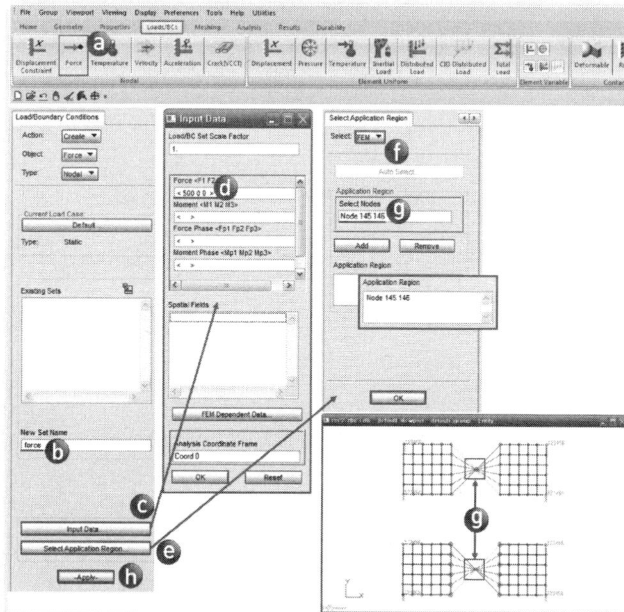

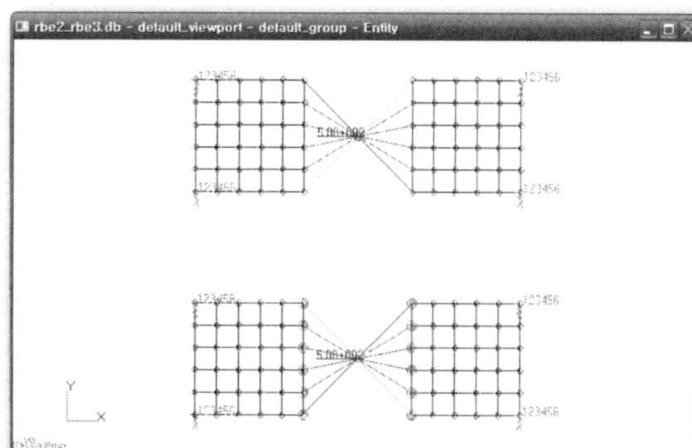

2 해석 (Solve)

Step 1 해석 설정

ⓐ Analysis Tap에서 **Entire Model 아이콘**을 클릭한다.

ⓑ Analysis Form에서 Job Name을 **'rbe2_rbe3'**로 입력한다.

ⓒ **Solution Type 버튼**을 클릭하여 **'LINEAR STATIC'**으로 선택 되었는지 확인하고 **OK 버튼**을 클릭한다.

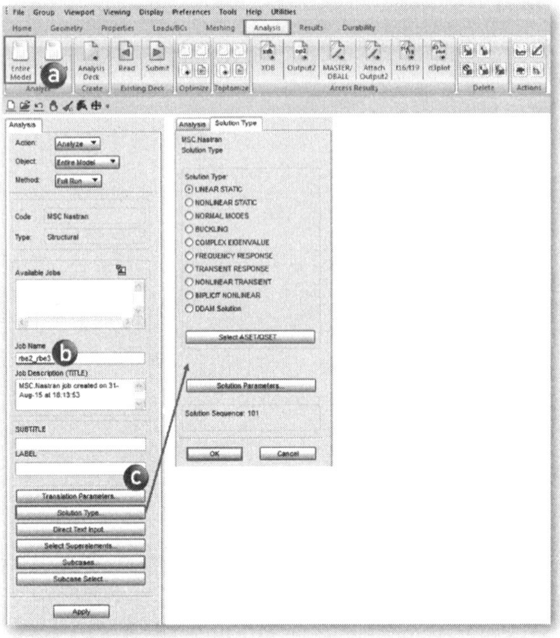

ⓓ **Subcases 버튼**을 클릭한다.

ⓔ Subcases 창에서 **Output Requests**를 클릭한다.

ⓕ Select Result Type에서 **'Multi-Point Constraint Forces'**를 클릭하여 Output Requests에 선택되도록 한다.

ⓖ Output Requests 창에서 **OK 버튼**을 클릭한다.

ⓗ Subcases 창에서 **Apply 버튼**을 클릭한다.

ⓘ Message 창이 뜨면 **Yes 버튼**을 클릭한다.

ⓙ **Cancel 버튼**을 클릭한다.

ⓚ **Apply 버튼**을 클릭하면 해석이 시작된다.

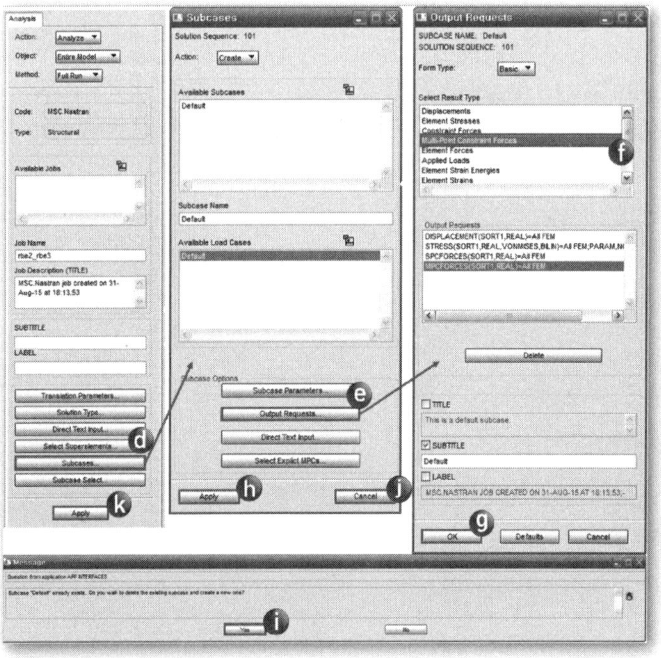

Step 2 결과파일 연결

ⓐ Analysis Tap에서 Access Results의 **XDB 아이콘**을 클릭한다.

ⓑ **Select Results File**을 클릭한 뒤 해당 파일 경로에 있는 **'rbe2_rbe3.xdb'파일**을 클릭한다.

ⓒ Analysis Form에서 **Apply 버튼**을 클릭한다.

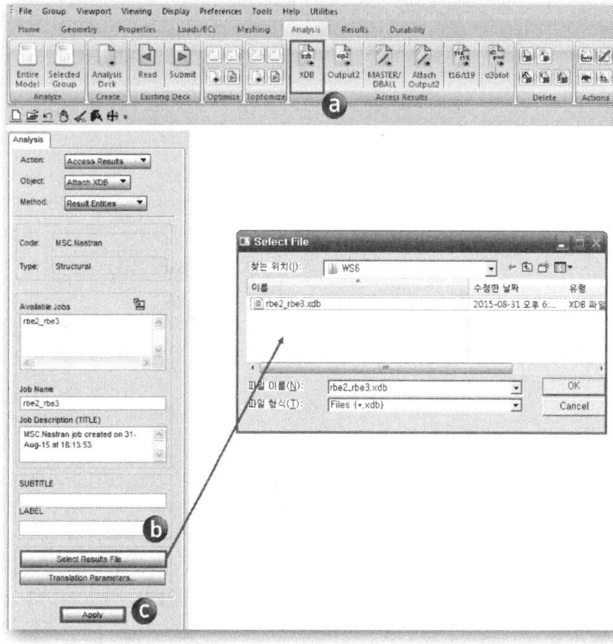

Step 1 변위 & 응력

ⓐ Results Tap에서 **Fringe/Deformation 아이콘**을 클릭한다.

ⓑ Select Fringe Result에서 **'Stress Tensor,'**, **'Quantity: von Mises'**, Select Deformation Result에서 **'Displacements, Translational'**을 선택한 뒤 **Apply 버튼**을 클릭한다.

ⓒ 화면에 나타난 결과를 확인한다.

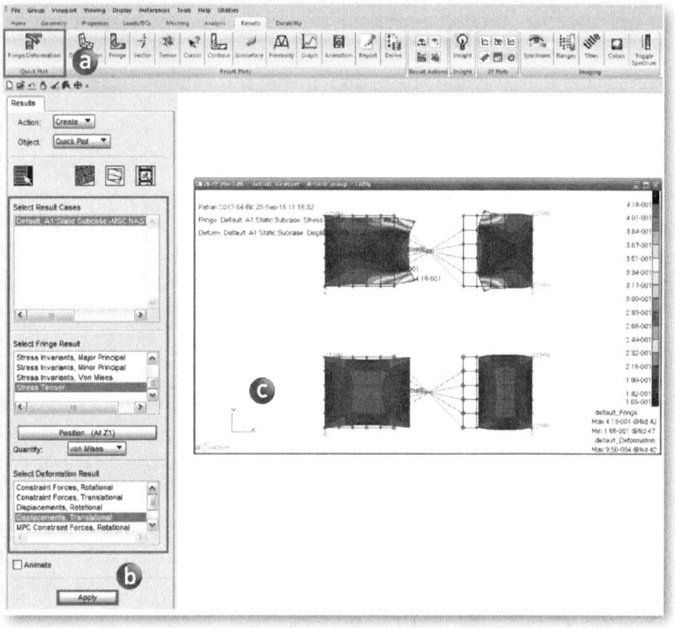

Step 2 구속력(Constraint Forces)

ⓐ Results Tap에서 **Vector 아이콘**을 클릭한다.

ⓑ **Reset Graphics 아이콘**을 클릭한다.

ⓒ Select Vector Result에서 **'MPC Constraint Forces, Translational'**, **'Show As: Resultant'**을 선택한 뒤 **Apply 버튼**을 클릭한다.

ⓓ 화면에 표시된 결과를 확인한다.

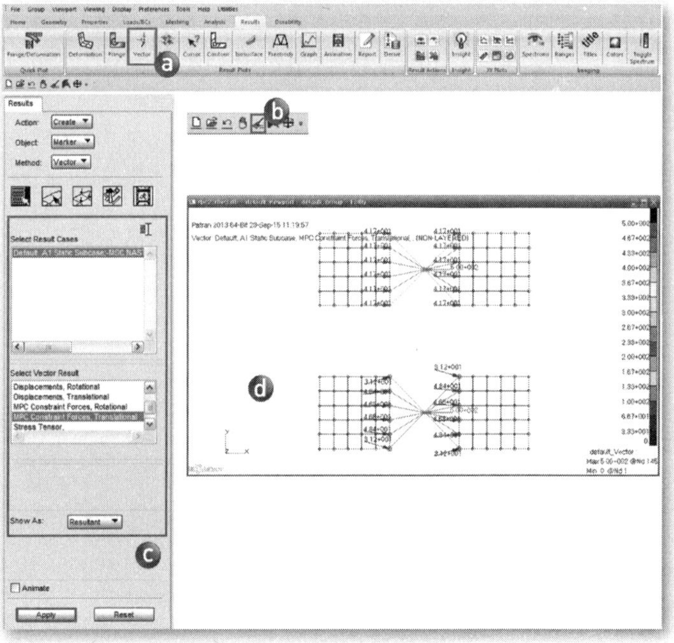

ⓔ **Reset Graphics 아이콘**을 클릭한다.

ⓕ **'Show As: Component'**로 설정하고 **'XX', 'YY'**에 체크한 뒤 **Apply 버튼**을 클릭한다.

ⓖ 화면에 표시된 결과를 확인한다.

ⓗ RBE2 요소는 하중을 고르게 분포시키는 반면, RBE3 요소는 하중을 거리에 반비례하게 분포시킨다.

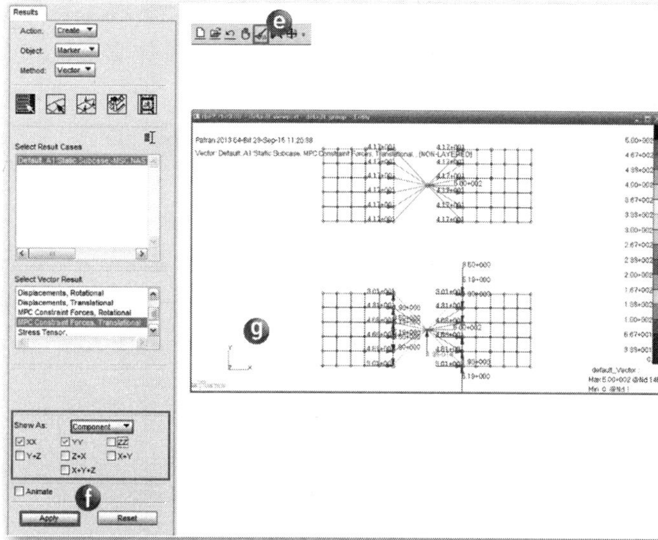

Workshop 9

Normal modes

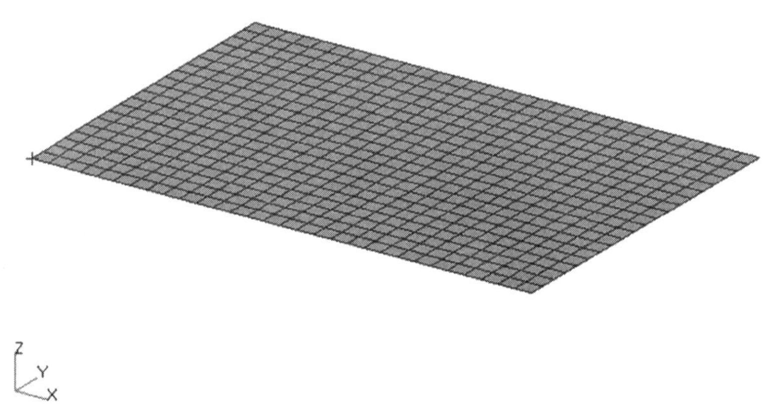

문제정의

Workshop 9에서는 300×200×3의 직사각형 평판의 모드해석에 대해 알아본다. 평판의 4개의 모서리는 모두 단순지지되어있고 평판의 재질은 알루미늄이다. 유한요소법을 이용하여 노말모드 해석을 수행한 뒤 평판의 고유진동수에 따른 모드형상을 그려보자.

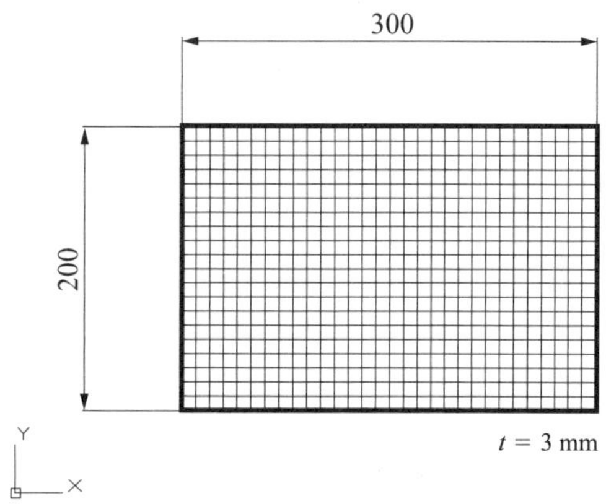

	설정
해석 솔버	Normal Modes (Sol 103)
단위계	N / ton / mm
	Aluminum
탄성계수, *G*	7.00E + 4 N/mm^2
포아송 비, *Nu*	0.3

1 전 처리 (Pre-Process)

Step 1 .db파일 생성

ⓐ **Patran**을 실행한다.

ⓑ Home tap에서 **New 버튼**을 클릭한다.

ⓒ 파일 이름을 **'normal_modes.db'**로 입력하고 **OK 버튼**을 클릭한다.

ⓓ New Model Preference에서 그림과 같이 설정하고 **OK 버튼**을 클릭한다.

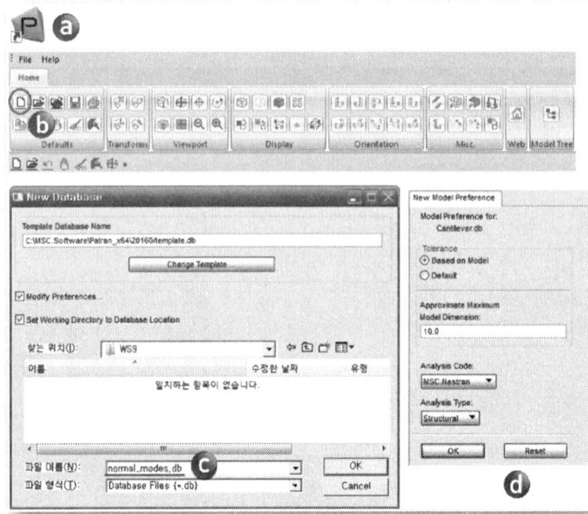

Step 2 Geometry 생성

ⓐ Geometry Tap에서 Surfaces의 **XYZ 아이콘**을 클릭한다.

ⓑ Geometry Form에서 **Vector Coordinates List에 <300 200 0>**를 입력한다.

ⓒ **Origin Coordinates List에 [0 0 0]**를 입력한다.

ⓓ **Apply 버튼**을 클릭하면 직사각형 Surface가 생성된다.

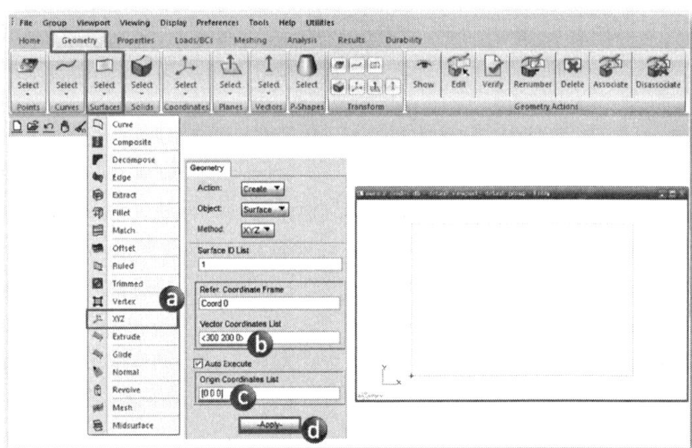

Step 3 Mesh 생성

ⓐ Meshing Tap에서 Meshers의 **Surface 아이콘**을 클릭한다.

ⓑ Surface List에서 화면의 직사각형 **Surface를 선택**한다.

ⓒ **Value에 '10'**을 입력한다.

ⓓ **Apply 버튼**을 클릭하면 Mesh가 생성된다.

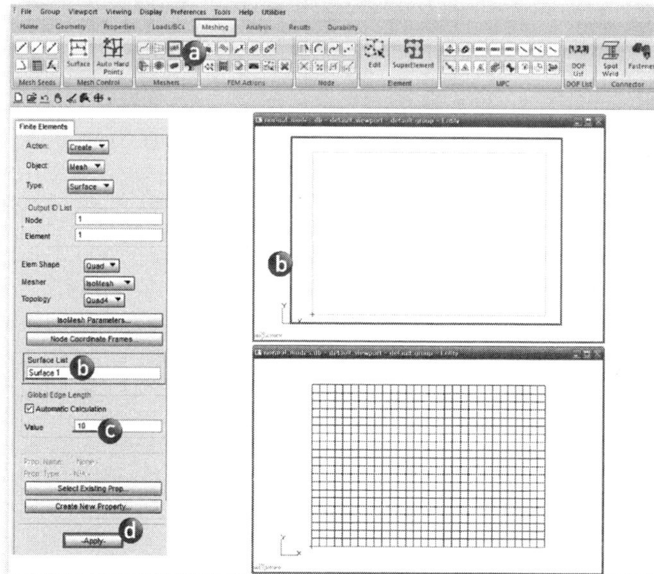

Step 4 Material 생성

ⓐ Properties 탭에서 **Isotropic 아이콘**을 클릭한다.

ⓑ Material Name을 **'al'**로 입력한다.

ⓒ **Input Properties 버튼**을 클릭하여 '**Elastic Modulus= 7.00e4, Poisson Ratio= 0.3, Density= 2800e-12'**를 입력하고 **OK 버튼**을 클릭한다.

ⓓ Materials form에서 **Apply 버튼**을 클릭하면 'al' 물성치가 생성된다.

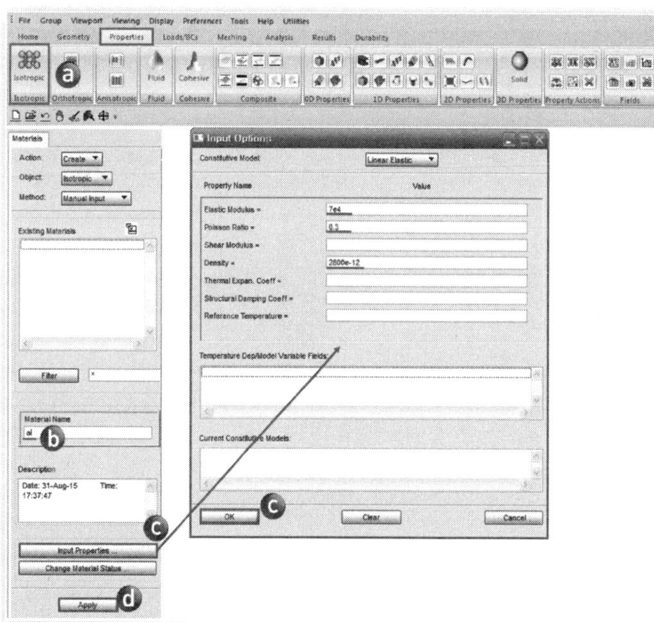

Step 5 Property 생성

ⓐ Properties Tap에서 2D Properties의 **Shell 아이콘**을 클릭한다.

ⓑ Property Set Name을 **'plate'**로 입력한다.

ⓒ **Input Properties 버튼**을 클릭한다.

ⓓ Mat Prop Name 오른쪽에 있는 아이콘을 클릭하고 Step 4에서 만든 **'al'** 물성치를 클릭한다.

ⓔ **'Thickness: 3'**을 입력한다.

ⓕ **OK 버튼**을 클릭한다.

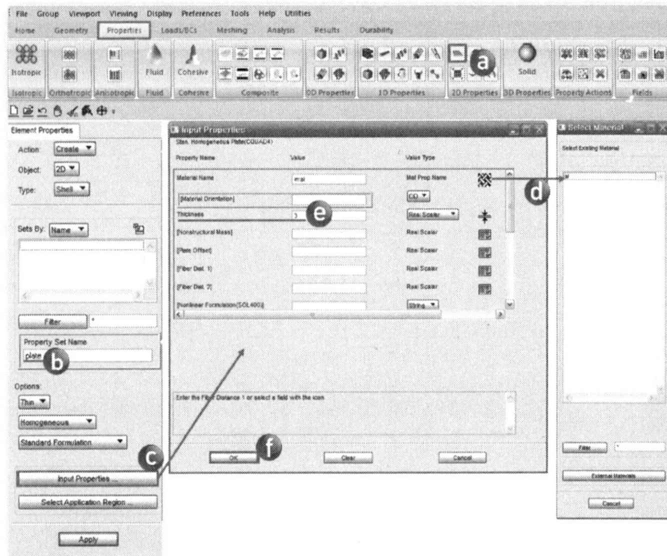

ⓖ **Select Application Region 버튼**을 클릭한다.

ⓗ 화면의 직사각형 **Surface를 선택**하고 **Add 버튼을 클릭**한다.

ⓘ **OK 버튼**을 클릭한다.

ⓙ Element Properties Form에서 **Apply 버튼**을 클릭하면 **'plate'** Property가 생성된다.

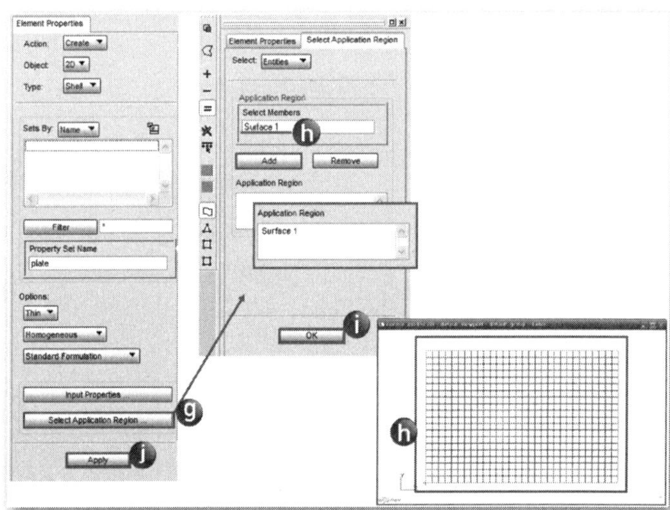

Step 6 경계조건 설정

ⓐ Loads/BCs Tap에서 **Displacement Constraint 아이콘**을 클릭한다.

ⓑ New Set Name을 **'simple_support'**로 입력한다.

ⓒ Load/Boundary Conditions Form에서 **Input Data 버튼**을 클릭한다.

ⓓ 그림과 같이 **Translations항에 < 0 0 0 >**으로 입력하고 **OK 버튼**을 클릭한다.

ⓔ Load/Boundary Conditions Form에서 **Select Application Region 버튼**을 클릭한다.

ⓕ Picking Filters Toolbar에서 **Curve or Edge 아이콘**을 클릭한다.

ⓖ Picking Filters Toolbar에서 **Pick All 아이콘**을 클릭한다.

ⓗ **Add 버튼**을 클릭하여 Application Region에 Surface Edge 4개가 선택된 것을 확인한 뒤 **OK 버튼**을 클릭한다.

ⓘ **Apply 버튼**을 클릭하면 **'simple_support' 경계조건**이 생성된다.

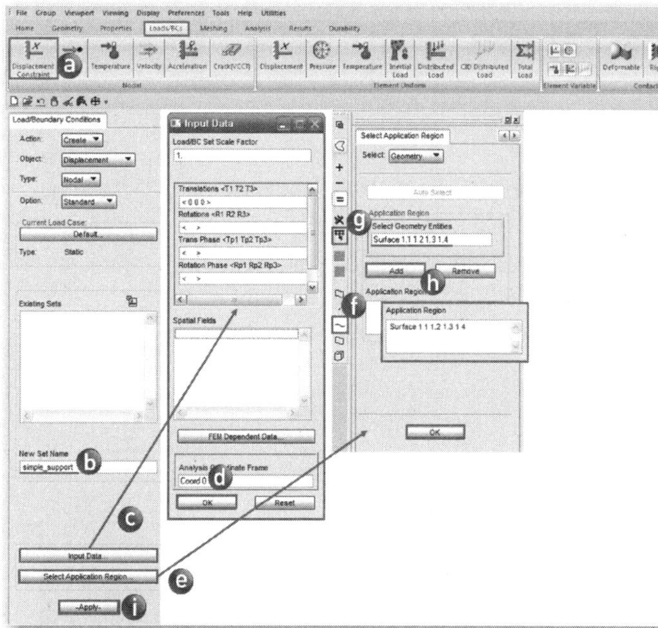

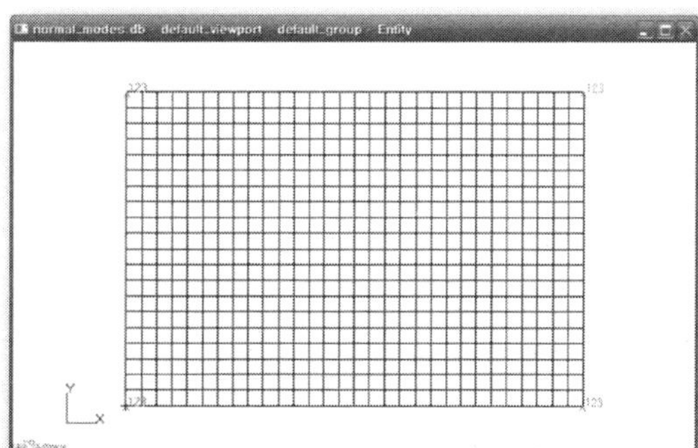

2 해석 (Solve)

Step 1 해석 설정

ⓐ Analysis Tap에서 **Entire Model 아이콘**을 클릭한다.

ⓑ Analysis Form에서 Job Name을 **'normal_modes**로 입력한다.

ⓒ **Solution Type 버튼**을 클릭하여 **'NORMAL MODES'**으로 선택하고 **OK 버튼**을 클릭한다.

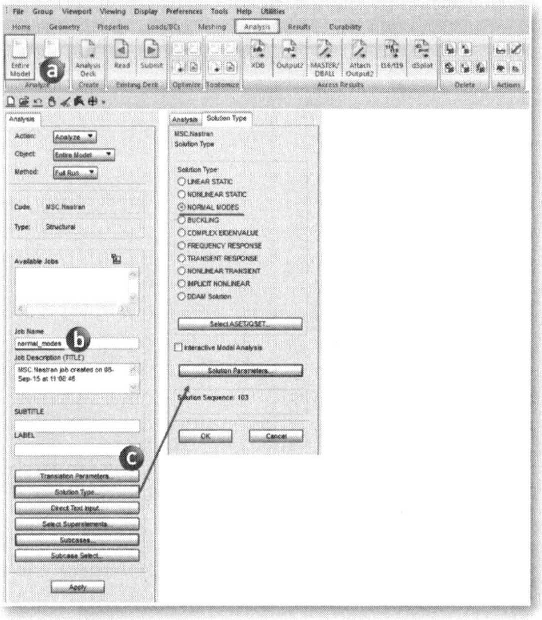

ⓓ **Subcases 버튼**을 클릭한다.

ⓔ Subcases 창에서 **Subcase Parameters 버튼**을 클릭한다.

ⓕ **'Number of Desired Roots= 7'**으로 입력한다.

ⓖ Subcase Parameters 창에서 **OK 버튼**을 클릭한다.

ⓗ Subcases 창에서 **Apply 버튼**을 클릭한다.

ⓘ **Cancel 버튼**을 클릭한다.

ⓙ **Apply 버튼**을 클릭하면 해석이 시작된다.

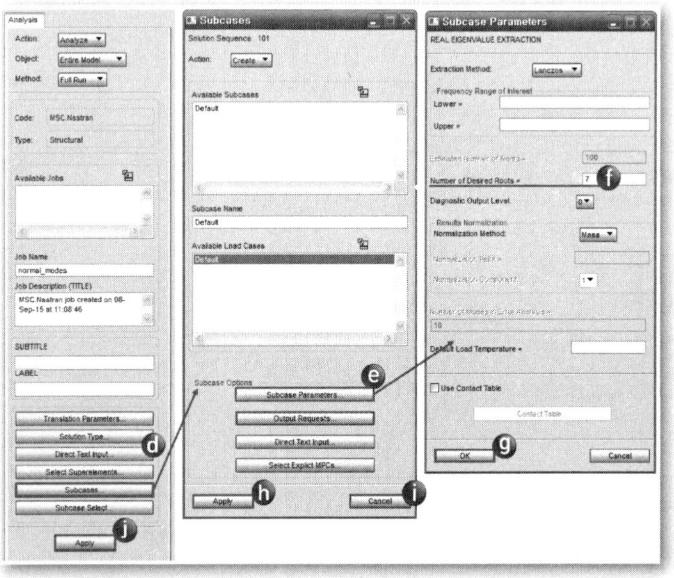

Step 2 결과파일 연결

ⓐ Analysis Tap에서 Access Results의 **XDB 아이콘**을 클릭한다.

ⓑ **Select Results File 버튼**을 클릭한 뒤 해당파일 경로에 있는 **'normal_modes.xdb'파일**을 클릭한다.

ⓒ Analysis Form에서 **Apply 버튼**을 클릭한다.

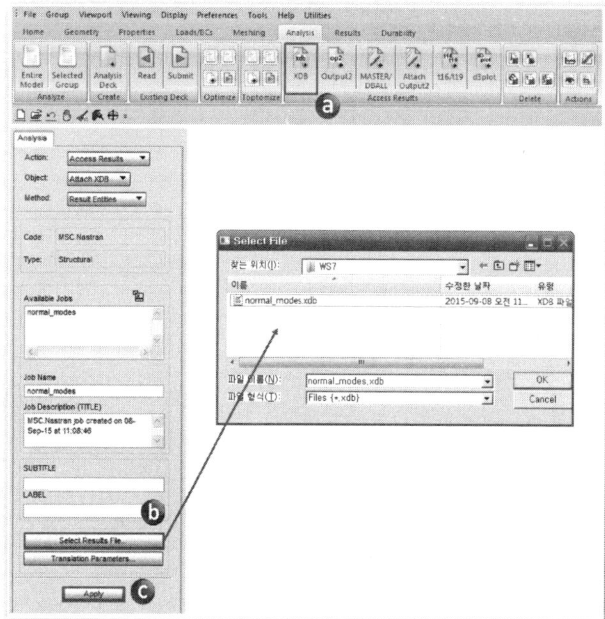

Step 1 모드형상(Mode shape)

ⓐ Results Tap에서 **Fringe/Deformation 아이콘**을 클릭한다.

ⓑ Select Fringe Result에서 **'Eigenvectors, Translational'**, Select Deformation Result에서 **'Eigenvectors, Translational'**을 선택한 뒤 **Apply 버튼**을 클릭한다.

ⓒ 화면에 나타난 결과를 확인하고 Select Result Cases에서 다른 모드를 선택하여 확인한다.

	Frequency
1st mode	256.01
2nd mode	490.86
3rd mode	787.90
4th mode	882.89
5th mode	1016.20
6th mode	1397.90
7th mode	1431.20

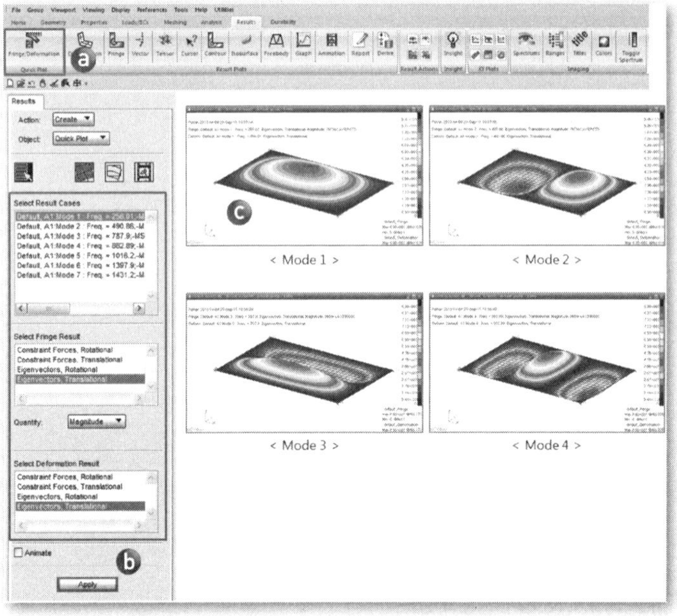

Workshop 10

Buckling

문제정의

Workshop 10에서는 바다 속에서 압력을 받는 잠수함에 대해 좌굴해석을 수행한다. 좌굴해석은 잠수함이 좌굴되는 하중을 알기위해 수행된다. 기존에 만들어진 잠수함 모델 파일을 불러와 경계조건과 하중조건을 설정하여 해석을 진행한다. 모델은 Shell요소로 만들어진 압력 선체(Pressure hull)와 CBAR요소로 만들어진 프레임, 그리고 Shell요소로 만들어진 격벽(Bulkhead)로 이루어져 있다. 수중 1000ft에서 받는 압력인 445psi를 하중조건으로 한다.

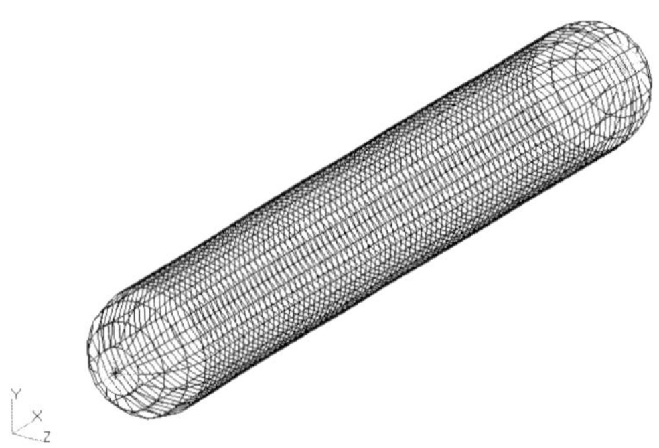

〈 압력 선체 〉

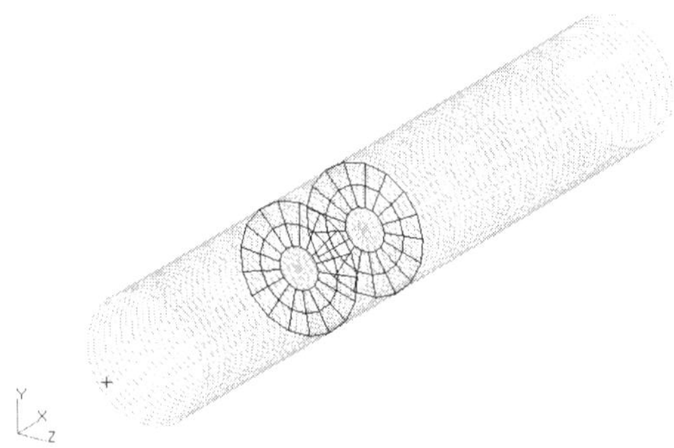

〈 프레임과 격벽 〉

	설정
해석 솔버	Buckling (Sol 105)
단위계	lb.f / lb / in

1 전 처리 (Pre-Process)

Step 1 .db파일 생성

ⓐ **Patran**을 실행한다.

ⓑ Home tap에서 **New 버튼**을 클릭한다.

ⓒ 파일 이름을 **'submarine.db'**로 입력하고 **OK 버튼**을 클릭한다.

ⓓ New Model Preference에서 그림과 같이 설정하고 **OK 버튼**을 클릭한다.

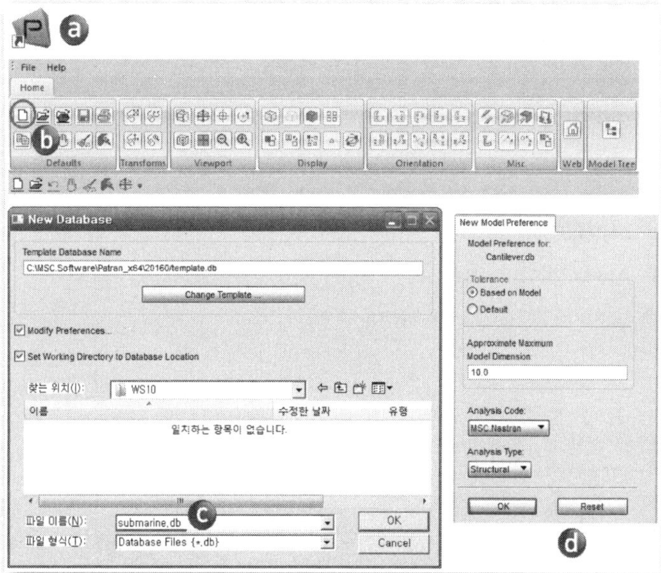

Step 2 모델 불러오기

ⓐ Menu Bar에서 File의 **Import를** 클릭한다.

ⓑ **'Source: MSC.Nastran Input'**으로 설정한다.

ⓒ **'pressure_hull.bdf'** 파일을 선택하고 **Apply 버튼**을 클릭한다.

ⓓ Summary 창이 뜨면 **OK 버튼**을 클릭한다.

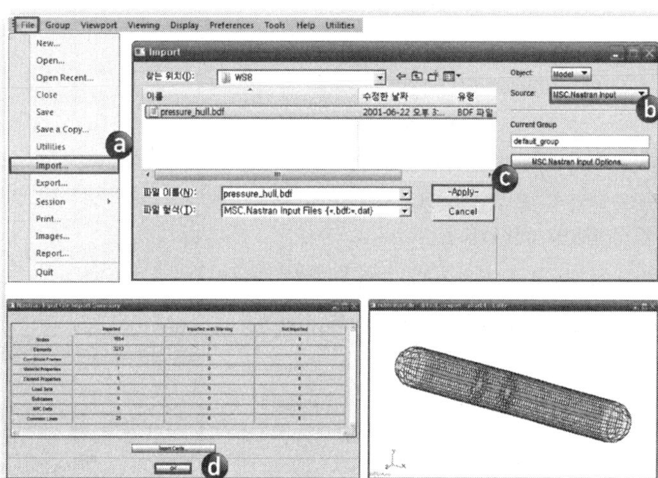

Step 3 Group 생성

ⓐ Menu Bar에서 Group의 **Create**를 클릭한다.

ⓑ **'Method: Property Set, Create: Multiple Groups'**로 설정한다.

ⓒ Property Sets에서 **모든 물성치**를 선택한다.

ⓓ **Apply 버튼**을 클릭한다.

ⓔ **'Action: Post'**로 설정한다.

ⓕ Select Groups to Post에서 **'pshell.1, pshell.2'**를 선택한다.

ⓖ **Apply 버튼**을 클릭한다.

ⓗ Caution 창이 뜨면 **OK 버튼**을 클릭한다.

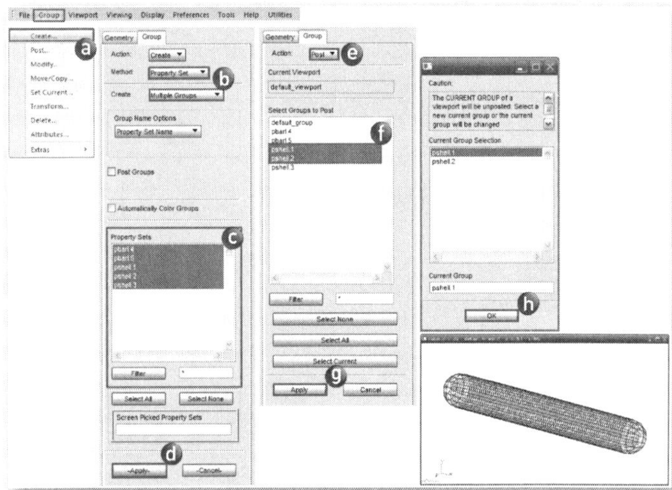

Step 4 경계조건 설정

ⓐ Loads/BCs Tap에서 **Displacement Constraint 아이콘**을 클릭한다.

ⓑ New Set Name을 **'constraint'**로 입력한다.

ⓒ Load/Boundary Conditions Form에서 **Input Data**를 클릭한다.

ⓓ **Translations와 Rotation항 모두 < 0 0 0 >** 으로 입력하고 **OK 버튼**을 클릭한다.

ⓔ Load/Boundary Conditions Form에서 **Select Application Region 버튼**을 클릭한다.

ⓕ **'Select: FEM'**으로 설정한다.

ⓖ **모델의 끝 모서리에 위치한 Node**를 선택한다. **(Node 1623)**

ⓗ **Add 버튼**을 클릭한 뒤 **OK 버튼**을 클릭한다.

ⓘ **Apply 버튼**을 클릭하면 **'constraint' 경계조건**이 생성된다.

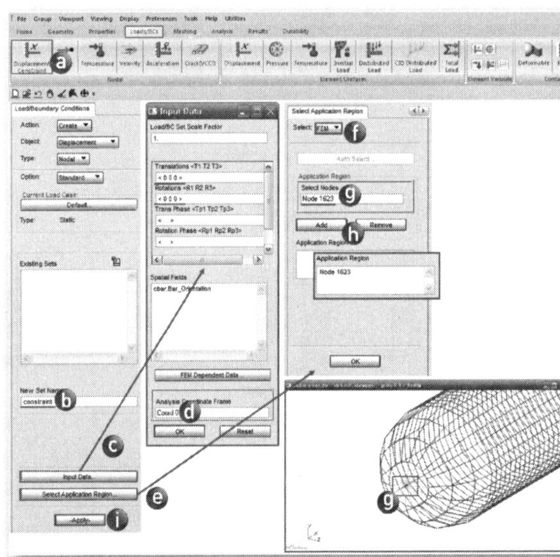

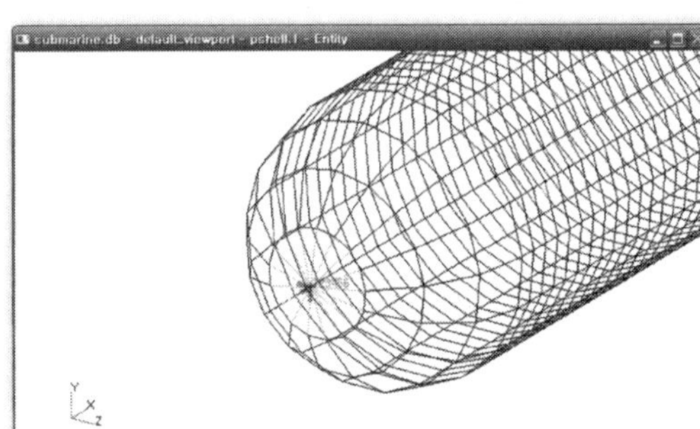

Step 5 하중조건 설정

ⓐ Loads/BCs Tap에서 **Pressure 아이콘**을 클릭한다.

ⓑ New Set Name을 **'pressure'**로 입력한다.

ⓒ **'Target Element Type: 2D'**로 설정한다.

ⓓ Load/Boundary Conditions Form에서 **Input Data 버튼**을 클릭한다.

ⓔ **Bot Surt Pressure에 '445'**으로 입력한다.

ⓕ **OK 버튼**을 클릭한다.

ⓖ Load/Boundary Conditions Form에서 **Select Application Region 버튼**을 클릭한다.

ⓗ **'Select: FEM'**으로 설정한다.

ⓘ Picking Filters Toolbar에서 **Pick All 아이콘**을 클릭하여 모든 Elements를 선택한다.

ⓙ **Add 버튼**을 클릭한 뒤 **OK 버튼**을 클릭한다.

ⓚ **Apply 버튼**을 클릭하면 **'pressure' 경계조건**이 생성된다.

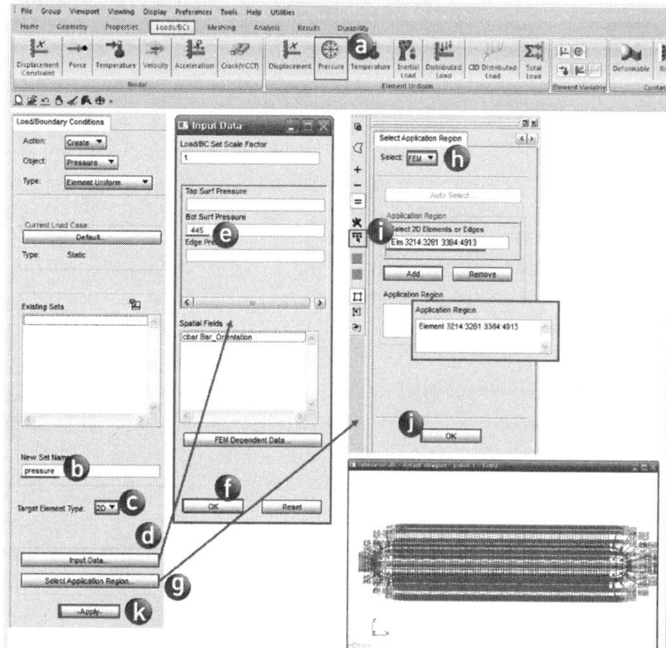

2 해석 (Solve)

Step 1 해석 설정

ⓐ Analysis Tap에서 **Entire Model 아이콘**을 클릭한다.

ⓑ Analysis Form에서 Job Name을 **'submarine'**으로 입력한다.

ⓒ **Solution Type 버튼**을 클릭한다.

ⓓ Solution Type을 **'BUCKLING'**으로 선택한다.

ⓔ **Solution Parameters 버튼**을 클릭한다.

ⓕ **'Plate Rz Stiffness Factor= 100'**으로 입력한다.

ⓖ **Eigenvalue Extraction**을 클릭한다.

ⓗ **'Number of Desired Roots= 5'**으로 입력한다.

ⓘ Eigenvalue Extraction창에서 **OK 버튼**을 클릭한다.

ⓙ Solution Parameters창에서 **OK 버튼**을 클릭한다.

ⓚ Solution Type에서 **OK 버튼**을 클릭한다.

ⓛ Analysis Form에서 **Apply 버튼**을 클릭하면 해석이 수행된다.

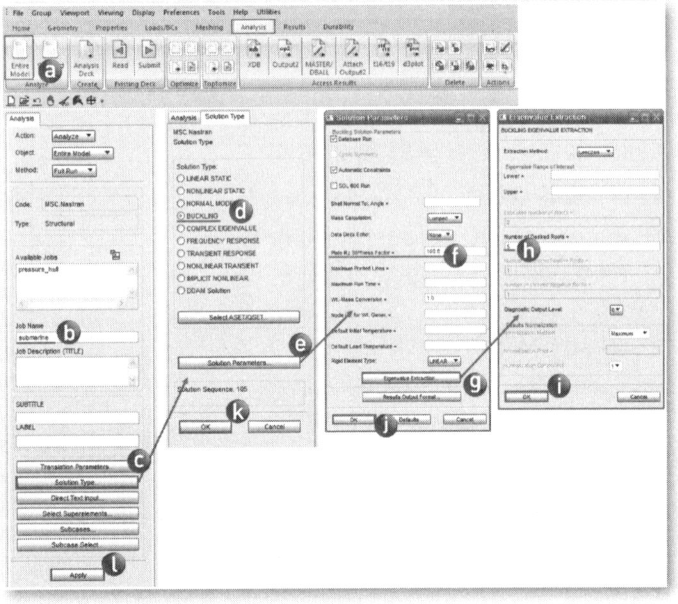

Step 2 결과파일 연결

ⓐ Analysis Tap에서 Access Results의 **XDB 아이콘**을 클릭한다.

ⓑ **Select Results File 버튼**을 클릭한 뒤 해당파일 경로에 있는 **'submarine.xdb'파일**을 클릭한다.

ⓒ Analysis Form에서 **Apply 버튼**을 클릭한다.

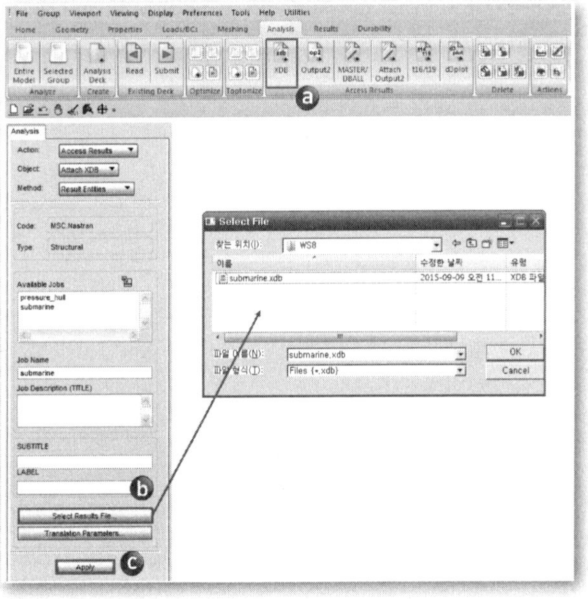

3 후 처리 (Post-Process)

Step 1 좌굴 하중 계수(Buckling load factor)

ⓐ Menu Bar에서 Group의 **Post**를 클릭한다.

ⓑ Select Groups to Post에서 **'default_group'**을 선택한다.

ⓒ **Apply 버튼**을 클릭한다.

ⓓ **Reset Graphics 아이콘**을 클릭한다.

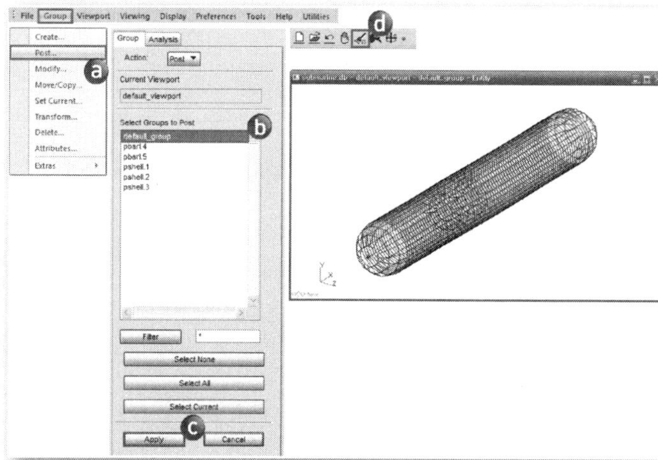

ⓔ Results Tap에서 **Fringe/Deformation 아이콘**을 클릭한다.

ⓕ Select Result Cases에서 **'Default, A1:Mode 1'**, Select Deformation Result에서 **'Displacements, Translational'**을 선택한 뒤 **Apply 버튼**을 클릭한다.

ⓖ 화면에 나타난 결과를 확인한다.

	Buckling Load Factor
1st mode	2.9258
2nd mode	2.9258
3rd mode	4.4184
4th mode	4.4964
5th mode	5.2182

(임계하중,Pcr = 2.9258 x 445 psi = 1301.981 psi)

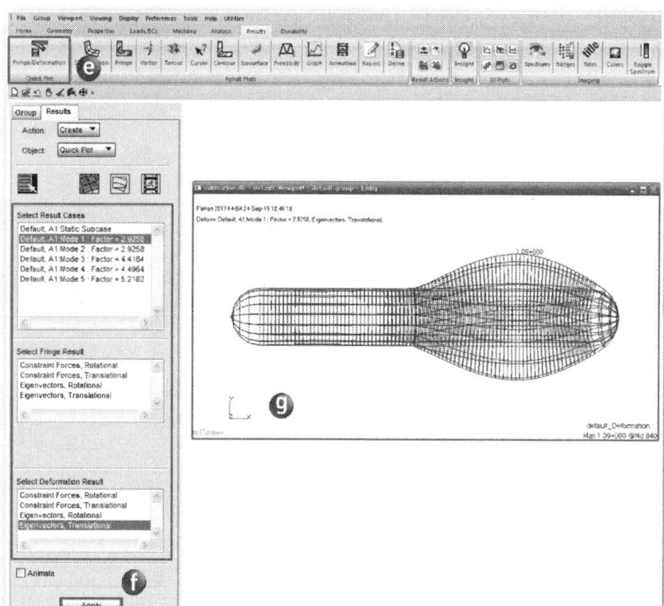

Workshop 11

Linear Contact

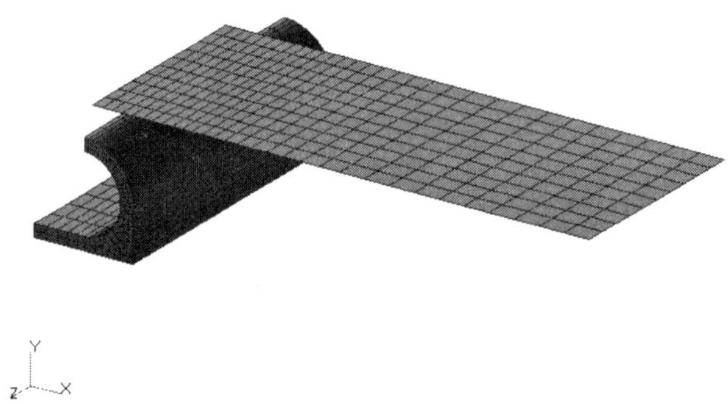

문제정의

Workshop 11에서는 2D Body와 3D Bdoy 사이의 접촉에 대한 문제이다. Plate에 하중을 가해 3D Block에 접족하여 멈추는 것을 Linear Static (Sol 101)을 이용하여 해석한다. .bdf 파일로 만들어진 기본 모델을 불러와 Contact을 정의하고 해석하여 후처리(Post-process)하는 방법에 대해 배워본다.

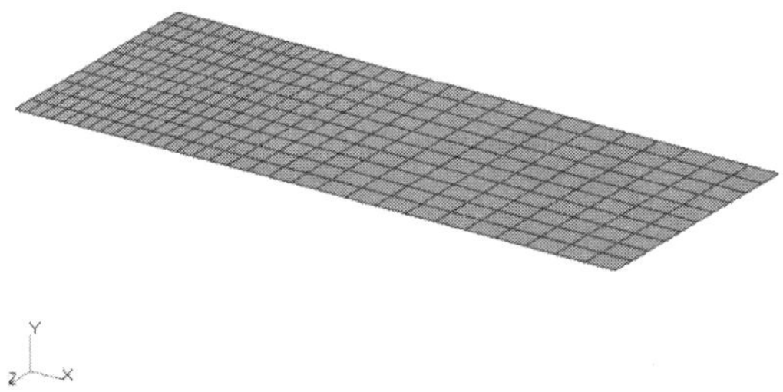

〈 2D plate 〉

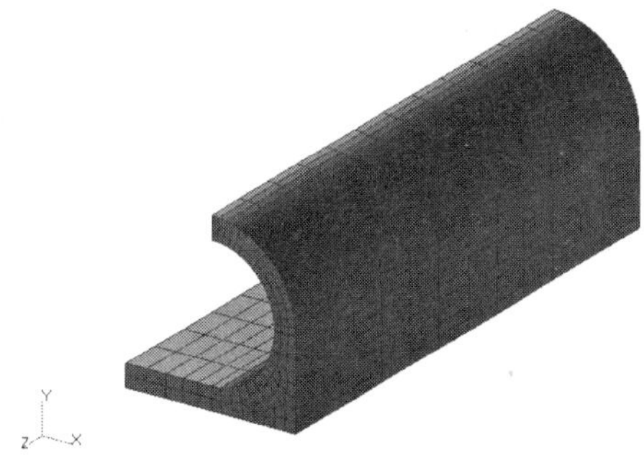

〈 3D Block 〉

	설정
해석 솔버	Linear Static (Sol 101)
단위계	lb.f / lb / in

1 전 처리 (Pre-Process)

Step 1 .db파일 생성

ⓐ **Patran**을 실행한다.

ⓑ Home tap에서 **New 버튼**을 클릭한다.

ⓒ 파일 이름을 **'linear_contact.db'**로 입력하고 **OK 버튼**을 클릭한다.

ⓓ New Model Preference에서 그림과 같이 설정하고 **OK 버튼**을 클릭한다.

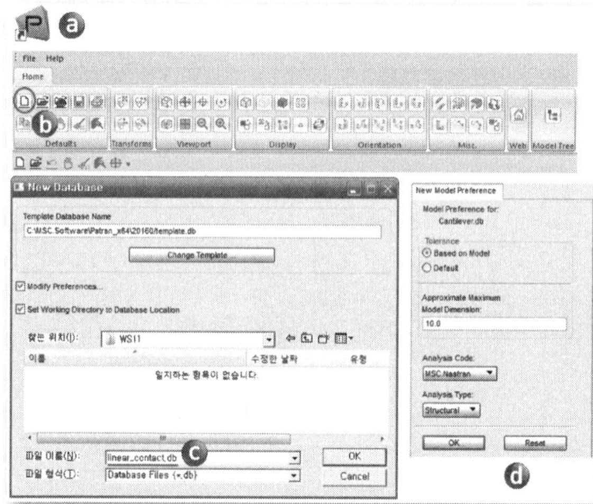

Step 2 모델 불러오기

ⓐ Menu Bar에서 File의 **Import를** 클릭한다.

ⓑ **'Source: MSC.Nastran Input'**으로 설정한다.

ⓒ **'plate_contact.bdf'** 파일을 선택하고 **Apply 버튼**을 클릭한다.

ⓓ Summary 창이 뜨면 **OK 버튼**을 클릭한다.

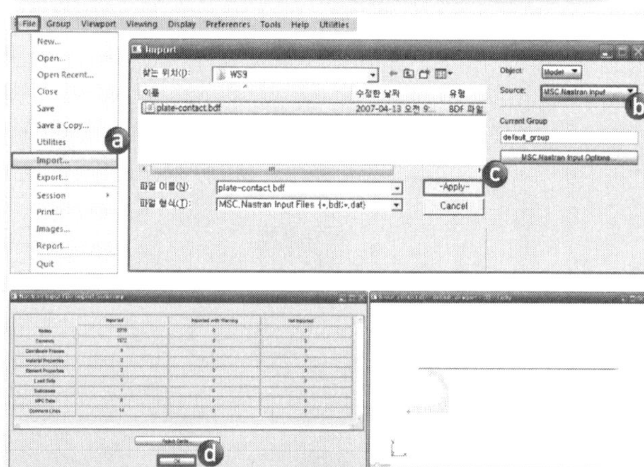

ⓔ Home Tap에서 Orientation의 **Iso1 View 아이콘**을 클릭한다.

ⓕ Display의 **Smooth Shaded 아이콘**을 클릭한다.

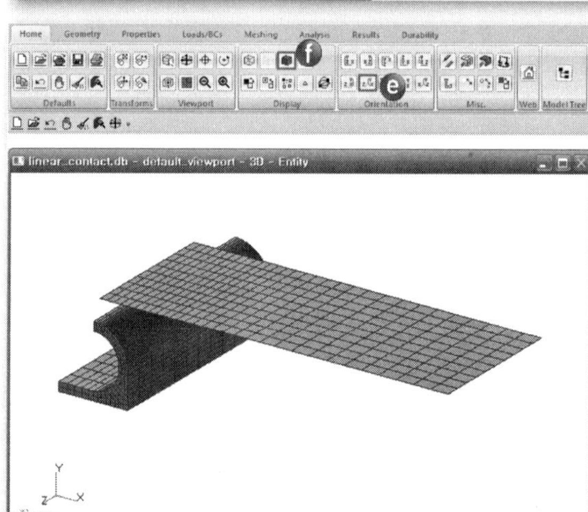

Step 3 Contact Body 정의 1

ⓐ Loads/BCs Tap에서 Conatact Body의 **Deformable 아이콘**을 클릭한다.

ⓑ Load/Boundary Conditions Form에서 **Default 버튼**을 클릭한다.

ⓒ Existing Load Cases에서 **'Untitled.SC1'**을 **선택**하고 **OK 버튼**을 클릭한다.

ⓓ New Set Name을 **'contact_base'로 입력**한다.

ⓔ **'Target Element Type: 3D'**으로 설정한다.

ⓕ **Select Application Region 버튼**을 클릭한다.

ⓖ **'Select: FEM'**으로 설정한다.

ⓗ Picking Filters Toolbar에서 **Pick All 아이콘**을 클릭하여 모든 Elements를 선택한다.

ⓘ **Add 버튼**을 클릭한 뒤 **OK 버튼**을 클릭한다.

ⓙ **Apply 버튼**을 클릭하면 **'contact_base' Set**가 생성된다.

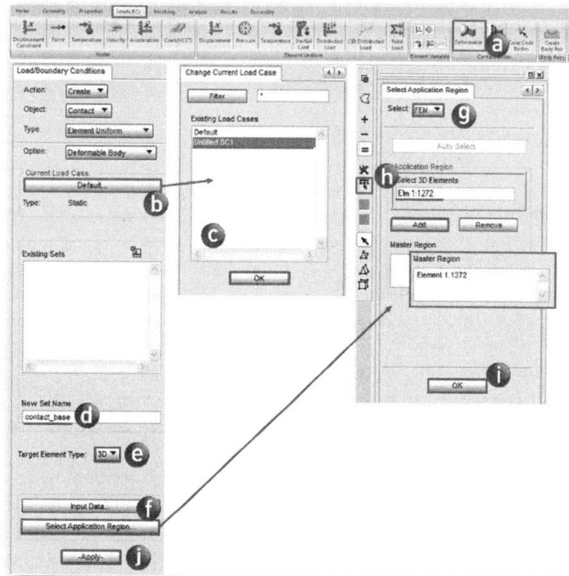

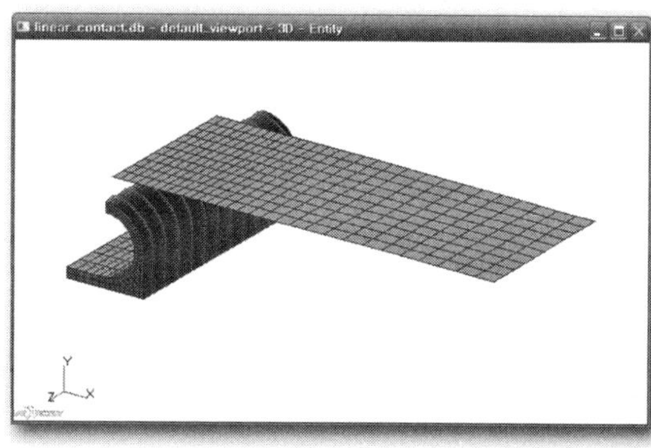

Step 4 Contact Body 정의 2

ⓐ New Set Name을 **'contact_plate'로 입력**한다.

ⓑ **'Target Element Type: 2D'**으로 설정한다.

ⓒ **Select Application Region 버튼**을 클릭한다.

ⓓ **'Select: FEM'**으로 설정한다.

ⓔ Picking Filters Toolbar에서 **Pick All 아이콘**을 클릭하여 모든 Elements를 선택한다.

ⓕ **Add 버튼**을 클릭한 뒤 **OK 버튼**을 클릭한다.

ⓖ **Apply 버튼**을 클릭하면 **'contact_plate' Set**가 생성된다.

ⓗ Loads/BCs Tap에서 LBC Actions의 **Plot Markers 아이콘**을 클릭한다.

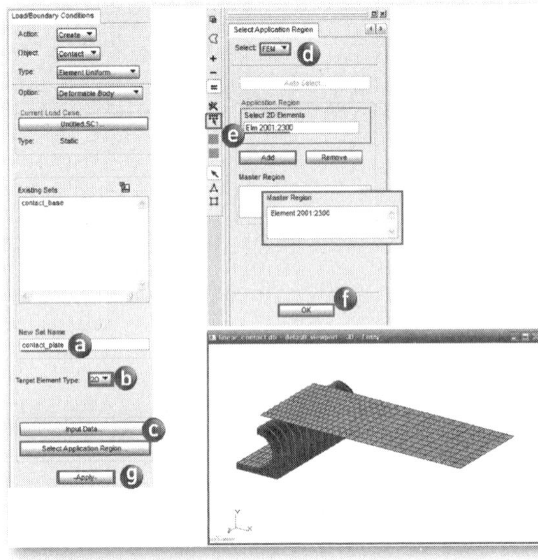

ⓘ Assigned Load/BC Sets에서 **모든 Set를 선택**한다.

ⓙ **Apply 버튼**을 클릭한다.

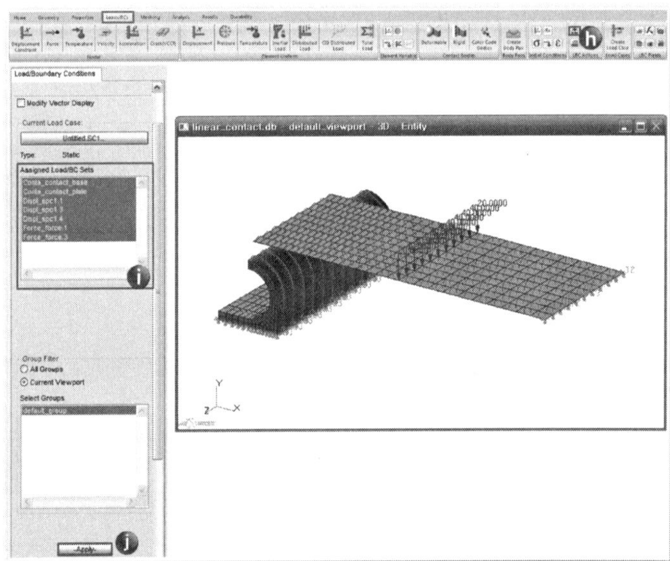

2 해석 (Solve)

Step 1 해석 설정 1

ⓐ Analysis Tap에서 **Entire Model 아이콘**을 클릭한다.

ⓑ Analysis Form에서 Job Name을 **'plate-contact-s101'**으로 입력한다.

ⓒ **Solution Type 버튼**을 클릭한다.

ⓓ Solution Type을 **'LINEAR STATIC'**으로 선택한다.

ⓔ **Solution Parameters 버튼**을 클릭한다.

ⓕ **Results Output Format 버튼**을 클릭한다.

ⓖ **Print와 XDB 체크를 해제**하고 **MASTER/DBALL에만 체크**한다.

ⓗ **OK 버튼**을 클릭한다.

ⓘ Solution Parameters 창에서 **OK 버튼**을 클릭한다.

ⓙ Solution Type에서 **OK 버튼**을 클릭한다.

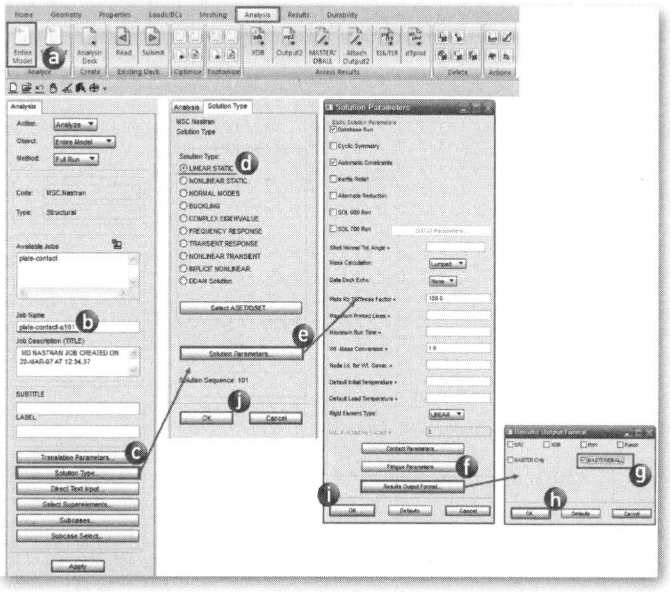

Step 2 해석 설정 2

ⓐ **Subcases 버튼**을 클릭한다.

ⓑ Subcases Name에 **'plate-101'**으로 입력한다.

ⓒ Available Load Cases에 **'Untitled.SC1'**을 선택한다.

ⓓ **Subcase Parameters 버튼**을 클릭한다.

ⓔ **Use Contact Table에 체크**한다.

ⓕ **Contact Table 버튼**을 클릭한다.

ⓖ Contact Table의 표에서 **11셀과 22셀이 빈 칸이 될 때 까지 클릭**한다.

ⓗ Contact Table 창에서 **OK 버튼**을 클릭한다.

ⓘ Subcase Parameters 창에서 **OK 버튼**을 클릭한다.

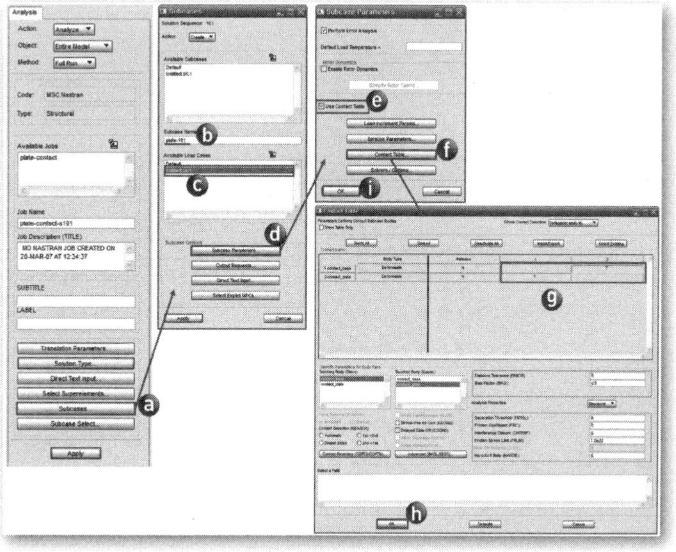

ⓙ **Output Requests 버튼**을 클릭한다.

ⓚ Select Result Type에서 **'Contact Results'**를 선택한다.

ⓛ Output Requests 창에서 **OK 버튼**을 클릭한다.

ⓜ Subcases 창에서 **Apply 버튼**을 클릭한다.

ⓝ **Cancel 버튼**을 클릭한다.

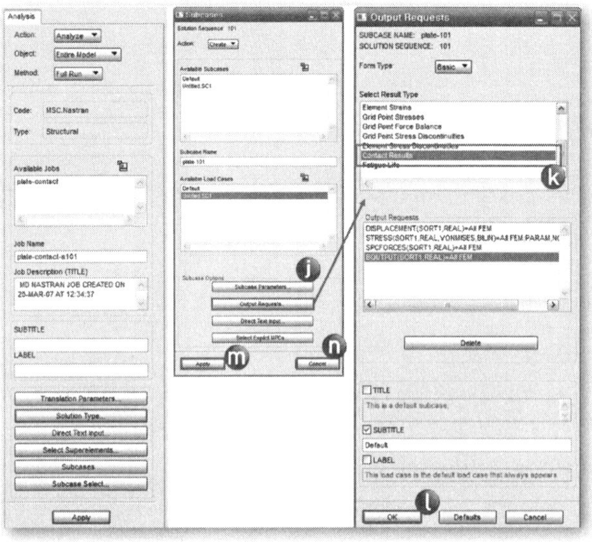

Step 3 해석 설정 3

ⓐ **Subcase Select 버튼**을 선택한다.

ⓑ **'plate-101'**을 **클릭**하여 Subcases Selected에 추가한다.

ⓒ Subcases Selected에서 **'Default'를 클릭**하여 삭제한다.

ⓓ Subcase Select 창에서 **OK 버튼**을 클릭한다.

ⓔ **Apply 버튼**을 클릭하면 해석이 수행된다.

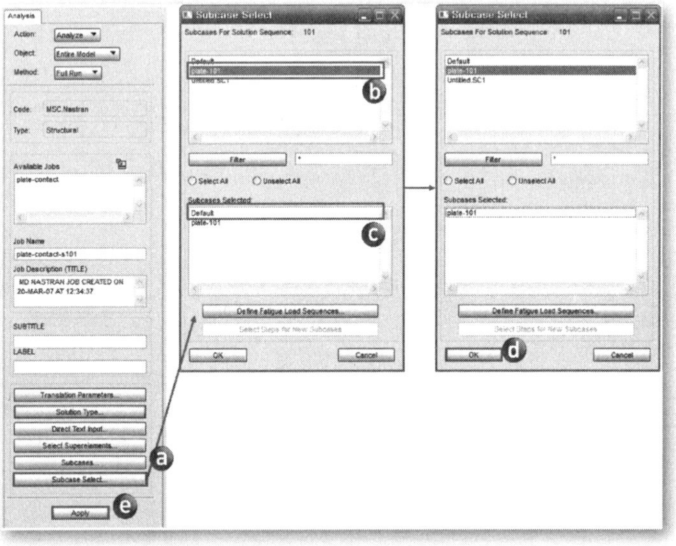

Step 4 결과파일 연결

ⓐ Analysis Tap에서 Access Results의 **MASTER/DBALL 아이콘**을 클릭한다.

ⓑ **Select Results File 버튼**을 클릭한 뒤 해당 파일 경로에 있는 **'plate-contact-s101.MASTER' 파일**을 클릭한다.

ⓒ Analysis Form에서 **Apply 버튼**을 클릭한다.

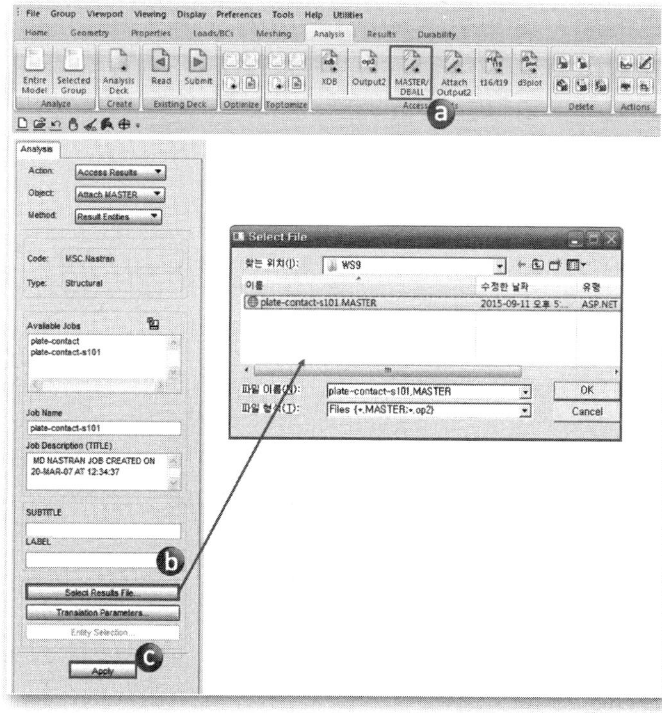

3 후 처리 (Post-Process)

Step 1 변위 (Displacement)

ⓐ Results Tap에서 Result Plots의 **Deformation 아이콘**을 클릭한다.

ⓑ Select Result Cases에서 **'SC1:DEFAUL, A1:Static Subcase'**를 선택한다.

ⓒ Select Deformation Result에서 **'Displacements, Translational'**을 선택한다.

ⓓ **Display Attributes 아이콘**을 클릭한다.

ⓔ **'True Scale'**을 선택한다.

ⓕ **Apply 버튼**을 클릭하고 결과를 확인한다.

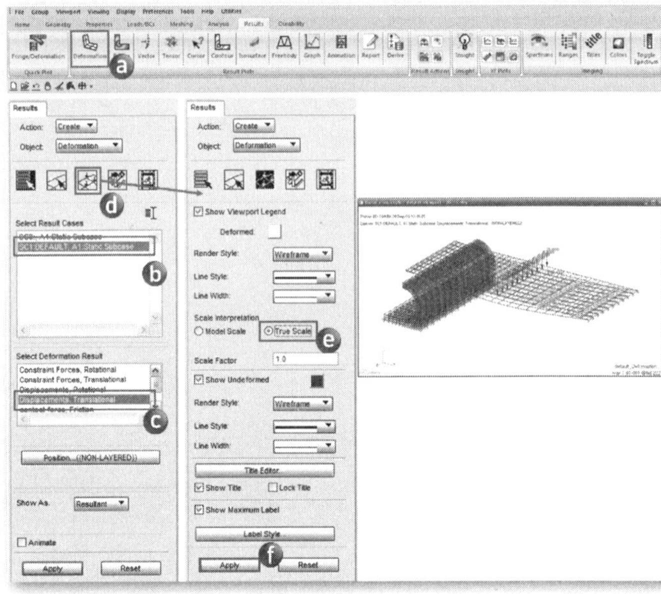

Step 2 그룹 생성

ⓐ Menu Bar에서 Group의 **Create**를 클릭한다.

ⓑ **'Method: Element Shape'**로 설정한다.

ⓒ **'Create: Multiple Groups'**로 설정한다.

ⓓ Element Shape에서 **'2D'와 '3D'**를 선택한다.

ⓕ **Apply 버튼**을 클릭한다.

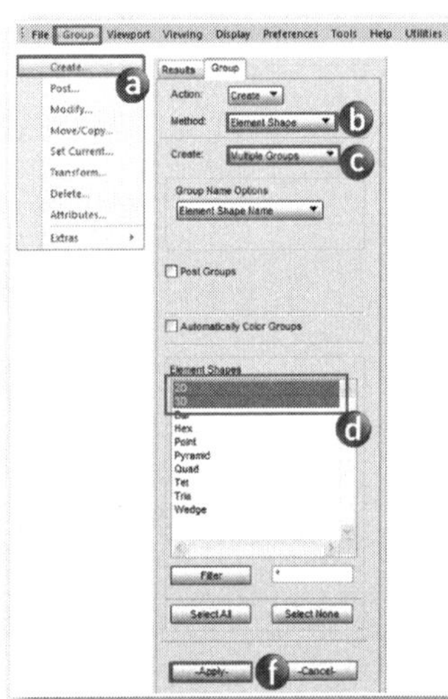

Step 3 접촉 상태 (Contact Status)

ⓐ **Reset Graphics 아이콘**을 클릭한다.

ⓑ Results Tap에서 Result Plots의 **Fringe 아이콘**을 클릭한다.

ⓒ **Results Form**을 선택한다.

ⓓ Select Fringe Result에서 **'Contact Status'**를 선택한다.

ⓔ **Apply 버튼**을 클릭한다.

ⓕ **Group Form**을 선택한다.

ⓖ **'Action: Post'**로 설정한다.

ⓗ Select Groups to Post에서 **'2D'**를 선택한다.

ⓘ **Apply 버튼**을 클릭한다.

ⓙ 화면에 나타난 결과를 확인한다.

ⓚ Select Groups to Post에서 **'3D'**를 선택한다.

ⓛ **Apply 버튼**을 클릭한다.

ⓜ 화면에 나타난 결과를 확인한다.

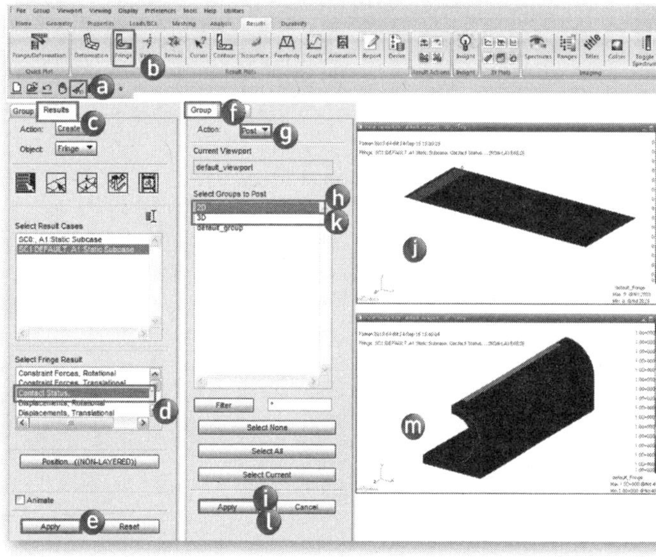

Step 4 접촉 응력 (Contact Stress)

ⓐ **Results Form**을 선택한다.

ⓑ Select Fringe Result에서 **'contact stress, Normal'**를 선택한다.

ⓒ **Apply 버튼**을 클릭한다.

ⓓ 화면에 나타난 결과를 확인한다.

ⓔ **Group Form**을 선택한다.

ⓕ Select Groups to Post에서 **'2D'**를 선택한다.

ⓖ **Apply 버튼**을 클릭한다.

ⓗ 화면에 나타난 결과를 확인한다.

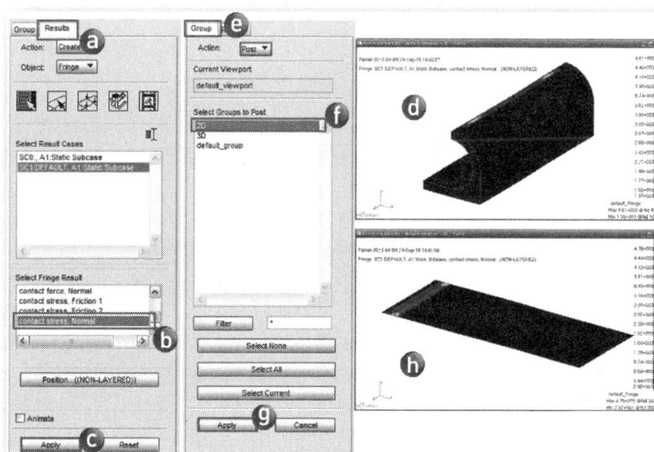

Step 5 접촉 하중 (Contact Force)

ⓐ **Reset Graphics 아이콘**을 클릭한다.

ⓑ Results Tap에서 Result Plots의 **Vector 아이콘**을 클릭한다.

ⓒ **Results Form**을 선택한다.

ⓓ Select Vector Result에서 **'contact force, Normal'**를 선택한다.

ⓔ **Apply 버튼**을 클릭한다.

ⓕ 화면에 나타난 결과를 확인한다.

ⓖ **Group Form**을 선택한다.

ⓗ Select Groups to Post에서 **'3D'**를 선택한다.

ⓘ **Apply 버튼**을 클릭한다.

ⓙ 화면에 나타난 결과를 확인한다.

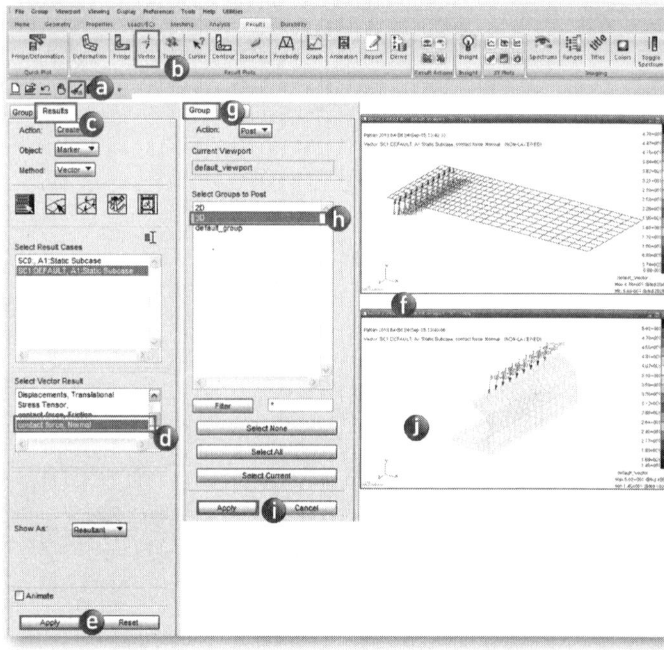

Workshop 12

Steady state thermal analysis

문제정의

Workshop 12는 단열재료를 통과하는 열전달 문제이다. 단열재의 재료는 티타늄으로 2.5m의 알루미늄 판 위에 씌어져 있다. 판의 두께는 0.1m이고 −Y방향으로 열유속 5000W/m^{2}이 작용하고 알루미늄 판 밑으로는 20°의 대류 열전달이 발생하고 있다. 또한 판의 왼쪽 모서리들은 모두 50°를 유지하도록 경계조건을 주었다. 이번 예제를 통해 전도(Conduction)와 대류(Convection) 조건 하에 Steady-state 열전달 해석에 대해 배워본다.

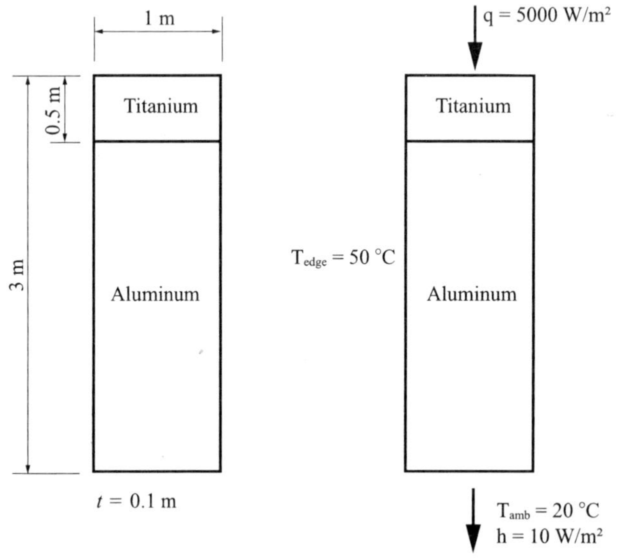

	설정	
해석 솔버	Steady state analysis (Sol 153)	
단위계	m / ˚C / W / kg	
	Titanium	Aluminum
열전달 계수, k	21.9 W/m−˚C	204 W/m−˚C
비열, C_p	522 J/kg−˚C	896 J/kg−˚C
밀도, ρ	4500 kg/m^3	2707 kg/m^3

1 전 처리 (Pre-Process)

Step 1 .db파일 생성

ⓐ **Patran**을 실행한다.

ⓑ Home tap에서 **New 버튼**을 클릭한다.

ⓒ 파일 이름을 **'steady_state.db'**로 입력하고 **OK 버튼**을 클릭한다.

ⓓ New Model Preference에서 **'Analysis Type: Thermal'**로 설정하고 **OK 버튼**을 클릭한다.

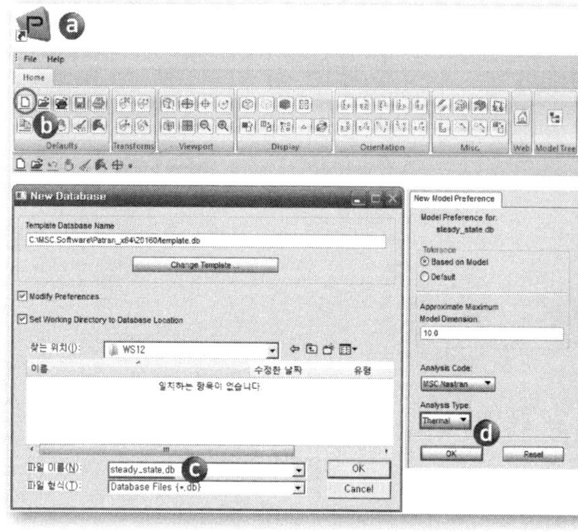

Step 2 Geometry 생성

ⓐ Geometry Tap에서 Surfaces의 **XYZ 아이콘**을 클릭한다.

ⓑ Geometry Form에서 **Vector Coordinates List에 <1 2.5 0>**를 입력한다.

ⓒ **Origin Coordinates List에 [0 0 0]**를 입력한다.

ⓓ **Apply 버튼**을 클릭하면 직사각형 Surface가 생성된다.

ⓔ Geometry Form에서 **Vector Coordinates List에 <1 0.5 0>**를 입력한다.

ⓕ **Origin Coordinates List에 [0 2.5 0]**를 입력한다.

ⓖ **Apply 버튼**을 클릭하면 직사각형 Surface가 생성된다.

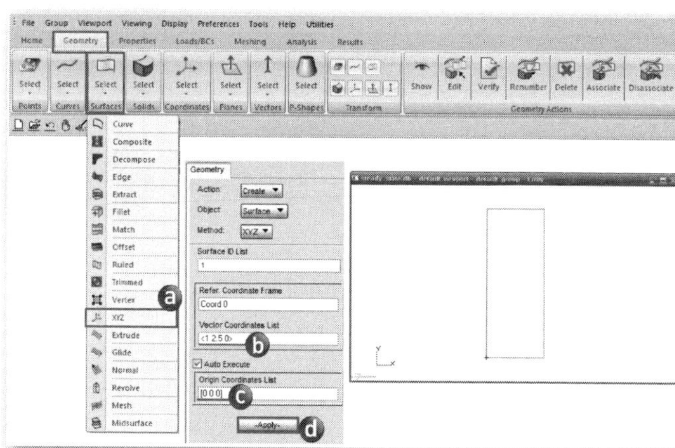

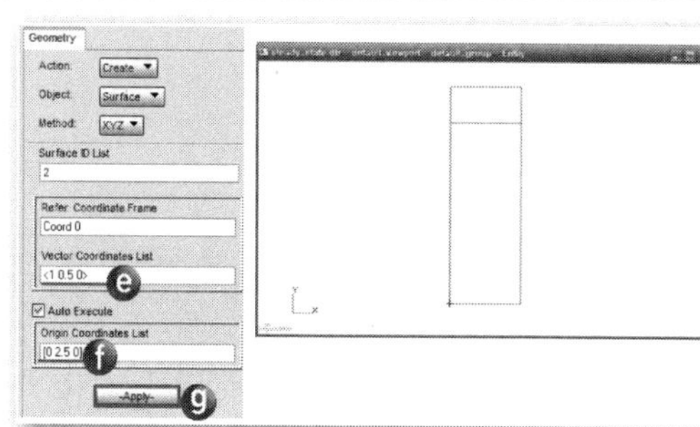

Step 3 Mesh 생성

ⓐ Meshing Tap에서 Meshers의 **Surface 아이콘**을 클릭한다.

ⓑ Surface List에서 Picking Filters Toolbar의 **Pick All 아이콘**을 클릭한다.

ⓒ **Value에 '0.1'**을 입력한다.

ⓓ **Apply 버튼**을 클릭하면 Mesh가 생성된다.

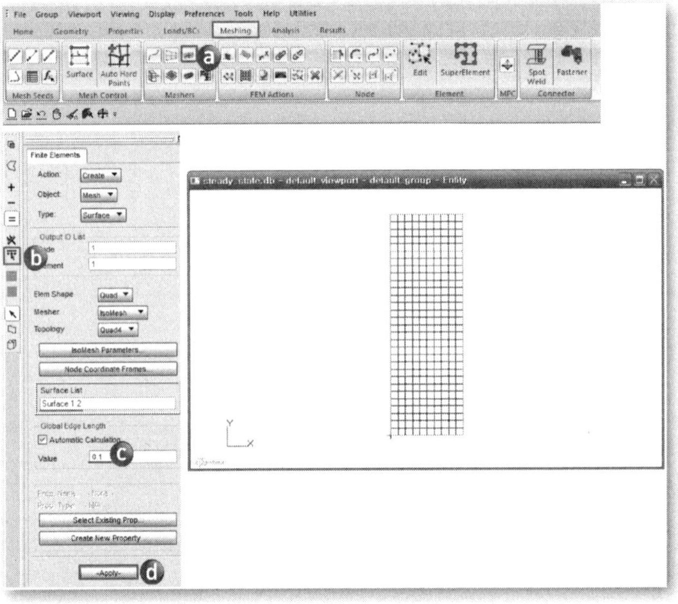

ⓔ Meshing Tap에서 **FEM Actions의 Equivalence 아이콘**을 클릭한다.

ⓕ **Apply 버튼**을 클릭하면 겹쳐진 Node가 공유된다.

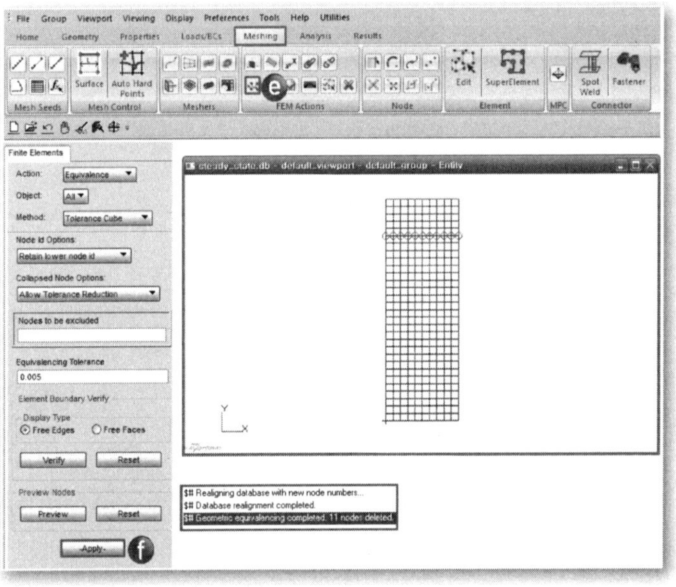

Step 4 Material 생성

ⓐ Properties 탭에서 **Isotropic 아이콘**을 클릭한다.

ⓑ Material Name을 **'titan'**로 입력한다.

ⓒ **Input Properties 버튼**을 클릭하여 **'Thermal Conductivity= 21.9, Specific Heat= 522, Density= 4500'**으로 입력하고 **OK 버튼**을 클릭한다.

ⓓ Materials form에서 **OK 버튼**을 클릭한다.

ⓔ **Apply 버튼**을 클릭하면 'titan' 물성치가 생성된다.

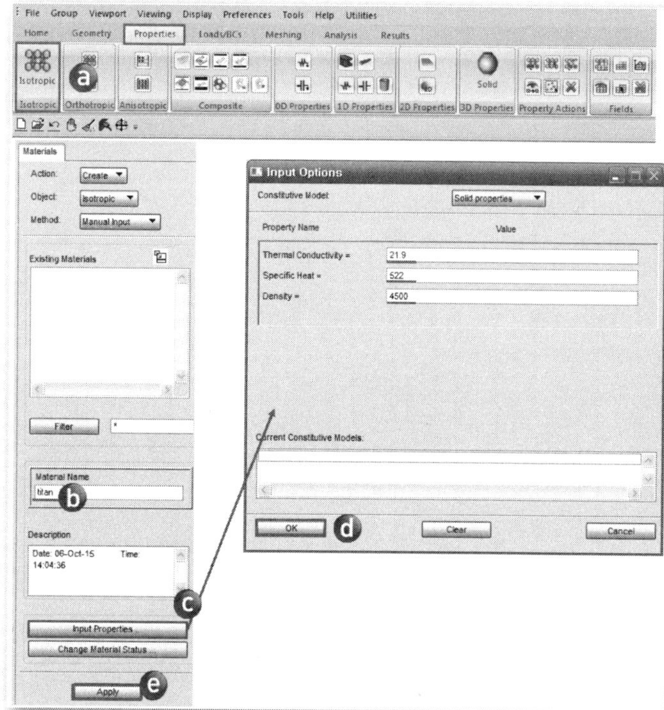

ⓕ Material Name을 **'alum'**로 입력한다.

ⓖ Input Properties를 클릭하여 **'Thermal Conductivity= 204, Specific Heat= 896, Density= 2707'**으로 입력하고 **OK 버튼**을 클릭한다.

ⓗ Materials form에서 **OK 버튼**을 클릭한다.

ⓘ **Apply 버튼**을 클릭하면 'alum' 물성치가 생성된다.

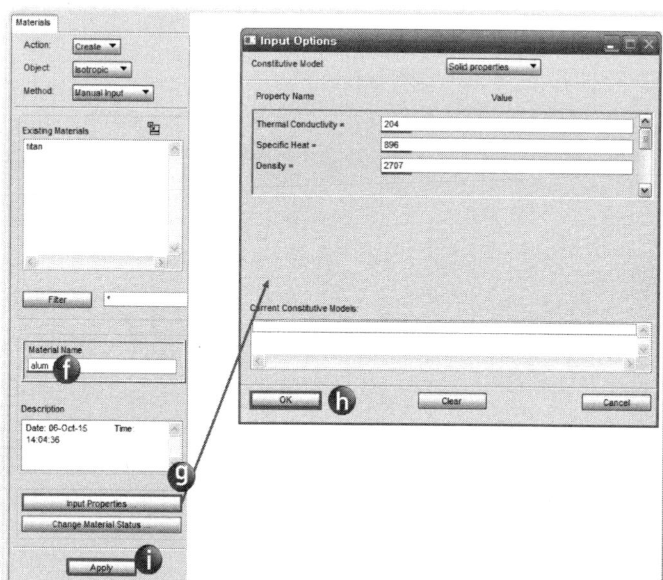

Step 5 Property 생성 1

ⓐ Properties Tap에서 2D Properties의 **Shell 아이콘**을 클릭한다.

ⓑ Property Set Name을 **'plate1'**로 입력한다.

ⓒ **Input Properties 버튼**을 클릭한다.

ⓓ Mat Prop Name 오른쪽에 있는 아이콘을 클릭하고 Step 4에서 만든 **'titan'** 물성치를 선택한다.

ⓔ **'Thickness: 0.1'**을 입력한다.

ⓕ **OK 버튼**을 클릭한다.

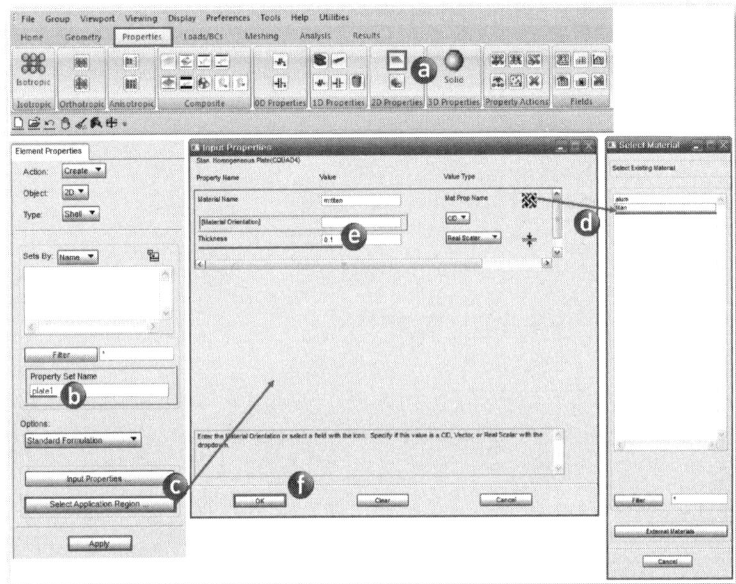

ⓖ **Select Application Region 버튼**을 클릭한다.

ⓗ 화면의 위에 있는 **Surface를 선택**하고 **Add 버튼**을 클릭한다.

ⓘ **OK 버튼**을 클릭한다.

ⓙ **Apply 버튼**을 클릭하면 'plate1' Property가 생성된다.

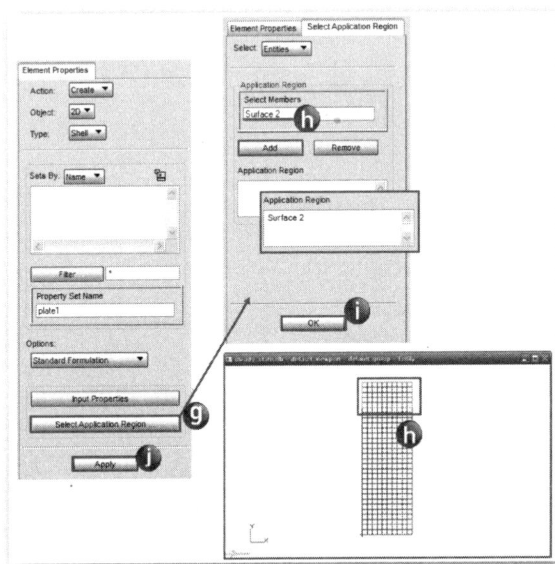

Step 6 Property 생성 2

ⓐ Property Set Name을 **'plate2'**로 입력한다.

ⓑ **Input Properties 버튼**을 클릭한다.

ⓒ Mat Prop Name 오른쪽에 있는 아이콘을 클릭하고 Step 4에서 만든 **'alum'** 물성치를 클릭한다.

ⓓ **'Thickness: 0.1'**을 입력한다.

ⓔ **OK 버튼**을 클릭한다.

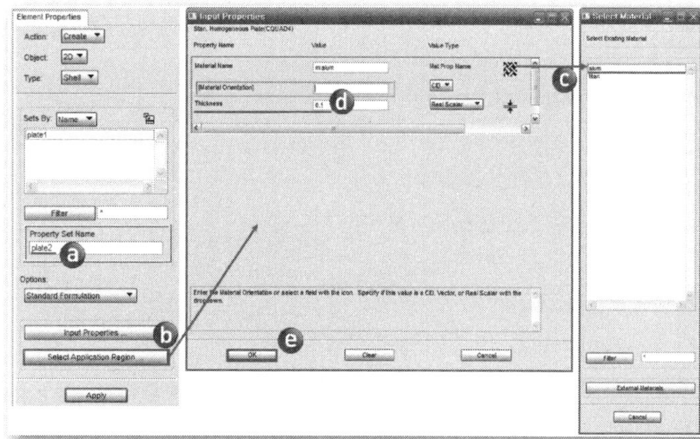

ⓕ **Select Application Region 버튼**을 클릭한다.

ⓖ 화면의 아래에 있는 **Surface를 선택**하고 **Add 버튼**을 클릭한다.

ⓗ **OK 버튼**을 클릭한다.

ⓘ **Apply 버튼**을 클릭하면 'plate2' Property가 생성된다.

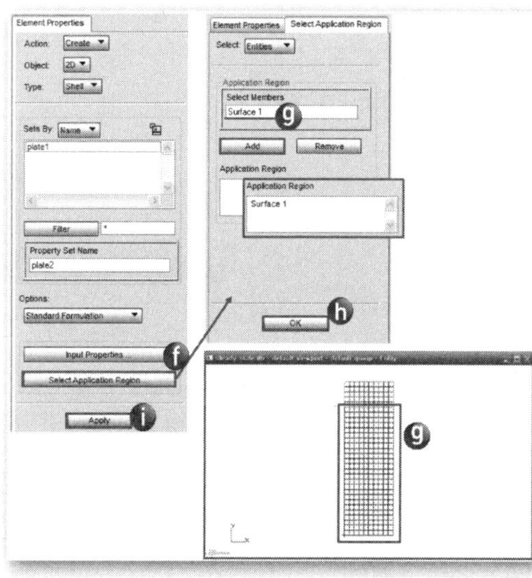

Step 7 경계조건 설정

ⓐ Loads/BCs Tap에서 **Temperature 아이콘**을 클릭한다.

ⓑ New Set Name을 **'temp'**로 입력한다.

ⓒ Load/Boundary Conditions Form에서 **Input Data 버튼**을 클릭한다.

ⓓ 그림과 같이 **Temperature에 '50'**으로 입력한다.

ⓔ **OK 버튼**을 클릭한다.

ⓕ Load/Boundary Conditions Form에서 **Select Application Region 버튼**을 클릭한다.

ⓖ Picking Filters Toolbar에서 **Curve of Edge 아이콘**을 클릭한다.

ⓗ Select Application Region에서 화면의 표시된 **두 개의 Edge**를 **Shift + 클릭**으로 선택한 뒤 **Add 버튼**을 클릭한다.

ⓘ **OK 버튼**을 클릭한다.

ⓙ **Apply 버튼**을 클릭하면 **'temp' 경계조건**이 생성된다.

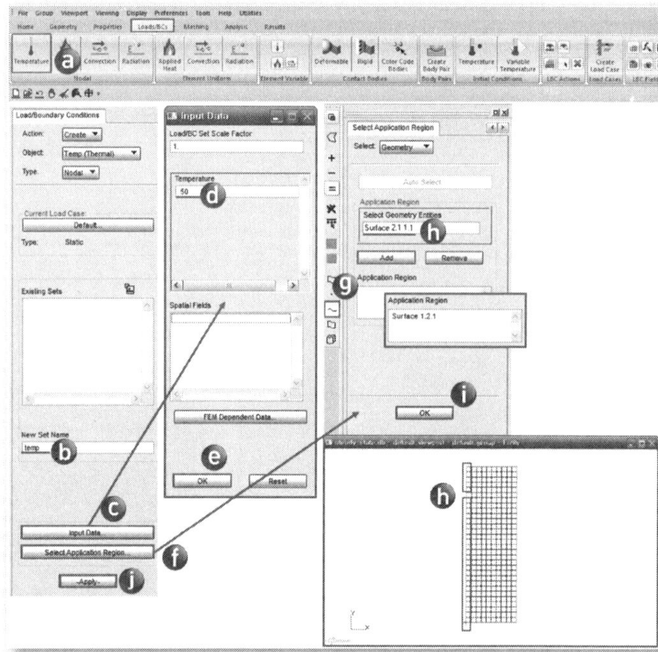

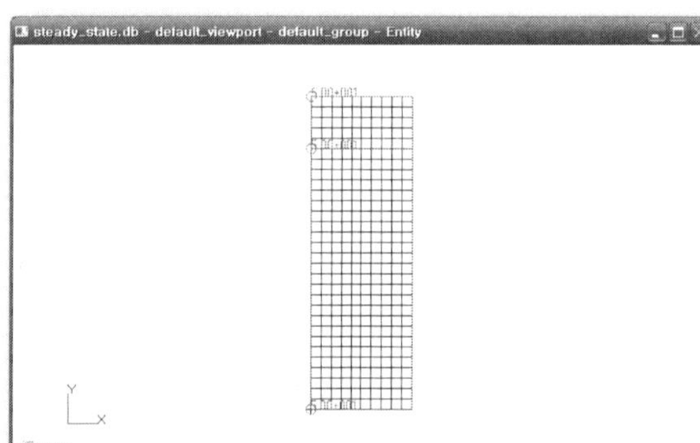

Step 8 열 유속(Heat flux) 설정

ⓐ Loads/BCs Tap에서 **Applied Heat 아이콘**을 클릭한다.

ⓑ **'Type: Element Uniform'**으로 설정한다.

ⓒ New Set Name을 **'flux'**로 입력한다.

ⓓ **'Target Element Type: 2D'**로 설정한다.

ⓔ Load/Boundary Conditions Form에서 **Input Data 버튼**을 클릭한다.

ⓕ **'Surface Option: Edge'**로 설정한다.

ⓖ **Edge Heat Flux에 '5000'**으로 입력한다.

ⓗ **OK 버튼**을 클릭한다.

ⓘ Load/Boundary Conditions Form에서 **Select Application Region 버튼**을 클릭한다.

ⓙ Select Application Region에서 화면의 표시된 **위쪽 Edge**를 선택한 뒤 **Add 버튼**을 클릭한다.

ⓚ **OK 버튼**을 클릭한다.

ⓛ **Apply 버튼**을 클릭하면 'flux' 열 유속 조건이 생성된다.

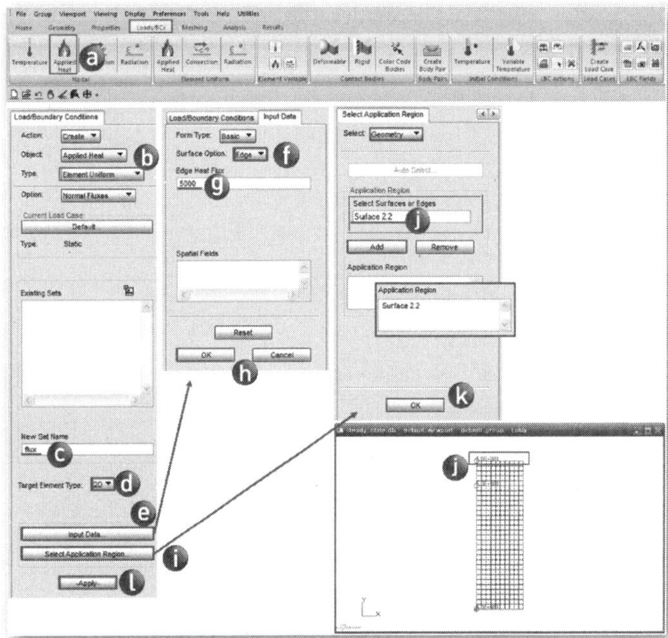

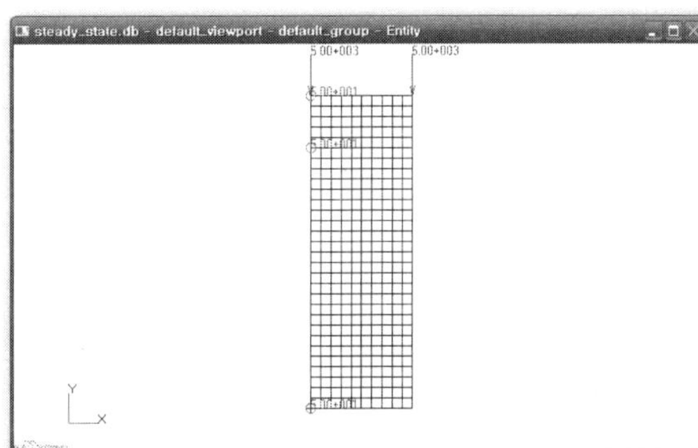

Step 9 대류조건 설정 (Convection)

ⓐ Loads/BCs Tap에서 **Convection 아이콘**을 클릭한다.

ⓑ **'Type: Element Uniform'**으로 설정한다.

ⓒ New Set Name을 **'conv'**로 입력한다.

ⓓ **'Target Element Type: 2D'**로 설정한다.

ⓔ Load/Boundary Conditions Form에서 **Input Data 버튼**을 클릭한다.

ⓕ **'Surface Option: Edge'**로 설정한다.

ⓖ **'Edge Convection Coef: 10, Abient Temperature: 20'**으로 입력한다.

ⓗ **OK 버튼**을 클릭한다.

ⓘ Load/Boundary Conditions Form에서 **Select Application Region 버튼**을 클릭한다.

ⓙ Select Application Region에서 화면의 표시된 **아래쪽 Edge**를 선택한 뒤 **Add 버튼**을 클릭한다.

ⓚ **OK 버튼**을 클릭한다.

ⓛ **Apply 버튼**을 클릭하면 'conv' 대류조건이 생성된다.

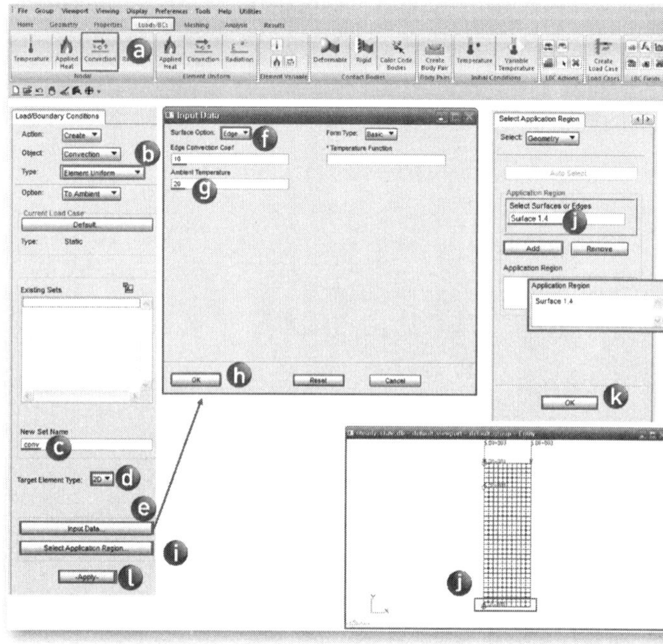

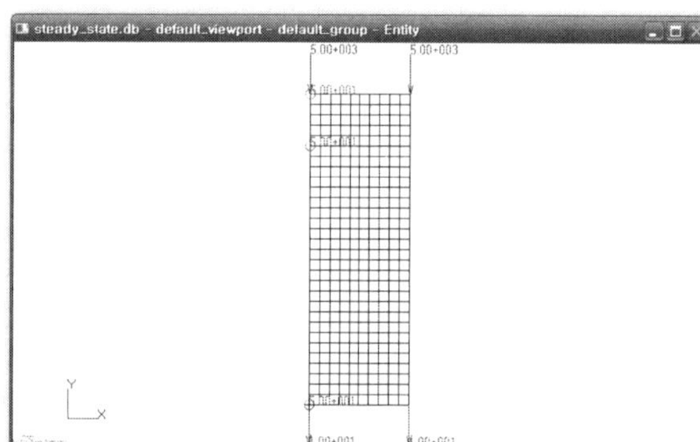

2 해석 (Solve)

Step 1 해석 설정

ⓐ Analysis Tap에서 **Entire Model 아이콘**을 클릭한다.

ⓑ Analysis Form에서 Job Name을 **'steady_state'**로 입력한다.

ⓒ **Solution Type 버튼**을 클릭하여 **'STEADY STATE ANALYSIS'**으로 선택한다.

ⓓ **OK 버튼**을 클릭한다.

ⓔ **Apply 버튼**을 클릭하면 해석이 시작된다.

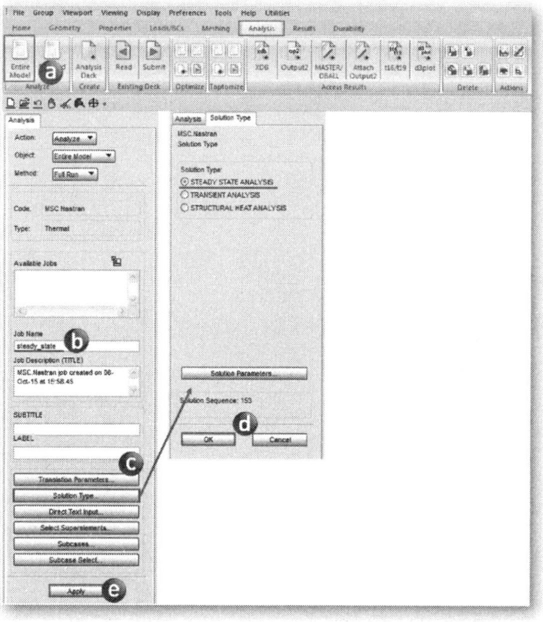

Step 2 결과파일 연결

ⓐ Analysis Tap에서 Access Results의 **XDB 아이콘**을 클릭한다.

ⓑ **Select Results File 버튼**을 클릭한 뒤 해당파일 경로에 있는 **'steady_state.xdb'파일**을 클릭한다.

ⓒ Analysis Form에서 **Apply 버튼**을 클릭한다.

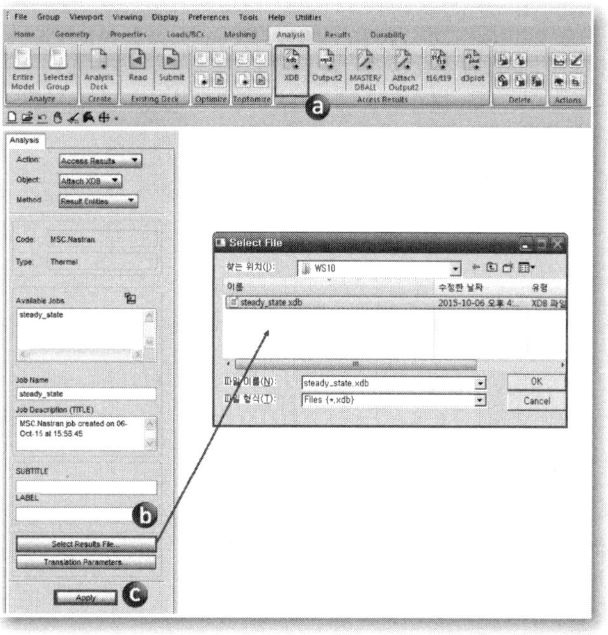

3 후 처리 (Post-Process)

Step 1 온도 (Temperature)

ⓐ Results Tap에서 **Fringe/Deformation 아이콘**을 클릭한다.

ⓑ Select Fringe Result에서 **'Temperatures,'**을 선택한 뒤 **Apply 버튼**을 클릭한다.

ⓒ 화면에 나타난 결과를 확인한다.

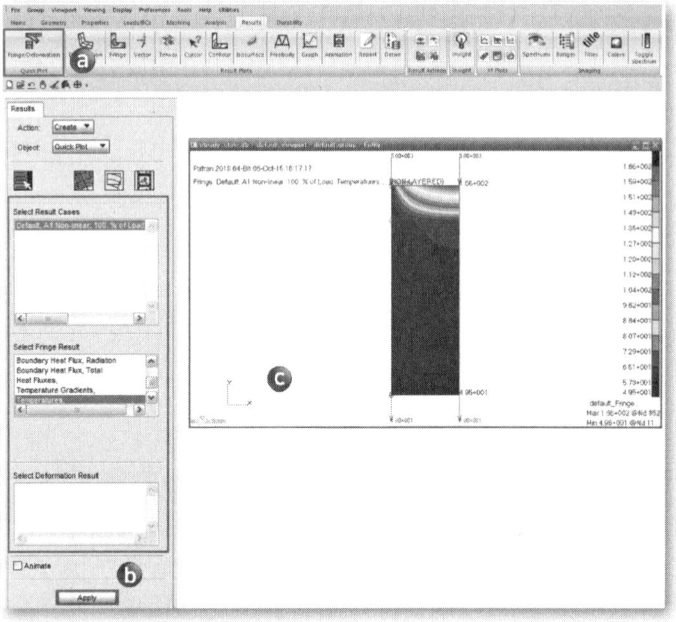

Step 2 열 유속 (Heat flux)

ⓐ Results Tap에서 **Fringe/Deformation 아이콘**을 클릭한다.

ⓑ Select Fringe Result에서 **'Heat Fluxes,'**을 선택한 뒤 **Apply 버튼**을 클릭한다.

ⓒ 화면에 나타난 결과를 확인한다.

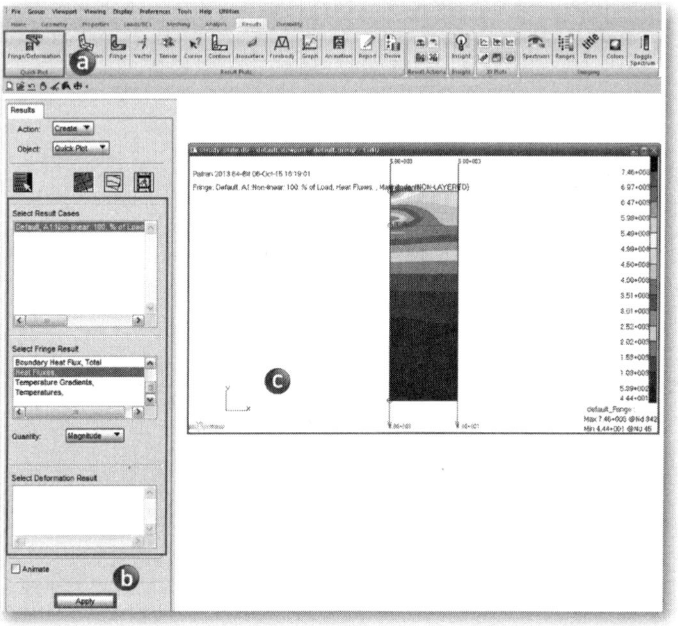

Workshop 13

Direct transient analysis

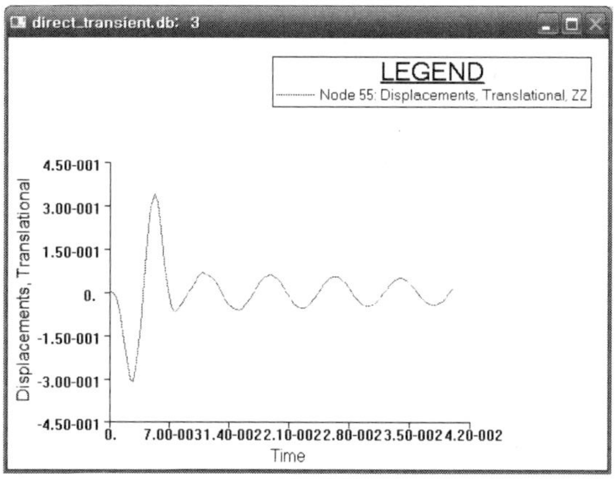

문제정의

Direct method를 사용하여 직사각형 평판에 시간함수의 가진을 가하고 평판의 과도응답 (Transient response)을 계산해 본다. 1 psi의 압력이 250 Hz 주기로 0.008초 동안 평판 전체에 가해진다. 또한 50 lb 만큼의 하중이 평판의 한쪽 구석에 0.008초 동안 작용한다. 구조 감쇠 계수는 0.06이고 이 감쇠를 등가 점성 감쇠로 전환하여 계산한다. 해석 시간은 0.04초 이다.

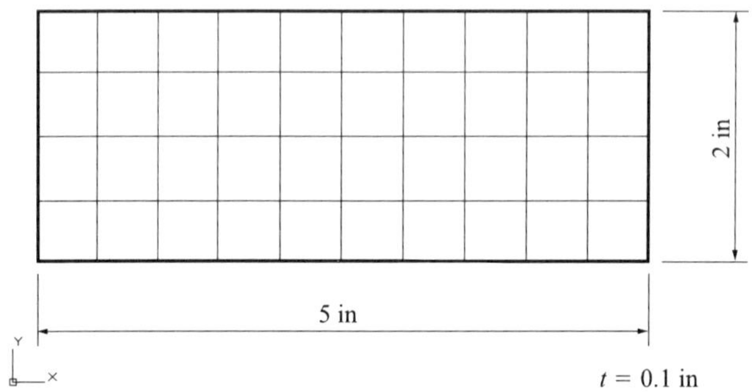

	설정
해석 솔버	Direct Transient Analysis (Sol 109)
단위계	lbs / in / sec
	Steel
탄성계수, E	30.00E + 6 lbs/in^2
포아송 비, Nu	0.3
밀도	0.282 lbs/in^3

1 전 처리 (Pre-Process)

Step 1 .db파일 생성

ⓐ **Patran**을 실행한다.

ⓑ Home tap에서 **New 버튼**을 클릭한다.

ⓒ 파일 이름을 **'direct_transient.db'**로 입력하고 **OK 버튼**을 클릭한다.

ⓓ New Model Preference에서 그림과 같이 설정하고 **OK 버튼**을 클릭한다.

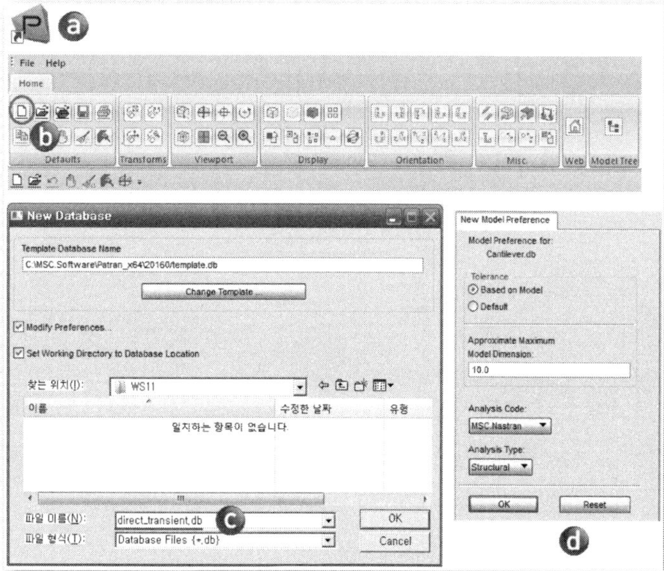

Step 2 모델 불러오기

ⓐ Menu Bar에서 File의 **Import를** 클릭한다.

ⓑ **'Source: MSC.Patran DB'**으로 설정한다.

ⓒ start 폴더의 **'plate.db'** 파일을 선택하고 **Apply 버튼**을 클릭한다.

ⓓ Summary 창이 뜨면 **OK 버튼**을 클릭한다.

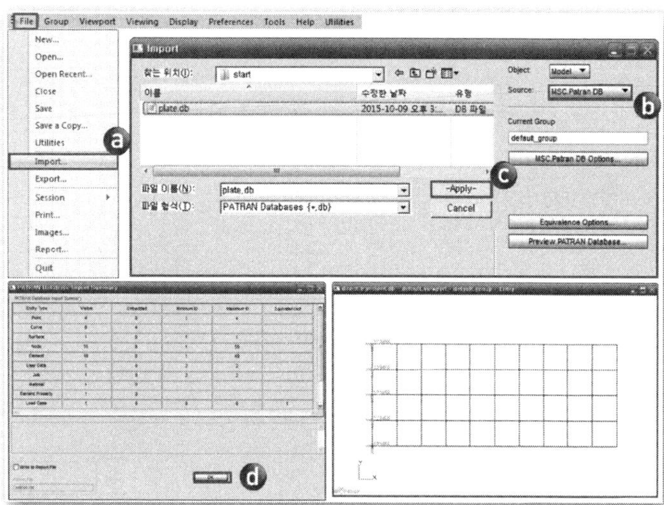

Step 3 Field 생성 1

ⓐ Properties Tap에서 Fields의 **Non Spatial 아이콘**을 클릭한다.

ⓑ Field Name에 **'pressure'**으로 입력한다.

ⓒ Table Definition에 **'Time (t)'에 체크**한다.

ⓓ **Input Data 버튼**을 클릭한다.

ⓔ Non Spatial Scalar Table Data 창에서 **Map Function to table 버튼**을 클릭한다.

ⓕ 그림과 같이 **'PCL Expression f('t): sind(250*360*'t), Start Time: 0, End Time: 0.008, Number of Points: 20'**으로 입력한다.

ⓖ **Apply 버튼**을 클릭한다.

ⓗ Non Spatial Scalar Table Data 창에서 **OK 버튼**을 클릭한다.

ⓘ **Apply 버튼**을 클릭하면 'pressure' field가 생성된다.

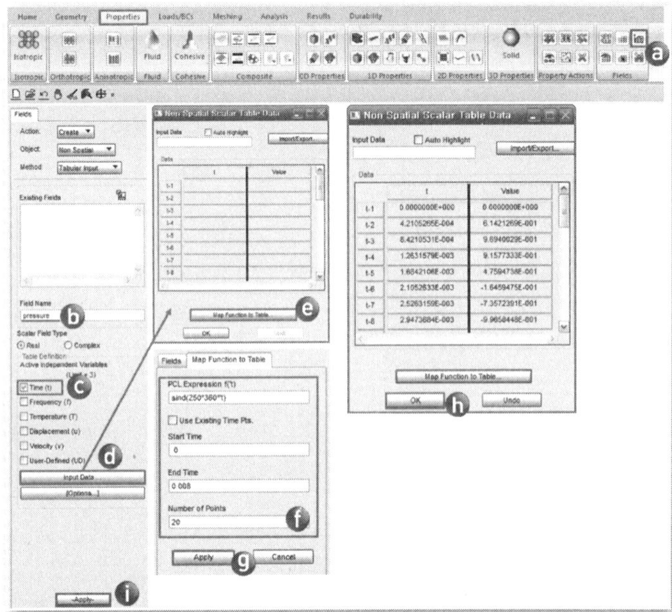

Step 4 Field 생성 2

ⓐ Field Name에 **'force'**으로 입력한다.

ⓑ Table Definition에 **'Time (t)'에 체크**한다.

ⓒ **Input Data 버튼**을 클릭한다.

ⓓ Non Spatial Scalar Table Data 창에서 **Map Function to table 버튼**을 클릭한다.

ⓔ 그림과 같이 **'PCL Expression f('t): -sind(250*360*'t), Start Time: 0, End Time: 0.008, Number of Points: 20'**으로 입력한다.

ⓕ **Apply 버튼**을 클릭한다.

ⓖ Non Spatial Scalar Table Data 창에서 **OK 버튼**을 클릭한다.

ⓗ **Apply 버튼**을 클릭하면 'force' field가 생성된다.

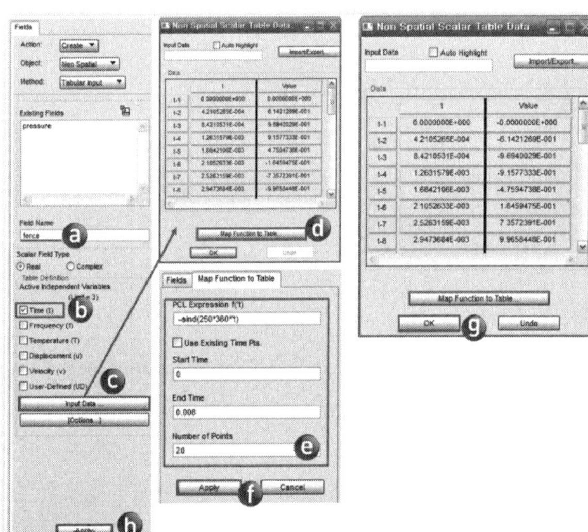

Step 5 Load case 설정

ⓐ Loads/BCs Tap에서 **Create Load Case 아이콘**을 클릭한다.

ⓑ Load Case Name에 **'direct_transient'**으로 입력한다..

ⓒ **'Type: Time Dependent'로 입력한다.**

ⓓ **Input Data 버튼**을 클릭한다..

ⓔ Select Individual Loads/BCs에서 **'Displ_constraints'**를 클릭한다.

ⓕ **OK 버튼**을 클릭한다.

ⓖ **Apply 버튼**을 클릭하면 'direct_transient' Load case가 생성된다.

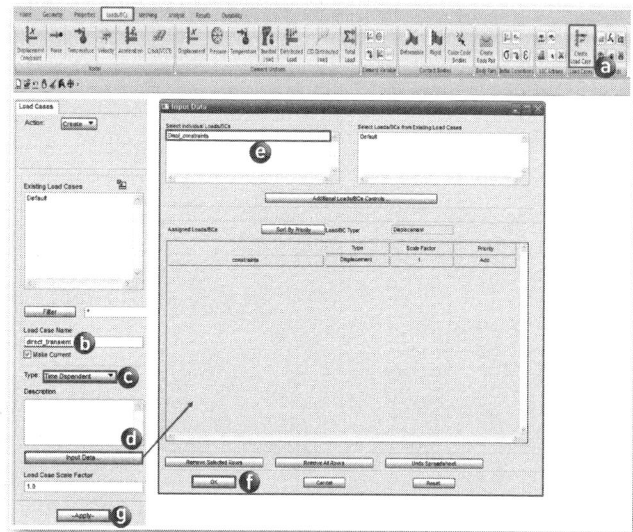

Step 6 하중조건 설정 1

ⓐ Loads/BCs 탭에서 **Force 아이콘**을 클릭한다.

ⓑ New Set Name을 **'50lb'**로 입력한다.

ⓒ **Input Data 버튼**을 클릭한다.

ⓓ **Force항에 <0, 0, 50>**으로 입력하고 **Time/Freq. Dependence에서 'force'**를 선택한다.

ⓔ Input Data 창에 **OK 버튼**을 클릭한다.

ⓕ **Select Application Region**을 클릭한다.

ⓖ **'Select: FEM'**으로 설정한다.

ⓗ Select Nodes에서 화면에 표시된 **오른쪽 아래 Node(Node 11)를 선택**하고 **Add 버튼**을 클릭한다.

ⓘ **OK 버튼**을 클릭한다.

ⓙ Load/Boundary Conditions Form에서 **Apply 버튼**을 클릭한다.

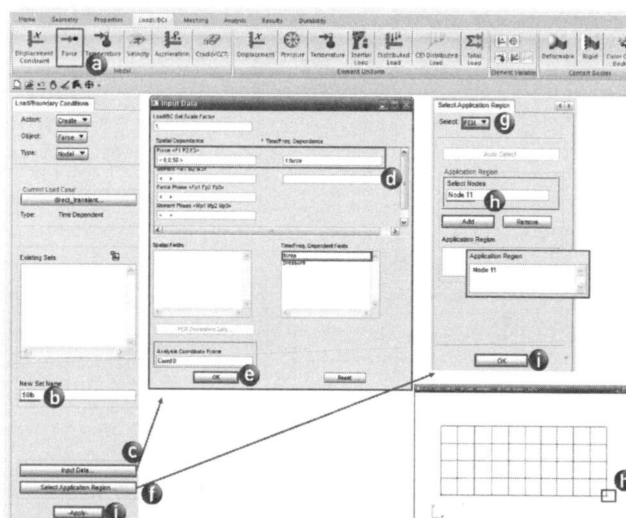

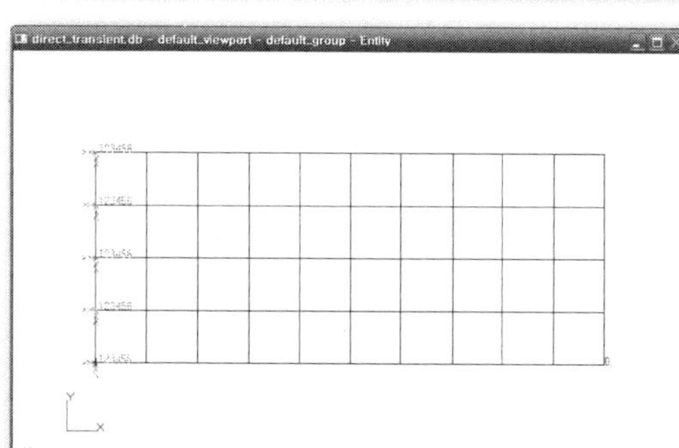

Step 7 하중조건 설정 2

ⓐ Loads/BCs 탭에서 **Pressure 아이콘**을 클릭한다.

ⓑ New Set Name을 **'pressure'**로 입력한다.

ⓒ **'Target Element Type: 2D'**로 설정한다.

ⓓ **Input Data 버튼**을 클릭한다.

ⓔ **Top Surf Pressure**에 **'-1'**로 입력하고 **Time/Freq. Dependence**에서 **'pressure'**를 선택한다.

ⓕ Input Data 창에 **OK 버튼**을 클릭한다.

ⓖ **Select Application Region**을 클릭한다.

ⓗ **'Select: FEM'**으로 설정한다.

ⓘ Picking Filters Toolbar의 **Pick All 아이콘**을 클릭하여 모두 선택하고 **Add 버튼**을 클릭한다.

ⓙ **OK 버튼**을 클릭한다.

ⓚ Load/Boundary Conditions Form에서 **Apply 버튼**을 클릭한다.

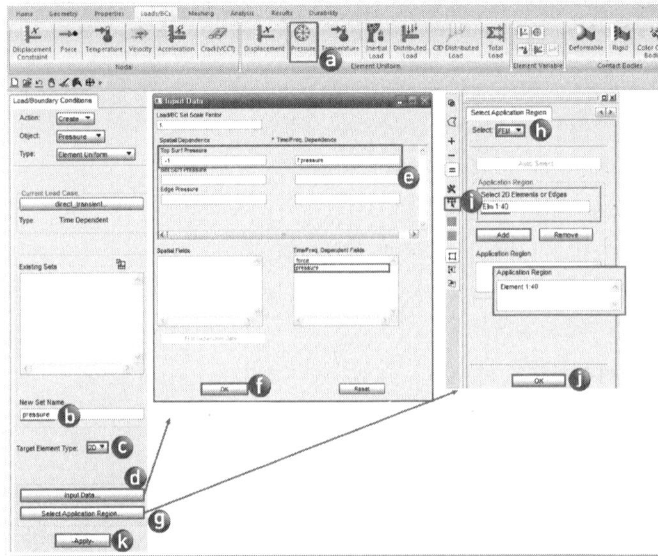

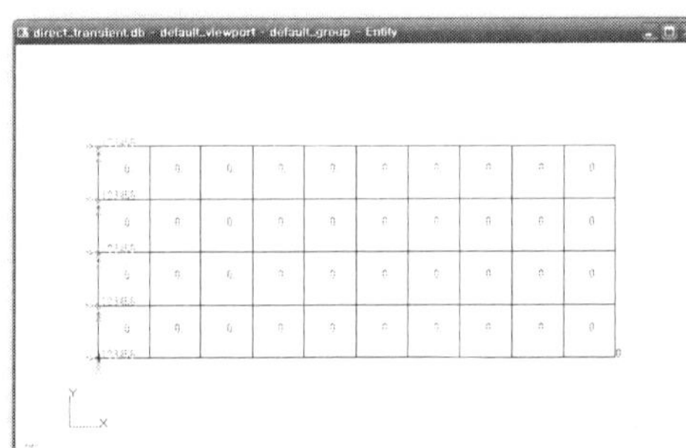

2 해석 (Solve)

Step 1 해석 설정

ⓐ Analysis Tap에서 **Entire Model 아이콘**을 클릭한다.

ⓑ **Solution Type 버튼**을 클릭한다.

ⓒ **'TRANSIENT RESPONSE'**으로 선택한다.

ⓓ **'Formulation: Direct'**로 설정한다.

ⓔ **Solution Parameters 버튼**을 클릭한다.

ⓕ **'Wt-Mass Conversion= 0.00259'**로 입력한다.

ⓖ **'Struct. Damping Coeff.= 0.06', 'W3, Damping Factor= 1570'**으로 입력한다.

ⓗ Solution Parameters 창에서 **OK 버튼**을 클릭한다.

ⓘ **OK 버튼**을 클릭한다.

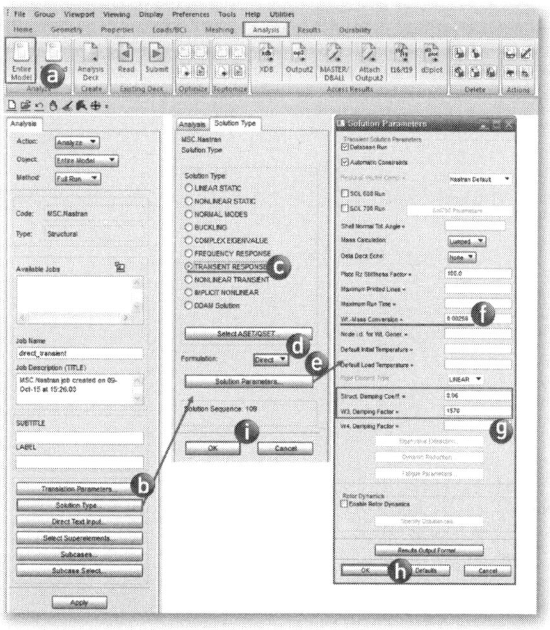

ⓙ **Subcases 버튼**을 클릭한다.

ⓚ Available Subcases에서 **'Direct_transient'**를 선택한다.

ⓛ Subcases 창에서 **Subcase Parameters 버튼**을 클릭한다.

ⓜ Subcase Parameters 창에서 **DEFINE TIME STEPS를 클릭**한다.

ⓝ Delta-T에 **'0.0004'를** 입력한다.

ⓞ Define Time Steps 창에서 **OK 버튼**을 클릭한다.

ⓟ Subcase Parameters 창에서 **OK 버튼**을 클릭한다.

ⓠ Subcases 창에서 **Apply 버튼**을 클릭한다.

ⓡ **Cancel 버튼**을 클릭한다.

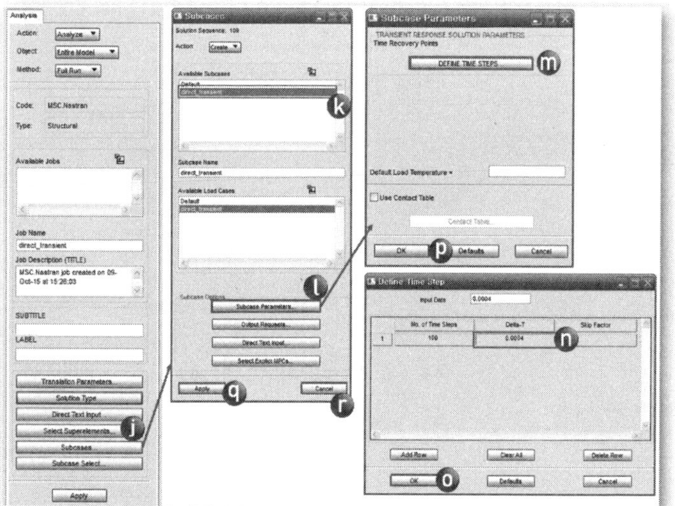

ⓢ **Subcase Select 버튼**을 클릭한다.

ⓣ 그림과 같이 Subcase에 **'direct_transient'**를 선택하고 **'Default'는 목록에서 제거**한다.

ⓤ Subcase Select 창에서 **OK 버튼**을 클릭한다.

ⓥ **Apply 버튼**을 클릭하면 해석이 수행된다.

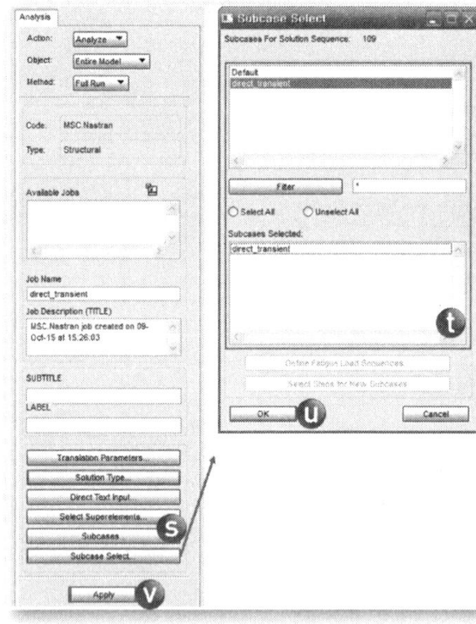

Step 2 결과파일 연결

ⓐ Analysis Tap에서 Access Results의 **XDB 아이콘**을 클릭한다.

ⓑ **Select Results File 버튼**을 클릭한 뒤 해당파일 경로에 있는 **'direct_transient.xdb'파일**을 클릭한다.

ⓒ Analysis Form에서 **Apply 버튼**을 클릭한다.

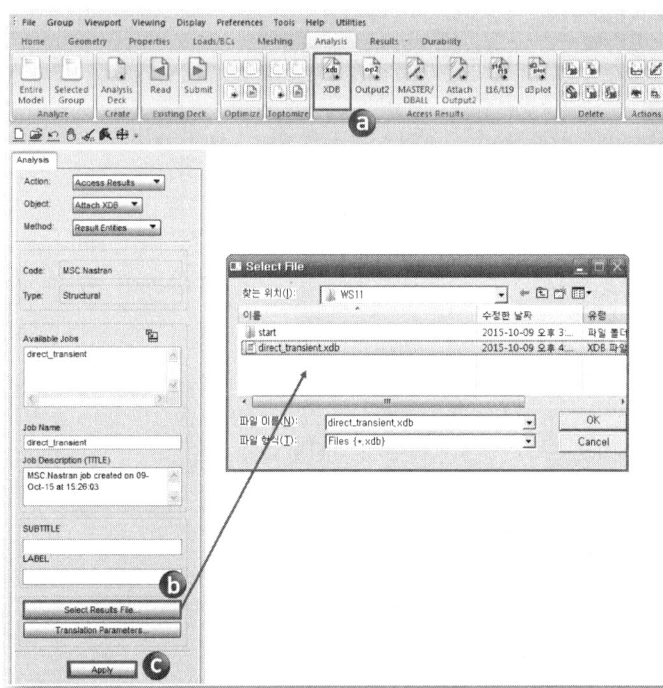

3 후 처리 (Post-Process)

Step 1 변위 그래프 (Displacements graph)

ⓐ Results Tap에서 **Graph 아이콘**을 클릭한다.

ⓑ 그림과 같이 **'direct_transient'**를 클릭한다.

ⓒ **'Filter Method: Global Variable'**으로 설정한다.

ⓓ **Filter 버튼**을 클릭한다.

ⓔ **Apply 버튼**을 클릭한다.

ⓕ **Close 버튼**을 클릭한다.

ⓖ Select Y Result에서 **'Displacements, Translational'**을 선택한다.

ⓗ **'Quantity: Z Component'**로 설정한다.

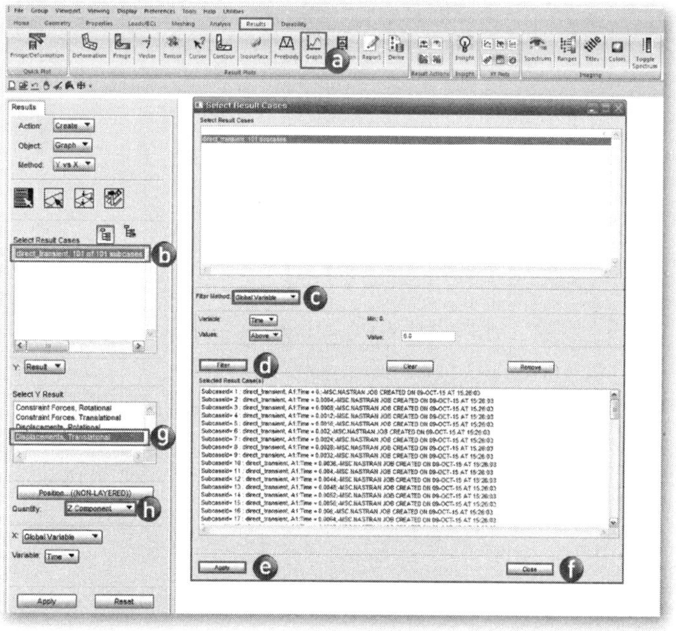

ⓘ **Target Entities 아이콘**을 클릭한다.

ⓙ **'Target Entity: Nodes'**로 설정한다.

ⓚ 화면에 표시된 **오른쪽 위 Node(Node 55)**를 선택한다.

ⓛ **Apply 버튼**을 클릭하면 그래프가 생성된다.

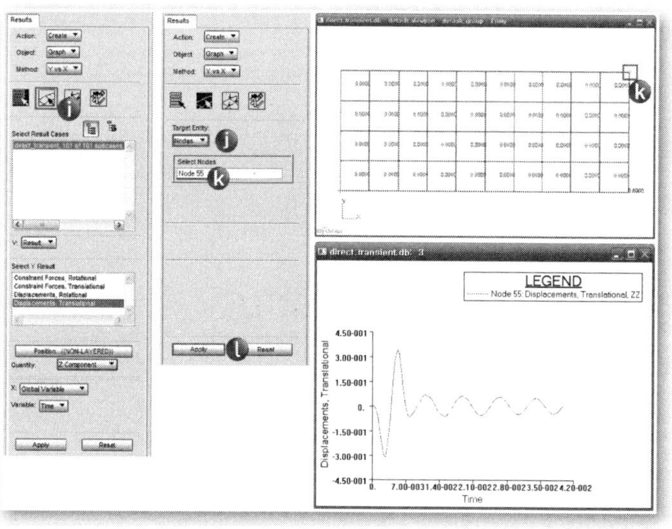

Workshop 14

Modal transient analysis

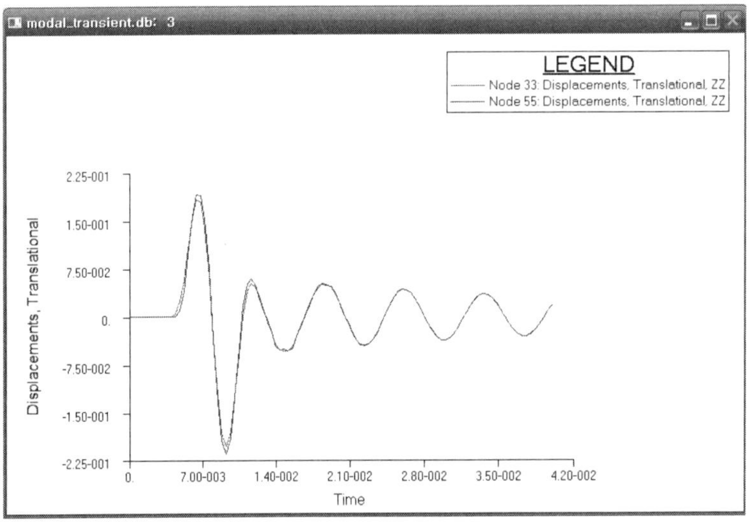

문제정의

Modal method를 사용하여 직사각형 평판에 시간함수의 가진을 가하고 평판의 과도응답 (Transient response)을 계산해 본다. 1 psi의 압력이 250 Hz 주기로 0.008초 동안 평판 전체에 가해진다. 또한 25 lb 만큼의 삼각파 하중이 평판의 한쪽 구석에 0.004초부터 작용한다. 압력과 힘은 모두 0.008초 동안 작용한다. 모든 모드에 대하여 모드 감쇠 계수는 0.03 이고 해석 시간은 0.04초 이다.

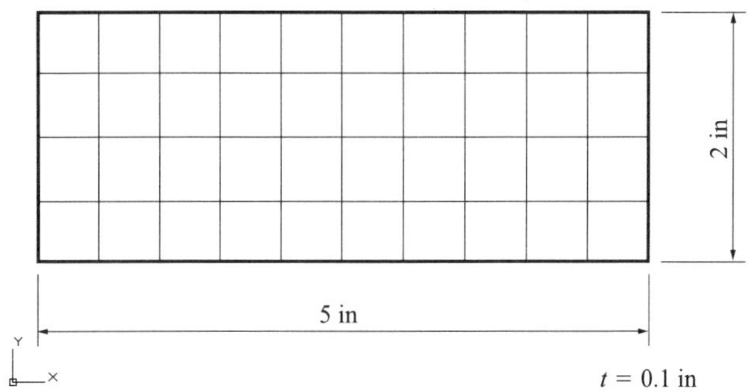

	설정
해석 솔버	Modal Transient Analysis (Sol 112)
단위계	lbs / in / sec
	Steel
탄성계수, *E*	30.00E + 6 lbs/in^2
포아송 비, *Nu*	0.3
밀도	0.282 lbs/in^3

1 전 처리 (Pre-Process)

Step 1 .db파일 생성

ⓐ **Patran**을 실행한다.

ⓑ Home tap에서 **New 버튼**을 클릭한다.

ⓒ 파일 이름을 **'modal_transient.db'**로 입력하고 **OK 버튼**을 클릭한다.

ⓓ New Model Preference에서 그림과 같이 설정하고 **OK 버튼**을 클릭한다.

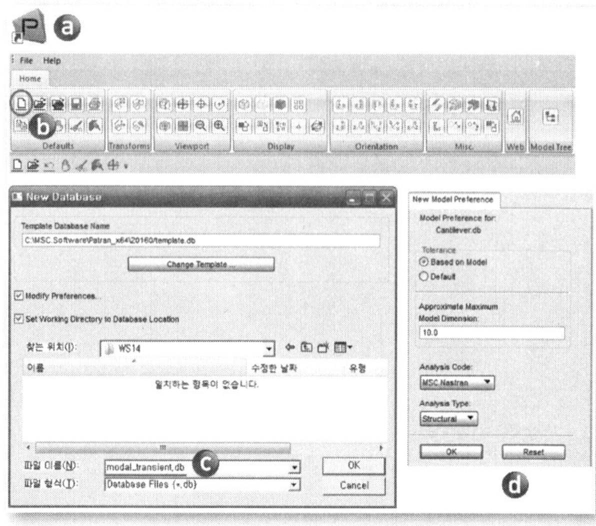

Step 2 모델 불러오기

ⓐ Menu Bar에서 File의 **Import를** 클릭한다.

ⓑ **'Source: MSC.Patran DB'**으로 설정한다.

ⓒ start 폴더의 **'plate.db'** 파일을 선택하고 **Apply 버튼**을 클릭한다.

ⓓ Summary 창이 뜨면 **OK 버튼**을 클릭한다.

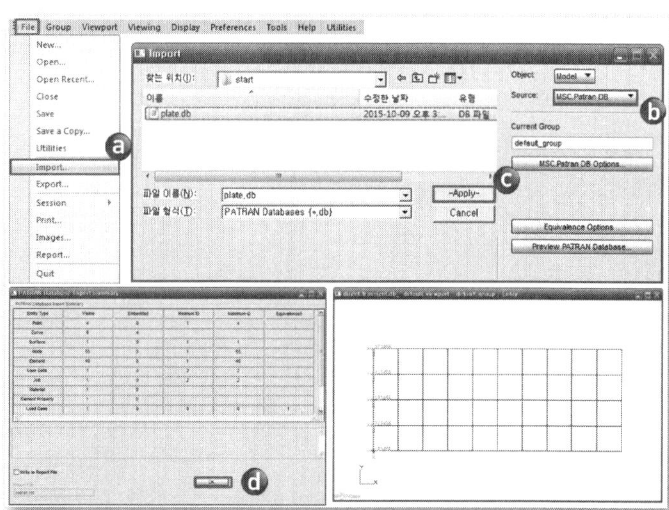

Step 3 Field 생성 1

ⓐ Properties Tap에서 Fields의 **Non Spatial 아이콘**을 클릭한다.

ⓑ Field Name에 **'pressure'**으로 입력한다.

ⓒ Table Definition에 **'Time (t)'에 체크**한다.

ⓓ **Input Data 버튼**을 클릭한다.

ⓔ Non Spatial Scalar Table Data 창에서 **Map Function to table 버튼**을 클릭한다.

ⓕ 그림과 같이 **'PCL Expression f('t): sind (250*360*'t), Start Time: 0.004, End Time: 0.012, Number of Points: 20'**으로 입력한다.

ⓖ **Apply 버튼**을 클릭한다.

ⓗ Non Spatial Scalar Table Data 창에서 **OK 버튼**을 클릭한다.

ⓘ **Apply 버튼**을 클릭하면 'pressure' field가 생성된다.

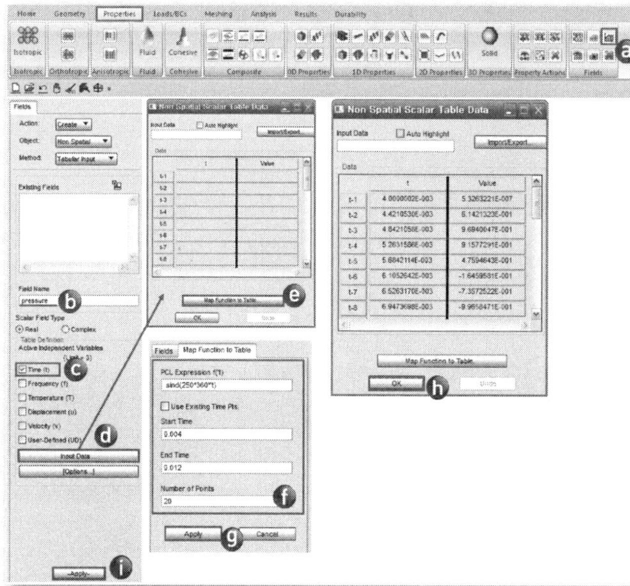

	t	Value
1	0.004	0
2	0.005	1
3	0.006	0
4	0.007	-1
5	0.008	0
6	0.009	1
7	0.010	0
8	0.011	-1
9	0.012	0

Step 4 Field 생성 2

ⓐ Field Name에 **'force'**으로 입력한다.

ⓑ Table Definition에 **'Time (t)'에 체크**한다.

ⓒ **Input Data 버튼**을 클릭한다.

ⓓ Non Spatial Scalar Table Data 창에서 **Map Function to table 버튼**을 클릭한다.

ⓔ 그림과 같이 **'PCL Expression f('t): 0*'t, Start Time: 0.004, End Time: 0.012, Number of Points: 9'**으로 입력한다.

ⓕ **Apply 버튼**을 클릭한다.

ⓖ Non Spatial Scalar Table Data 창에서 Value에 위 표와 같이 데이터를 입력한다.

ⓗ Non Spatial Scalar Table Data 창에서 **OK 버튼**을 클릭한다.

ⓘ **Apply 버튼**을 클릭하면 'force' field가 생성된다.

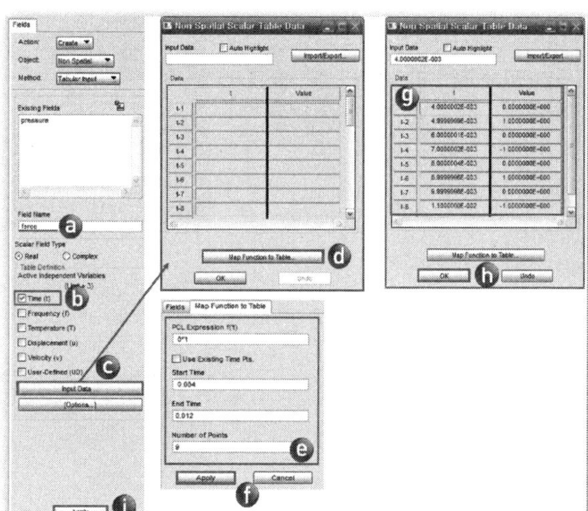

Step 5 Load case 설정

ⓐ Loads/BCs Tap에서 **Create Load Case 아이콘**을 클릭한다.

ⓑ Load Case Name에 **'modal_transient'**으로 입력한다.

ⓒ **'Type: Time Dependent'로 입력한다.**

ⓓ **Input Data 버튼**을 클릭한다.

ⓔ Select Individual Loads/BCs에서 **'Displ_constraints'**를 클릭한다.

ⓕ **OK 버튼**을 클릭한다.

ⓖ **Apply 버튼**을 클릭하면 'modal_transient' Load case가 생성된다.

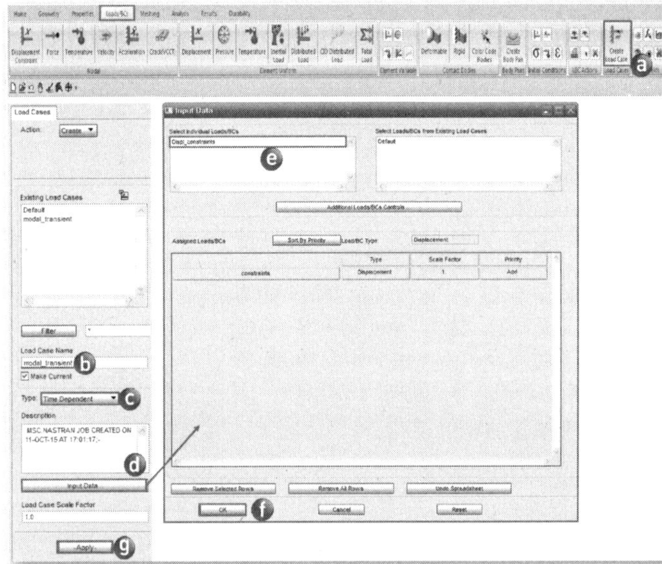

Step 6 하중조건 설정 1

ⓐ Loads/BCs 탭에서 **Force 아이콘**을 클릭한다.

ⓑ New Set Name을 **'force'**로 입력한다.

ⓒ **Input Data 버튼**을 클릭한다.

ⓓ **Force항에 < 0 0 25 >**으로 입력하고 **Time/Freq. Dependence에서 'force'**를 선택한다.

ⓔ Input Data 창에 **OK 버튼**을 클릭한다.

ⓕ **Select Application Region 버튼**을 클릭한다.

ⓖ **'Select: FEM'**으로 설정한다.

ⓗ Select Nodes에서 화면에 표시된 **오른쪽 아래 Node(Node 11)를 선택**하고 **Add 버튼**을 클릭한다.

ⓘ **OK 버튼**을 클릭한다.

ⓙ Load/Boundary Conditions Form에서 **Apply 버튼**을 클릭한다.

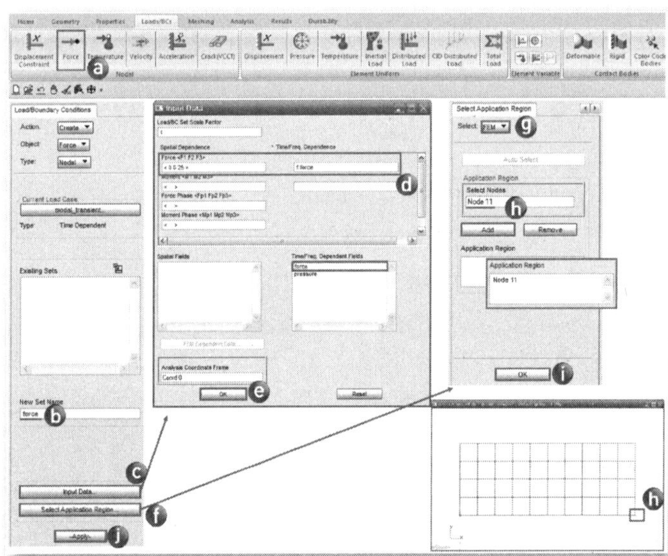

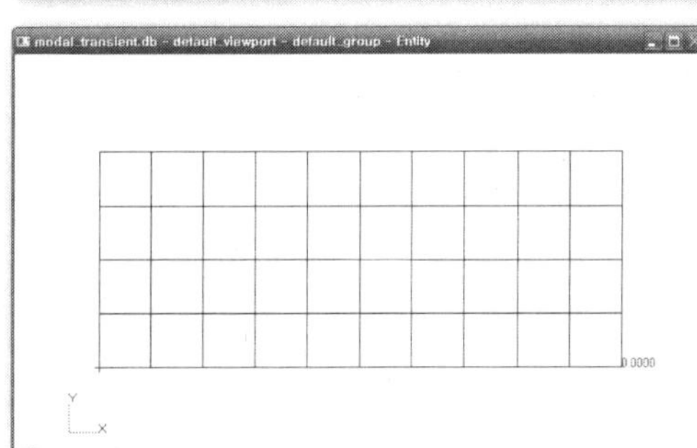

Step 7 하중조건 설정 2

ⓐ Loads/BCs 탭에서 Pressure **아이콘**을 클릭한다.

ⓑ New Set Name을 **'pressure'**로 입력한다.

ⓒ **'Target Element Type: 2D'**로 설정한다.

ⓓ **Input Data 버튼**을 클릭한다.

ⓔ **Top Surf Pressure에 '-1'**로 입력하고 **Time/Freq. Dependence에서 'pressure'**를 선택한다.

ⓕ Input Data 창에 **OK 버튼**을 클릭한다.

ⓖ **Select Application Region 버튼**을 클릭한다.

ⓗ **'Select: FEM'**으로 설정한다.

ⓘ Picking Filters Toolbar의 **Pick All 아이콘**을 클릭하여 모두 선택하고 **Add 버튼**을 클릭한다.

ⓙ **OK 버튼**을 클릭한다.

ⓚ Load/Boundary Conditions Form에서 **Apply 버튼**을 클릭한다.

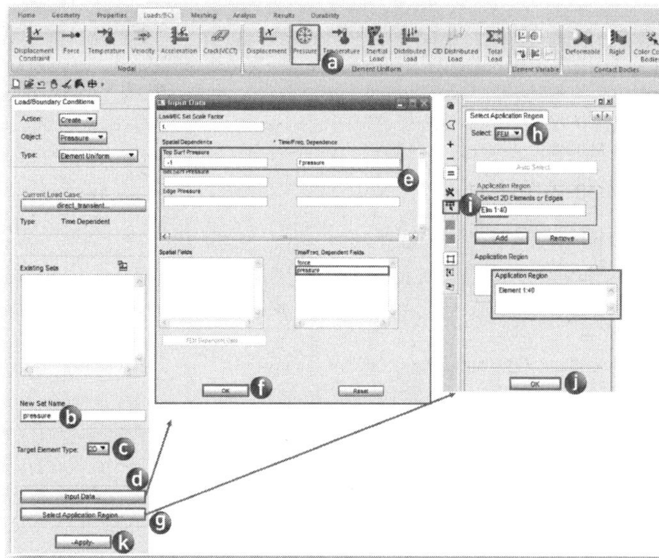

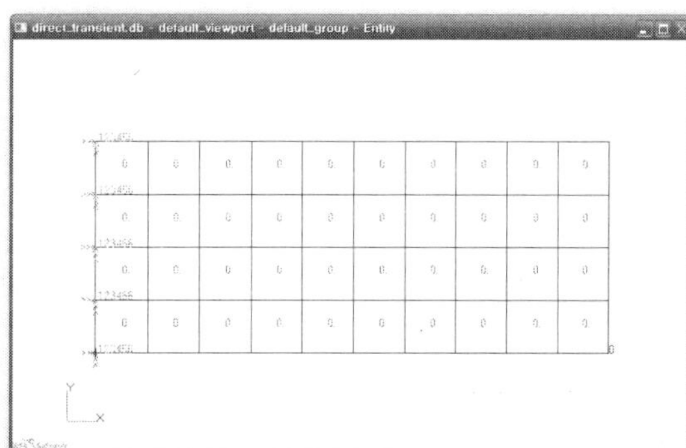

2 해석 (Solve)

Step 1 해석 설정

ⓐ Analysis Tap에서 **Entire Model 아이콘**을 클릭한다.

ⓑ **Solution Type 버튼**을 클릭한다.

ⓒ **'TRANSIENT RESPONSE'**으로 선택한다.

ⓓ **'Formulation: Modal'**로 설정한다.

ⓔ **Solution Parameters 버튼**을 클릭한다.

ⓕ **'Wt-Mass Conversion= 0.00259'**로 입력한다.

ⓖ Solution Parameters 창에서 **OK 버튼**을 클릭한다.

ⓗ **OK 버튼**을 클릭한다.

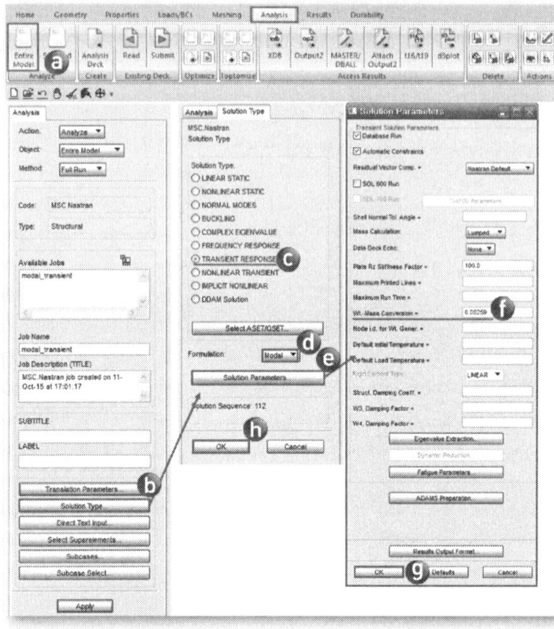

ⓘ **Subcases 버튼**을 클릭한다.

ⓙ Available Subcases에서 **'modal_transient'**를 선택한다.

ⓚ Subcases 창에서 **Subcase Parameters 버튼**을 클릭한다.

ⓛ Subcase Parameters 창에서 **DEFINE TIME STEPS 버튼**을 **클릭**한다.

ⓜ Delta-T에 **'0.0004'를** 입력한다.

ⓝ Define Time Steps 창에서 **OK 버튼**을 클릭한다.

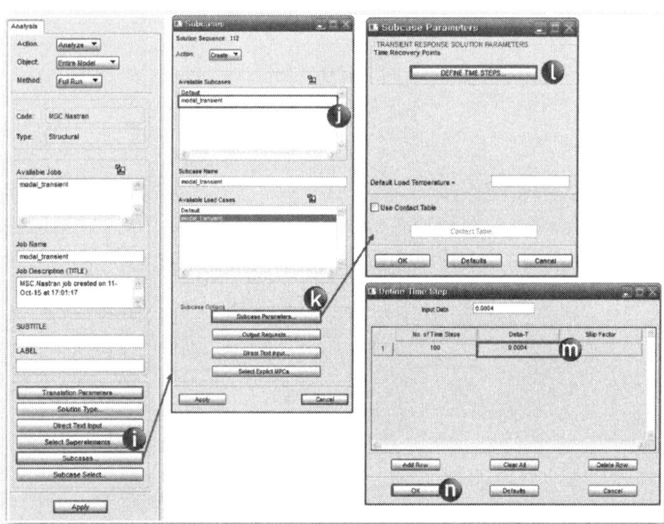

ⓞ Subcase Parameters 창에서 **Modal Damping**을 **'Crit. Damp. (CRIT)'**로 설정한다.

ⓟ **DEFINE MODAL DAMPING 버튼**을 클릭한다.

ⓠ Define Damping 창에서 아래 표와 같이 값을 입력한다. **(Add Row**를 클릭하여 행 추가)

ⓡ Define Damping 창에서 **OK 버튼**을 클릭한다.

ⓢ Subcase Parameters 창에서 **OK 버튼**을 클릭한다.

ⓣ Subcases 창에서 **Apply 버튼**을 클릭한다.

ⓤ **Cancel 버튼**을 클릭한다.

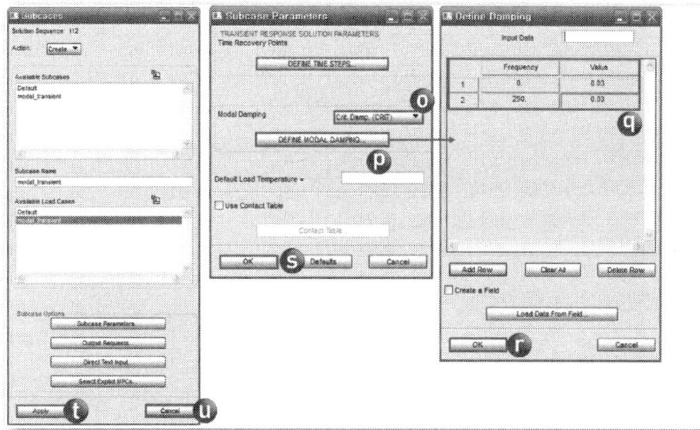

	Frequency	Value
1	0	0.03
2	250	0.03

ⓥ **Subcase Select 버튼**을 클릭한다.

ⓦ 그림과 같이 Subcase에 **'modal_transient'**를 선택하고 **'Default'는 목록에서 제거**한다.

ⓧ Subcase Select 창에서 **OK 버튼**을 클릭한다.

ⓨ **Apply 버튼**을 클릭하면 해석이 수행된다.

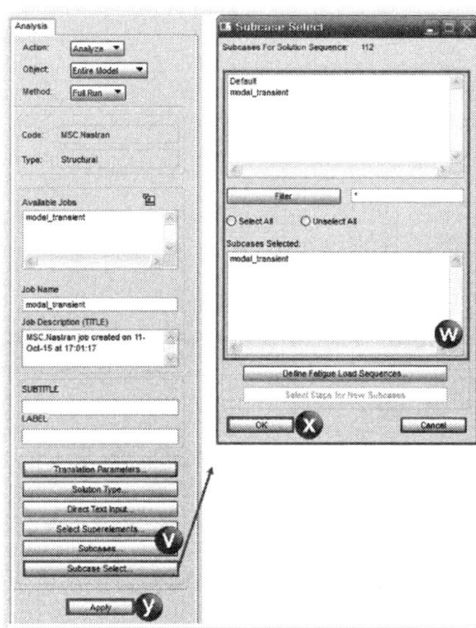

Step 2 결과파일 연결

ⓐ Analysis Tap에서 Access Results의 **XDB 아이콘**을 클릭한다.

ⓑ **Select Results File 버튼**을 클릭한 뒤 해당파일 경로에 있는 **'modal_transient.xdb'파일**을 클릭한다.

ⓒ Analysis Form에서 **Apply 버튼**을 클릭한다.

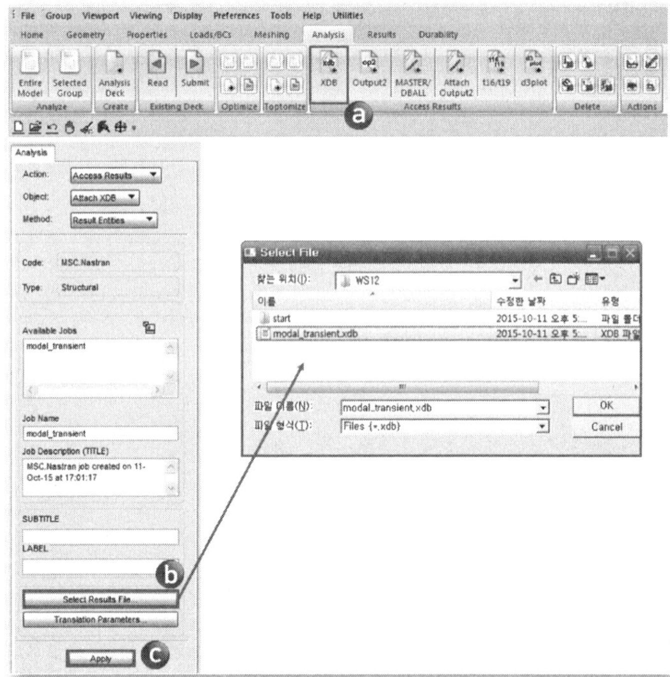

3 후 처리 (Post-Process)

Step 1 변위 그래프 (Displacements graph)

ⓐ Results Tap에서 **Graph 아이콘**을 클릭한다.

ⓑ 그림과 같이 **'modal_transient'**를 클릭한다.

ⓒ **'Filter Method: Global Variable'**으로 설정한다.

ⓓ **Filter 버튼**을 클릭한다.

ⓔ **Apply 버튼**을 클릭한다.

ⓕ **Close 버튼**을 클릭한다.

ⓖ Select Y Result에서 **'Displacements, Translational'**을 선택한다.

ⓗ **'Quantity: Z Component'**로 설정한다.

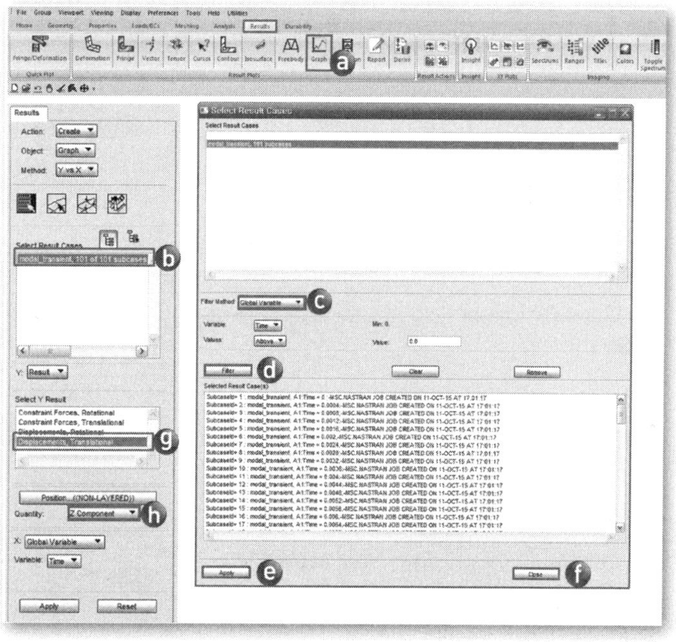

ⓘ **Target Entities 아이콘**을 클릭한다.

ⓙ **'Target Entity: Nodes'**로 설정한다.

ⓚ 화면에 표시된 **오른쪽 위 Node(Node 55)**와 **오른쪽 중간 Node(Node 33)**를 선택한다.

ⓛ **Apply 버튼**을 클릭하면 그래프가 생성된다.

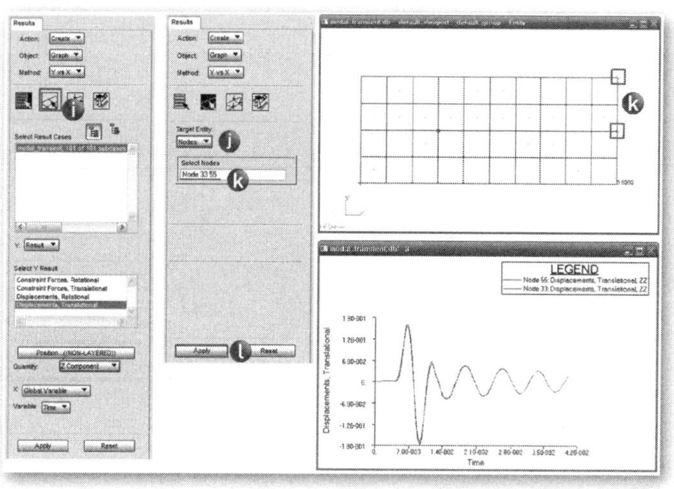

Step 2 Animation

ⓐ Results Tap에서 **Deformation 아이콘**을 클릭한다.

ⓑ 그림과 같이 **'modal_transient'**를 클릭한다.

ⓒ **'Filter Method: Global Variable'**으로 설정한다.

ⓓ **Filter 버튼**을 클릭한다.

ⓔ **Apply 버튼**을 클릭한다.

ⓕ **Close 버튼**을 클릭한다.

ⓖ Select Deformation Result에서 **'Displacements, Translational'**을 선택한다.

ⓗ **'Show As: Component'**로 설정하고 **'ZZ'에 체크**한다.

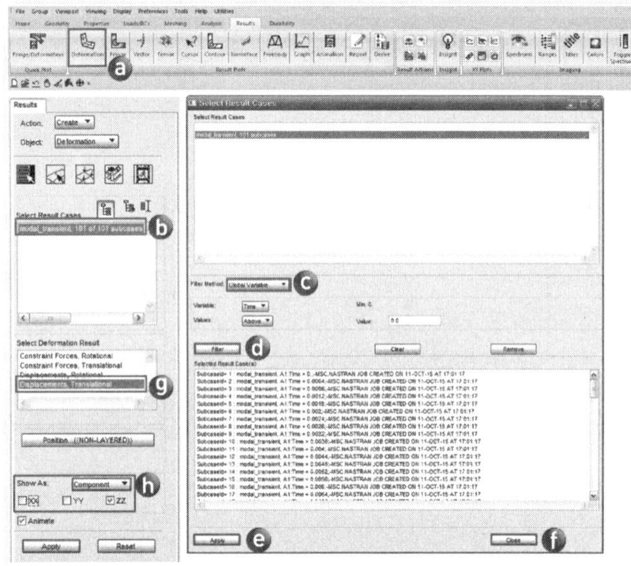

ⓘ **Display Attributes 아이콘**을 클릭한다.

ⓙ Scale Interpretation에서 **'True Scale'**으로 설정하고 **'Scale Factor: 1.0'**을 입력한다.

ⓚ **Show Undeformed에 체크**한다.

ⓛ **Animation Option 아이콘**을 클릭한다.

ⓜ Select Global Variable에서 **'Time'**을 **선택**한다.

ⓝ **'Number of Frames: 100'**을 입력한다.

ⓞ **Animate에 체크**하고 **Apply 버튼**을 클릭하면 Animation Control Form이 나타나면서 Animation이 수행된다.

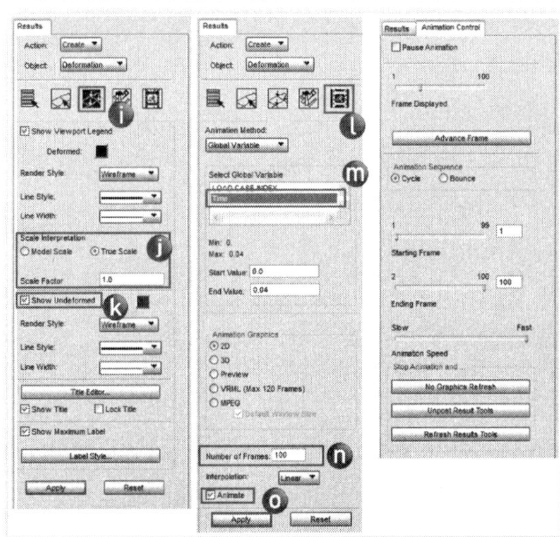

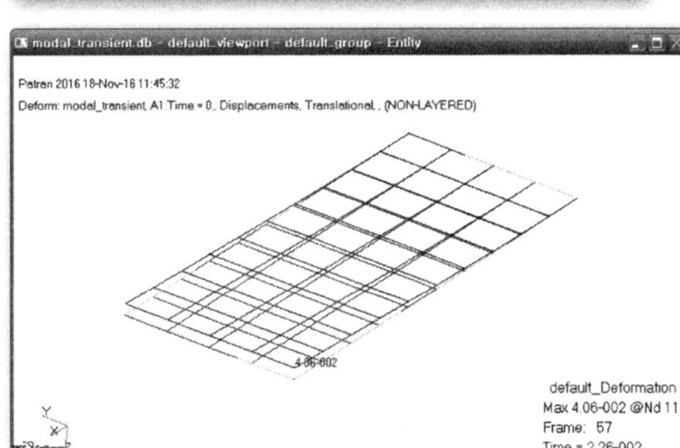

Workshop 15

Direct frequency response analysis

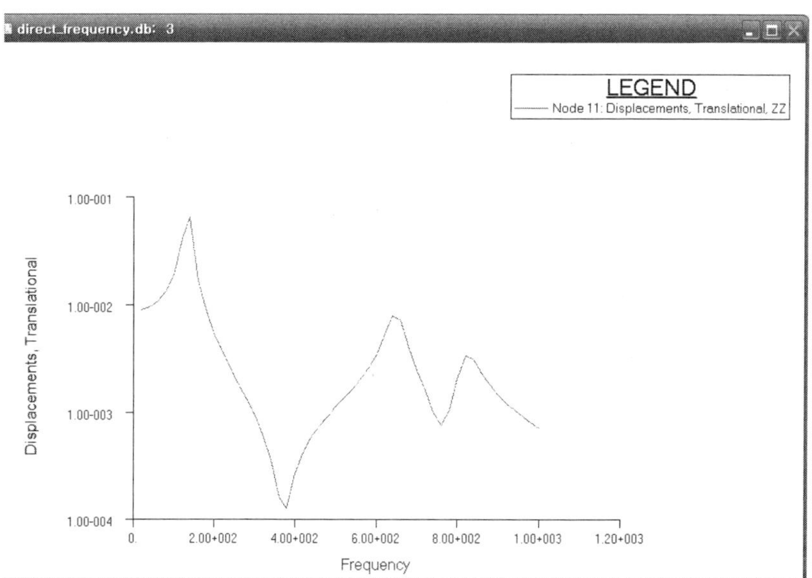

문제정의

Direct method를 사용하여 직사각형 평판에 주파수 함수의 단위 하중을 가하고 평판의 주파수 응답 (Frequency response)을 계산해 본다. 단위하중이 20 Hz ~ 1000 Hz로 20 Hz 간격의 주파수로 평판의 오른쪽 아래 구석에 가해진다. 모델의 구조 감쇠 계수는 0.06이다.

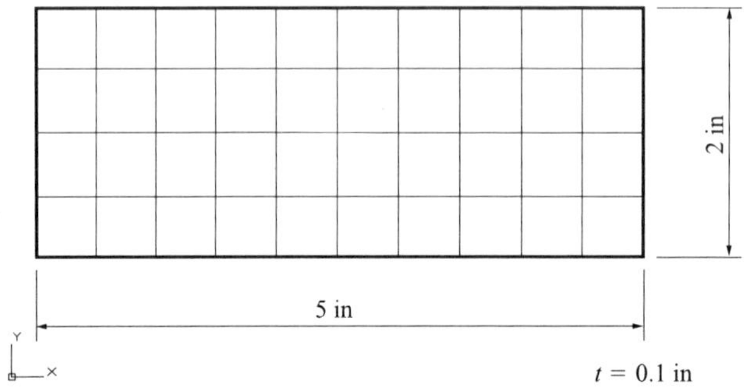

	설정
해석 솔버	Direct Frequency Analysis (Sol 108)
단위계	lbs / in / sec
	Steel
탄성계수, E	30.00E + 6 lbs/in^2
포아송 비, Nu	0.3
밀도	0.282 lbs/in^3

1 전 처리 (Pre-Process)

Step 1 .db파일 생성

ⓐ **Patran**을 실행한다.

ⓑ Home tap에서 **New 버튼**을 클릭한다.

ⓒ 파일 이름을 **'direct_frequency.db'**로 입력하고 **OK 버튼**을 클릭한다.

ⓓ New Model Preference에서 그림과 같이 설정하고 **OK 버튼**을 클릭한다.

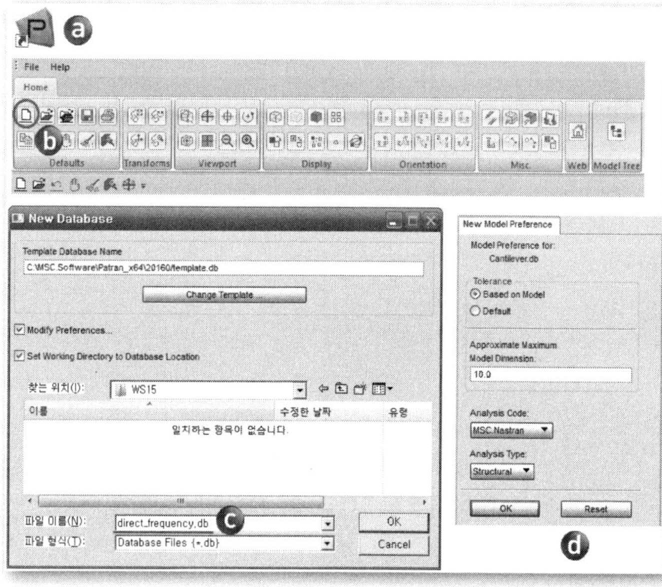

Step 2 모델 불러오기

ⓐ Menu Bar에서 File의 **Import를** 클릭한다.

ⓑ **'Source: MSC.Patran DB'**으로 설정한다.

ⓒ start 폴더의 **'plate.db'** 파일을 선택하고 **Apply 버튼**을 클릭한다.

ⓓ Summary 창이 뜨면 **OK 버튼**을 클릭한다.

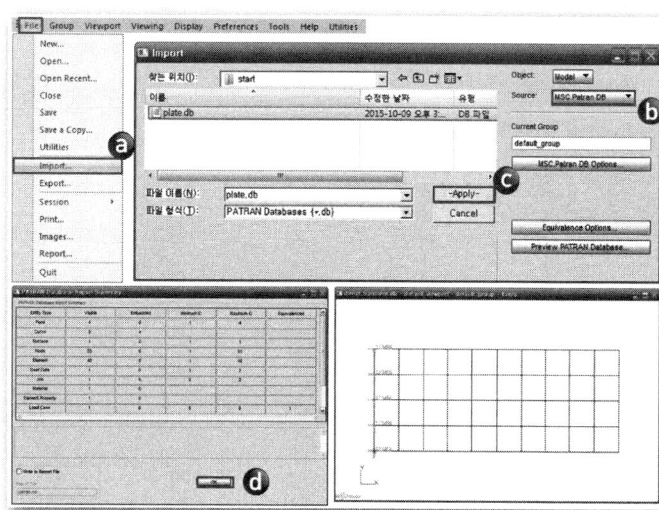

Step 3 Field 생성

ⓐ Properties Tap에서 Fields의 **Non Spatial 아이콘**을 클릭한다.

ⓑ Field Name에 **'frequency_depend_load'**으로 입력한다.

ⓒ Table Definition에 **'Frequency (f)'에 체크**한다.

ⓓ **Input Data 버튼**을 클릭한다.

ⓔ Non Spatial Scalar Table Data 창에서 위 표와 같이 데이터를 입력한다.

ⓕ **OK 버튼**을 클릭한다.

ⓖ **Apply 버튼**을 클릭하면 'frequency_depend_load' field가 생성된다.

	f	Value
f-1	20	1
f-2	100	1

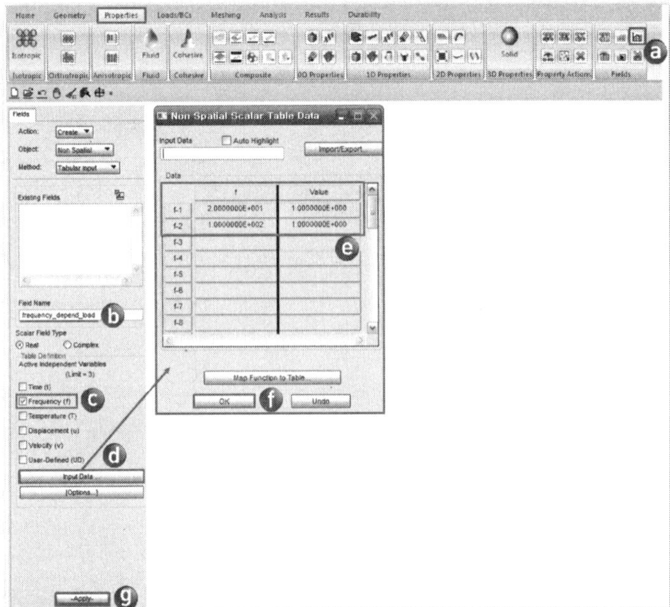

Step 4 Load case 설정

ⓐ Loads/BCs Tap에서 **Create Load Case 아이콘**을 클릭한다.

ⓑ Load Case Name에 **'direct_freq_response'**으로 입력한다..

ⓒ **'Type: Time Dependent'로 설정한다.**

ⓓ **Input Data 버튼**을 클릭한다.

ⓔ Select Individual Loads/BCs에서 **'Displ_constraints'**를 클릭한다.

ⓕ **OK 버튼**을 클릭한다.

ⓖ **Apply 버튼**을 클릭하면 'direct_freq_response' Load case가 생성된다.

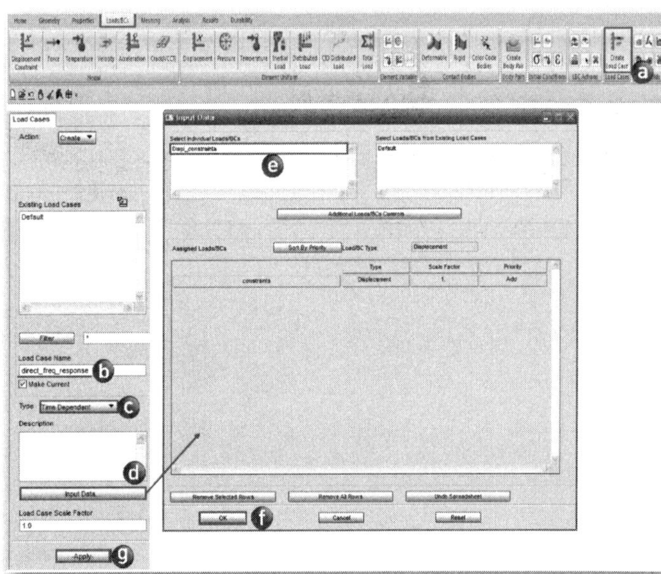

●• Step 5 하중조건 설정

ⓐ Loads/BCs 탭에서 **Force 아이콘**을 클릭한다.

ⓑ New Set Name을 **'unit_load'**로 입력한다.

ⓒ **Input Data 버튼**을 클릭한다.

ⓓ **Force항에 < 0 0 1 >**으로 입력하고 **Time/Freq. Dependence**에서 **'frequency_depend_load'**를 선택한다.

ⓔ Input Data 창에 **OK 버튼**을 클릭한다.

ⓕ **Select Application Region 버튼**을 클릭한다.

ⓖ **'Select: FEM'**으로 설정한다.

ⓗ 화면에 표시된 **오른쪽 아래 Node(Node 11)를 선택**하고 **Add 버튼**을 클릭한다.

ⓘ **OK 버튼**을 클릭한다.

ⓙ Load/Boundary Conditions Form에서 **Apply 버튼**을 클릭한다.

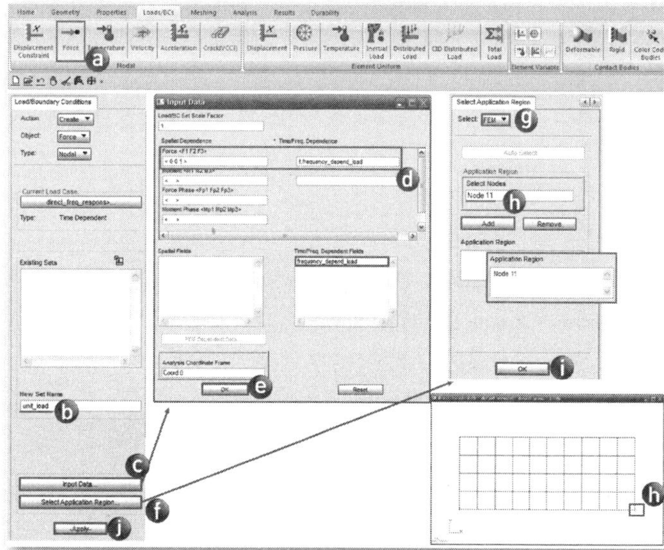

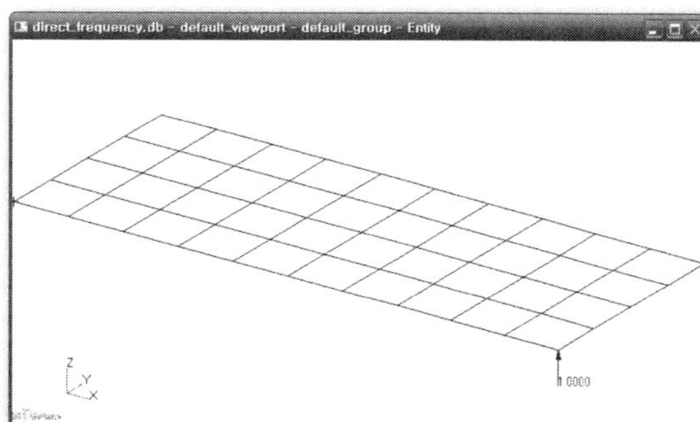

2 해석 (Solve)

Step 1 해석 설정

ⓐ Analysis Tap에서 **Entire Model 아이콘**을 클릭한다.

ⓑ **Solution Type 버튼**을 클릭한다.

ⓒ **'FREQUENCY RESPONSE'**으로 선택한다.

ⓓ **'Formulation: Direct'**로 설정한다.

ⓔ **Solution Parameters 버튼**을 클릭한다.

ⓕ **'Wt-Mass Conversion= 0.00259'**로 입력한다.

ⓖ **'Stuct. Damp Coeff.= 0.06'**로 입력한다.

ⓗ Solution Parameters 창에서 **OK 버튼**을 클릭한다.

ⓘ **OK 버튼**을 클릭한다.

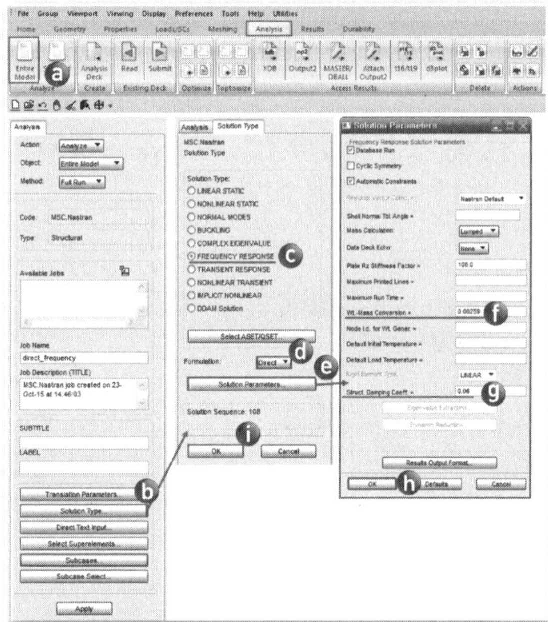

ⓙ **Subcases 버튼**을 클릭한다.

ⓚ Available Subcases에서 **'Direct_freq_response'**를 선택한다.

ⓛ Subcases 창에서 **Subcase Parameters 버튼**을 클릭한다.

ⓜ Subcase Parameters 창에서 **DEFINE FREQUENCIES 버튼**을 **클릭**한다.

ⓝ 표에 그림과 같이 **'Start Freq: 20, End Freq:1000, No. Incr: 49'로** 입력한다.

ⓞ Define Time Steps 창에서 **OK 버튼**을 클릭한다.

ⓟ Subcase Parameters 창에서 **OK 버튼**을 클릭한다.

ⓠ Subcases 창에서 **Apply 버튼**을 클릭한다.

ⓡ **Cancel 버튼**을 클릭한다.

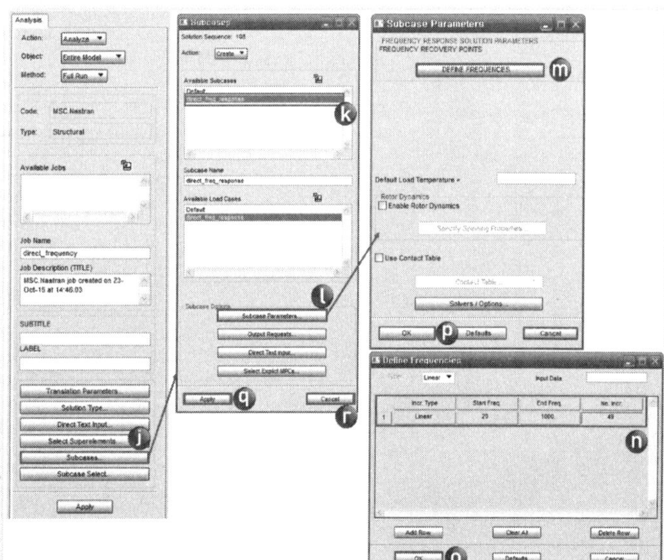

ⓢ **Subcase Select 버튼**을 클릭한다.

ⓣ 그림과 같이 Subcase에 **'direct_freq_response'**를 선택하고 **'Default'는 목록에서 제거**한다.

ⓤ Subcase Select 창에서 **OK 버튼**을 클릭한다.

ⓥ **Apply 버튼**을 클릭하면 해석이 수행된다.

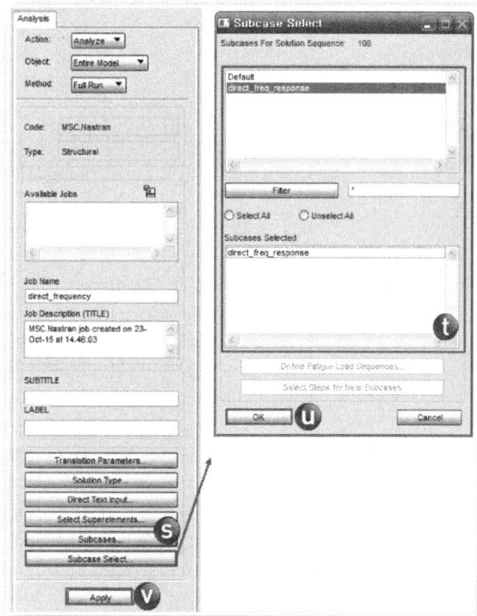

Step 2 결과파일 연결

ⓐ Analysis Tap에서 Access Results의 **XDB 아이콘**을 클릭한다.

ⓑ **Select Results File 버튼**을 클릭한 뒤 해당파일 경로에 있는 **'direct_frequency.xdb'파일**을 클릭한다.

ⓒ Analysis Form에서 **Apply 버튼**을 클릭한다.

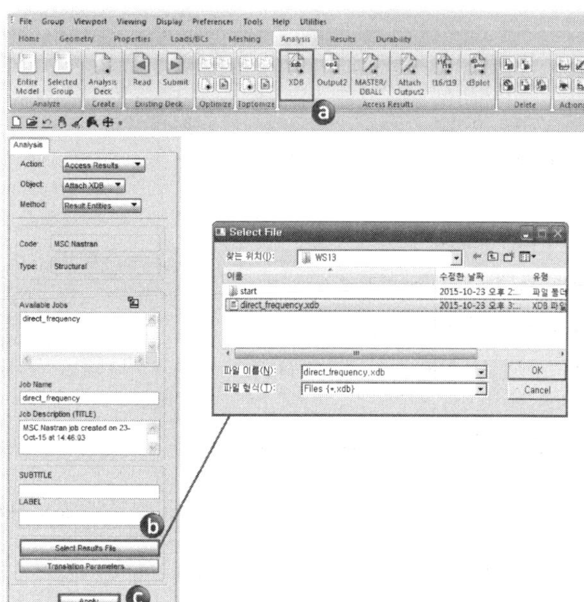

3 후 처리 (Post-Process)

Step 1 변위 그래프 (Displacements graph)

ⓐ Results Tap에서 **Graph 아이콘**을 클릭한다.

ⓑ 그림과 같이 **'direct_freq_response'**를 클릭한다.

ⓒ **'Filter Method: Global Variable'**으로 설정한다.

ⓓ **Filter 버튼**을 클릭한다.

ⓔ **Apply 버튼**을 클릭한다.

ⓕ **Close 버튼**을 클릭한다.

ⓖ Select Y Result에서 **'Displacements, Translational'**을 선택한다.

ⓗ **'Quantity: Z Component'**로 설정한다.

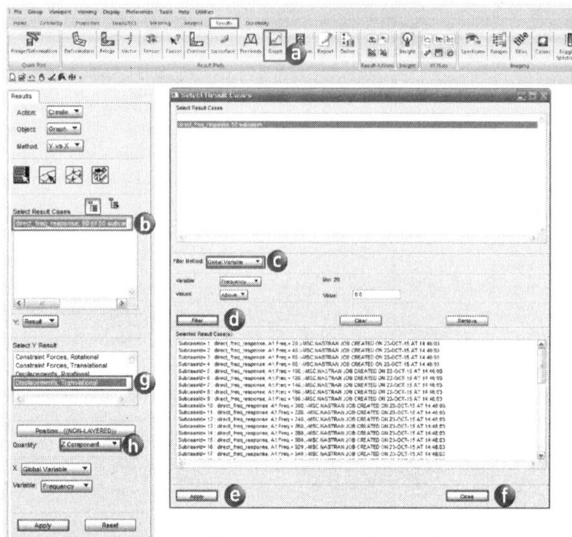

ⓘ **Target Entities 아이콘**을 클릭한다.

ⓙ **'Target Entity: Nodes'**로 설정한다.

ⓚ Select Nodes에서 **오른쪽 아래 Node(Node 11)**를 선택한다.

ⓛ **Display Attributes 아이콘**을 클릭한다.

ⓜ **Y Axis Scale에서 'Log'**를 선택한다.

ⓝ **Plot Options 아이콘**을 클릭한다.

ⓞ **'Complex No. as: Magnitude'**으로 설정한다.

ⓟ **Apply 버튼**을 클릭하면 그래프가 생성된다.

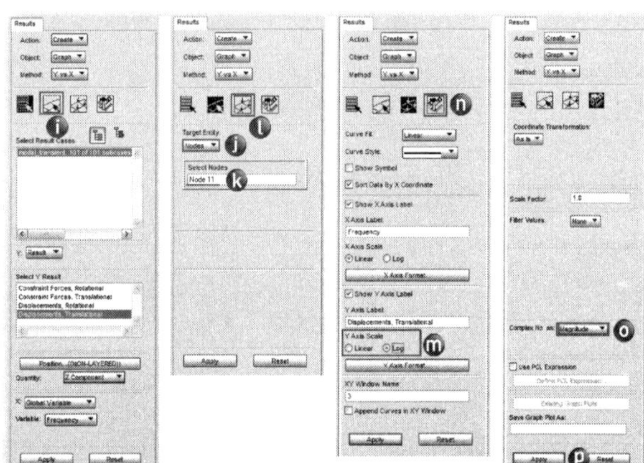

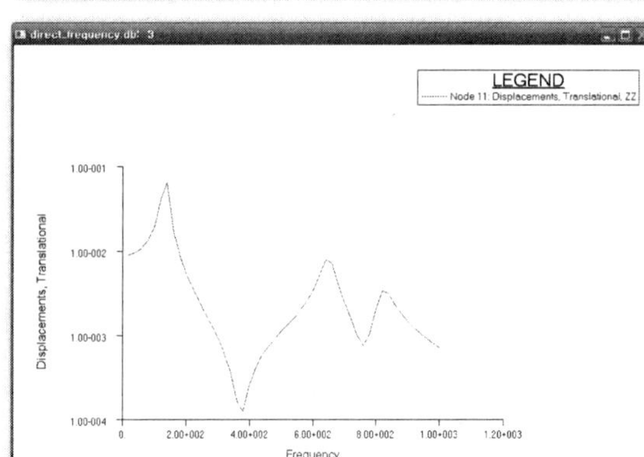

Workshop 16

Modal frequency response analysis

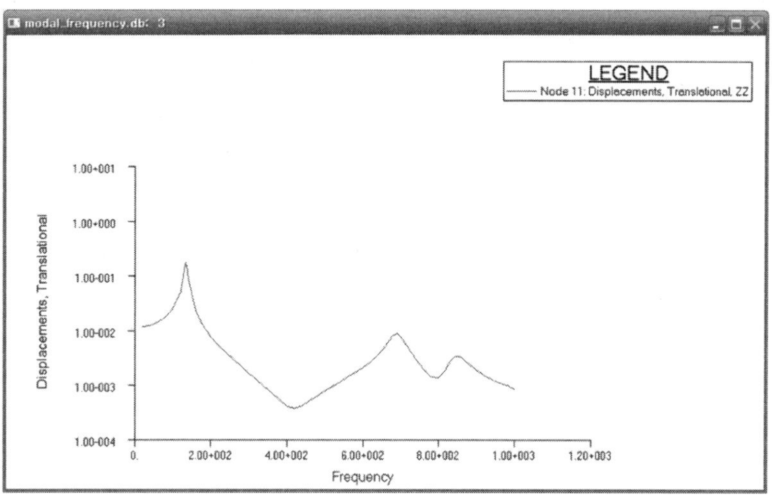

문제정의

Modal method를 사용하여 직사각형 평판에 주파수 함수의 단위 하중을 가하고 평판의 주파수 응답 (Frequency response)을 계산해 본다. 평판 전체에 0.1 psi의 압력이 가해지고 −45°의 위상차를 가진 단위하중이 20 Hz에서 1000 Hz까지 20 Hz 간격의 주파수로 평판의 오른쪽 아래 구석에 가해진다. 모델의 모드 감쇠 계수는 0.03 이다.

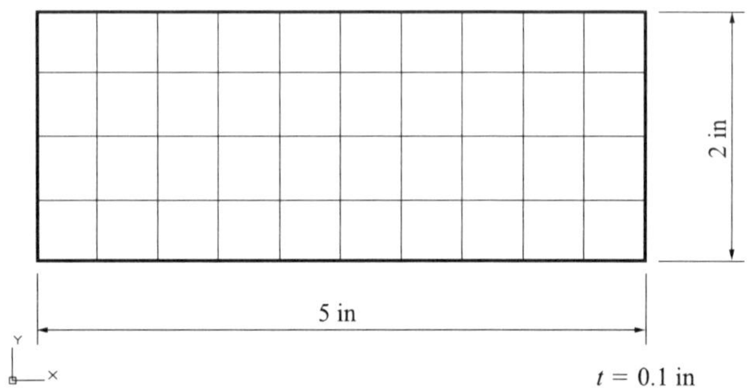

	설정
해석 솔버	Modal Frequency Analysis (Sol 111)
단위계	lbs / in / sec
	Steel
탄성계수, E	30.00E + 6 lbs/in^2
포아송 비, Nu	0.3
밀도	0.282 lbs/in^3

1 전 처리 (Pre-Process)

Step 1 .db파일 생성

ⓐ **Patran**을 실행한다.

ⓑ Home tap에서 **New 버튼**을 클릭한다.

ⓒ 파일 이름을 **'modal_frequency.db'**로 입력하고 **OK 버튼**을 클릭한다.

ⓓ New Model Preference에서 그림과 같이 설정하고 **OK 버튼**을 클릭한다.

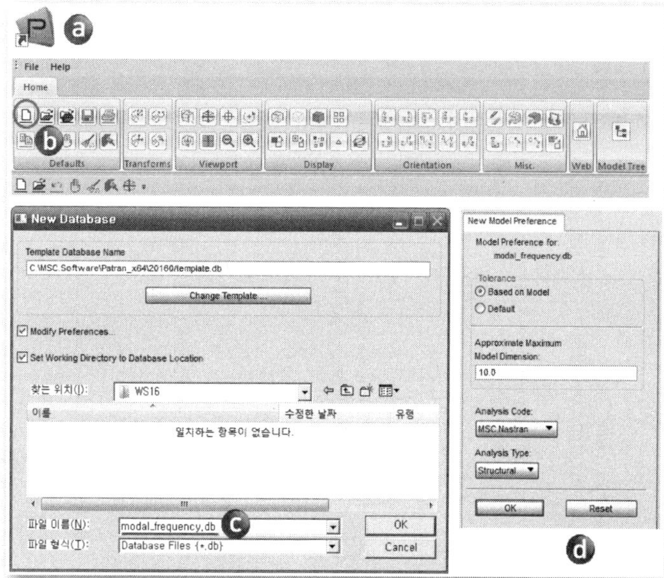

Step 2 모델 불러오기

ⓐ Menu Bar에서 File의 **Import를** 클릭한다.

ⓑ **'Source: MSC.Patran DB'**으로 설정한다.

ⓒ start 폴더의 **'plate.db'** 파일을 선택하고 **Apply 버튼**을 클릭한다.

ⓓ Summary 창이 뜨면 **OK 버튼**을 클릭한다.

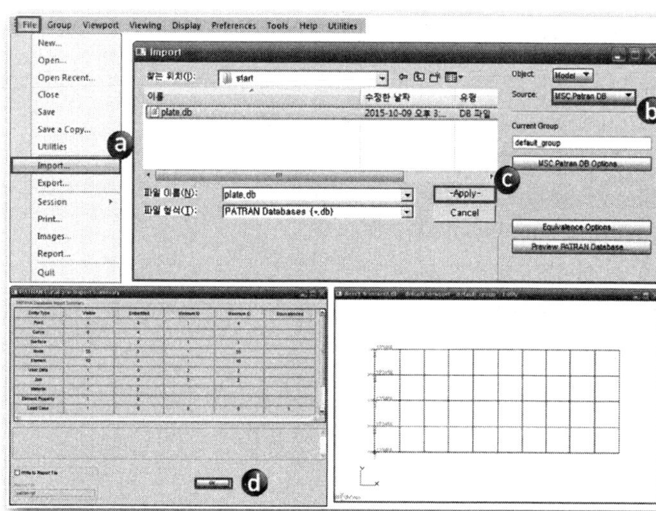

Step 3 Field 생성

ⓐ Properties Tap에서 Fields의 **Non Spatial 아이콘**을 클릭한다.

ⓑ Field Name에 **'pressure'**으로 입력한다.

ⓒ Table Definition에 **'Frequency (f)'에 체크**한다.

ⓓ **Input Data 버튼**을 클릭한다.

ⓔ Non Spatial Scalar Table Data 창에서 위 표와 같이 데이터를 입력한다.

ⓕ **OK 버튼**을 클릭한다.

ⓖ **Apply 버튼**을 클릭하면 'pressure' field가 생성된다.

	f	Value
f-1	20	1
f-2	100	1

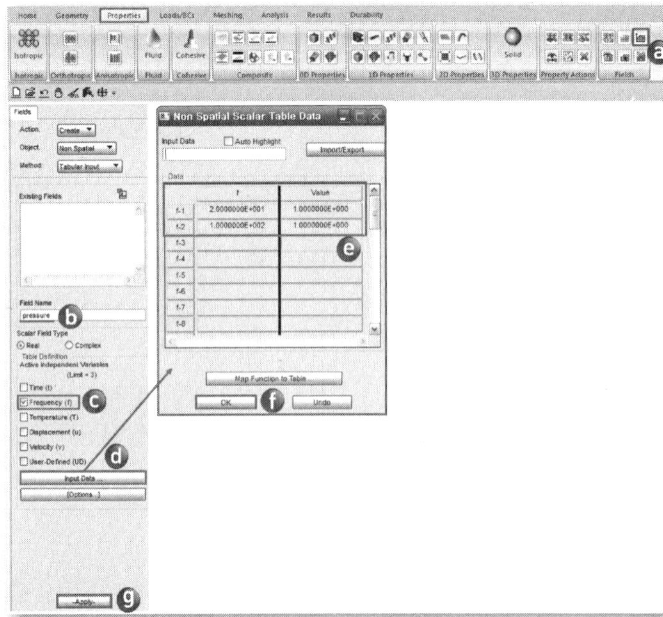

Step 4 Field 생성 2

ⓐ Field Name에 **'force'**으로 입력한다.

ⓑ Scalar Field Type에 **'Complex'로 설정**한다.

ⓒ **Input Data 버튼**을 클릭한다.

ⓓ Complex Data Format을 **'Magnitude-Phase (degrees)'**로 설정한다.

ⓔ Data 창에서 아래 표와 같이 데이터를 입력한다.

ⓕ **OK 버튼**을 클릭한다.

ⓖ **Apply 버튼**을 클릭하면 'force' field가 생성된다.

	Freq(f)	Magnitude	Phase (degrees)
1	20	1	-45
2	1000	1	-45

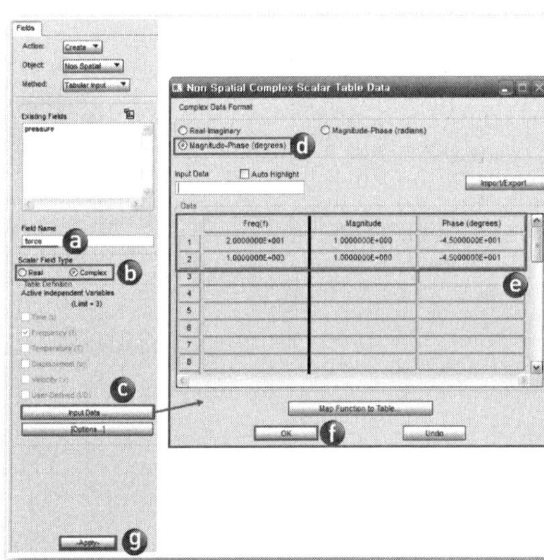

Step 5 Load case 설정

ⓐ Loads/BCs Tap에서 **Create Load Case 아이콘**을 클릭한다.

ⓑ Load Case Name에 **'modal_freq_response'**으로 입력한다.

ⓒ **'Type: Time Dependent'로 설정한다.**

ⓓ **Input Data 버튼**을 클릭한다.

ⓔ Select Individual Loads/BCs에서 **'Displ_constraints'**를 클릭한다.

ⓕ **OK 버튼**을 클릭한다.

ⓖ **Apply 버튼**을 클릭하면 'modal_freq_response' Load case가 생성된다.

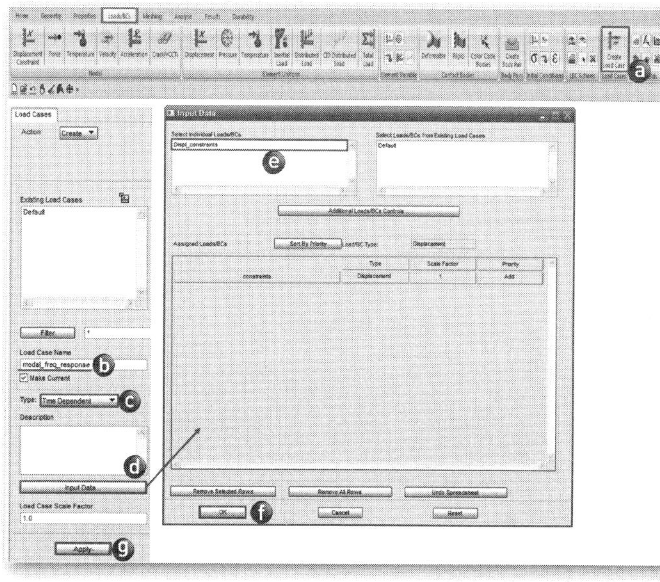

Step 6 하중조건 설정 1

ⓐ Loads/BCs 탭에서 **Force 아이콘**을 클릭한다.

ⓑ New Set Name을 **'unit_load'**로 입력한다.

ⓒ **Input Data 버튼**을 클릭한다.

ⓓ **Force항에 < 0 0 1 >**으로 입력하고 **Time/Freq. Dependence에서 'force'**를 선택한다.

ⓔ Input Data 창에 **OK 버튼**을 클릭한다.

ⓕ **Select Application Region 버튼**을 클릭한다.

ⓖ **'Select: FEM'**으로 설정한다.

ⓗ 화면에 표시된 **오른쪽 아래 Node(Node 11)를 선택**하고 **Add 버튼**을 클릭한다.

ⓘ **OK 버튼**을 클릭한다.

ⓙ Load/Boundary Conditions Form에서 **Apply 버튼**을 클릭한다.

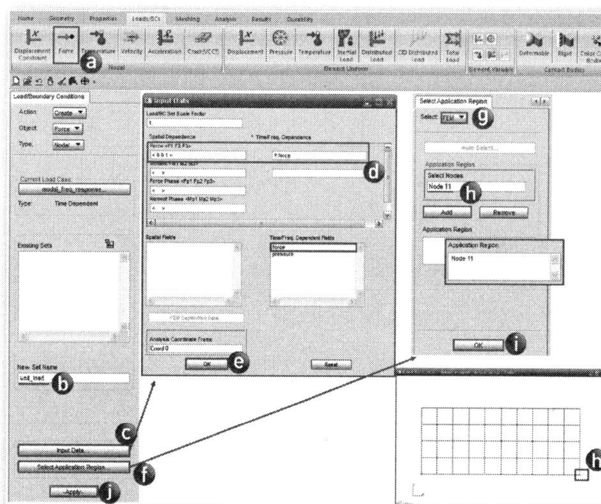

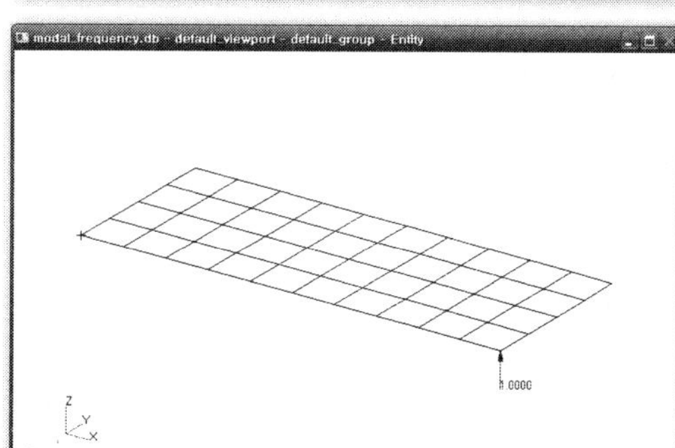

Step 7 하중조건 설정 2

ⓐ Loads/BCs 탭에서 **Pressure 아이콘**을 클릭한다.

ⓑ New Set Name을 **'pressure'**로 입력한다.

ⓒ **'Target Element Type: 2D'**로 설정한다.

ⓓ **Input Data 버튼**을 클릭한다.

ⓔ **Top Surf Pressure**에 **'-0.1'**로 입력하고 **Time/Freq. Dependence**에서 **'pressure'**를 선택한다.

ⓕ Input Data 창에 **OK 버튼**을 클릭한다.

ⓖ **Select Application Region 버튼**을 클릭한다.

ⓗ **'Select: FEM'**으로 설정한다.

ⓘ Picking Filters Toolbar의 **Pick All 아이콘**을 클릭하여 모두 선택하고 **Add 버튼**을 클릭한다.

ⓙ **OK 버튼**을 클릭한다.

ⓚ Load/Boundary Conditions Form에서 **Apply 버튼**을 클릭한다.

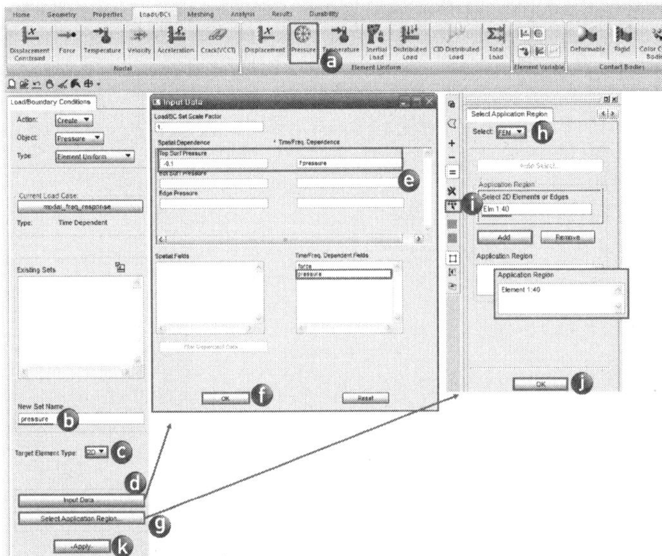

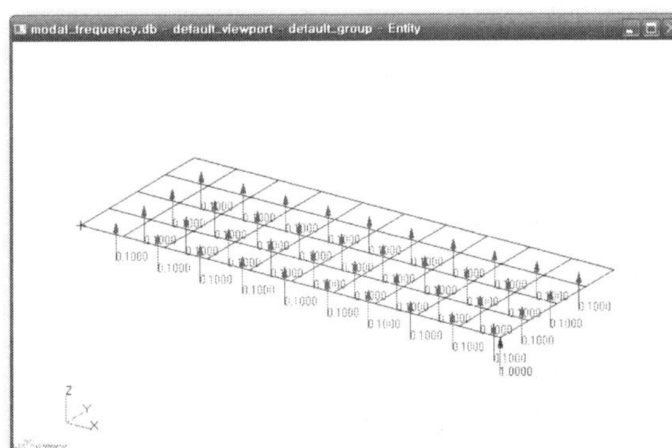

2 해석 (Solve)

Step 1 해석 설정

ⓐ Analysis Tap에서 **Entire Model 아이콘**을 클릭한다.

ⓑ **Solution Type 버튼**을 클릭한다.

ⓒ **'FREQUENCY RESPONSE'**으로 선택한다.

ⓓ **'Formulation: Modal'**로 설정한다.

ⓔ **Solution Parameters 버튼**을 클릭한다.

ⓕ **'Mass Calculation: Coupled'**로 설정한다.

ⓖ **'Wt-Mass Conversion= 0.00259'**로 입력한다.

ⓗ Solution Parameters 창에서 **OK 버튼**을 클릭한다.

ⓘ **OK 버튼**을 클릭한다.

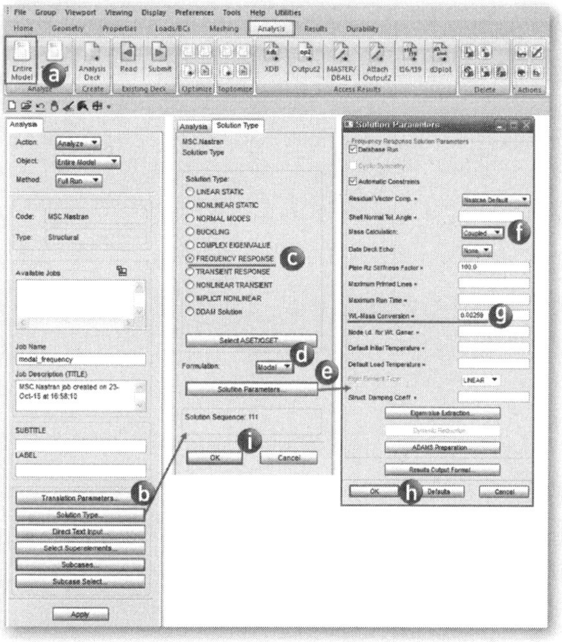

ⓙ **Subcases 버튼**을 클릭한다.

ⓚ Available Subcases에서 **'modal_freq_response'**를 선택한다.

ⓛ Subcases 창에서 **Subcase Parameters 버튼**을 클릭한다.

ⓜ Subcase Parameters 창에서 **DEFINE FREQUENCIES를 클릭**한다.

ⓝ 표에 **아래의 데이터를** 입력한다.

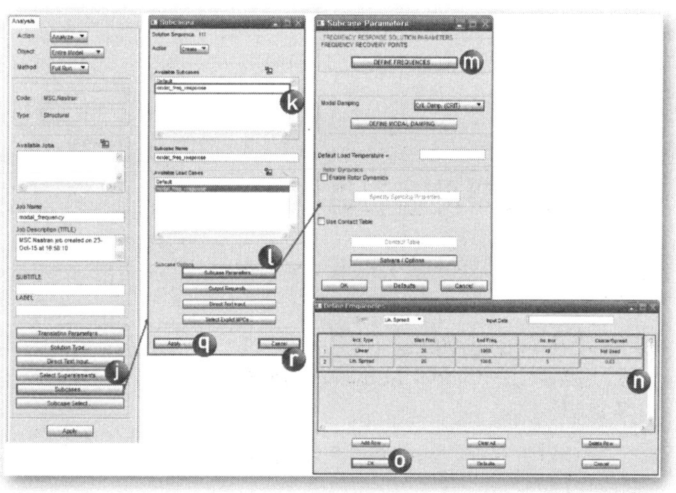

Incr. Type	Start Freq.	End Freq.	No. Incr	Cluster/Spread
Linear	20	1000	49	Not Used
Lin. Spread	20	1000	5	0.03

ⓞ Define Time Steps 창에서 **OK 버튼**을 클릭한다.

ⓟ Subcase Parameters 창에서 **Modal Damping**을 **'Crit. Damp. (CRIT)'**로 설정한다.

ⓠ **DEFINE MODAL DAMPING 버튼**을 클릭한다.

ⓡ Define Damping 창에서 그림과 같이 데이터를 입력한다. (Add Row를 클릭하여 추가)

ⓢ Define Damping 창에서 **OK 버튼**을 클릭한다.

ⓣ Subcase Parameters 창에서 **OK 버튼**을 클릭한다.

ⓤ Subcases 창에서 **Apply 버튼**을 클릭한다.

ⓥ **Cancel 버튼**을 클릭한다.

ⓦ **Subcase Select 버튼**을 클릭한다.

ⓧ 그림과 같이 Subcase에 **'modal_freq_response'**를 선택하고 **'Default'는 목록에서 제거**한다.

ⓨ Subcase Select 창에서 **OK 버튼**을 클릭한다.

ⓩ **Apply 버튼**을 클릭하면 해석이 수행된다.

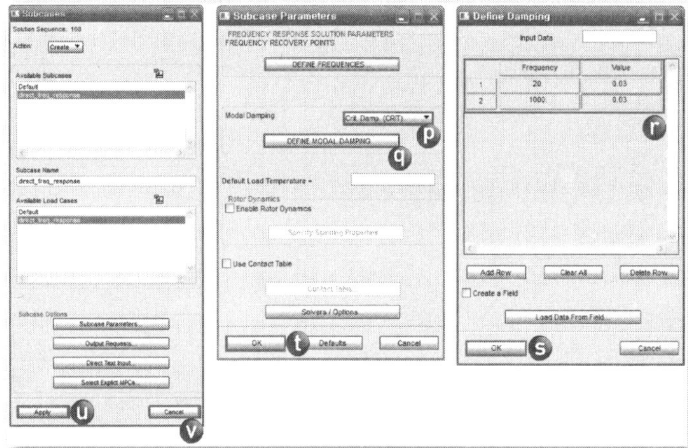

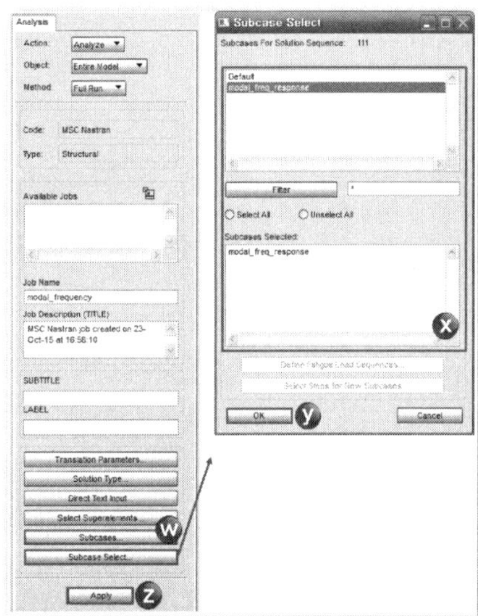

Step 2 결과파일 연결

ⓐ Analysis Tap에서 Access Results의 **XDB 아이콘**을 클릭한다.

ⓑ **Select Results File 버튼**을 클릭한 뒤 해당파일 경로에 있는 **'modal_frequency.xdb'파일**을 클릭한다.

ⓒ Analysis Form에서 **Apply 버튼**을 클릭한다.

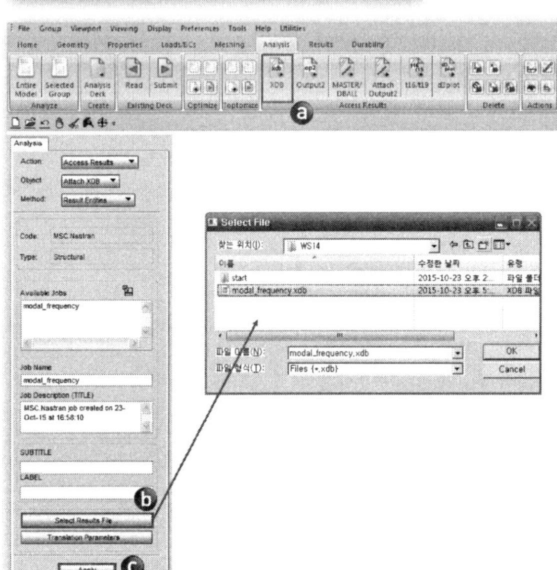

3 후 처리 (Post-Process)

Step 1 변위 그래프 (Displacements graph)

ⓐ Results Tap에서 **Graph 아이콘**을 클릭한다.

ⓑ 그림과 같이 **'modal_freq_response'**를 클릭한다.

ⓒ **'Filter Method: Global Variable'**으로 설정한다.

ⓓ **Filter 버튼**을 클릭한다.

ⓔ **Apply 버튼**을 클릭한다.

ⓕ **Close 버튼**을 클릭한다.

ⓖ Select Y Result에서 **'Displacements, Translational'**을 선택한다.

ⓗ **'Quantity: Z Component'**로 설정한다.

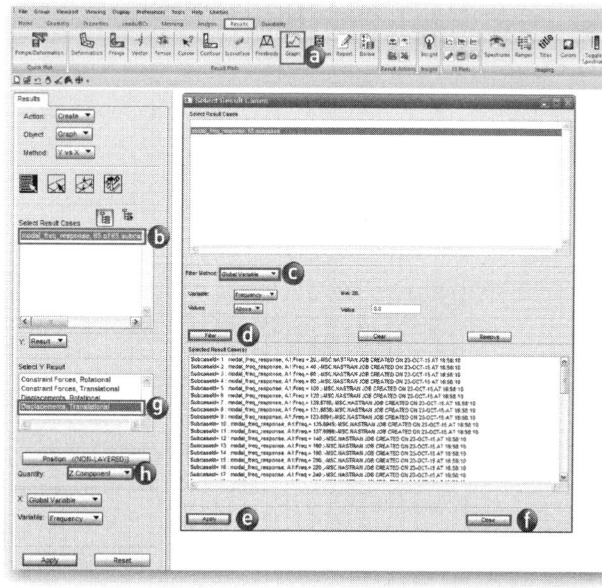

ⓘ **Target Entities 아이콘**을 클릭한다.

ⓙ **'Target Entity: Nodes'**로 설정한다.

ⓚ Select Nodes에서 **오른쪽 아래 Node(Node 11)**를 선택한다.

ⓛ **Display Attributes 아이콘**을 클릭한다.

ⓜ **Y Axis Scale에서 'Log'**를 선택한다.

ⓝ **Plot Options 아이콘**을 클릭한다.

ⓞ **'Complex No. as: Magnitude'**으로 설정한다.

ⓟ **Apply 버튼**을 클릭하면 그래프가 생성된다.

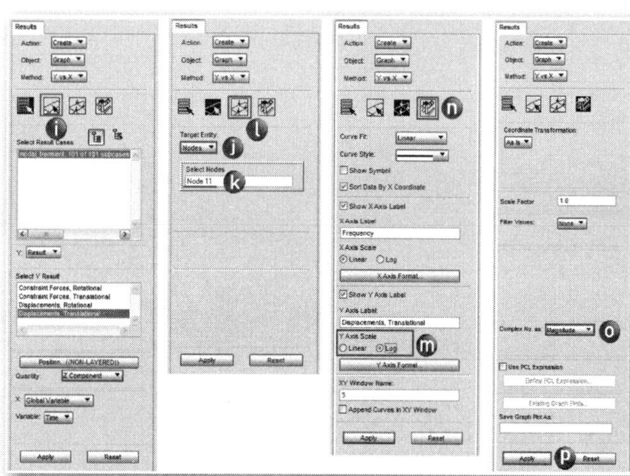

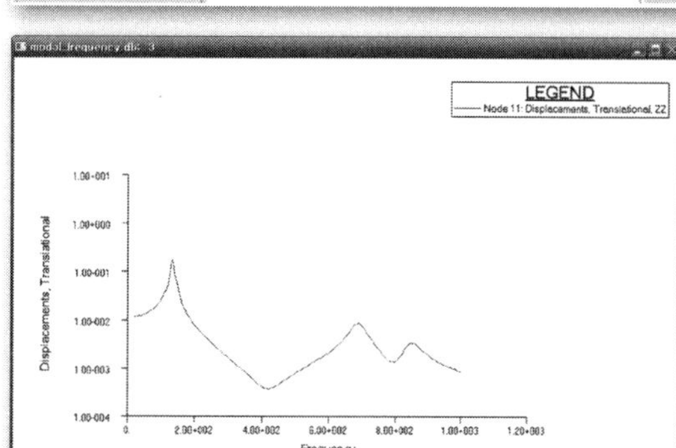

Workshop 17

Sandwich composite structure

문제정의

Workshop 17에서는 압력하중을 받는 샌드위치 복합재료 날개(Sandwich composite wing)에 대해 해석한다. 익형의 형상은 아래의 그림과 같다. 날개의 상단 스킨(Upper skin)에 0.5MPa의 압력이 작용하고, 날개의 한 쪽은 완전히 고정되어있을 때, 날개의 처짐과 복합재료의 파손 기준(Failure criterion) 적용에 따른 결과를 확인한다. 이번 예제를 통해 복합재료의 물성치를 설정하는 방법과 복합재료의 파손 기준을 설정하는 방법에 대해 학습한다.

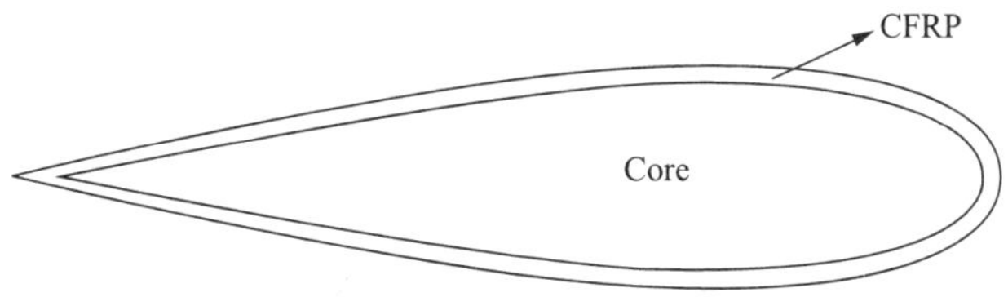

	설정		
해석 솔버	Linear Static (Sol 101)		
단위계	N / ton / mm		
	CFRP		Core
탄성계수, $E11$	1.316E + 5 N/mm^2	탄성계수, $E1$	6.89 N/mm^2
탄성계수, $E22$	8.2E + 3 N/mm^2	포아송 비, Nu	0
포아송 비, $Nu12$	0.281		
전단 탄성계수, $G12$	4.5E + 3 N/mm^2		

1 전 처리 (Pre-Process)

Step 1 .db파일 생성

ⓐ **Patran**을 실행한다.

ⓑ Home tap에서 **New 버튼**을 클릭한다.

ⓒ 파일 이름을 **'sandwich_composite.db'**로 입력하고 **OK 버튼**을 클릭한다.

ⓓ New Model Preference에서 그림과 같이 설정하고 **OK 버튼**을 클릭한다.

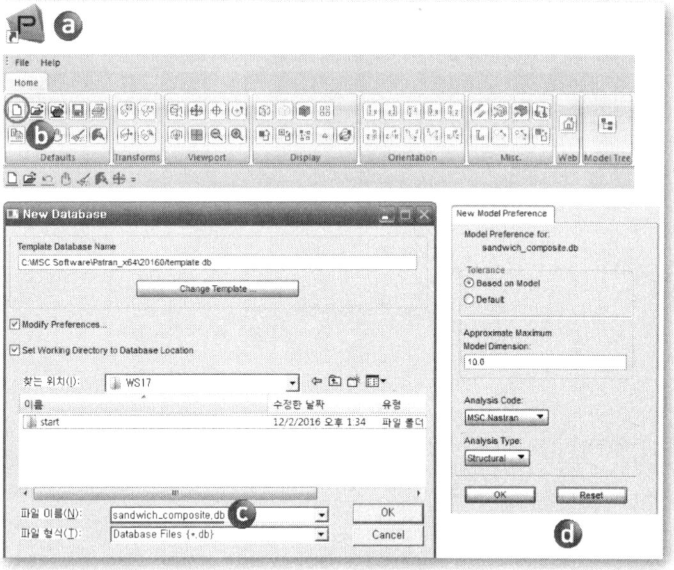

Step 2 모델 불러오기

ⓐ Menu Bar에서 File의 **Import를** 클릭한다.

ⓑ **'Source: MSC.Patran DB'**으로 설정한다.

ⓒ start 폴더의 **'composite_wing.db'** 파일을 선택하고 **Apply 버튼**을 클릭한다.

ⓓ Summary 창이 뜨면 **OK 버튼**을 클릭한다.

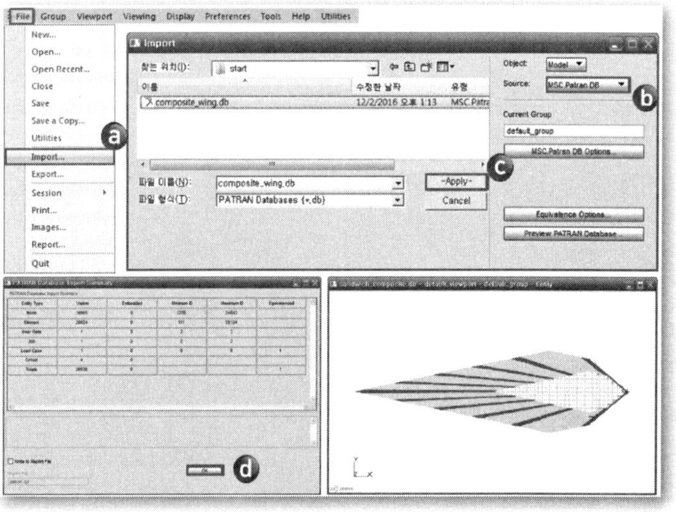

Step 3 모델 확인

ⓐ Home Tap에서 Display의 **Smooth shaded 아이콘**을 클릭한다.

ⓑ Menu Bar에서 Group의 **post를** 클릭한다.

ⓒ Select Groups to Post에서 **'top_skin'**을 선택한다.

ⓓ **Apply 버튼**을 클릭하면 화면에 top skin만 나타난다.

ⓔ 같은 방법으로 **'bottom_skin, root_tip_skin, core'** 순서로 모델을 확인한다.

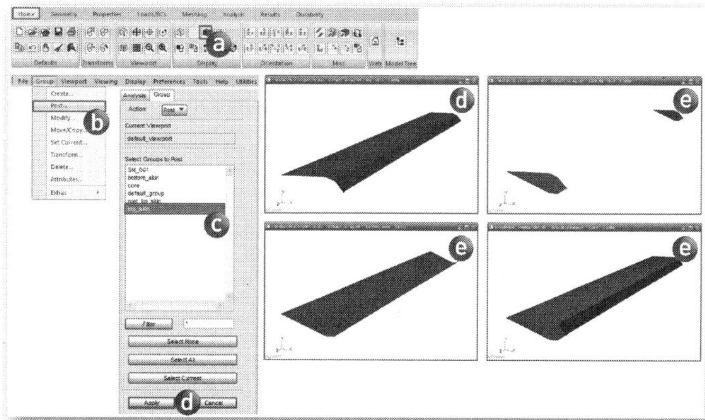

Step 4 Material 생성 1

ⓐ Properties Tap에서 **Isotropic 아이콘**을 클릭한다.

ⓑ Material Name을 **'core'**로 입력한다.

ⓒ **Input Properties 버튼**을 클릭한다.

ⓓ **'Elastic Modulus= 6.89, Poisson Ratio= 0'**을 입력한다.

ⓔ Input Options 창에서 **OK 버튼**을 클릭한다.

ⓕ Material Form에서 **Apply 버튼**을 클릭한다.

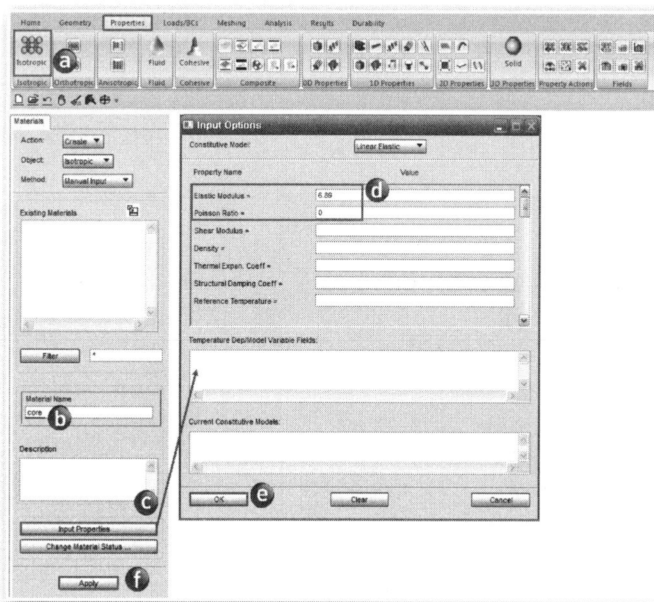

Step 5 Material 생성 2

ⓐ **'Object: 2d Orthotropic'**으로 설정한다.

ⓑ Material Name을 **'CFRP'**로 입력한다.

ⓒ **Input Properties 버튼**을 클릭한다.

ⓓ **'Elastic Modulus 11= 131600, Elastic Modulus 22= 8200, Poisson Ratio 12= 0.281, Shear Modulus 12 = 4500'**을 입력한다.

ⓔ Input Options 창에서 **OK 버튼**을 클릭한다.

ⓕ Material Form에서 **Apply 버튼**을 클릭한다.

ⓖ **Input Properties 버튼**을 클릭한다.

ⓗ **'Constitutive Model: Failure, Failure Limits: Stress, Composite Failure Theory: Tsai-Wu'**로 설정한다.

ⓘ Input Options 창에서 위 표와 같이 데이터를 입력한다.

ⓙ Input Options 창에서 **OK 버튼**을 클릭한다.

ⓚ Material Form에서 **Apply 버튼**을 클릭한다.

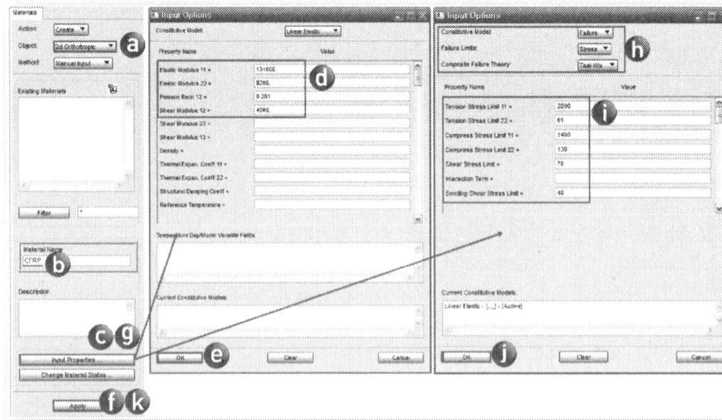

Property Name	Value
Tension Stress Limit 11	2000
Tension Stress Limit 22	61
Compress Stress Limit 11	1400
Compress Stress Limit 22	130
Shear Stress Limit	70
Bonding Shear Stress Limit	40

Step 6 Coordinate 생성

ⓐ Geometry Tap에서 Coordinate의 **Axis 아이콘**을 클릭한다.

ⓑ **Auto Execute 체크**를 **해제**한다.

ⓒ **'Origin: [0 0 0], Point on Axis 1: [0 0 –1], Point on Axis 2: [0 1 0]'**을 입력한다.

ⓓ **Apply 버튼**을 클릭한다.

ⓔ **'Origin: [20 0 0], Point on Axis 1: [20 1 0], Point on Axis 2: [20 0 1]'**을 입력하고 **Apply 버튼**을 클릭한다.

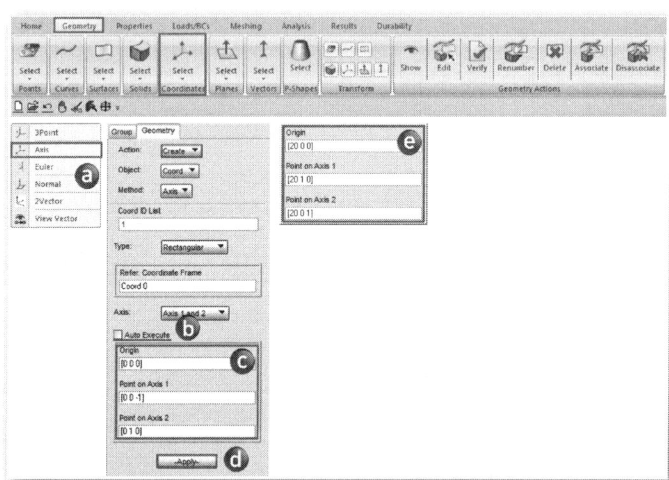

Step 7 Laminate 생성

ⓐ Property Tap에서 Composite의 **Laminate 아이콘**을 클릭한다.

ⓑ Material Name을 **'laminate'**로 입력한다.

ⓒ Laminated Composite 창에서 그림과 같이 값을 입력한다.

ⓓ Material Form에서 **Apply 버튼**을 클릭한다.

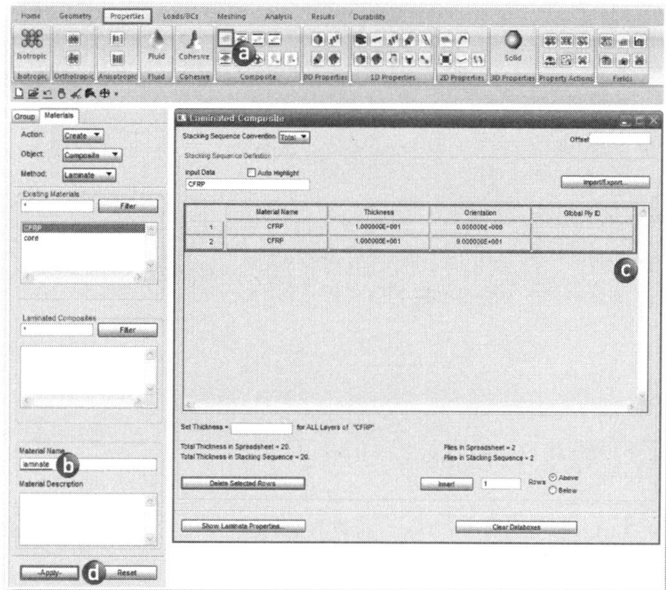

Step 8 Property 생성 1

ⓐ Properties Tap에서 3D Properties의 **Solid 아이콘**을 클릭한다.

ⓑ Property Set Name을 **'core_prop'**으로 입력한다.

ⓒ **Input Properties 버튼**을 클릭한다.

ⓓ Mat Prop Name 오른쪽에 있는 아이콘을 누르고 **'core'** 물성치를 클릭한다.

ⓔ **OK 버튼**을 클릭한다.

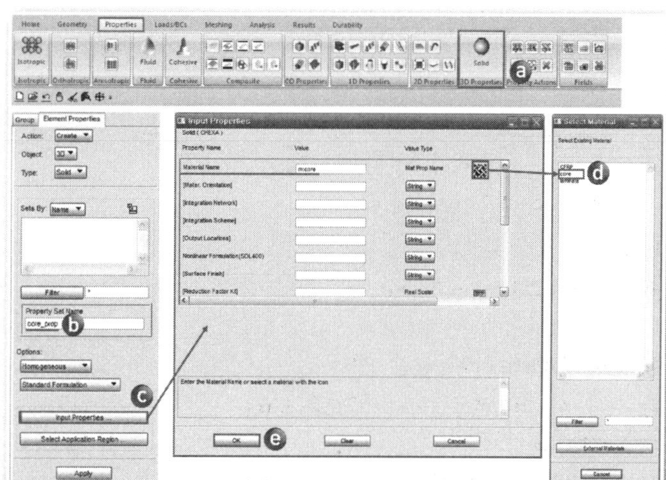

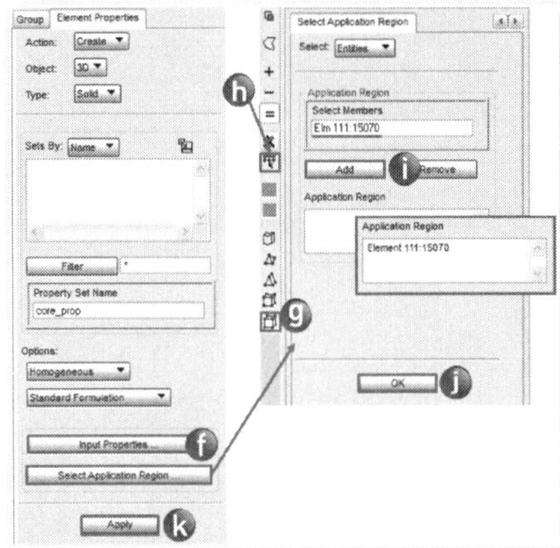

ⓕ **Select Application Region 버튼**을 클릭한다.

ⓖ **Solid element 아이콘**을 클릭한다.

ⓗ **Pick All 아이콘**을 클릭하여 **모든 Solid element를 선택**한다.

ⓘ **Add 버튼**을 클릭하면 Application Region에 모든 Solid element가 추가된다.

ⓙ **OK 버튼**을 클릭한다.

ⓚ Element Properties Form에서 **Apply 버튼**을 클릭하면 **'core_prop'** Property가 생성된다.

Step 9 Property 생성 2

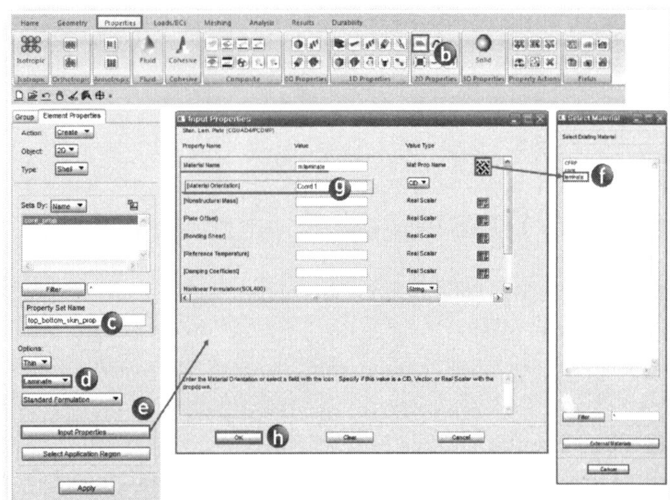

ⓐ Step 3에서와 같이 Menu Bar에서 Group의 post를 이용하여 화면에 **top_skin과 bottom_skin만** 나타나게 한다.

ⓑ Properties Tap에서 2D Properties의 **Shell 아이콘**을 클릭한다.

ⓒ Property Set Name을 **'top_bottom_skin_prop'**으로 입력한다.

ⓓ **'Options: Laminate'**로 설정한다.

ⓔ **Input Properties 버튼**을 클릭한다.

ⓕ Mat Prop Name 오른쪽에 있는 아이콘을 누르고 **'laminate'** 물성치를 클릭한다.

ⓖ Input Properties 창에서 Material Orientation에 **'Coord 1'**을 입력한다.

ⓗ **OK 버튼**을 클릭한다.

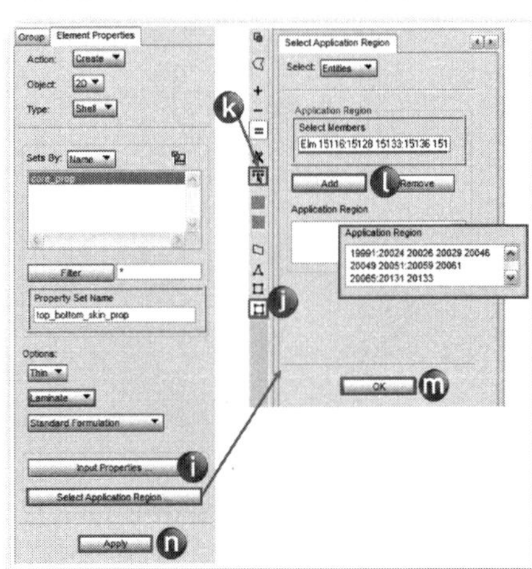

ⓘ **Select Application Region 버튼**을 클릭한다.

ⓙ **Shell element 아이콘**을 클릭한다.

ⓚ **Pick All 아이콘**을 클릭하여 **모든 Shell element를 선택**한다.

ⓛ **Add 버튼**을 클릭하면 Application Region에 모든 Shell element가 추가된다.

ⓜ **OK 버튼**을 클릭한다.

ⓝ Element Properties Form에서 **Apply 버튼**을 클릭하면 **'top_bottom_skin_prop'** Property가 생성된다.

Step 10 Property 생성 3

ⓐ Step 3에서와 같이 Menu Bar에서 Group의 post를 이용하여 화면에 **root_tip_skin만** 나타나게 한다.

ⓑ Property Set Name을 **'root_tip_skin_prop'**으로 입력한다.

ⓒ **Input Properties 버튼**을 클릭한다.

ⓓ Mat Prop Name 오른쪽에 있는 아이콘을 누르고 **'laminate'** 물성치를 클릭한다.

ⓔ Input Properties 창에서 Material Orientation에 **'Coord 2'**를 입력한다.

ⓕ **OK 버튼**을 클릭한다.

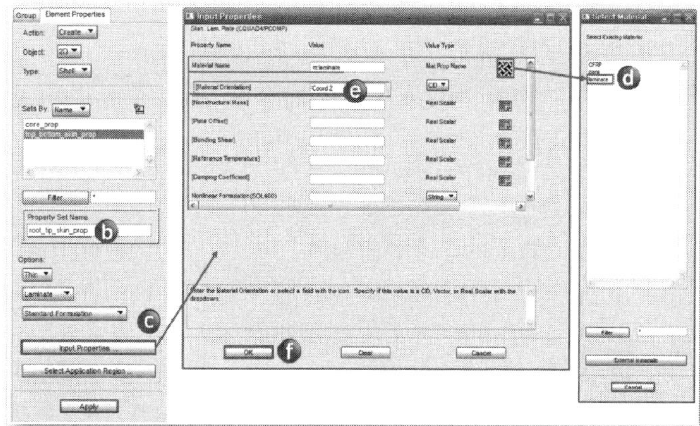

ⓖ **Select Application Region 버튼**을 클릭한다.

ⓗ **Shell element 아이콘**을 클릭한다.

ⓘ **Pick All 아이콘**을 클릭하여 **모든 Shell element를 선택**한다.

ⓙ **Add 버튼**을 클릭하면 Application Region에 모든 Shell element가 추가된다.

ⓚ **OK 버튼**을 클릭한다.

ⓛ Element Properties Form에서 **Apply 버튼**을 클릭하면 **'root_tip_skin_prop'** Property가 생성된다.

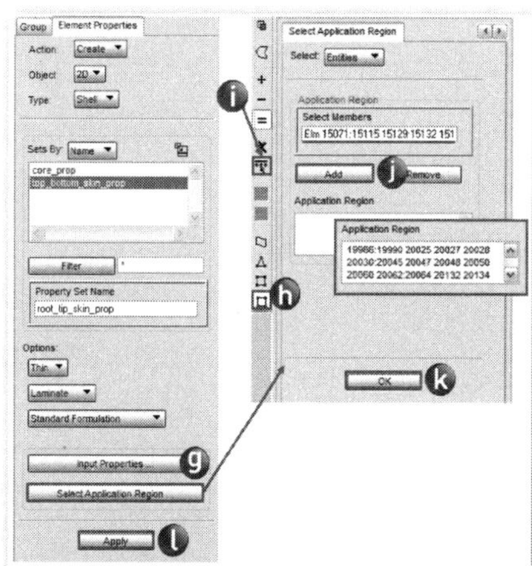

Step 11 경계조건 설정

ⓐ Loads/BCs Tap에서 **Displacement Constraint 아이콘**을 클릭한다.

ⓑ New Set Name을 **'constraint'**로 입력한다.

ⓒ Load/Boundary Conditions Form에서 **Input Data**를 클릭한다.

ⓓ 그림과 같이 **Translations항에 < 0 0 0 > Rotations 항에 < 0 0 0 >**으로 입력한다.

ⓔ Input Data 창에서 **OK 버튼**을 클릭한다.

ⓕ Load/Boundary Conditions Form에서 **Select Application Region**을 클릭한다.

ⓖ **'Select: FEM'**으로 설정한다.

ⓗ 화면에 표시된 두 개의 익형 중에 **Root 부분의 익형 전체를** 선택한다.

ⓘ **Add 버튼**을 클릭한다.

ⓙ **OK 버튼**을 클릭한다.

ⓚ Load/Boundary Conditions Form에서 **Apply 버튼**을 클릭하면 **'constraint'** 경계조건이 생성된다.

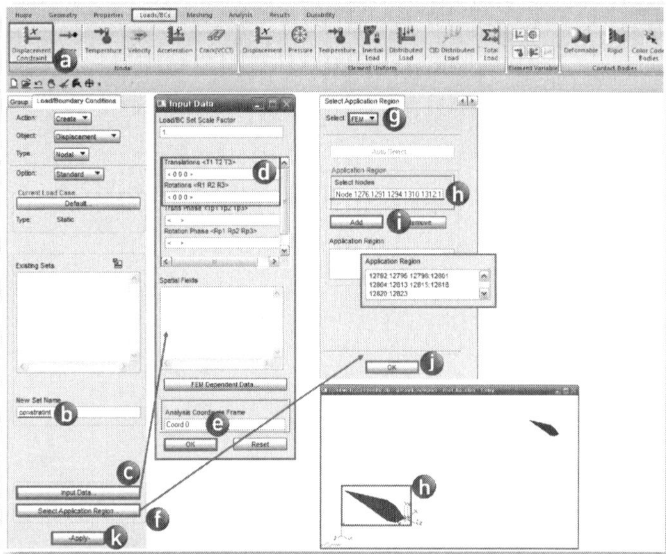

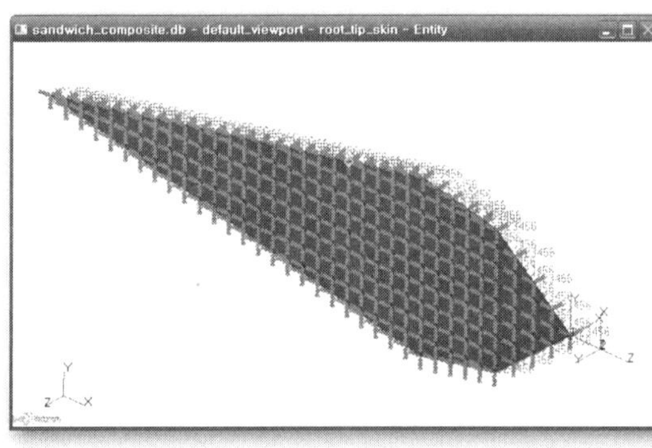

Step 12 하중조건 설정

ⓐ Step 3에서와 같이 Menu Bar에서 Group의 post를 이용하여 화면에 **top_skin만** 나타나게 한다.

ⓑ Loads/BCs Tap에서 **Pressure 아이콘**을 클릭한다.

ⓒ New Set Name을 **'pressure'**로 입력한다.

ⓓ **'Target Element Type: 2D'**로 설정한다.

ⓔ Load/Boundary Conditions Form에서 **Input Data 버튼**을 클릭한다.

ⓕ Top Surf Pressure 항에 **'-0.5'**로 입력한다.

ⓖ Input Data 창에서 **OK 버튼**을 클릭한다.

ⓗ Load/Boundary Conditions Form에서 **Select Application Region 버튼**을 클릭한다.

ⓘ **'Select: FEM'**으로 설정한다.

ⓙ 화면에 표시된 **top_skin 전체를** 선택한다.

ⓚ **Add 버튼**을 클릭한다.

ⓛ **OK 버튼**을 클릭한다.

ⓜ Load/Boundary Conditions Form에서 **Apply 버튼**을 클릭하면 **'pressure'** 하중조건이 생성된다.

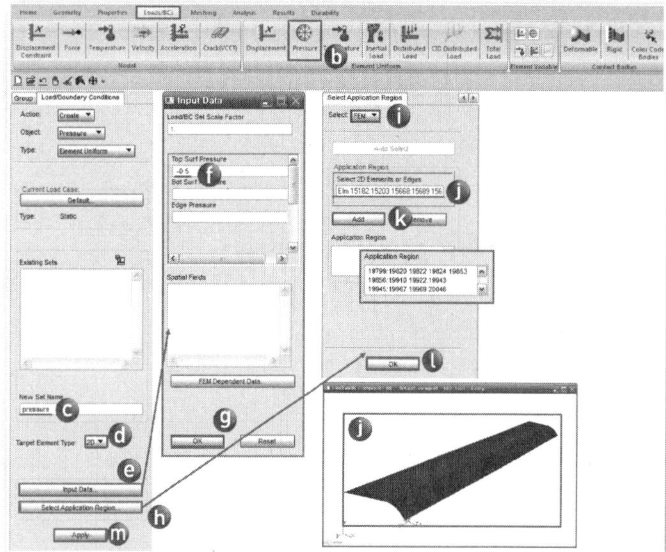

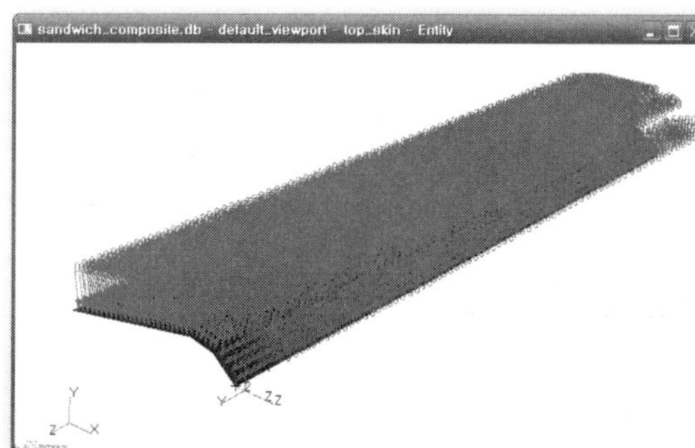

2 해석 (Solve)

Step 1 해석 설정

ⓐ Step 3에서와 같이 Menu Bar에서 Group의 post를 이용하여 화면에 **core, top_skin, bottom_skin, root_tip_skin만** 나타나게 한다.

ⓑ Analysis Tap에서 **Entire Model 아이콘**을 클릭한다.

ⓒ **Solution Type 버튼**을 클릭한다.

ⓓ **'LINEAR STATIC'**으로 선택한다.

ⓔ **OK 버튼**을 클릭한다.

ⓕ **Apply 버튼**을 클릭하여 해석을 수행한다.

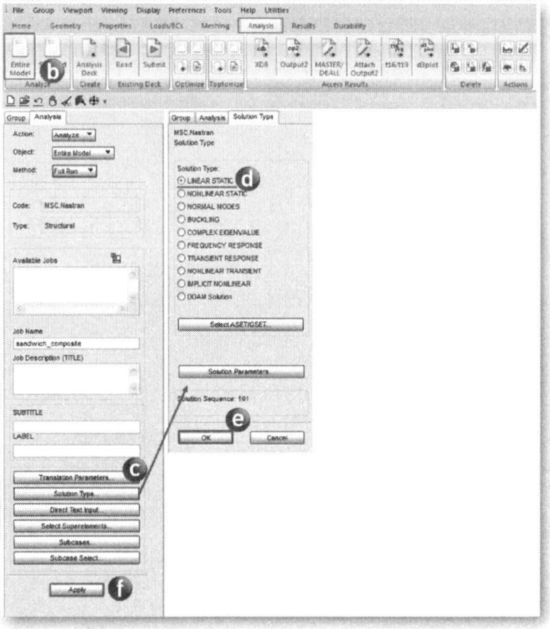

Step 2 결과파일 연결

ⓐ Analysis Tap에서 Access Results의 **XDB 아이콘**을 클릭한다.

ⓑ **Select Results File 버튼**을 클릭한 뒤 해당 파일 경로에 있는 **'sandwich_composite.xdb' 파일**을 클릭한다.

ⓒ Analysis Form에서 **Apply 버튼**을 클릭한다.

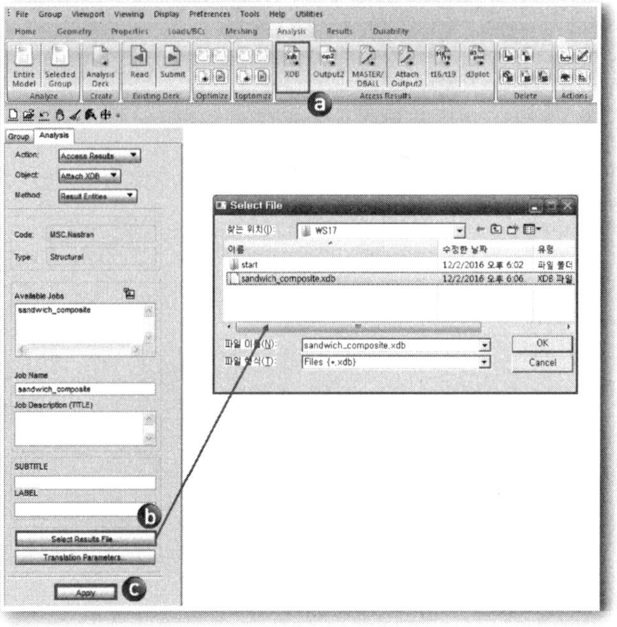

3 후 처리 (Post-Process)

Step 1 변위(Displacement)

ⓐ Results Tap에서 **Fringe/Deformation 아이콘**을 클릭한다.

ⓑ Select Result Cases에서 **'SC1:DEFAULT, A1:Static Subcase'**를 선택한다.

ⓒ Select Fringe Result에서 **'Displacements, Translational'**을 선택한다.

ⓓ Select Deformation Result에서 **'Displacements, Translational'**을 선택한다.

ⓔ **Apply 버튼**을 클릭하여 화면에 나타난 결과를 확인한다.

ⓕ **Reset Graphics 아이콘**을 클릭한다.

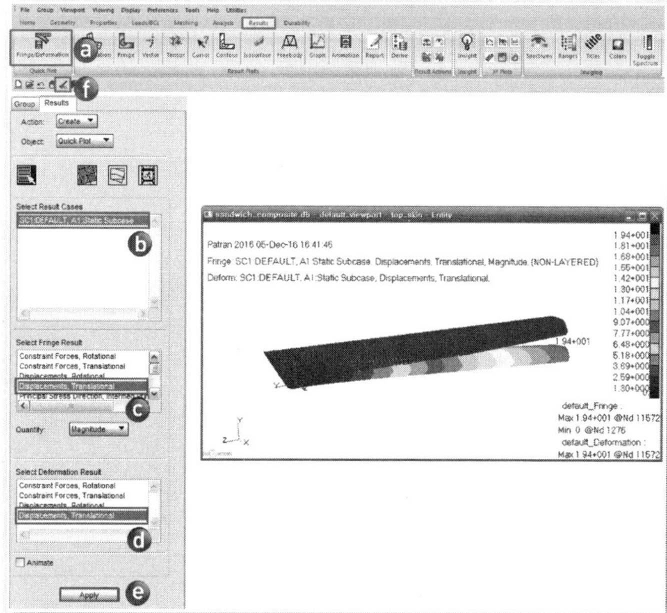

Step 2 복합재료 파손 (Tsai-Wu criterion)

ⓐ Menu bar에서 Tools의 Laminate Modeler에 있는 **Laminate를** 클릭한다.

ⓑ **'Method: Failure Calc'**로 설정한다.

ⓒ Select Result Cases에서 **'SC1:DEFAULT, A1:Static Subcase'**를 선택한다.

ⓓ Select Layered Result에서 **'Stress Tensor'**를 선택한다.

ⓔ Select Elements에서 화면에 나타난 모든 Element를 선택한다.

ⓕ **'Criterion: TsaiWu'**로 설정한다.

ⓖ Failure Results에서 **'Failure Indices'**를 선택한다.

ⓗ Name을 **'Tsai_Wu'**로 입력한다.

ⓘ **Apply 버튼**을 클릭한 뒤, **Close 버튼**을 클릭한다.

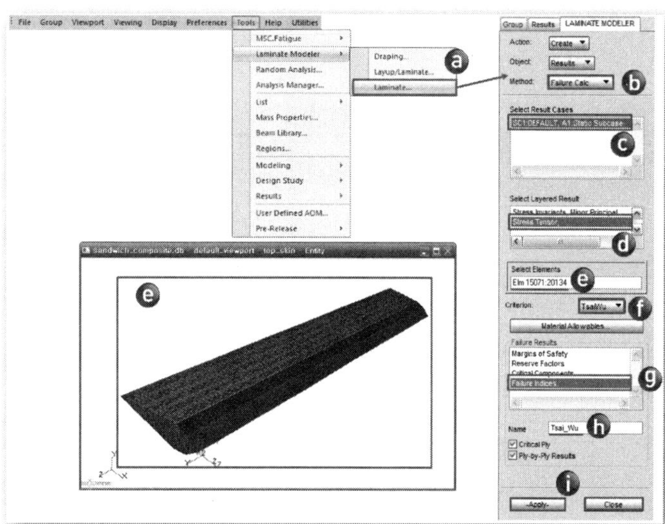

ⓙ Results Tap에서 **Fringe/Deformation 아이콘**을 클릭한다.

ⓚ Select Result Cases에서 **'SC1:DEFAULT, a1_Static Subcases'**를 선택한다.

ⓛ Select Fringe Result에서 **'Failure Indices (Worst)*, TsaiWu Stress (Tsai_Wu)'**를 선택한다.

ⓜ **Apply 버튼**을 클릭하여 화면에 나타난 결과를 확인한다.

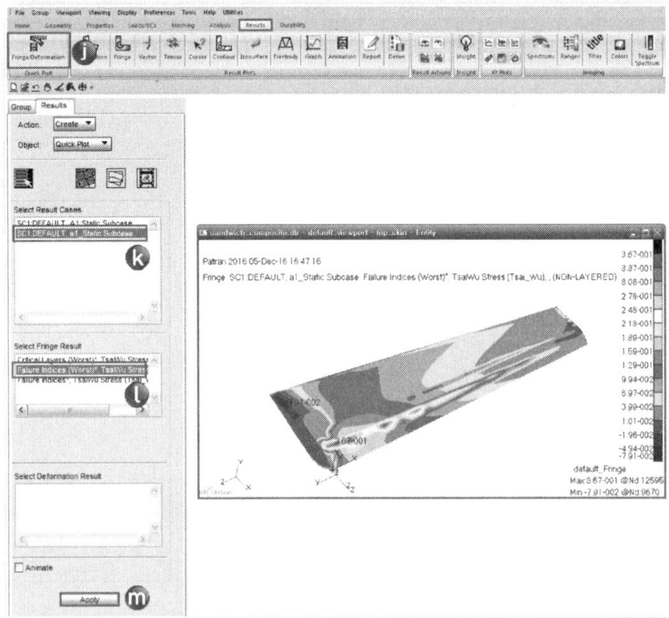

Workshop 18

Inertia Relief

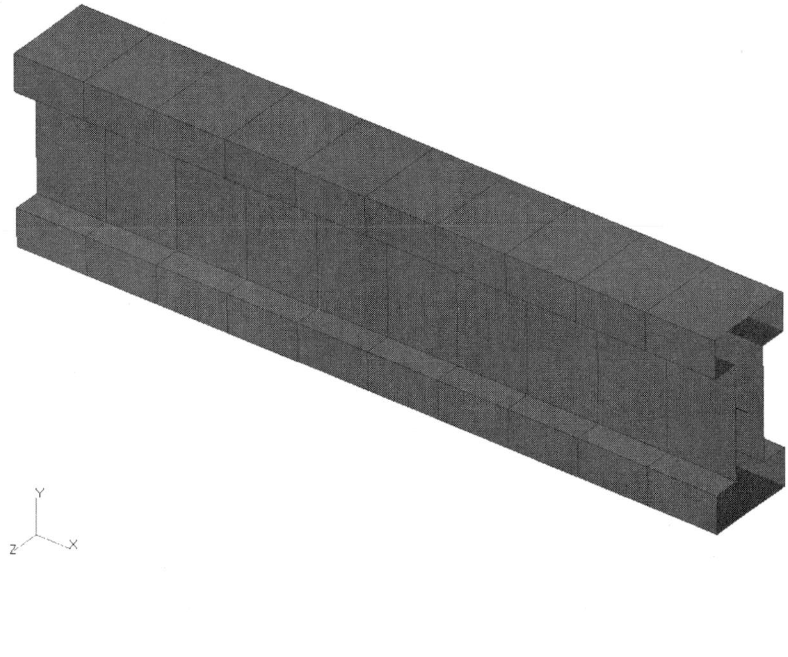

문제정의

Workshop 18에서는 1D Element인 빔(Beam) 요소를 사용하여 구속조건이 없는 1차원 부재를 해석한다. 구속조건이 없는 문제를 해결하기 위해 임의의 한 점을 구속하여 상대변위를 나타내는 inertia relief 조건을 적용한다. 하중은 부재 가운데에 5000 N로 집중하중이 작용한다. 부재의 단면은 아래 그림과 같이 I-beam을 사용하고 재질은 Steel로 적용한다.

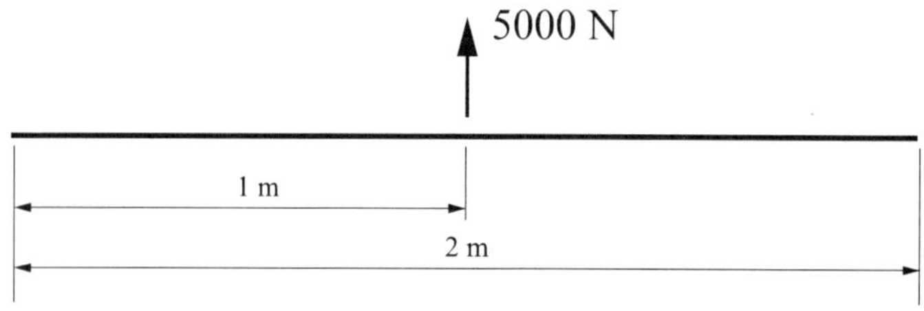

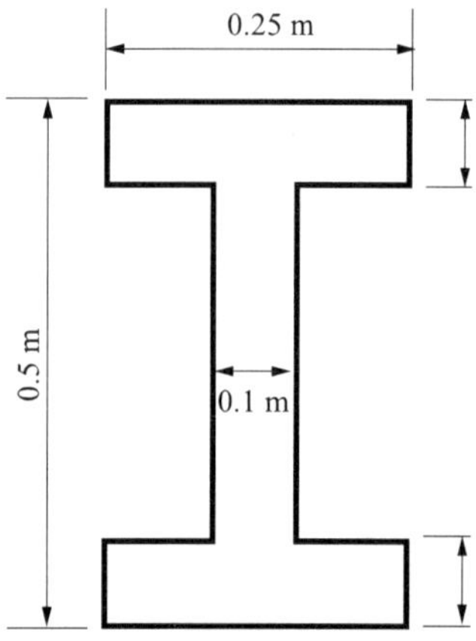

	설정
해석 시스템	Linear Static (Sol 101)
단위계	N / kg / m
	Steel
탄성계수, G	200E + 9 N/m^2
포아송 비, Nu	0.3

1 전 처리 (Pre-Process)

Step 1 .db파일 생성

ⓐ **Patran**을 실행한다.

ⓑ Home Tap에서 **New 버튼**을 클릭한다.

ⓒ 파일 이름을 **'iBeam.db'** 입력하고 **OK 버튼**을 클릭한다.

ⓓ New Model Preference 에서 그림과 같이 설정하고 **OK 버튼**을 클릭한다.

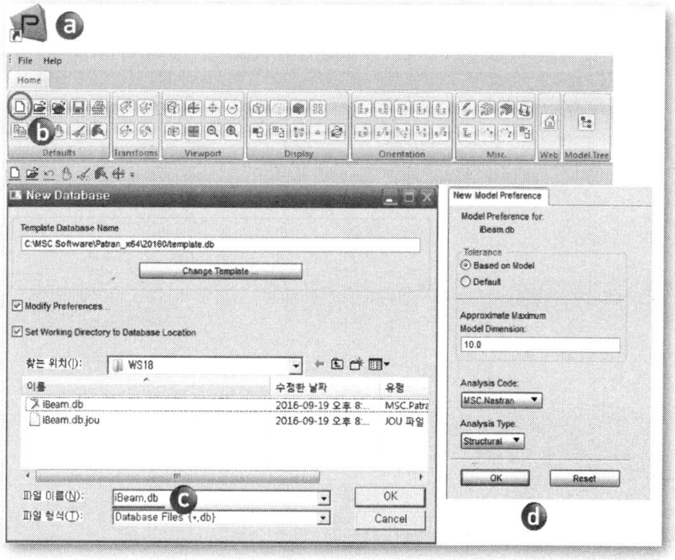

Step 2 Geometry 생성

ⓐ Geometry Tap에서 Point의 **XYZ 아이콘**을 클릭한다.

ⓑ Geometry form에서 **Auto Execute 체크**를 해제한다.

ⓒ Point Coordinates List에 **'Point 1'**의 좌표를 입력한다.

ⓓ **Apply 버튼**을 클릭하면 'Point 1'이 생성된다.

ⓔ 같은 방법으로 **'Point 2'**를 생성한다.

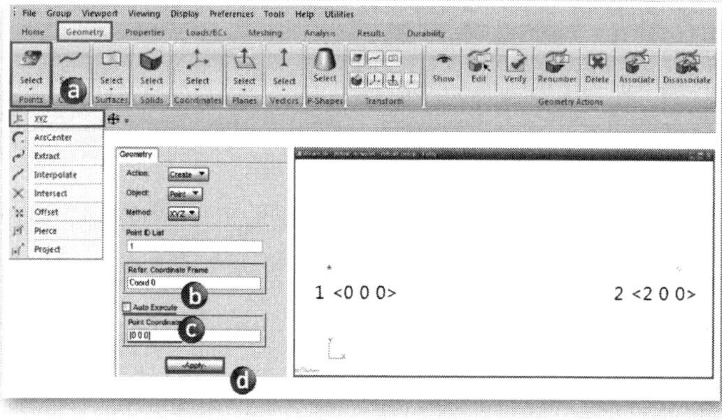

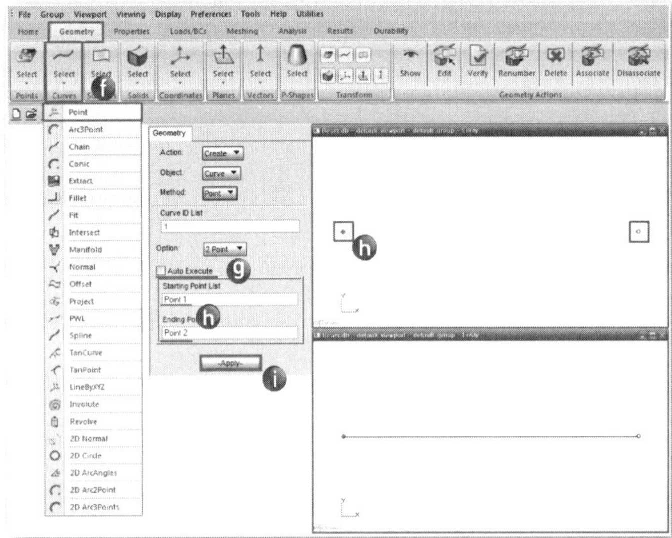

ⓕ Geometry Tap에서 Curves의 **Point 아이콘**을 클릭한다.

ⓖ Geometry form에서 **Auto Execute 체크를 해제**한다.

ⓗ Starting Point List에 **'Point 1'**, Ending Point List에 **'Point 2'**를 화면에서 선택한다.

ⓘ **Apply 버튼**을 클릭하면 'Point 1'과 'Point 2'를 잇는 **'Curve 1'**이 생성된다.

Step 3 Material 생성

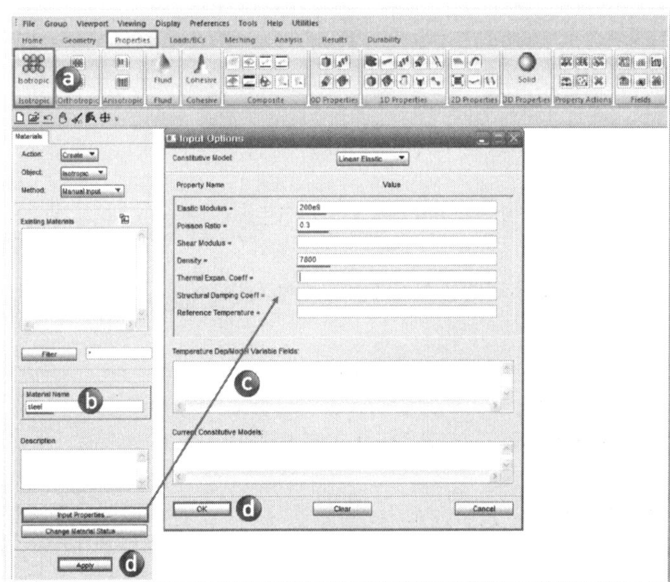

ⓐ Properties Tap에서 **Isotropic 아이콘**을 클릭한다.

ⓑ Material Name을 **'steel'**로 입력한다.

ⓒ **Input Properties 버튼**을 클릭하여 **'Elastic Modulus= 200e9, Poisson Ratio= 0.3, Density= 7800'**를 입력하고 **OK 버튼**을 클릭한다.

ⓓ Materials form에서 **Apply 버튼**을 클릭하면 **'steel' 물성치**가 생성된다.

Step 4 Property 생성

ⓐ Properties Tap에서 1D Properties의 **Beam 아이콘**을 클릭한다.

ⓑ Property Set Name을 **'ibeam'**으로 입력한다.

ⓒ **'Options: Tapered Section'**로 설정한다.

ⓓ **Input Properties 버튼**을 클릭한다.

ⓔ Mat Prop Name 오른쪽에 있는 아이콘을 클릭하고 Step 3 에서 만든 **'steel' 물성치**를 선택한다.

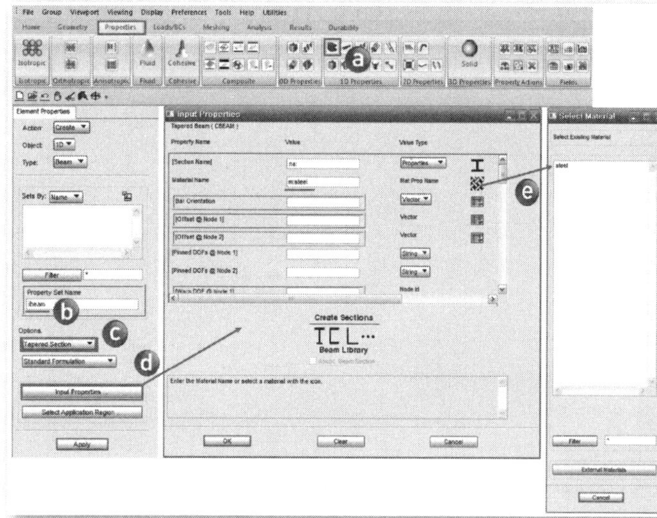

ⓕ Input Properties 창에서 **Beam Library 아이콘**을 클릭한다.

ⓖ New Section Name을 **'ibeam'**으로 입력하고 **첫 번째 I-Beam 아이콘**을 클릭한다.

ⓗ 빔 단면 치수를 아래 표와 같이 입력한다.

ⓘ Beam 아이콘 아래에 **Calculate/Display**를 클릭하면 빔 요소의 단면에 대한 특성이 계산된다.

ⓙ Beam Library 창의 **OK 버튼**을 클릭한다.

H	0.5
W1	0.25
W2	0.25
t	0.1
t1	0.1
t2	0.1

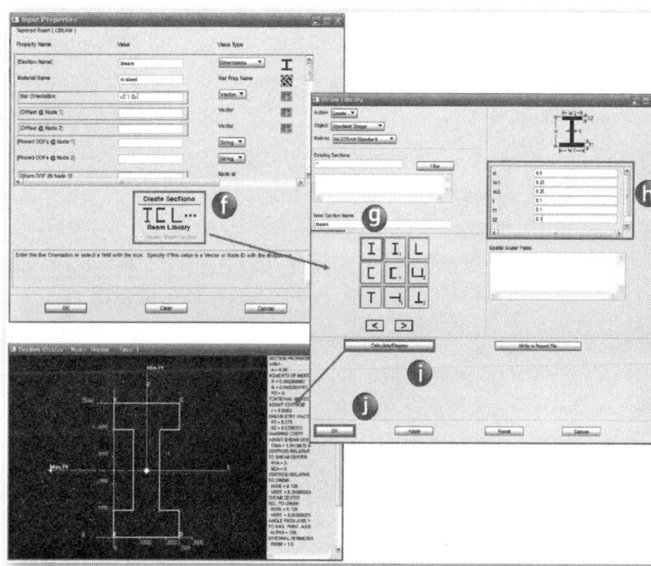

ⓚ 빔 모양 아이콘을 클릭한 뒤 이전에 생성했던 **'I_Beam'**을 클릭한다.

ⓛ **Bar Orientation 항에 < 0 1 0 >**을 입력한다.

ⓜ Input Properties 창의 **OK 버튼**을 클릭한다.

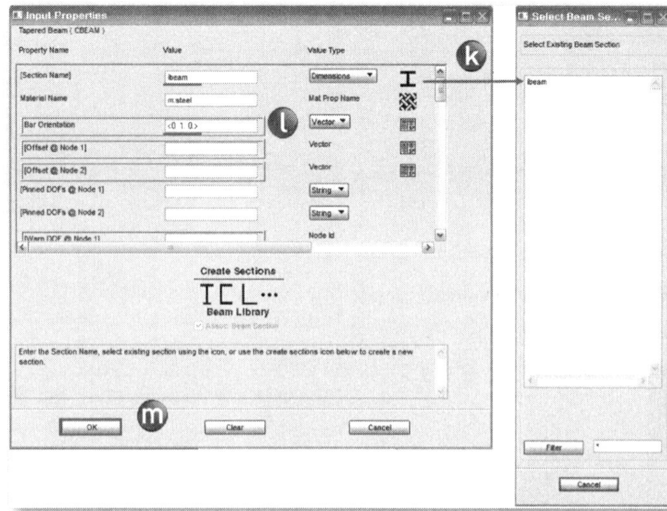

ⓝ Element Properties Form에서 **Select Application Region 버튼**을 클릭한다.

ⓞ 화면의 **'Curve 1'**을 선택하고 **Add 버튼**을 클릭하면 'Curve 1'이 추가된다.

ⓟ **OK 버튼**을 클릭하여 Element Properties Form으로 돌아온다.

ⓠ Element Properties Form에서 **Apply 버튼**을 클릭하면 **'ibeam' Property**가 생성된다.

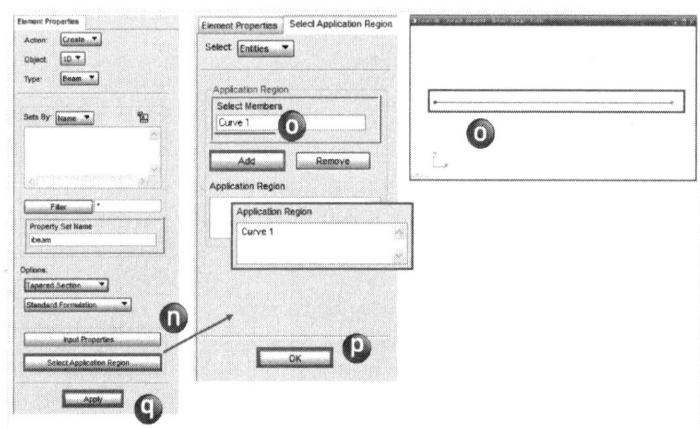

Step 5 Mesh 생성

ⓐ Meshing Tap에서 Mesher의 **Curve 아이콘**을 클릭한다.

ⓑ Finite Elements form에서 **Automatic Calculation 체크를 해제**한다.

ⓒ Curve List에서 **화면의 'Curve 1'**을 선택한다.

ⓓ Global Edge Length의 **'Value: 0.2'**으로 입력하고 **Apply 버튼**을 클릭하면 Mesh가 생성된다.

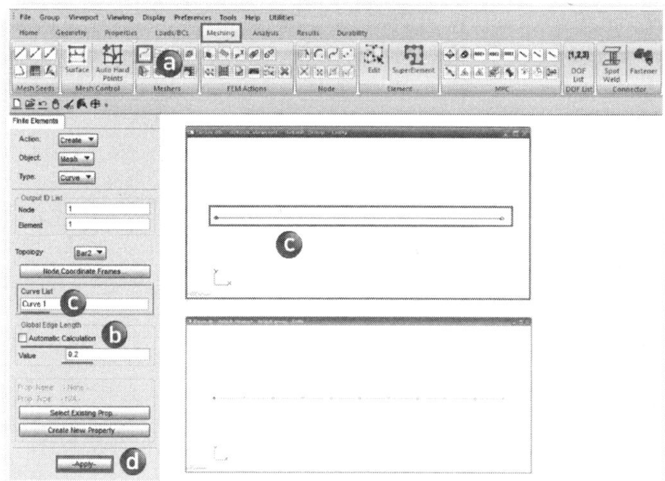

Step 6 하중조건 설정

ⓐ Loads/BCs Tap에서 **Force 아이콘**을 클릭한다.

ⓑ New Set Name을 **'force'**로 입력한다.

ⓒ **Input Data 버튼**을 클릭한다.

ⓓ **Force 항에 <0 5000 0>**으로 입력한다.

ⓔ Input Data 창에 **OK**를 클릭한다.

ⓕ Load/Boundary Conditions Form에서 **Select Application Region 버튼**을 클릭한다.

ⓖ Picking Filters Toolbar에서 **'Select : FEM'**으로 설정한다.

ⓗ **Node 6**을 선택한 뒤 **Add 버튼**을 클릭한다.

ⓘ Application Region에 **'Node 6'**이 입력된 것을 확인하고 **OK 버튼**을 클릭한다.

ⓙ Load/Boundary Conditions Form에서 **Apply 버튼**을 클릭하면 **'force' 하중조건**이 생성된다.

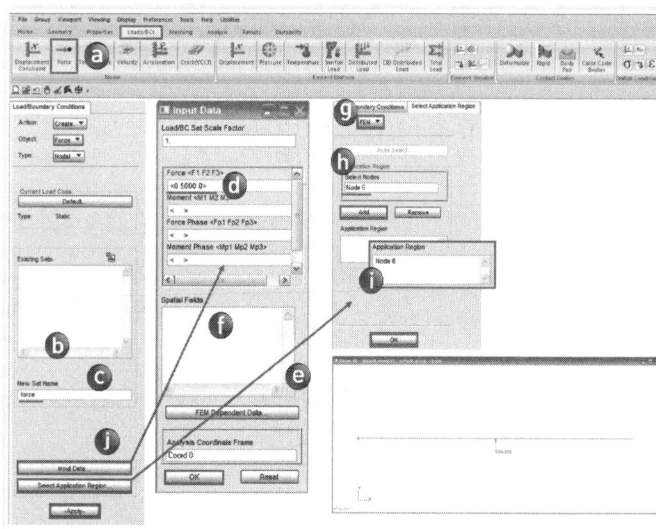

2 해석 (Solve)

Step 1 해석 설정

ⓐ Analysis Tap에서 **Entire Model 아이콘**을 클릭한다.

ⓑ Analysis Form에서 Job Name을 **'ibeam'**으로 입력한다.

ⓒ **Solution Type 버튼**을 클릭하여 **'LINEAR STATIC'**으로 선택되었는지 확인한다.

ⓓ **Solution Parameter 버튼**을 클릭하여 **'Inertia Relief'**를 선택한다.

ⓔ **'Wt-Mass Conversion= 1, Node i.d. for Wt. Gener.= 6'**을 입력한다.

ⓕ Solution Parameter창과 Solution Type창의 **OK 버튼**을 클릭하고 **Apply 버튼**을 클릭하여 해석을 수행한다.

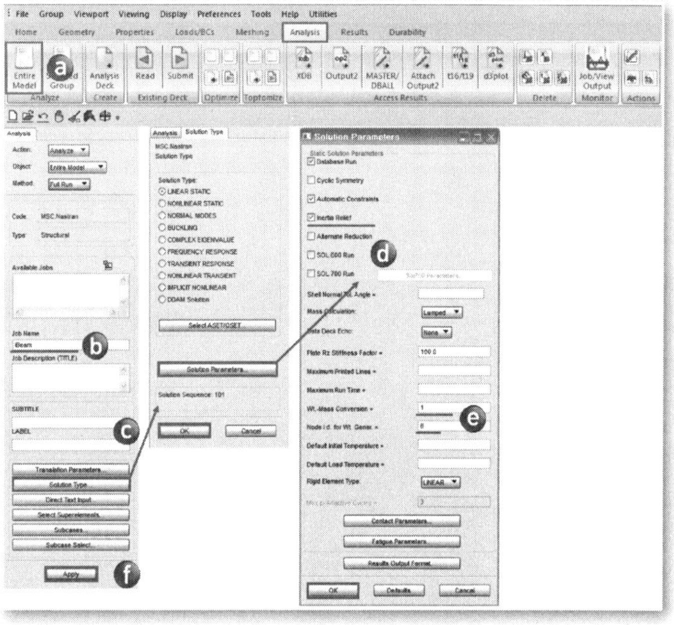

Step 2 결과파일 연결

ⓐ Analysis Tap에서 Access Results의 **XDB 아이콘**을 클릭한다.

ⓑ **Select Results File 버튼**을 클릭하여 해당 파일경로에 있는 **'ibeam.xdb'** 파일을 선택한다.

ⓒ Analysis Form에서 **Apply 버튼**을 클릭한다.

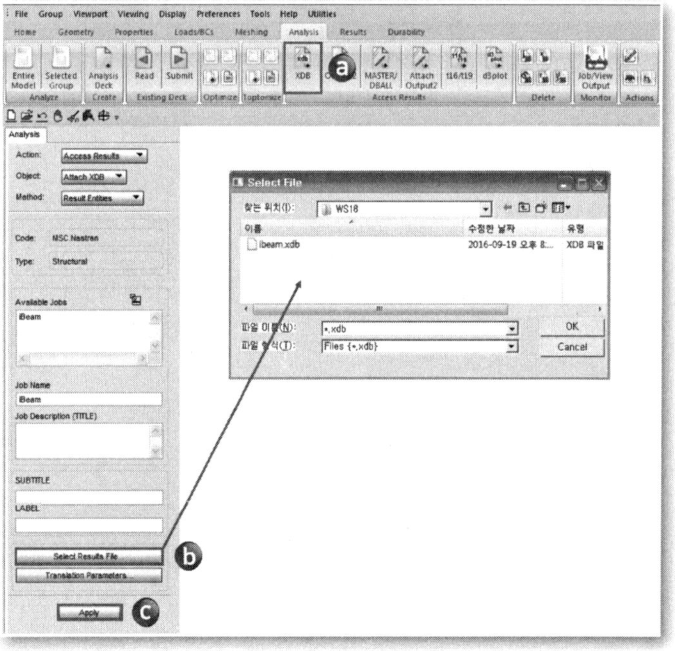

3 후 처리 (Post-Process)

Step 1 상대 변위(Relative displacement)

ⓐ Results Tap에서 **Fringe/Deformation 아이콘**을 클릭한다.

ⓑ Select Fringe Result에서 **'Displacements, Translational'**, Select Deformation Result에서 **'Displacements, Translational'**을 선택한 뒤 **Apply 버튼**을 클릭한다.

ⓒ 화면에 나타난 상대변위 결과를 확인한다.

(위 문제에서는 변위가 '0'인 빔의 중간지점이 inertia relief의 기준점이 된다.)

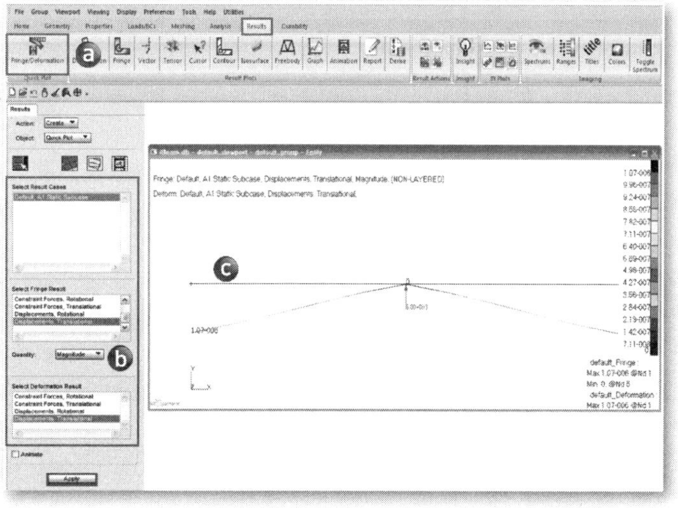

Workshop 19

Axi-symmetry

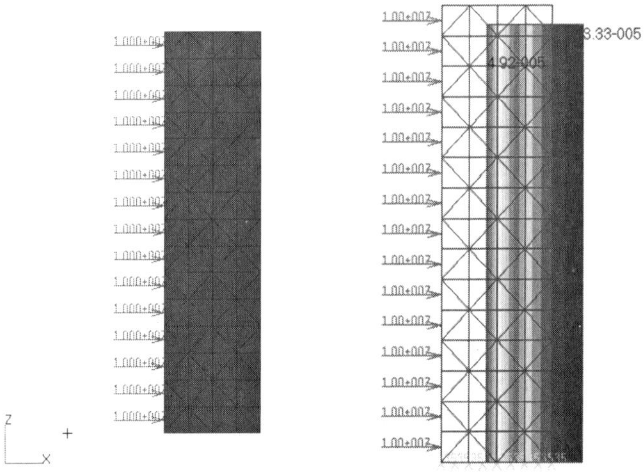

문제정의

Workshop 19에서는 2D Element와 axisymmetric 기능을 사용하여 내압을 받는 실린더를 해석한다. 하중은 실린더 내부에서 10MPa로 압력이 작용한다. 실린더는 높이 방향으로의 움직임만 제한되어있다. 아래 그림은 axi-symmetry에 사용되는 실린더의 단면이며 재질은 Steel로 적용한다.

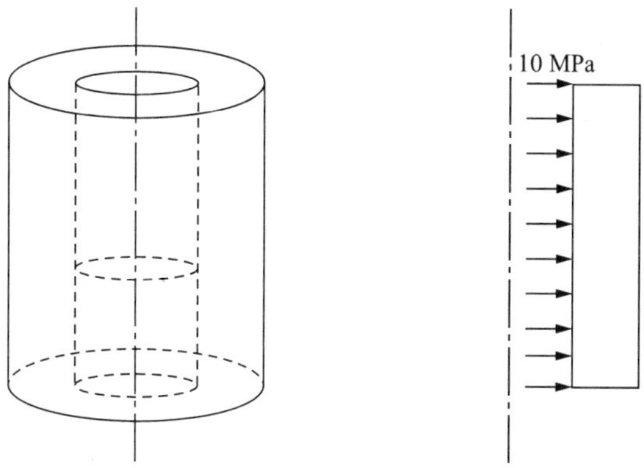

	설정
해석 시스템	Linear Static (Sol 101)
단위계	N / kg / m
재질	Steel
탄성계수, *G*	200E + 9 N/m^2
포아송 비, *Nu*	0.3

1 전 처리 (Pre-Process)

Step 1 .db파일 생성

ⓐ **Patran**을 실행한다.

ⓑ Home Tap에서 **New를** 클릭한다.

ⓒ 파일 이름을 **'2Dcylinder.db'** 입력하고 **OK 버튼**을 클릭한다.

ⓓ New Model Preference에서 그림과 같이 설정하고 **OK 버튼**을 클릭한다.

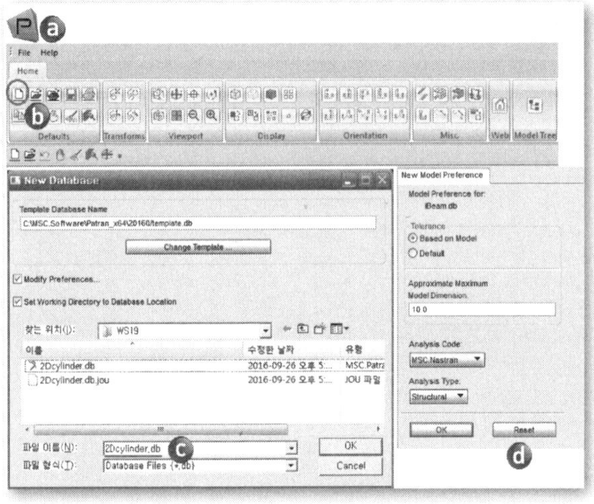

Step 2 Geometry 생성

ⓐ Geometry Tap에서 Surface의 **XYZ 아이콘**을 클릭한다.

ⓑ Geometry form에서 **Auto Execute 체크**를 해제한다.

ⓒ Origin Coordinates List에 **[0.5 0 0]**, Vector Coordinates List에 **[0.5 0 2]**를 입력한다.

ⓓ **Apply 버튼**을 클릭하면 'Surface 1'이 생성된다.

ⓔ Home Tap에서 Orientation의 **Bottom view 아이콘(zx평면)**을 클릭한다.

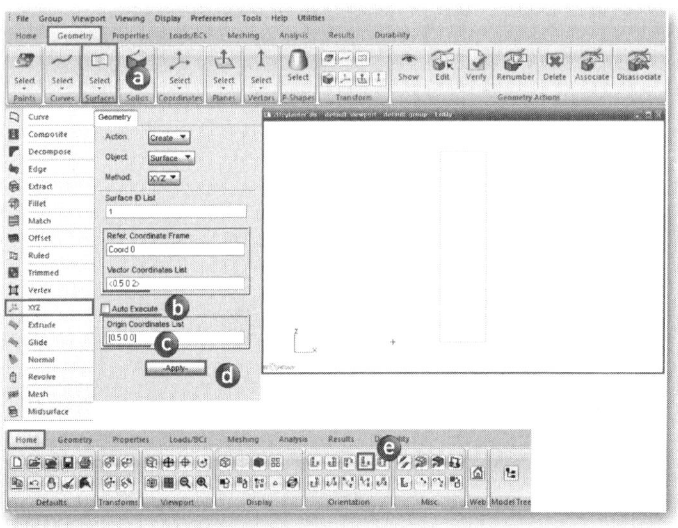

Step 3 Material 생성

ⓐ Properties Tap에서 **Isotropic 아이콘**을 클릭한다.

ⓑ Material Name을 **'steel'**로 입력한다.

ⓒ **Input Properties 버튼**을 클릭하여 **'Elastic Modulus= 200e9, Poisson Ratio= 0.3, Density= 7800'**를 입력하고 **OK 버튼**을 클릭한다.

ⓓ Materials form에서 **Apply 버튼**을 클릭하면 **'steel' 물성치**가 생성된다.

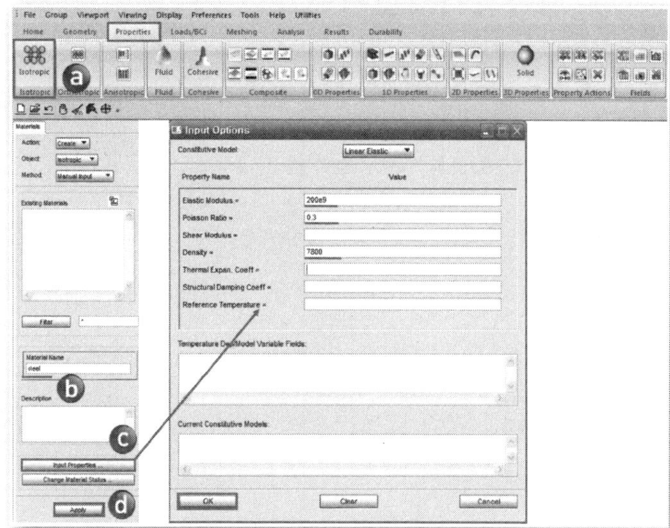

Step 4 Property 생성

ⓐ Properties Tap에서 2D Properties의 **2D Solid 아이콘**을 클릭한다.

ⓑ Property Set Name을 **'cylinder'**으로 입력한다.

ⓒ **'Options: Axisymmetric'**으로 설정한다.

ⓓ **Input Properties 버튼**을 클릭한다.

ⓔ Mat Prop Name 오른쪽에 있는 아이콘을 클릭하고 Step 3 에서 만든 **'steel' 물성치**를 클릭한다.

ⓕ Input Properties 창의 **OK 버튼**을 클릭한다.

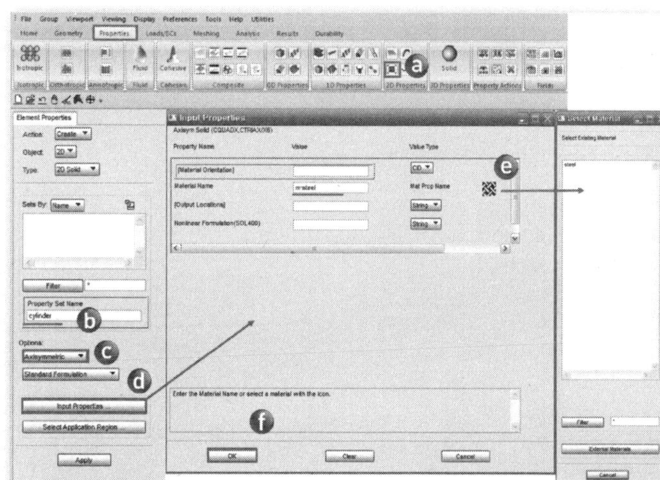

ⓖ Element Properties Form에서 **Select Application Region 버튼**을 클릭한다.

ⓗ 화면의 **'Surface 1'**을 선택하고 **Add 버튼**을 클릭하면 'Surface 1'이 추가된다.

ⓘ **OK 버튼**을 클릭하여 Element Properties Form으로 돌아온다.

ⓙ Element Properties Form에서 **Apply 버튼**을 클릭하면 **'cylinder' Property**가 생성된다.

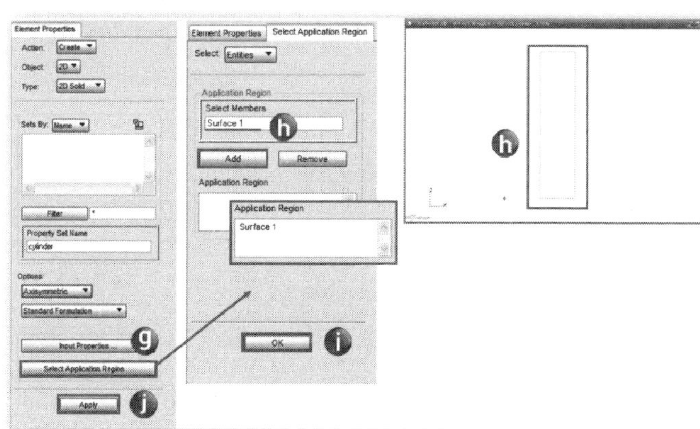

Step 5 Mesh 생성

ⓐ Meshing Tap에서 Mesh Seeds의 **Uniform 아이콘**을 클릭한다.

ⓑ Finite Elements form에서 **Auto Execute 체크를 해제**한다.

ⓒ Curve List에서 **화면의 'Surface 1.1'**을 선택한다.

ⓓ Number에서 **'4'**로 입력하고 **Apply 버튼**을 클릭하면 Mesh Seed가 생성된다.

ⓔ Curve List에서 **Surface 1.1**을 지우고 **화면의 'Surface 1.2'**을 선택한다.

ⓕ Number에서 **'15'**로 입력하고 **Apply 버튼**을 클릭하면 Mesh Seed가 생성된다.

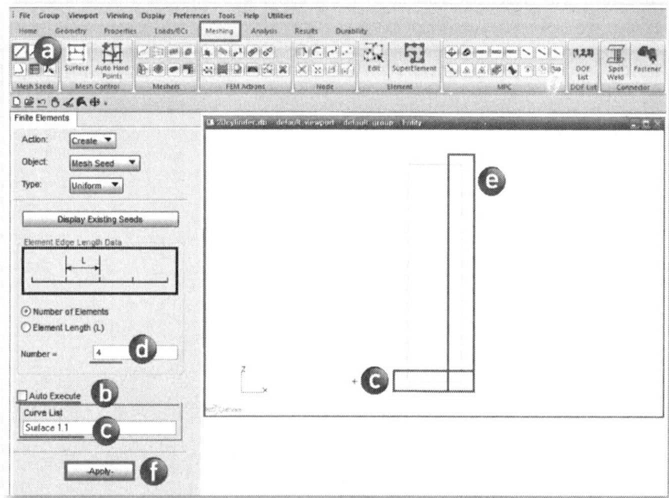

ⓖ Meshing Tap에서 Meshers의 **Surface 아이콘**을 클릭한다.

ⓗ Finite Elements form에서 Elem Shape에서 **'Tria'**를 선택하고 Topology에서 **'Tria6'**를 선택한다.

ⓘ Surface List에서 **화면의 'Surface 1'**을 선택한다.

ⓙ Finite Elements form에서 **Apply 버튼**을 클릭하면 Mesh가 생성된다.

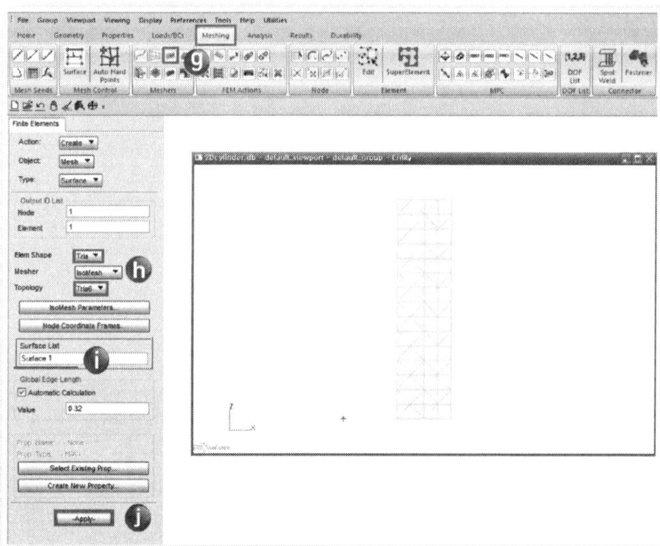

Step 6 경계조건 설정

ⓐ Loads/BCs Tap에서 **Displacement 아이콘**을 클릭한다.

ⓑ New Set Name을 **'fixed'**로 입력한다.

ⓒ **Input Data 버튼**을 클릭한다.

ⓓ **Translation 항에 < , ,0>**으로 입력하고 **Rotations 항에 < ,0, >**으로 입력한다.

ⓔ Input Data 창에 **OK 버튼**을 클릭한다.

ⓕ Load/Boundary Conditions Form에서 **Select Application Region 버튼**을 클릭한다.

ⓖ **'Select : FEM'**으로 설정한다.

ⓗ 바닥 선에 있는 **Node**들을 선택한 뒤 **Add 버튼**을 클릭한다.

ⓘ Application Region에 **Node**들이 입력된 것을 확인하고 **OK 버튼**을 클릭한다.

ⓙ Load/Boundary Conditions Form에서 **Apply 버튼**을 클릭하면 **'fixed' 경계조건**이 생성된다.

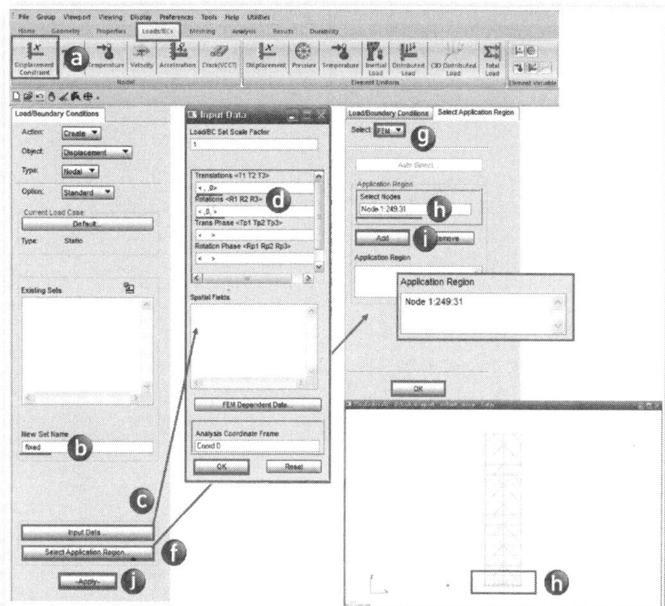

Step 7 하중조건 설정

ⓐ Loads/BCs Tap에서 **Pressure 아이콘**을 클릭한다.

ⓑ New Set Name을 **'pressure'**로 입력하고 **'Target Element Type: 2D'**로 설정한다.

ⓒ **Input Data 버튼**을 클릭한다.

ⓓ **Edge Pressure 항에 '10e6'** 으로 입력한다.

ⓔ Input Data 창에 **OK 버튼**을 클릭한다.

ⓕ Load/Boundary Conditions Form에서 **Select Application Region 버튼**을 클릭한다.

ⓖ **'Select : FEM'**으로 설정한다.

ⓗ Picking Filters Tool bar에서 **Free Edge of element 아이콘**을 선택하고 왼쪽 모서리를 선택한 뒤 **Add 버튼**을 클릭한다.

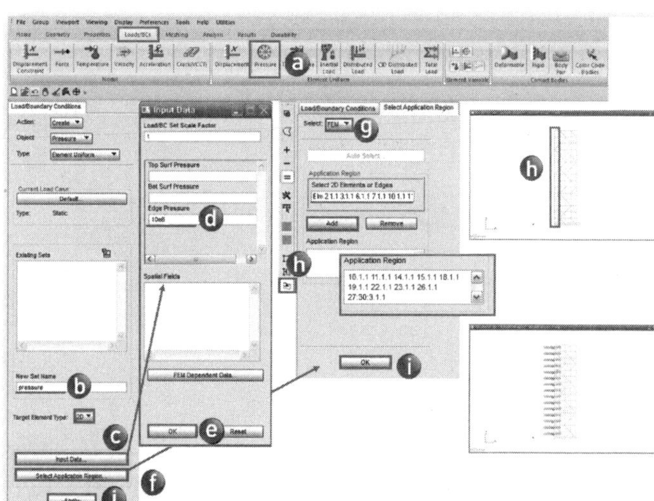

ⓘ Application Region에 **Element의 모서리**가 입력된 것을 확인하고 **OK 버튼**을 클릭한다.

ⓙ **Apply 버튼**을 클릭하면 **'pressure' 하중조건**이 생성된다.

2 해석 (Solve)

Step 1 해석 설정

ⓐ Analysis Tap에서 **Entire Model 아이콘**을 클릭한다.

ⓑ Analysis Form에서 Job Name을 **'2Dcylinder'**으로 입력한다.

ⓒ **Solution Type 버튼**을 클릭하여 **'LINEAR STATIC'**으로 선택되었는지 확인한다.

ⓓ Solution Type창의 **OK 버튼**을 클릭하고 **Apply 버튼**을 클릭하여 해석을 수행한다.

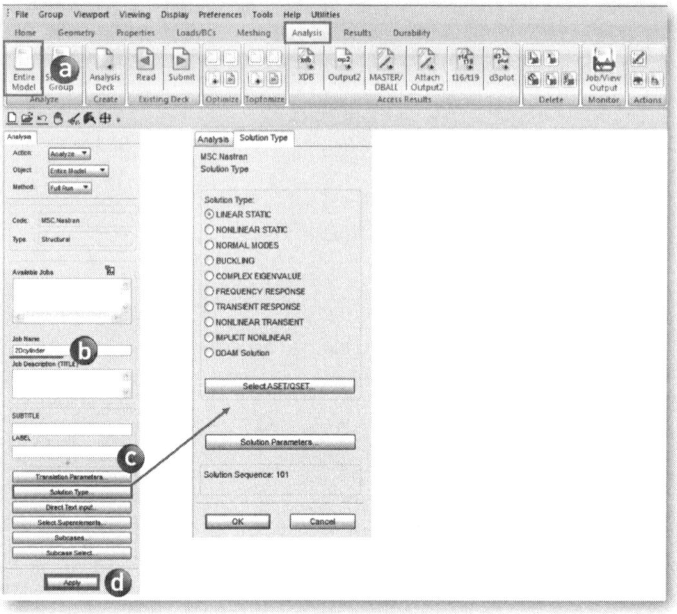

Step 2 결과파일 연결

ⓐ Analysis Tap에서 Access Results의 **XDB 아이콘**을 클릭한다.

ⓑ Select Results File을 클릭하여 해당 파일경로에 있는 **'2dcylinder.xdb'** 파일을 클릭한다.

ⓒ Analysis Form에서 **Apply 버튼**을 클릭한다.

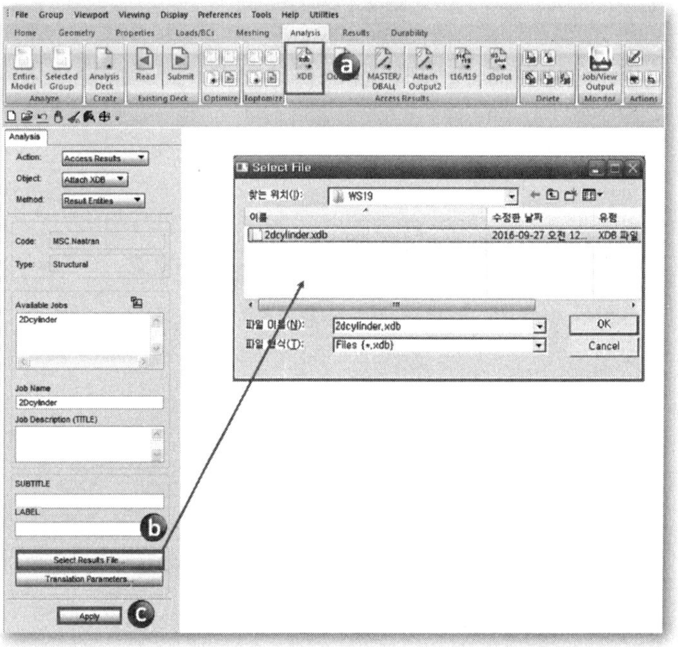

3 후 처리 (Post-Process)

Step 1 변위(Displacement)

ⓐ Results Tap에서 **Fringe/Deformation 아이콘**을 클릭한다.

ⓑ Select Fringe Result에서 **'Displacements, Translational'**, Select Deformation Result에서 **'Displacements, Translational'**을 선택한 뒤 **Apply 버튼**을 클릭한다.

ⓒ 화면에 나타난 결과를 확인한다.

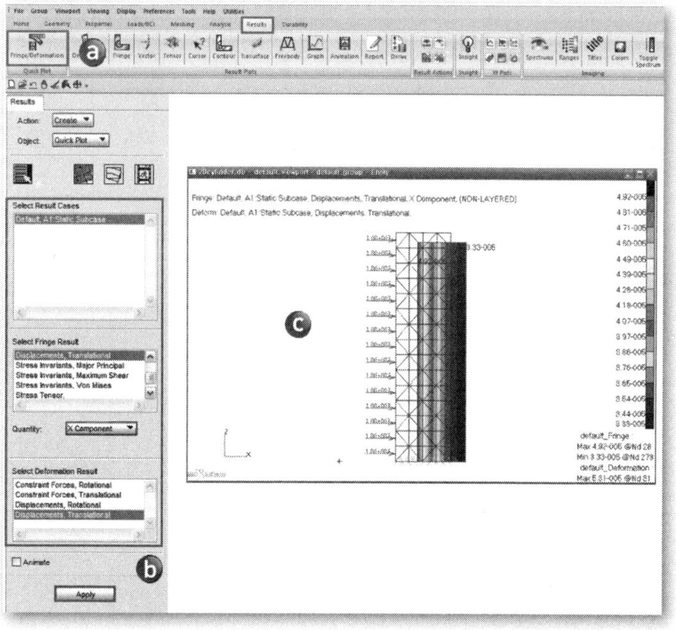

Workshop 20

Enforced motion vibration

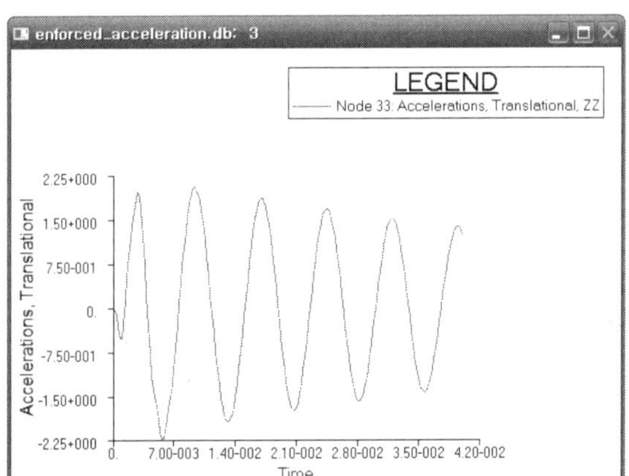

문제정의

Direct method를 사용하여 직사각형 평판에 시간함수의 가진을 가하고 평판의 과도응답 (Transient response)을 계산해 본다. 단위 가속도가 250 Hz 주기로 0.004초 동안 평판의 한쪽 모서리에 가해진다. 구조 감쇠 계수는 0.06이고 이 감쇠를 등가 점성 감쇠로 전환하여 계산한다. 해석 시간은 0.04초이다.

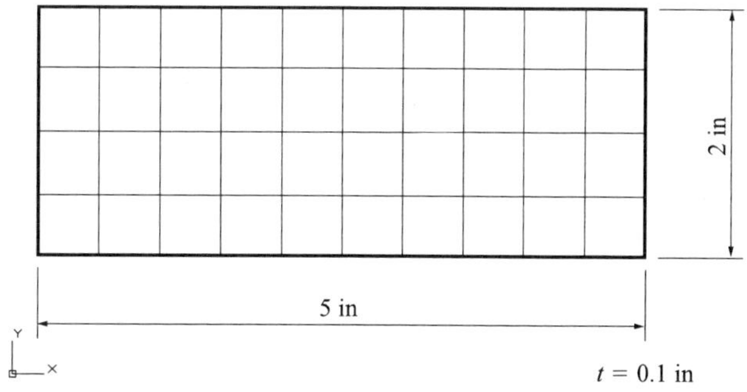

	설정
해석 솔버	Direct Transient Analysis (Sol 109)
단위계	lbs / in / sec
	Steel
탄성계수, E	30.00E + 6 lbs/in^2
포아송 비, Nu	0.3
밀도	0.282 lbs/in^3

1 전 처리 (Pre-Process)

Step 1 .db파일 생성

ⓐ **Patran**을 실행한다.

ⓑ Home tap에서 **New 버튼**을 클릭한다.

ⓒ 파일 이름을 **'enforced_acceleration.db'**로 입력하고 **OK 버튼**을 클릭한다.

ⓓ New Model Preference에서 그림과 같이 설정하고 **OK 버튼**을 클릭한다.

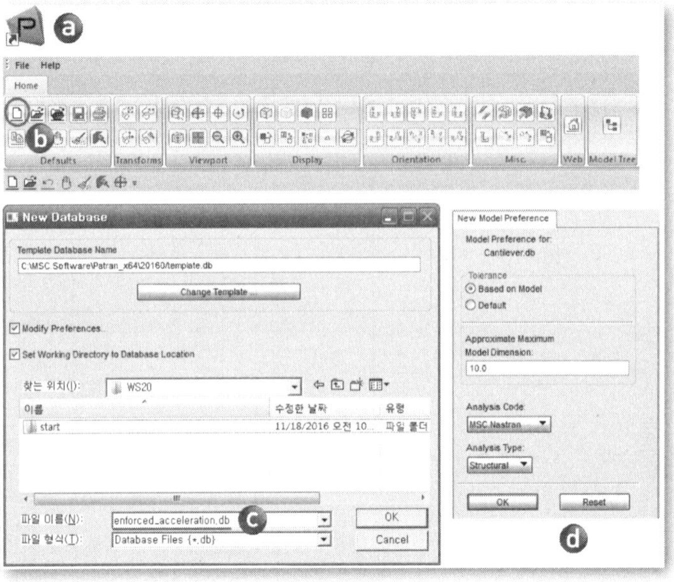

Step 2 모델 불러오기

ⓐ Menu Bar에서 File의 **Import를** 클릭한다.

ⓑ **'Source: MSC.Patran DB'**으로 설정한다.

ⓒ start 폴더의 **'plate.db'** 파일을 선택하고 **Apply 버튼**을 클릭한다.

ⓓ Summary 창이 뜨면 **OK 버튼**을 클릭한다.

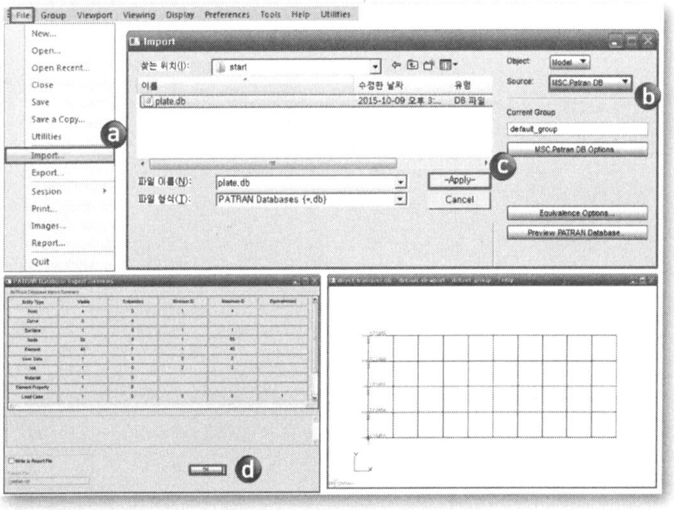

Step 3 Field 생성

ⓐ Properties Tap에서 Fields의 **Non Spatial 아이콘**을 클릭한다.

ⓑ Field Name에 **'accel_field'**로 입력한다.

ⓒ Table Definition에 **'Time (t)'에 체크**한다.

ⓓ **Input Data 버튼**을 클릭한다.

ⓔ Non Spatial Scalar Table Data 창에서 **Map Function to table 버튼**을 클릭한다.

ⓕ 그림과 같이 **'PCL Expression f('t): sind(250*360*'t), Start Time: 0, End Time: 0.004, Number of Points: 20'**으로 입력한다.

ⓖ **Apply 버튼**을 클릭한다.

ⓗ t-21에 **'t: 0.04, Value: 0.0'**으로 입력한다.

ⓘ Non Spatial Scalar Table Data 창에서 **OK 버튼**을 클릭한다.

ⓙ **Apply 버튼**을 클릭하면 'accel_field' field가 생성된다.

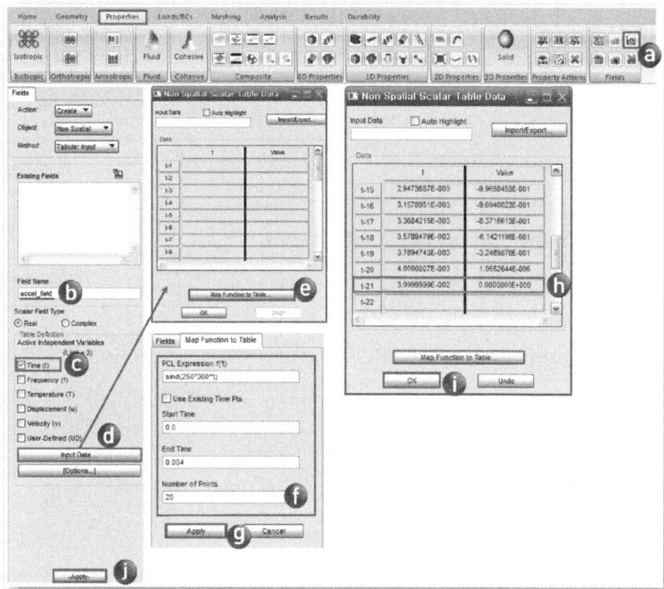

Step 4 Load case 설정

ⓐ Loads/BCs Tap에서 **Create Load Case 아이콘**을 클릭한다.

ⓑ Load Case Name에 **'transient'**로 입력한다.

ⓒ **'Type: Time Dependent'**로 설정한다.

ⓓ **Input Data 버튼**을 클릭한다.

ⓔ Select Individual Loads/BCs에서 **'Displ_constraints'**를 클릭한다.

ⓕ **OK 버튼**을 클릭한다.

ⓖ **Apply 버튼**을 클릭하면 'transient' Load case가 생성된다.

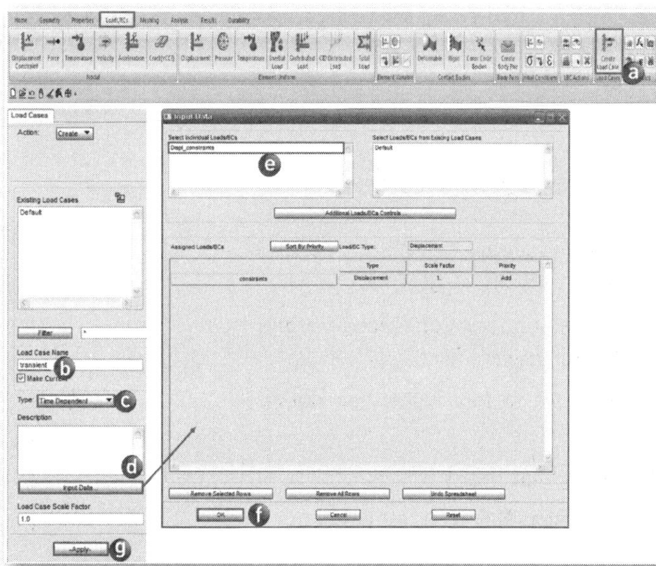

Step 5 하중조건 설정

ⓐ Loads/BCs 탭에서 **Acceleration 아이콘**을 클릭한다.

ⓑ New Set Name을 **'unit_acceleration'**으로 입력한다.

ⓒ **Input Data 버튼**을 클릭한다.

ⓓ **Trans Accel항에 < , , 1>**로 입력하고 **Time/Freq. Dependence에서 'accel_field'**를 선택한다.

ⓔ Input Data 창에 **OK 버튼**을 클릭한다.

ⓕ **Select Application Region**을 클릭한다.

ⓖ **'Select: FEM'**으로 설정한다.

ⓗ Select Nodes에서 화면에 표시된 **왼쪽 모서리의 5개 Node(Node 1~45)를 선택**하고 **Add 버튼**을 클릭한다.

ⓘ **OK 버튼**을 클릭한다.

ⓙ Load/Boundary Conditions Form에서 **Apply 버튼**을 클릭한다.

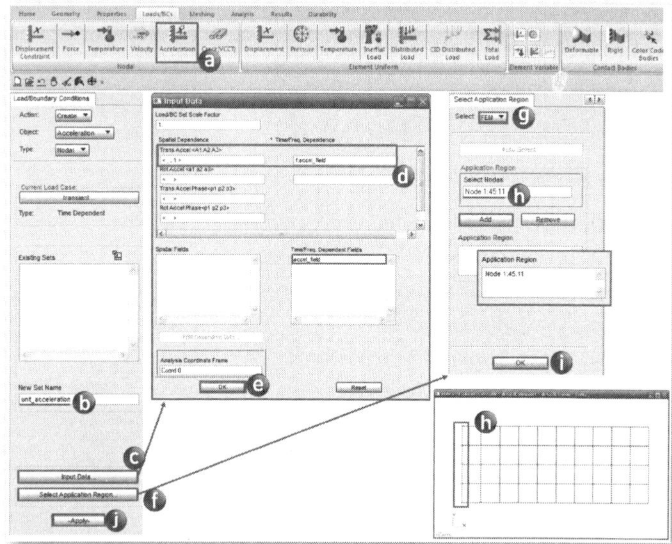

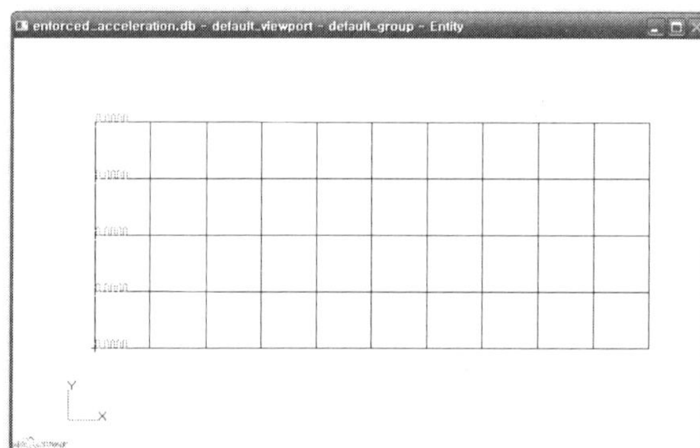

Step 6 경계조건 수정

ⓐ Load/Boundary Conditions Form에서 **'Action: Modify'**로 설정한다.

ⓑ Load/Boundary Conditions Form에서 **'Object: Displacement'**로 설정한다.

ⓒ Select Set to Modify에서 **'constraints'**를 선택한다.

ⓓ **Modify Data 버튼**을 클릭한다.

ⓔ **Translations항**을 **<0, 0, >**으로 수정한다.

ⓕ Input Data 창에 **OK 버튼**을 클릭한다.

ⓖ Load/Boundary Conditions Form에서 **Apply 버튼**을 클릭한다.

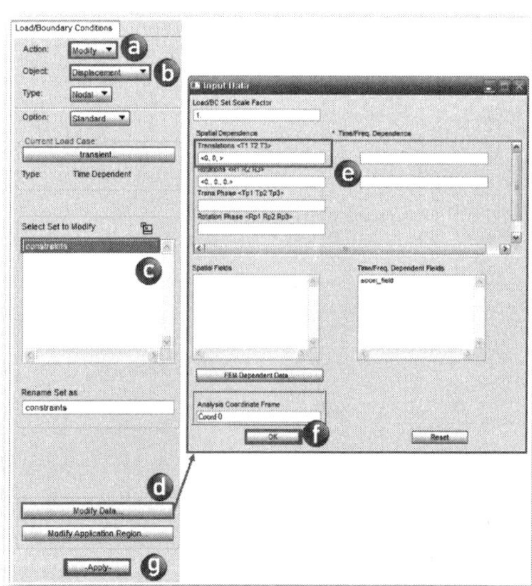

2 해석 (Solve)

Step 1 해석 설정

ⓐ Analysis Tap에서 **Entire Model 아이콘**을 클릭한다.
ⓑ **Solution Type 버튼**을 클릭한다.
ⓒ **'TRANSIENT RESPONSE'**로 선택한다.
ⓓ **'Formulation: Direct'**로 설정한다.
ⓔ **Solution Parameters 버튼**을 클릭한다.
ⓕ **'Mass Calculation: Coupled'**로 설정한다.
ⓖ **'Wt-Mass Conversion= 0.00259'**로 입력한다.
ⓗ **'Struct. Damping Coeff.= 0.06', 'W3, Damping Factor= 1571'**로 입력한다.
ⓘ Solution Parameters 창에서 **OK 버튼**을 클릭한다.
ⓙ **OK 버튼**을 클릭한다.

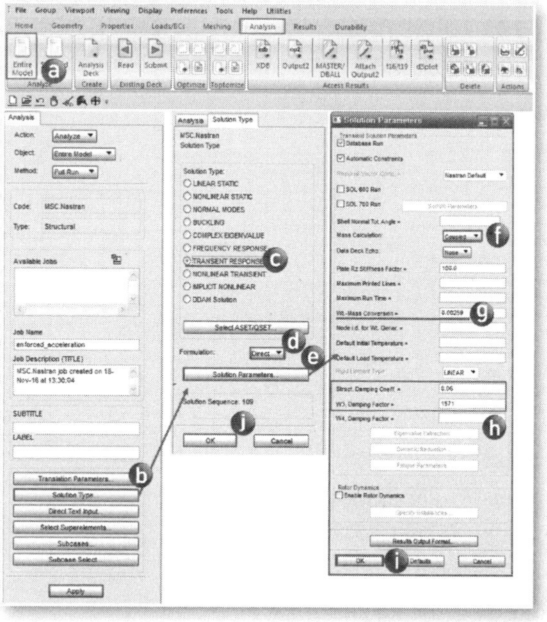

ⓚ **Subcases 버튼**을 클릭한다.
ⓛ Available Subcases에서 **'transient'**를 선택한다.
ⓜ Subcases 창에서 **Subcase Parameters 버튼**을 클릭한다.
ⓝ Subcase Parameters 창에서 **DEFINE TIME STEPS를 클릭**한다.
ⓞ No. of Time Steps에 **'200'**, Delta-T에 **'0.0002'를** 입력한다.
ⓟ Define Time Steps 창에서 **OK 버튼**을 클릭한다.
ⓠ Subcase Parameters 창에서 **OK 버튼**을 클릭한다.

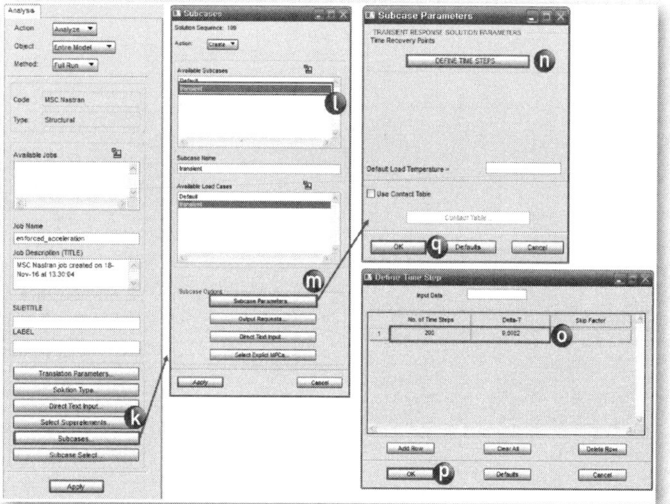

ⓡ Subcases 창에서 **Output Requests 버튼**을 클릭한다.

ⓢ Select Result Type에서 **'Accelerations'**를 선택한다.

ⓣ Output Requests 창에서 **OK 버튼**을 클릭한다.

ⓤ Subcases 창에서 **Apply 버튼**을 클릭한다.

ⓥ **Cancel 버튼**을 클릭한다.

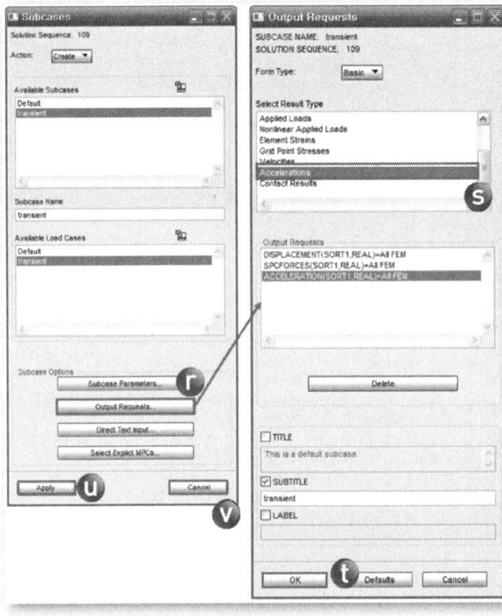

ⓦ **Subcase Select 버튼**을 클릭한다.

ⓧ 그림과 같이 Subcase에 **'transient'**를 선택하고 **'Default'는 목록에서 제거**한다.

ⓨ Subcase Select 창에서 **OK 버튼**을 클릭한다.

ⓩ **Apply 버튼**을 클릭하면 해석이 수행된다.

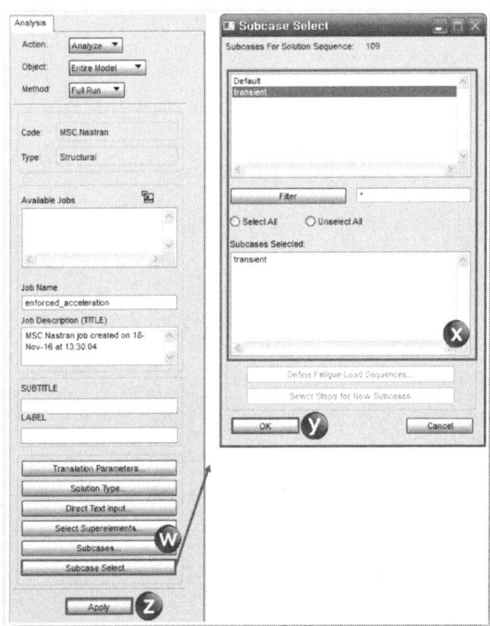

Step 2 결과파일 연결

ⓐ Analysis Tap에서 Access Results의 **XDB 아이콘**을 클릭한다.

ⓑ **Select Results File 버튼**을 클릭한 뒤 해당 파일 경로에 있는 **'enforced_acceleration.xdb' 파일**을 클릭한다.

ⓒ Analysis Form에서 **Apply 버튼**을 클릭한다.

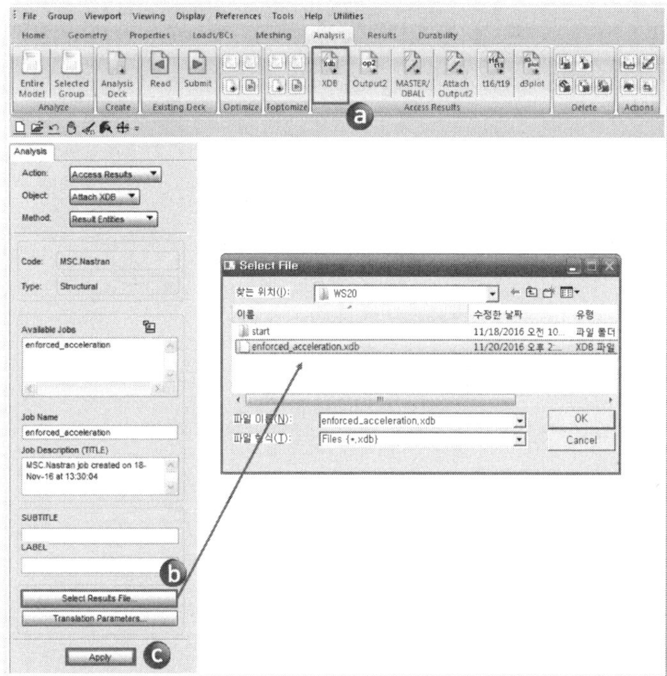

3 후 처리 (Post-Process)

Step 1 변위 그래프 (Displacements graph)

ⓐ Results Tap에서 **Graph 아이콘**을 클릭한다.

ⓑ 그림과 같이 **'transient'**를 클릭한다.

ⓒ **'Filter Method: Global Variable'**으로 설정한다.

ⓓ **Filter 버튼**을 클릭한다.

ⓔ **Apply 버튼**을 클릭한다.

ⓕ **Close 버튼**을 클릭한다.

ⓖ Select Y Result에서 **'Displacements, Translational'**을 선택한다.

ⓗ **'Quantity: Z Component'**로 설정한다.

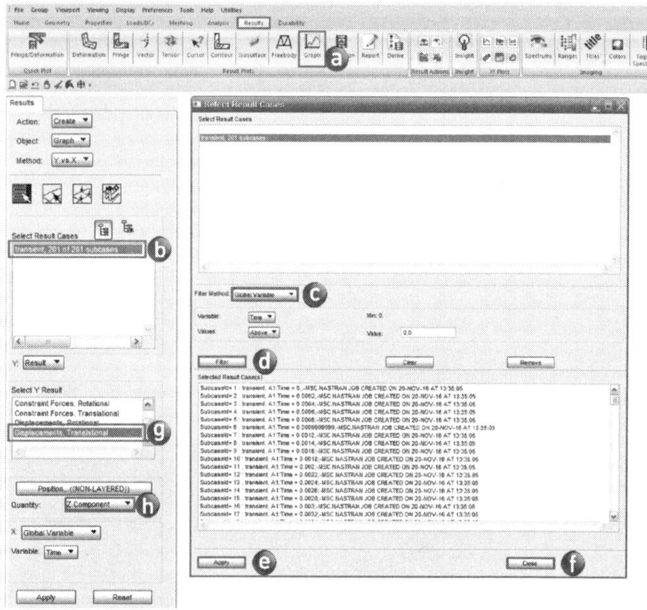

ⓘ **Target Entities 아이콘**을 클릭한다.

ⓙ **'Target Entity: Nodes'**로 설정한다.

ⓚ 화면에 표시된 **왼쪽 모서리 가운데 Node (Node 23)**를 선택한다.

ⓛ **Apply 버튼**을 클릭하면 그래프가 생성된다.

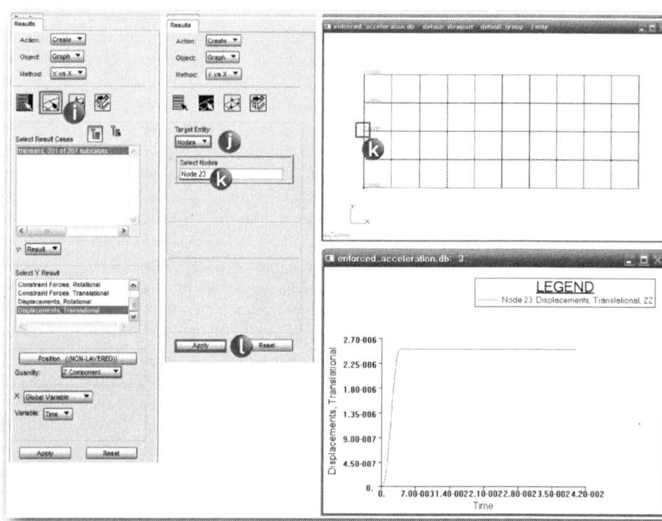

ⓜ 화면에 표시된 **오른쪽 모서리 가운데 Node (Node 33)**를 선택한다.

ⓝ **Apply 버튼**을 클릭하면 그래프가 생성된다.

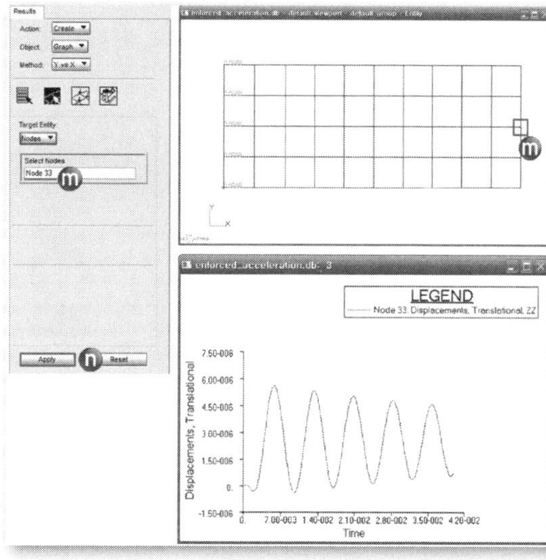

Step 2 가속도 그래프 (Accelerations graph)

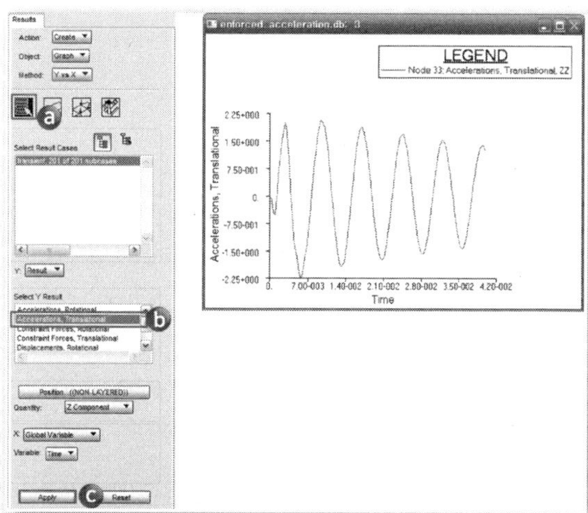

ⓐ **Select Results 아이콘**을 클릭한다.

ⓑ Select Y Result에서 **'Accelerations, Translational'**을 선택한다.

ⓒ Results Form에서 **Apply 버튼**을 클릭하면 그래프가 생성된다.

ⓓ **Target Entities 아이콘**을 클릭한다.

ⓔ **'Target Entity: Nodes'**로 설정한다.

ⓕ 화면에 표시된 **왼쪽 모서리 가운데 Node (Node 23)**를 선택한다.

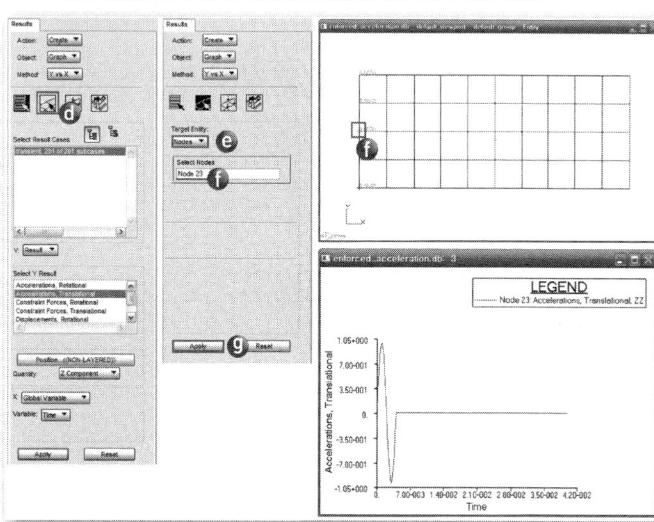

Workshop 21

Random vibration

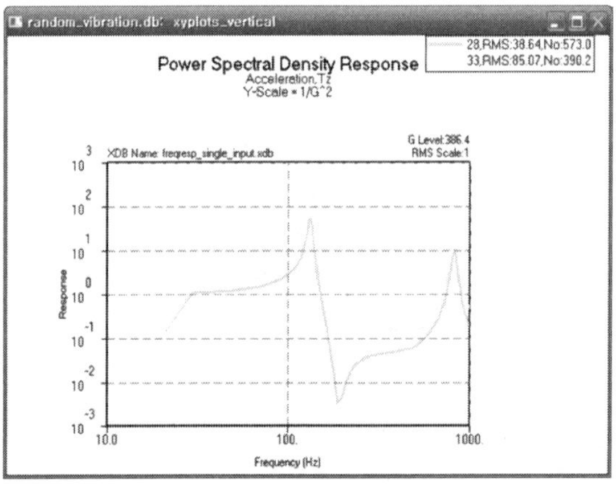

문제정의

Workshop 21에서는 Patran Random 모듈을 사용하여 랜덤 응답 해석(Random response analysis)을 수행하는 방법을 배운다. 직사각형 평판에 주파수 함수의 단위 가속도를 가하고 주파수 응답(Frequency response)을 계산한 뒤, 이 결과를 이용하여 임의의 PSD(Power Spectral Density) 입력을 가했을 때 모델의 랜덤 응답(Random response) 또한 계산해본다. 단위 가속도는 10 Hz에서 1000 Hz까지의 주파수로 평판의 왼쪽 모서리에 바닥가진(Base excitation) 형태로 가해진다.

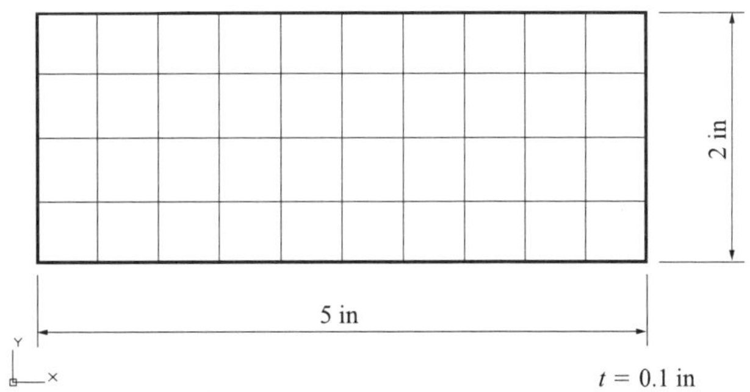

	설정
해석 솔버	Modal Frequency Analysis (Sol 111) Patran Random Module
단위계	lbs / in / sec
	Steel
탄성계수, E	30.00E + 6 lbs/in^2
포아송 비, Nu	0.3
밀도	0.282 lbs/in^3

1 전 처리 (Pre-Process)

Step 1 .db파일 생성

ⓐ **Patran**을 실행한다.

ⓑ Home Tap에서 **New 버튼**을 클릭한다.

ⓒ 파일 이름을 **'random_vibration.db'**로 입력하고 **OK 버튼**을 클릭한다.

ⓓ New Model Preference에서 그림과 같이 설정하고 **OK 버튼**을 클릭한다.

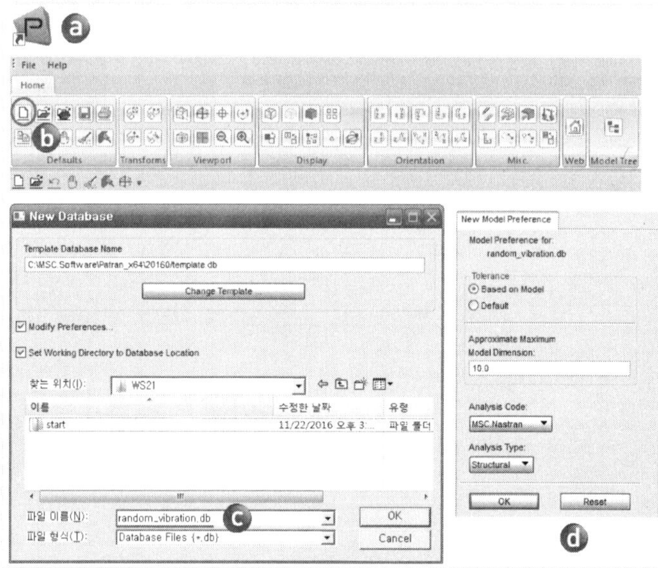

Step 2 모델 불러오기

ⓐ Menu Bar에서 File의 **Import를** 클릭한다.

ⓑ **'Source: MSC.Patran DB'**으로 설정한다.

ⓒ start 폴더의 **'plate.db'** 파일을 선택하고 **Apply 버튼**을 클릭한다.

ⓓ Summary 창이 뜨면 **OK 버튼**을 클릭한다.

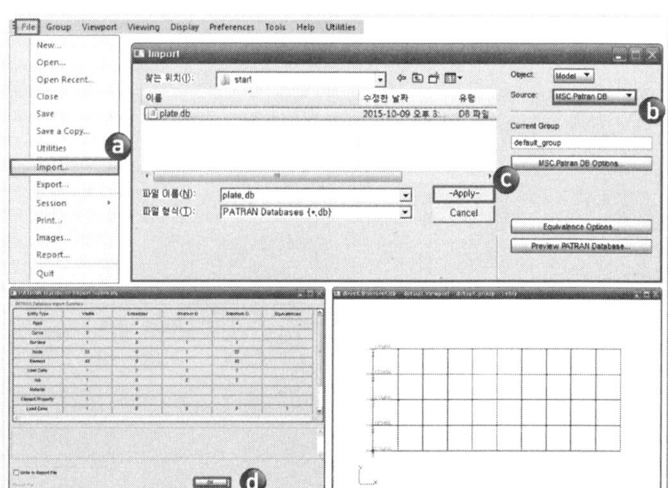

2 해석 (Solve)

Step 1 해석 설정 1

ⓐ Menu Bar에서 Tool의 **Random Analysis를** 클릭한다.

ⓑ **'Action: Freq. Response, Method: Enforced Motion'**으로 설정한다.

ⓒ Job Name에 **'freqresp_single_input'**으로 입력한다.

ⓓ Input Directions에 **'Z Dir'**에 체크한다.

ⓔ Select Input Nodes에서 화면에 표시된 **왼쪽 모서리의 5개 Node(Node 1~45)**를 선택한다.

ⓕ **Define Modal Damping 버튼**을 클릭한다.

ⓖ Define Damping Table창에서 그림과 같이 데이터를 입력한다.

ⓗ New Field Name에 **'modal_damping'**으로 입력한다.

ⓘ Define Damping Table 창에서 **OK 버튼**을 클릭한다.

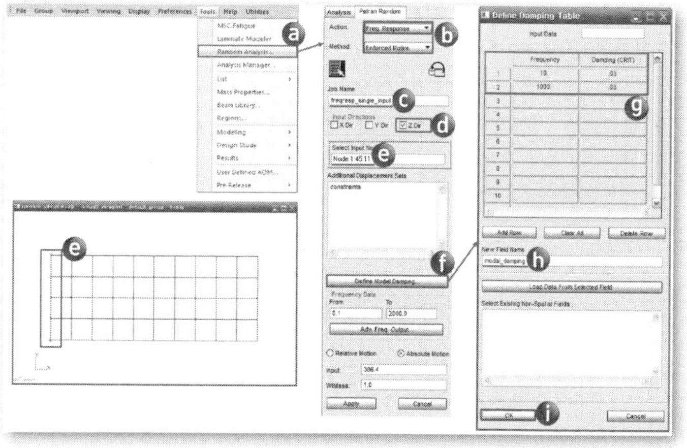

Step 2 해석 설정 2

ⓐ Frequency Data에 **'From: 10, To: 1000'**으로 입력한다.

ⓑ **Adv. Freq. Output 버튼**을 클릭한다.

ⓒ Define Frequencies 창에서 아래 표와 같이 데이터를 입력한다.

ⓓ Define Frequencies 창에서 **OK 버튼**을 클릭한다.

ⓔ **'Input: 1, WtMass: 0.00259'**로 입력한다.

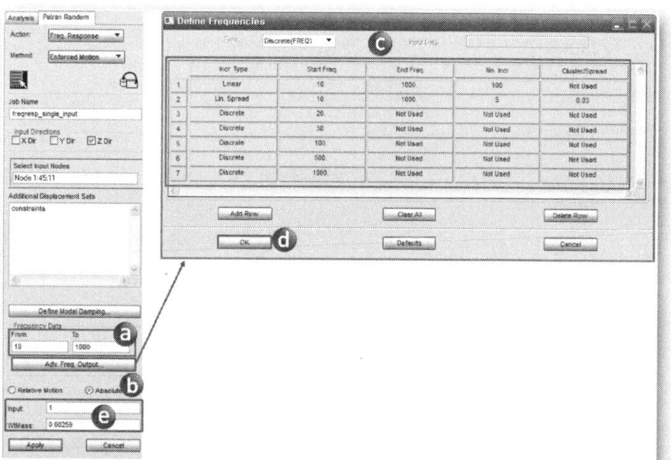

	Incr. Type	Start Freq.	End Freq.	No. Incr.	Cluster/ Spread
1	Linear	10.	1000.	100	Not Used
2	Lin. Spread	10.	1000.	5	0.03
3	Discrete	20.	Not Used	Not Used	Not Used
4	Discrete	30.	Not Used	Not Used	Not Used
5	Discrete	100.	Not Used	Not Used	Not Used
6	Discrete	500.	Not Used	Not Used	Not Used
7	Discrete	1000.	Not Used	Not Used	Not Used

ⓕ **Export/Import 아이콘**을 클릭한다.

ⓖ Output Requests에서 **'Displacement=None'**을 선택한다.

ⓗ **Entire Model 버튼**을 클릭한다.

ⓘ **Input Data 아이콘**을 클릭한다.

ⓙ Additional Displacement Sets에서 **'constraints'**를 선택한다.

ⓚ Patran Random Form에서 **Apply 버튼**을 클릭하고, Job creation 메시지 창이 뜨면 **OK 버튼**을 클릭한다.

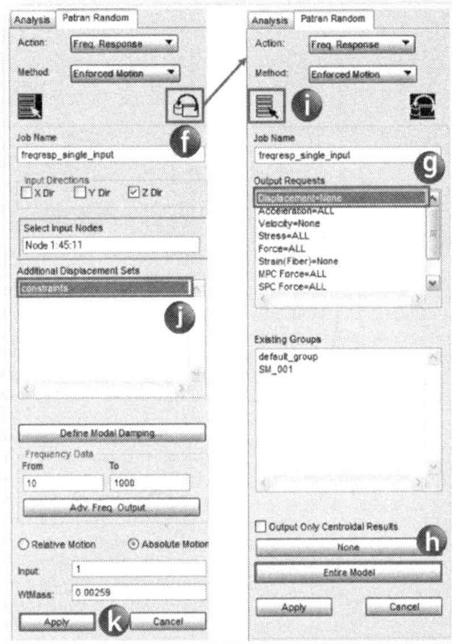

ⓛ Analysis Tap에서 **Entire Model 아이콘**을 클릭한다.

ⓜ Available Jobs에서 **'freqresp_single_input'**을 선택한다.

ⓝ **Solution Type 버튼**을 클릭한다.

ⓞ **'FREQUENCY RESPONSE'**로 선택한다.

ⓟ **Solution Parameters 버튼**을 클릭한다.

ⓠ **'Residual Vector Comp.: Yes'**로 설정한다.

ⓡ Solution Parameters 창에서 **OK 버튼**을 클릭한다.

ⓢ **OK 버튼**을 클릭한다.

ⓣ **Apply 버튼**을 클릭하면 해석이 수행된다.

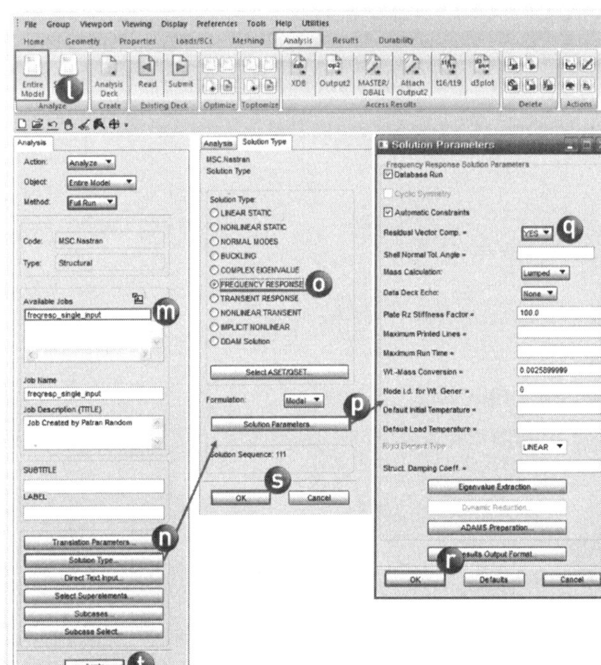

Step 3 결과파일 연결

ⓐ Analysis Tap에서 Access Results의 **XDB 아이콘**을 클릭한다.

ⓑ **Select Results File 버튼**을 클릭한 뒤 해당 파일 경로에 있는 **'freqresp_single_input.xdb' 파일**을 클릭한다.

ⓒ Analysis Form에서 **Apply 버튼**을 클릭한다.

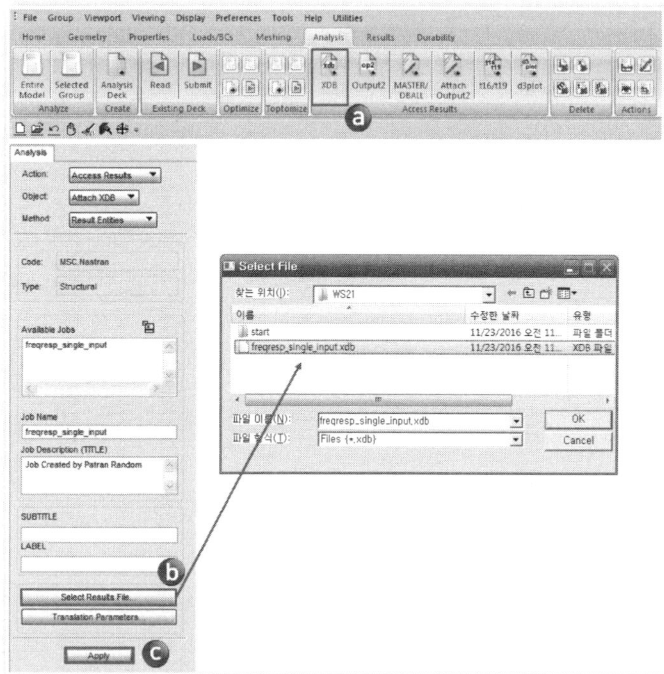

3 후 처리 (Post-Process)

Step 1 가속도 그래프 (Accelerations graph)

ⓐ Results Tap에서 **Graph 아이콘**을 클릭한다.

ⓑ [아이콘] **아이콘**을 클릭한다.

ⓒ Select Result Cases에서 그림과 같이 모든 결과를 선택한다.

ⓓ Select Y Result에서 **'Accelerations, Translational'**을 선택한다.

ⓔ **Plot Options 아이콘**을 클릭한다.

ⓕ **'Complex No. as: Magnitude'**로 설정한다.

ⓖ **Target Entities 아이콘**을 클릭한다.

ⓗ Select Nodes에 **'Node 28 33'**으로 입력한다.

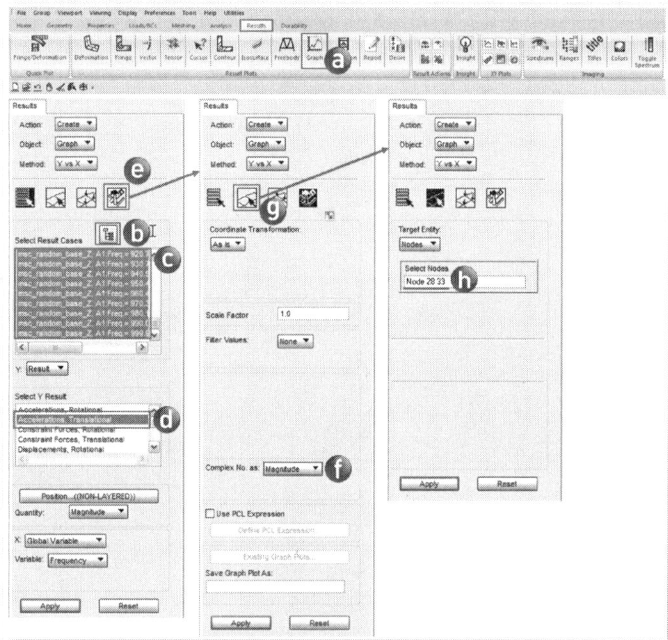

ⓘ **Display Attributes 아이콘**을 클릭한다.

ⓙ X Axis Scale에서 **'Log'**를 선택한다.

ⓚ **Apply 버튼**을 클릭하면 그래프가 생성된다.

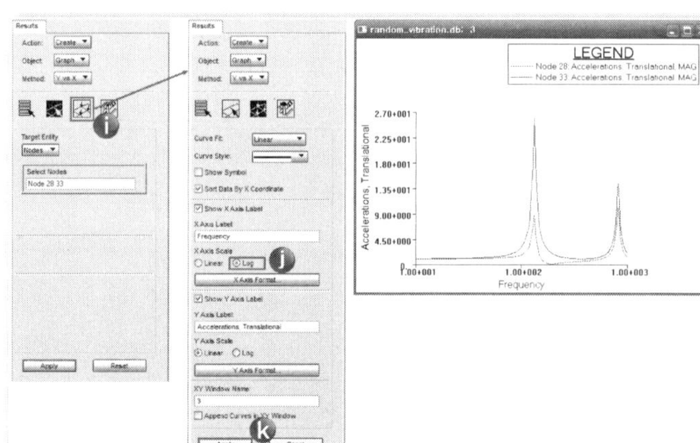

ⓛ **Target Entities 아이콘**을 클릭한다.

ⓜ 화면에 표시된 **왼쪽 모서리 가운데 Node (Node 23)**를 선택한다.

ⓝ **Apply 버튼**을 클릭하면 그래프가 생성된다.

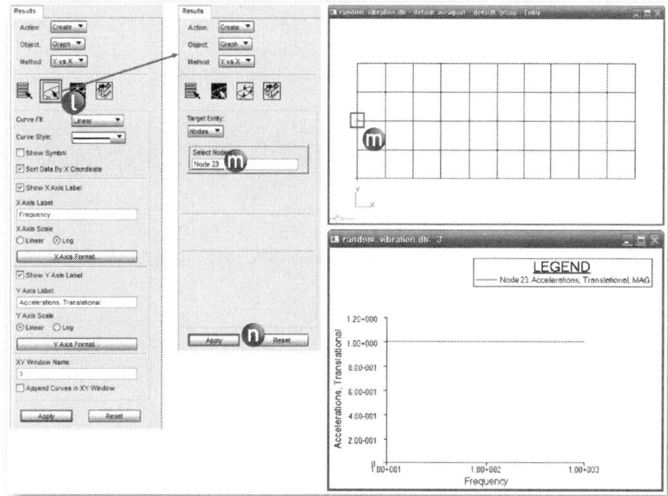

Step 1 Field 생성

ⓐ Loads/BCs Tap에서 LBC Fields의 **Non Spatial 아이콘**을 클릭한다.

ⓑ **'Method: Tabular Input'**으로 설정한다.

ⓒ Field Name에 **'input_psd'**로 입력한다.

ⓓ Table Definition에 **'Frequency (f)'에 체크**한다.

ⓔ **Input Data 버튼**을 클릭한다.

ⓕ Non Spatial Scalar Table Data 창에서 아래 표와 같이 데이터를 입력한다.

ⓖ Non Spatial Scalar Table Data 창에서 **OK 버튼**을 클릭한다.

ⓗ **Apply 버튼**을 클릭하면 'input_psd' field가 생성된다.

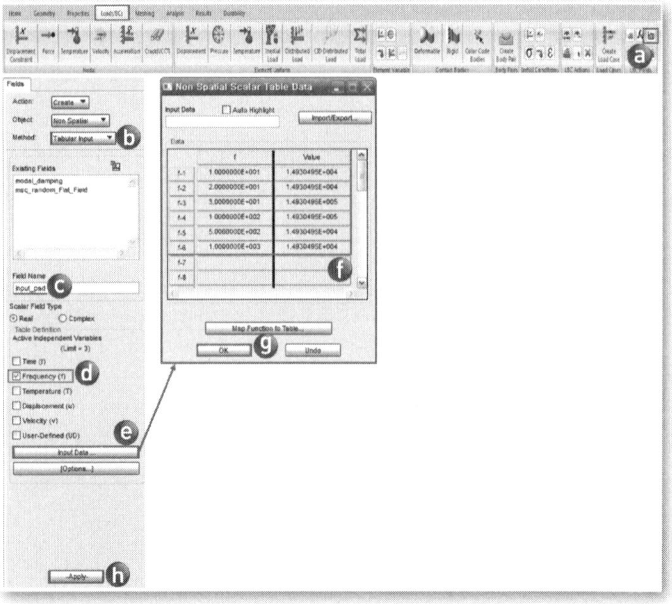

	f	Value
f-1	10	1.4930495E + 004
f-2	20	1.4930495E + 004
f-3	30	1.4930495E + 005
f-4	100	1.4930495E + 005
f-5	500	1.4930495E + 004
f-6	1000	1.4930495E + 004

ⓘ **'Action: Show'**로 설정한다.

ⓙ Select Field To Show에서 **'input_psd'**를 선택한다.

ⓚ **Specify Range 버튼**을 클릭한다.

ⓛ **'Use Existing Points'에 체크**한다.

ⓜ Specify Range 창에서 **OK 버튼**을 클릭한다.

ⓝ **Apply 버튼**을 클릭하면 그래프가 생성된다.

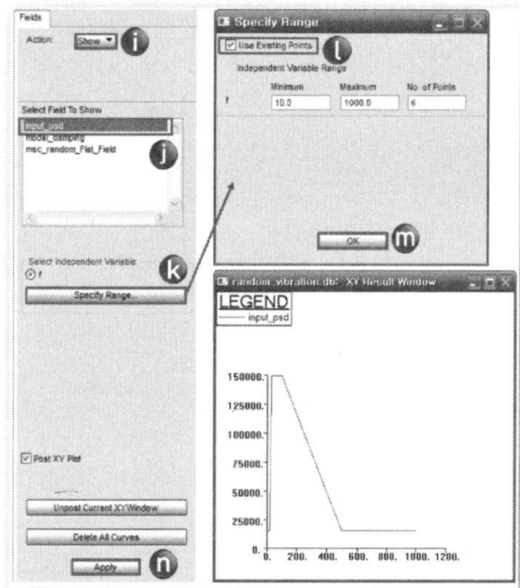

ⓞ Result Tap에서 XY Plots의 **Modify 아이콘**을 클릭한다.

ⓟ **'Object: Axis'**로 설정한다.

ⓠ Active Axis에서 **'X'**를 선택한다.

ⓡ **Scale 버튼**을 클릭한다.

ⓢ Scale에서 **'Logarithmic'**을 선택한다.

ⓣ Assignment Method에서 **'Semi-Automatic'**을 선택한다.

ⓤ **'Enter base power of Ten: 1, Number of Cycles: 3'**으로 입력한다.

ⓥ **Apply 버튼**을 클릭하면 그래프가 생성된다.

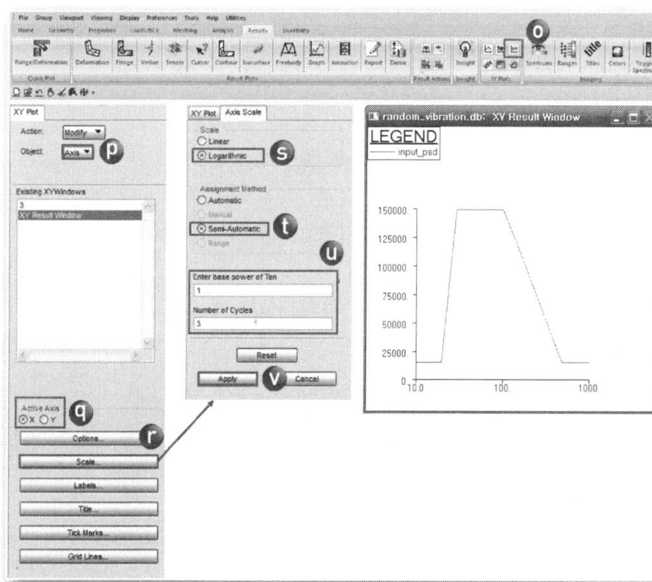

5 해석 (Solve)

Step 1 해석 설정 1

ⓐ Menu Bar에서 Tool의 **Random Analysis 를** 클릭한다.

ⓑ **'Action: XY Plots'**로 설정한다.

ⓒ **Select XDB File 버튼**을 클릭한다.

ⓓ 해당파일 경로에 있는 **'freqresp_single_input.xdb'파일**을 클릭한다.

ⓔ **PSD Input 버튼**을 클릭한다.

ⓕ **'Random Input Method: Single Case'**로 설정한다.

ⓖ **'Excited Set'** 박스를 클릭한다.

ⓗ Available Subcases에서 **'1:MSC_RANDOM_BASE_Z'**를 선택한다.

ⓘ **'Input Field'** 박스를 클릭한다.

ⓙ PSD Input fields에서 **'input_psd'**를 선택한다.

ⓚ Random Analysis Input 창에서 **OK 버튼**을 클릭한다.

ⓛ XY Plot Job Name-Window Name에 **'xyplots_vertical'**로 입력한다.

ⓜ **'Plot Type: PSDF, Res. Type: Acce-leration, Entity Type: node, Accel Scale G:386.4'**로 입력한다.

ⓝ **Target Entities 아이콘**을 클릭한다.

ⓞ PSDF에서 **'Results Component: DOF 3'**으로 설정한다.

ⓟ 화면에 표시된 **왼쪽 모서리의 5개 Node (Node 1~45)**를 선택한다.

ⓠ **Apply 버튼**을 클릭하면 그래프가 생성된다.

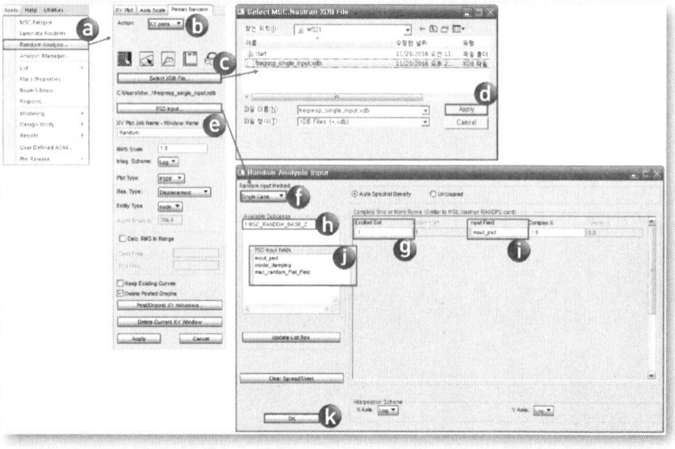

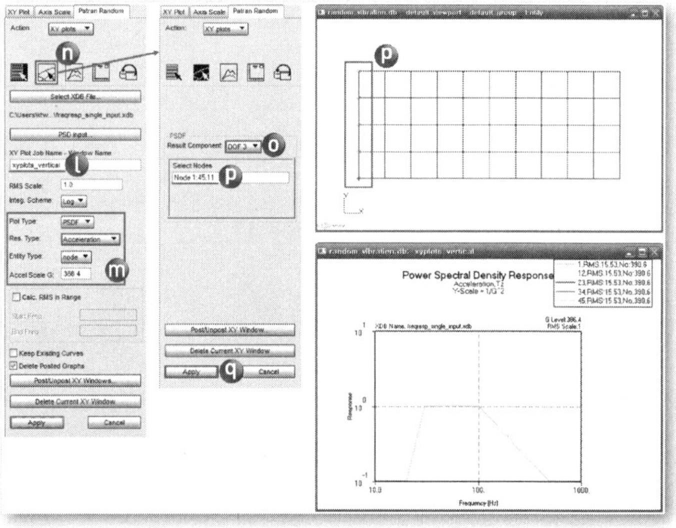

ⓡ 화면에 표시된 **가운데 Node(Node 28)와 오른쪽 모서리 가운데 Node(Node 33)**를 선택한다.

ⓢ **Apply 버튼**을 클릭하면 그래프가 생성된다.

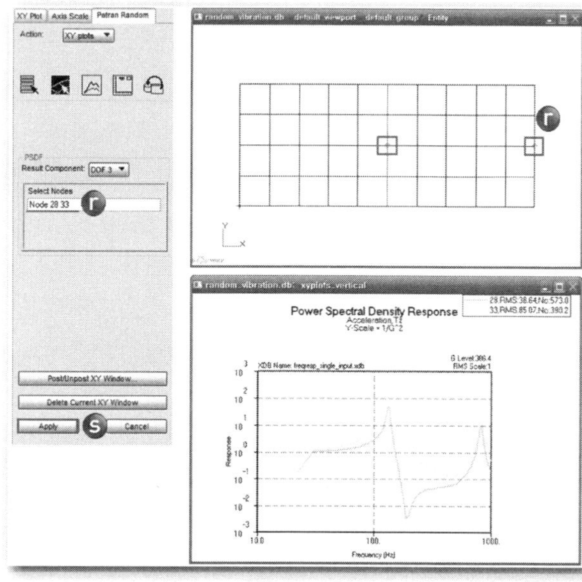

Step 2 해석 설정 2

ⓐ **'Action: RMS Analysis'**로 설정한다.

ⓑ Result Name에 **'RMS_analysis_acceleration'**으로 입력한다.

ⓒ **'Res. Type: Acceleration'**으로 설정한다.

ⓓ **'RMS Scale: 1.0'**으로 입력한다.

ⓔ **Apply 버튼**을 클릭한다.

ⓕ Result Name에 **'RMS_analysis_stress'**로 입력한다.

ⓖ **'Res. Type: Stress'**로 설정한다.

ⓗ **Apply 버튼**을 클릭한다.

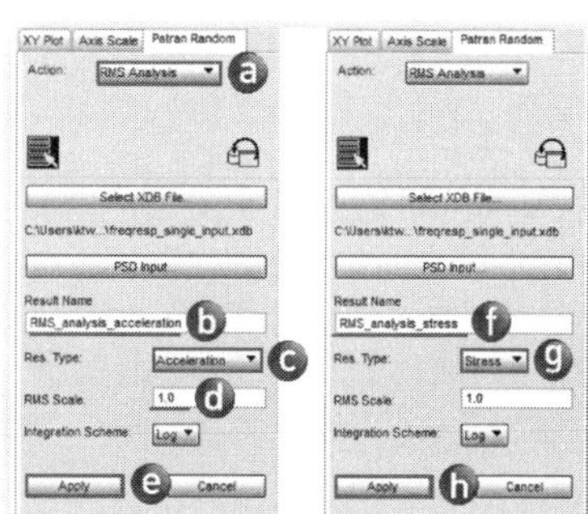

6 후 처리 (Post-Process)

Step 1 가속도 (Acceleration)

ⓐ Results Tap에서 **Fringe 아이콘**을 클릭한다.

ⓑ **아이콘**을 클릭한다.

ⓒ Select Result Cases에서 **'RMS, RMS-analysis-acceleration'**을 선택한다.

ⓓ Select Fringe Result에서 **'Accele-rations, Tz-Basic'**을 선택한다.

ⓔ **Plot Options 아이콘**을 클릭한다.

ⓕ **'Scale Factor: 0.002588'**로 입력한다.

ⓖ **Apply 버튼**을 클릭하여 화면에 표시된 결과를 확인한다.

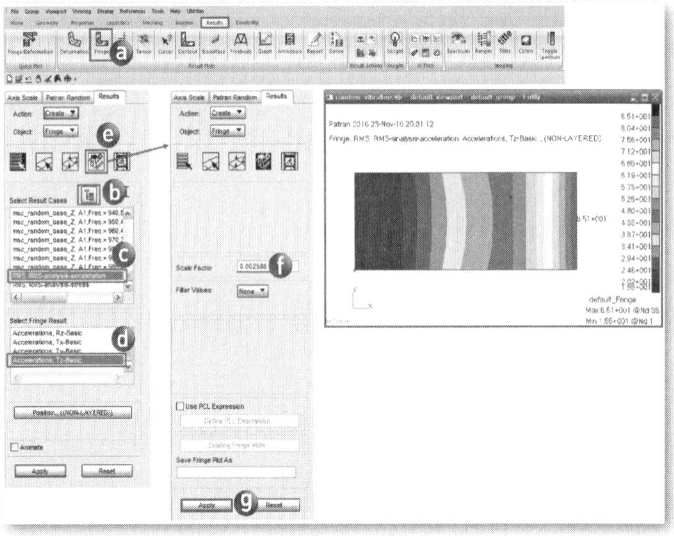

Step 2 응력 (von-Mises Stress)

ⓐ **Select Results 아이콘**을 클릭한다.

ⓑ Select Result Cases에서 **'RMS, RMS-analysis-stress'**를 선택한다.

ⓒ Select Fringe Result에서 **'Shell Stresses, von-Mises'**를 선택한다.

ⓓ **Apply 버튼**을 클릭하여 화면에 표시된 결과를 확인한다.

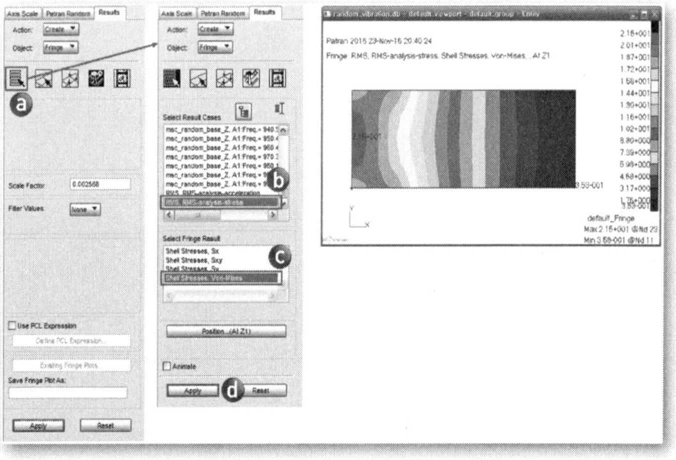

Workshop 22

Response spectrum analysis

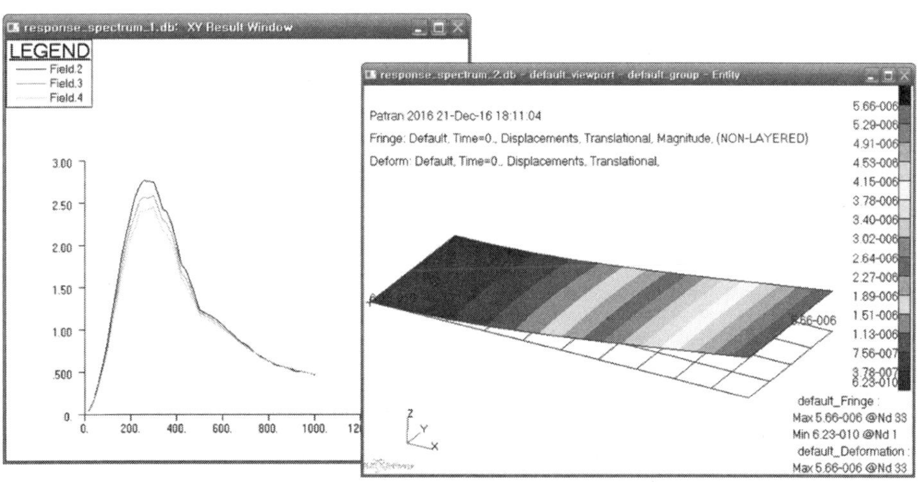

문제정의

Workshop 22에서는 응답 스펙트럼 해석(Response spectrum analysis)을 수행하는 방법을 배운다. 응답 스펙트럼은 유한 요소 모델에 가해지는 하중이며, 이를 이용하여 시간 영역(Time domain)의 복잡한 과도 해석(Transient analysis)을 하는 대신 주파수 영역(Frequency domain)의 간단한 노말 모드 해석(Normal modes analysis)을 수행한다. 아래의 그림과 같은 직사각형 평판에 가해질 하중인 응답 스펙트럼(Response spectrum)은 1개의 0D CMASS 요소가 가진 할 때 평판의 왼쪽 아래 모서리에 전달되는 가속도이다. 먼저 이 가속도 응답 스펙트럼을 'SOL 109'를 통해 구한다. 이 결과를 이용하여 평판에 CMASS 요소에 의한 가속도가 전달될 때, 변위와 응력을 계산한다. 응답 스펙트럼은 평판의 왼쪽 모서리에 바닥가진(Base excitation) 형태로 가해진다.

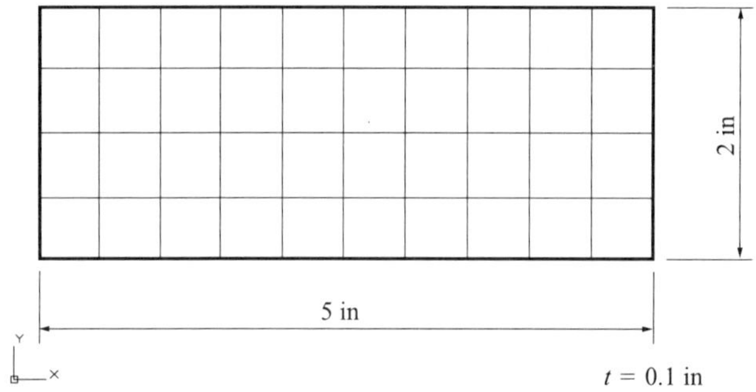

	설정
해석 솔버	Direct Transient Analysis (Sol 109) Normal Modes Analysis (Sol 103)
단위계	lbs / in / sec
	Steel
탄성계수, E	30.00E + 6 lbs/in^2
포아송 비, Nu	0.3
밀도	0.282 lbs/in^3

1 전 처리 (Pre-Process)

Step 1 .bdf 파일 수정

ⓐ WS22의 start 폴더에 있는 **'rs_1.bdf'** 파일을 해석을 수행할 폴더로 복사한다.

ⓑ 파일 이름을 **'response_spectrum_1.bdf'**로 변경한 후에 텍스트 편집기를 이용하여 파일을 실행한다.

ⓒ 그림과 같이 **'GRID, 3000, , 0., 0., 0., , 23456'**을 입력한다. 이 때 **' , '**의 위치에 주의한다.
(입력되는 좌표가 실수(Real number)임을 정의하기 위해 항상 숫자 뒤에 ' . '을 입력한다.)

ⓓ **'CMASS2, 100, 1.0, 3000, 1'**을 입력한다.

ⓔ **'TLOAD2, 500, 600, , 0, 0., 0.004, 250., -90.'**을 입력한다.

ⓕ **'DAREA, 600, 3000, 1, 1.'**을 입력한다.

ⓖ **'TSTEP, 100, 100, 4.0E-4, 1'**을 입력한다.

ⓗ **'PARAM, RSPECTRA, 0'**을 입력한다.

ⓘ 그림과 같이 **'DTI, SPSEL, 0'**와 **'DTI, SPSEL, 1, 111, 222, 3000'**을 두 줄로 입력한다.

ⓙ **'FREQ, 111, 0., 0.02, 0.04'**를 입력한다.

ⓚ **'FREQ, 222, 20., 20., 49'**를 입력하고, 파일을 저장한다.

```
$
XTITLE= FREQUENCY (CYCLES/SEC)
YTITLE= RELETIVE DISPLACEMENT
XYPLOT DISP SPECTRAL 1 / 3000 (T1IP)
YTITLE= RELETIVE VELOCITY
XYPLOT VELOCITY SPECTRAL 1 / 3000 (T1IP)
YTITLE= ABSOLUTE ACCELERATION
XYPLOT ACCELERATION SPECTRAL 1 / 3000 (T1RM)
$
$ PUNCH SHOCK SPECTRUM FOR LATER USE
$
XYPUNCH ACCELERATION SPECTRAL 1 / 3000(T1RM)
$
BEGIN BULK
$
$ DEFINE GRID POINT
$
GRID, 3000, ,0.,0.,0., ,23456          ⓒ
$
$ DEFINE MASS
$
CMASS2, 100, 1.0, 3000, 1              ⓓ
$
$ APPLY LOADING TO MASS
$
TLOAD2, 500, 600, , 0, 0., 0.004, 250., -90.   ⓔ
DAREA, 600, 3000, 1, 1.                ⓕ
$
$ SPECIFY INTEGRATION TIME STEPS
$
```

```
$ APPLY LOADING TO MASS
$
TLOAD2, 500, 600, , 0, 0., 0.004, 250., -90.
$
DAREA, 600, 3000, 1, 1.
$
$ SPECIFY INTEGRATION TIME STEPS
$
TSTEP, 100, 100, 4.0E-4, 1             ⓖ
$
$ PARAMETER TO CALCULATE SHOCK SPECTRUM
$
PARAM, RSPECTRA, 0                     ⓗ
$
$ SPECIFY FREQUENCY AND DAMPING VALUES FOR
$ THE SDOF OSCILLATORS AT GRID 3000
$
DTI, SPSEL, 0
DTI, SPSEL, 1, 111, 222, 3000          ⓘ
$ 1= SUBCASE... 111= DAMPING... 222= FREQUENCIES... 3000= GRID NUMBER
$
$ DAMPING INFORMATION FOR OSCILLATORS
$
FREQ, 111, 0., 0.02, 0.04              ⓙ
$
$ NATURAL FREQUENCIES OF OSCILLATORS
$
FREQ1, 222, 20., 20., 49               ⓚ
$
ENDDATA
```

2 해석 (Solve)

Step 1 해석 수행

ⓐ **Nastran**을 실행한다.

ⓑ **'response_spectrum_1.bdf'** 파일을 선택하고, **열기 버튼**을 클릭한다.

ⓒ MSC/NASTRAN Command Info-rmation 창에서 **Run 버튼**을 클릭하면 해석이 수행된다.

ⓓ 해석이 끝난 뒤, 텍스트 편집기를 이용하여 **'response_spectrum_1.f06'** 파일을 실행하고, **'FATAL ERROR'**가 없는지 확인한다.

Step 2 .pch 파일 확인

ⓐ 텍스트 편집기를 이용하여 **'response_spectrum_1.pch'** 파일을 실행하여 그림과 같은 내용을 확인한다.

```
$SUBCASE       1                                                        1
$ACCE          4     3000        3        1                             2
$   0.000000E+00
TABLED1        2
        20.     .038684 40.     .15254  60.     .33511  80.     .576058
        100.    .862048 120.    1.17619 140.    1.50169 160.    1.82017
        180.    2.11405 200.    2.36801 220.    2.56617 240.    2.70027
        260.    2.76274 280.    2.75072 300.    2.74632 320.    2.61887
        340.    2.4218  360.    2.39068 380.    2.24931 400.    2.02296
        420.    1.78538 440.    1.70355 460.    1.57056 480.    1.40493
        500.    1.22608 520.    1.20483 540.    1.17613 560.    1.14097
        580.    1.10048 600.    1.05582 620.    1.00818 640.    .958762
        660.    .908726 680.    .859158 700.    .827673 720.    .782131
        740.    .729006 760.    .694086 780.    .668597 800.    .63504
        820.    .598493 840.    .571834 860.    .563066 880.    .550503
        900.    .528848 920.    .509283 940.    .500533 960.    .498019
        980.    .488734 1000.   .468324ENDT
```

```
$SUBCASE       1                                                        53
$ACCE          4     3000        3        1                             54
$   2.000000E-02
TABLED1        3
        20.     .037712 40.     .143379 60.     .314988 80.     .541456
        100.    .809969 120.    1.10538 140.    1.40713 160.    1.69615
        180.    1.98219 200.    2.22274 220.    2.35265 240.    2.53081
        260.    2.56191 280.    2.55563 300.    2.58573 320.    2.45747
        340.    2.2928  360.    2.25739 380.    2.12621 400.    1.92303
        420.    1.68344 440.    1.60986 460.    1.49297 480.    1.34918
        500.    1.19515 520.    1.17318 540.    1.1448  560.    1.11071
        580.    1.072   600.    1.02975 620.    .985074 640.    .939072
        660.    .892781 680.    .847162 700.    .803073 720.    .761247
        740.    .722277 760.    .686602 780.    .654499 800.    .626083
        820.    .601307 840.    .583144 860.    .567999 880.    .548813
        900.    .532571 920.    .520415 940.    .508938 960.    .49739
        980.    .485013 1000.   .47107 ENDT
```

```
$SUBCASE       1                                                        105
$ACCE          4     3000        3        1                             106
$   4.000000E-02
TABLED1        4
        20.     .039345 40.     .137732 60.     .297482 80.     .511465
        100.    .765278 120.    1.04465 140.    1.31663 160.    1.58562
        180.    1.85768 200.    2.10273 220.    2.19188 240.    2.39249
        260.    2.3985  280.    2.42747 300.    2.44087 320.    2.31392
        340.    2.17684 360.    2.13899 380.    2.01787 400.    1.83559
        420.    1.61829 440.    1.52782 460.    1.42521 480.    1.30025
        500.    1.16724 520.    1.14423 540.    1.11633 560.    1.08339
        580.    1.04644 600.    1.0065  620.    .964608 640.    .921751
        660.    .878861 680.    .83678  700.    .796249 720.    .757883
        740.    .722165 760.    .689432 780.    .659873 800.    .633532
        820.    .610311 840.    .589978 860.    .57218  880.    .556463
        900.    .542287 920.    .529047 940.    .516098 960.    .502777
        980.    .488426 1000.   .472416ENDT
```

3 후 처리 (Post-Process)

Step 1 .db파일 생성

ⓐ **Patran**을 실행한다.

ⓑ Home tap에서 **New 버튼**을 클릭한다.

ⓒ 파일 이름을 **'response_spectrum_1.db'**로 입력하고 **OK 버튼**을 클릭한다.

ⓓ New Model Preference에서 그림과 같이 설정하고 OK 버튼을 클릭한다.

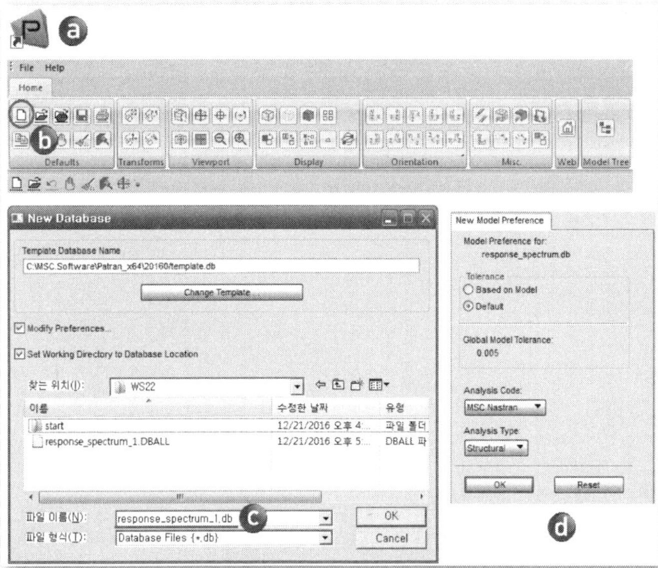

Step 2 .bdf 파일 수정

ⓐ 텍스트 편집기를 이용하여 **'response_spectrum_1.bdf'** 파일을 실행한다.

ⓑ **'INCLUDE 'response_spectrum_1.pch' '**를 입력하고 파일을 저장한다.

```
$
TLOAD2, 500, 600, , 0, 0., 0.004, 250., -90.
$
DAREA, 600, 3000, 1, 1.
$
$ SPECIFY INTEGRATION TIME STEPS
$
TSTEP, 100, 100, 4.0E-4, 1
$
$ PARAMETER TO CALCULATE SHOCK SPECTRUM
$
PARAM, RSPECTRA, 0
$
$ SPECIFY FREQUENCY AND DAMPING VALUES FOR
$ THE SDOF OSCILLATORS AT GRID 3000
$
DTI, SPSEL, 0
DTI, SPSEL, 1, 111, 222, 3000
$ 1= SUBCASE... 111= DAMPING... 222= FREQUENCIES... 3000= GRID NUMBER
$
$ DAMPING INFORMATION FOR OSCILLATORS
$
FREQ, 111, 0., 0.02, 0.04
$
$ NATURAL FREQUENCIES OF OSCILLATORS
$
FREQ1, 222, 20., 20., 49
$
INCLUDE 'response_spectrum_1.pch'
$
ENDDATA
```

Step 3 모델 불러오기

ⓐ Menu Bar에서 File의 **Import를** 클릭한다.

ⓑ **'Source: MSC.Nastran Input'**으로 설정한다.

ⓒ 해석 수행 중인 폴더의 **'response_spectrum_1.bdf'** 파일을 선택하고 **Apply 버튼**을 클릭한다.

ⓓ Summary 창이 뜨면 **OK 버튼**을 클릭한다.

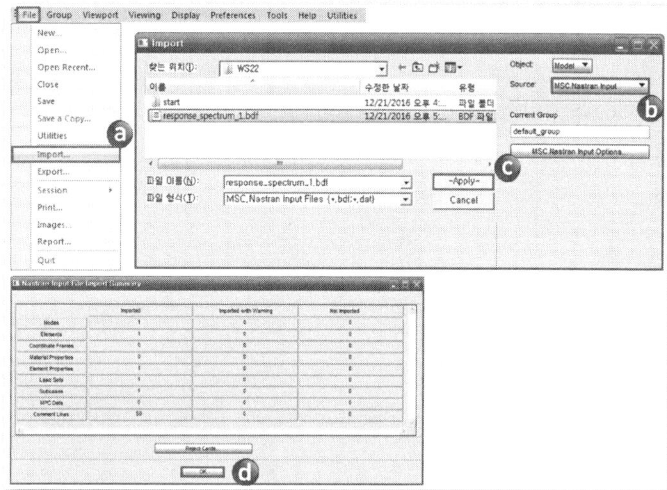

Step 4 response spectrum 그래프 확인

ⓐ Loads/BCs Tap에서 LBC Fields의 **Show Field 아이콘**을 클릭한다.

ⓑ Slect Field To Show에서 **'Field.2'**를 선택한다.

ⓒ **Apply 버튼**을 클릭하면 그래프가 생성된다.

ⓓ **'Field.3, Field.4'**에 대해 동일한 과정을 반복한다.

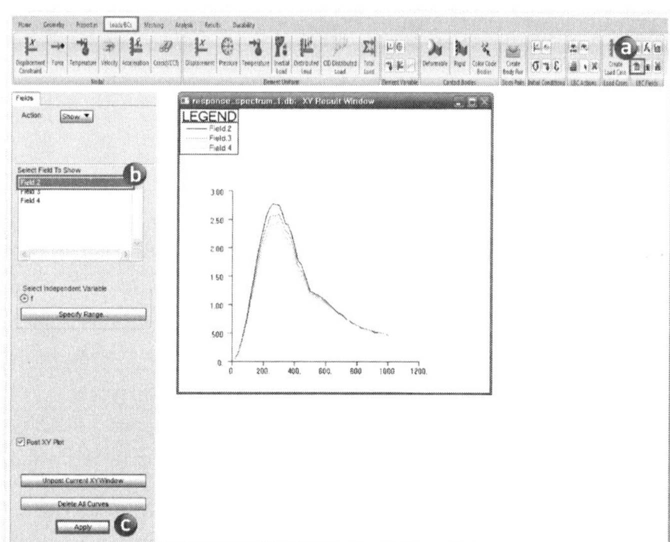

Step 5 .bdf 파일 수정

ⓐ WS22의 start 폴더에 있는 **'plate.bdf'** 파일과 **'rs_2.bdf'** 파일을 해석을 수행 중인 폴더로 복사한다.

ⓑ **'rs_2.bdf'** 파일의 이름을 **'response_spectrum_2.bdf'**로 변경한 후에 텍스트 편집기를 이용하여 파일을 실행한다.

ⓒ 그림과 같이 **'INCLUDE 'plate.bdf' '**를 입력한다.

ⓓ **'SPC1, 200, 1245, 1, 12, 23, 34, 45'**를 입력한다.

ⓔ **'CMASS2, 110, 1000., 23, 3'**을 입력한다.

ⓕ **'RBE2, 101, 23, 3, 1, 12, 34, 45'**를 입력한다.

ⓖ **'SUPORT, 23, 3'**을 입력한다.

```
SUBCASE 1
METHOD= 100
SDAMP= 200
DLOAD= 500
$
BEGIN BULK
$
PARAM,POST,-1
$
$ PLATE MODEL DESCRIBED IN NORMAL MODES EXAMPLE
$
INCLUDE 'plate.bdf'
PARAM,COUPMASS,1
PARAM,WTMASS,0.00259
$
$ BOUNDRY CONDITIONS FOR `CLAMPED' MODES
$
SPC1, 200, 1245, 1, 12, 23, 34, 45
$
$ PLACE BIG FOUNDATION MASS (BFM) AT BASE
$ TO STIMULATE `CLAMPED' MODES
$
CMASS2, 110, 1000., 23, 3
$
$ RBE MASS TO REMAINING BASE POINTS
$
RBE2, 101, 23, 3, 1, 12, 34, 45
$
$ SUPORT CARD TO IDENTIFY EXCITATION DOFS
$
SUPORT, 23, 3
```

ⓗ **'TABDMP1, 200, CRIT, , 0., 0.03, 1000., 0.03, ENDT'**를 그림과 같이 두 줄로 입력한다.

ⓘ **'DLOAD, 500, 1.0, 2.0, 1'**을 입력한다.

ⓙ **'PARAM, SCRSPEC, 0'**을 입력한다.

ⓚ **'PARAM, OPTION, SRSS'**를 입력한다.

ⓛ **'PARAM, LFREQ, 0.1'**과 **'PARAM, HFREQ, 1000.'**을 두 줄로 입력한다.

```
$
$ EIGENVALUE EXTRACTION
$ MUST BE MASS NORMALIZED (DEFAULT)
$
eigrl,100,0.,1000.
$
$ TABLE TO SPECIFY DAMPING FOR USE IN THE ANALYSIS
$
TABDMP1, 200, CRIT,
, 0., 0.03, 1000., 0.03, ENDT
$
$ SPECIFICATION OF SHOCK SPECTRUM TO BE USED
$
DLOAD, 500, 1.0, 2.0, 1
$
$ DLOAD, ID, OVERALL SCALE, SCALE FOR R-SET DOF# 1, SHOCK TABLE FOR DOF# 1,
$ SCALE FOR R-SET DOF# 2, SHOCK TABLE FOR DOF# 2, ETC.
$
$ SELECT SHOCK RESPONSE CALCULATION
$
PARAM, SCRSPEC, 0
$
$ SELECT SUMMATION OPTION
$
PARAM, OPTION, SRSS
$
$ MODAL FREQUENCY RANGE CAN BE SELECTED USING
PARAM, LFREQ, 0.1
PARAM, HFREQ, 1000.
$
$ SPECIFICATION FOR SHOCK TABLES
```

ⓜ **'DTI, SPECSEL, 0'**을 입력한다.

ⓝ **'DTI, SPECSEL, 1, , A, 2, 0., 3, 0.02, , 4, 0.04, ENDREC'**를 그림과 같이 두 줄로 입력한다.

ⓞ **'INCLUDE 'response_spectrum_1.pch' '**를 입력하고, 파일을 **저장**한다.

```
$ SCALE FOR R-SET DOF# 2, SHOCK TABLE FOR DOF# 2, ETC.
$
$ SELECT SHOCK RESPONSE CALCULATION
$
PARAM, SCRSPEC, 0
$
$ SELECT SUMMATION OPTION
$
PARAM, OPTION, SRSS
$
$ MODAL FREQUENCY RANGE CAN BE SELECTED USING
PARAM, LFREQ, 0.1
PARAM, HFREQ, 1000.
$
$ SPECIFICATION FOR SHOCK TABLES
$
DTI, SPECSEL, 0
DTI, SPECSEL, 1, , A, 2, 0., 3, 0.02,
, 4, 0.04, ENDREC
$
$ DTI, SPECSEL, SHOCK TABLE NUMBER, , [(A)CCELERATION, (V)ELOCITY, OR (D)ISP],
$ TABLED1 POINTER, DAMPING FOR TABLE, ETC.
$
$ PUNCH OUTPUT FOR SHOCK SPECTRUM CALCULATION
$
$ ACCE          4          3000          3          1
$        0.000000E+00
$
INCLUDE 'response_spectrum_1.pch'
$
ENDDATA
```

4 전 처리 (Pre-Process)

Step 1 .db파일 생성

ⓐ **Patran**을 실행한다.

ⓑ Home tap에서 **New 버튼**을 클릭한다.

ⓒ 파일 이름을 **'response_spectrum_2.db'**로 입력하고 **OK 버튼**을 클릭한다.

ⓓ New Model Preference에서 그림과 같이 설정하고 OK 버튼을 클릭한다.

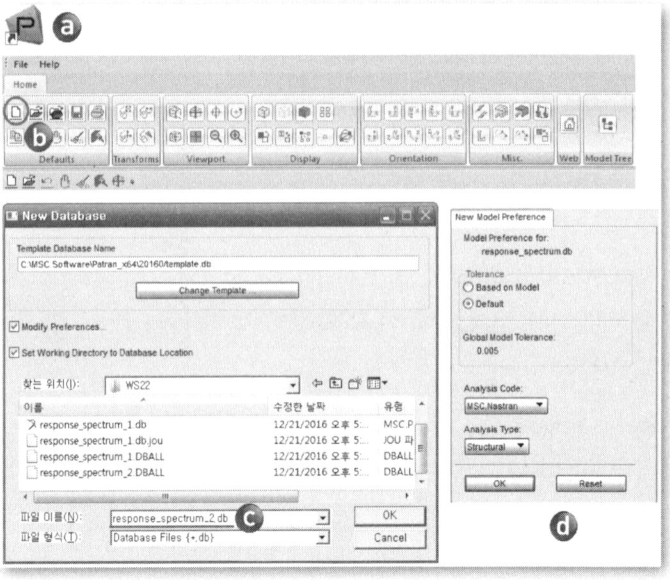

Step 2 모델 불러오기

ⓐ Menu Bar에서 File의 **Import를** 클릭한다.

ⓑ **'Source: MSC.Nastran Input'**으로 설정한다.

ⓒ 해석 수행 중인 폴더의 **'plate.bdf'** 파일을 선택하고 **Apply 버튼**을 클릭한다.

ⓓ Summary 창이 뜨면 **OK 버튼**을 클릭한다.

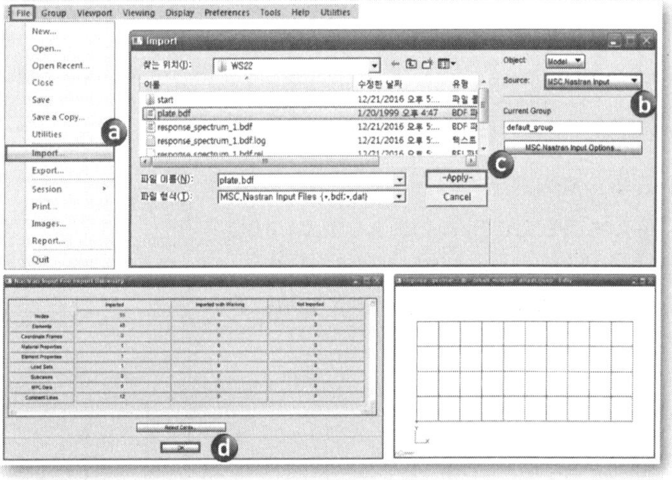

5 해석 (Solve)

Step 1 해석 수행

ⓐ **Nastran**을 실행한다.

ⓑ **'response_spectrum_2.bdf'** 파일을 선택하고, **열기 버튼**을 클릭한다.

ⓒ MSC/NASTRAN Command Information 창에서 **Run 버튼**을 누르면 해석이 수행된다.

ⓓ 해석이 끝난 뒤, 텍스트 편집기를 이용하여 **'response_spectrum_2.f06'** 파일을 실행하고, **'FATAL ERROR'**가 없는지 확인한다.

ⓔ **'response_spectrum_2.op2'** 파일이 생성된 것을 확인한다.

Step 2 결과파일 연결

ⓐ Analysis Tap에서 Access Results의 **Output2 아이콘**을 클릭한다.

ⓑ **Select Results File 버튼**을 클릭한 뒤 해당 파일 경로에 있는 **'response_spectrum_2.op2' 파일**을 클릭한다.

ⓒ Analysis Form에서 **Apply 버튼**을 클릭한다.

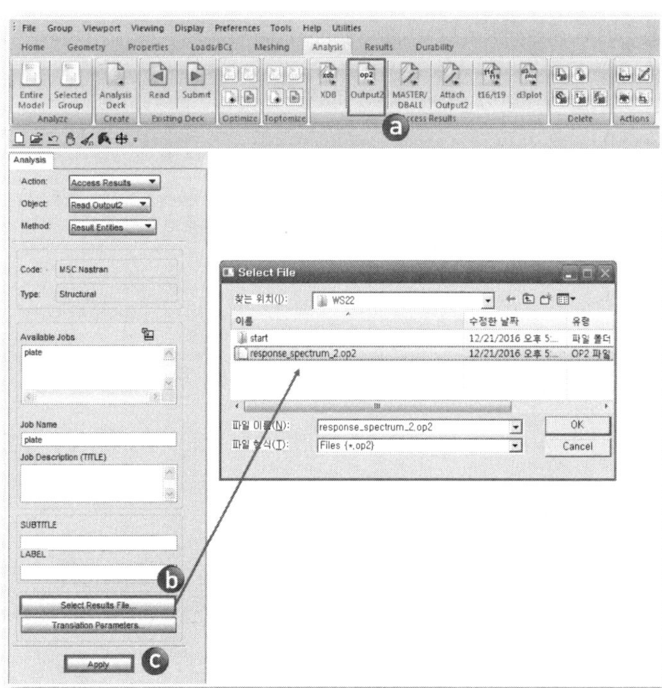

6 후 처리 (Post-Process)

Step 1 변위 (Displacements)

ⓐ Results Tap에서 **Fringe 아이콘**을 클릭한다.

ⓑ Select Result Cases에서 **'Default, Time= 0.;-RESPONSE SPECTRUM ANA-LYSIS;-SHOCK WILL BE INPUT IN Z DIRECTION'** 을 선택한다.

ⓒ Select Fringe Result에서 **'Displacements, Translational'**을 선택한다.

ⓓ **Apply 버튼**을 클릭하여 결과를 확인한다.

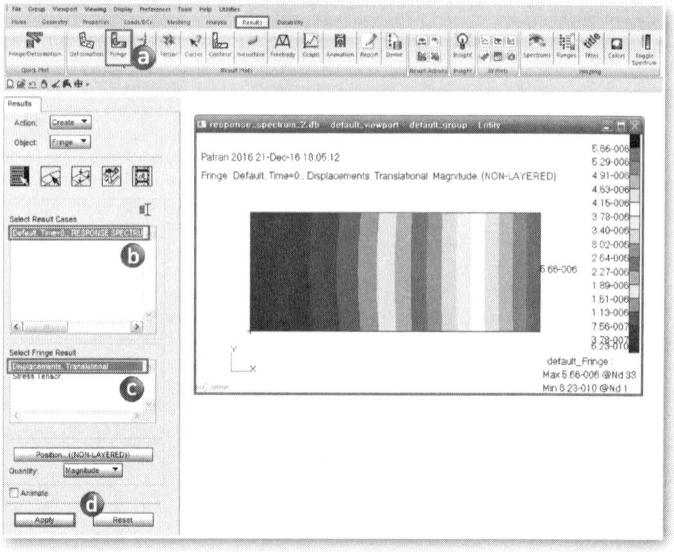

Step 2 응력 (von-Mises Stress)

ⓐ Select Result Cases에서 **'Default, Time = 0.;-RESPONSE SPECTRUM ANA-LYSIS;-SHOCK WILL BE INPUT IN Z DIRECTION'** 을 선택한다.

ⓑ Select Fringe Result에서 **'Stress Tensor'**를 선택한다.

ⓒ **Apply 버튼**을 클릭하여 결과를 확인한다.

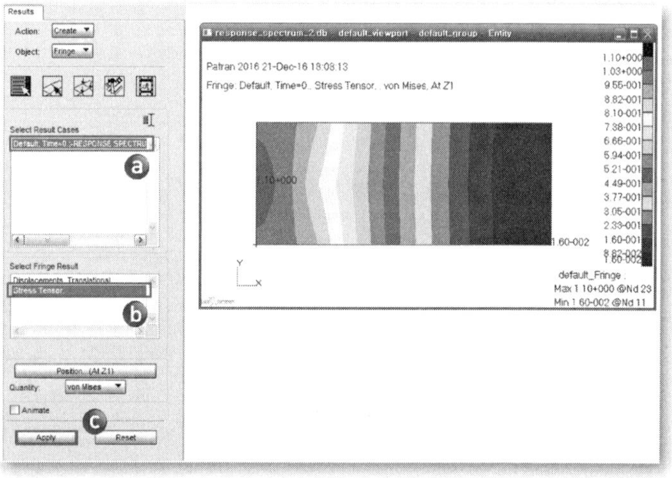

Workshop 23

Fatigue analysis using S-N curve

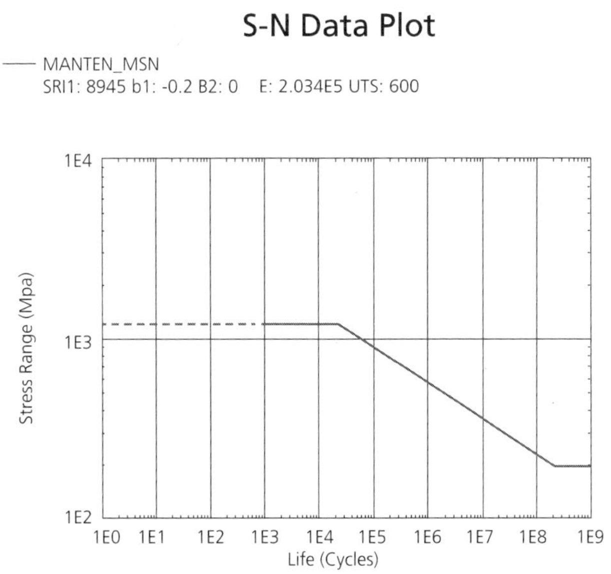

문제정의

Patran에 탑재된 MSC.Fatigue 모듈을 통해 피로해석을 수행하는 방법에 대해 배워본다. 가장 일반적인 피로해석 방법은 재료의 S-N 곡선을 이용하는 방법이다. 예제의 모델은 구멍을 가지는 Y방향 대칭 모델로 응력집중을 유도할 수 있다. 아래의 그래프와 같이 +10000N ~ −10000N의 반복하중(fully reversed loading)을 1 Cycle로 정의하여 몇 번의 반복하중을 버틸 수 있는 지 계산해 본다.

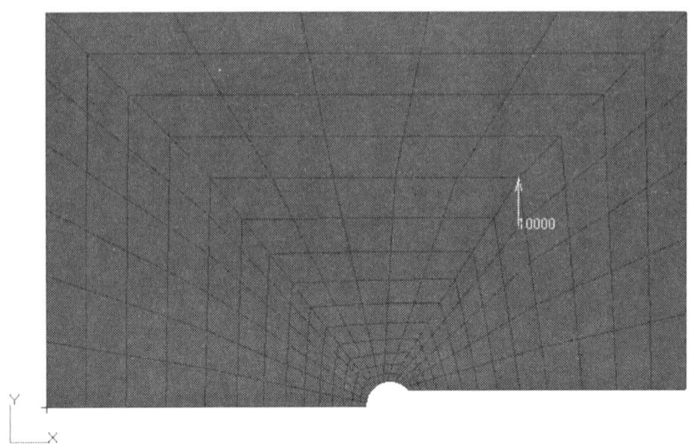

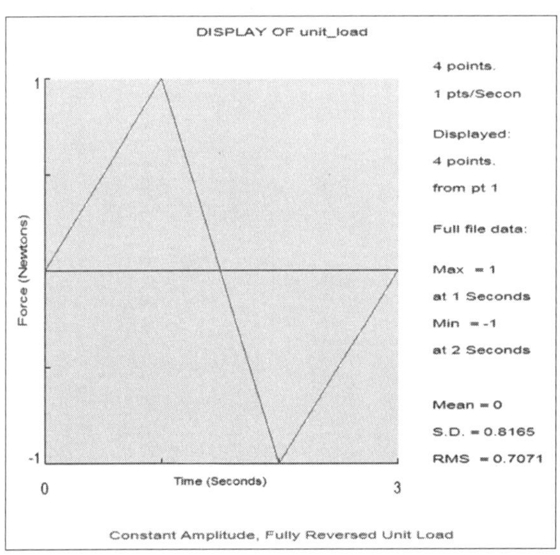

1 전 처리 (Pre-Process)

Step 1 .db파일 생성

ⓐ Patran을 실행한다.

ⓑ Home Tap에서 **New 아이콘**을 클릭한다.

ⓒ 파일 이름을 **'fatigue_SN.db'**으로 입력하고 **OK 버튼**을 클릭한다.

ⓓ New Model Preference에서 그림과 같이 설정하고 **OK 버튼**을 클릭한다.

Step 2 정적해석 결과 불러오기

ⓐ Analysis Tap에서 Access Resutls의 **Output2 아이콘**을 클릭한다.

ⓑ Analysis Form에서 **'Method: Both'**으로 설정한다.

ⓒ **Select Results File 버튼**을 클릭한다.

ⓓ start 폴더의 **'simpleSN.op2' 파일**을 선택한다.

ⓔ **Apply 버튼**을 클릭하면 모델정보와 정적해석 결과를 불러온다.

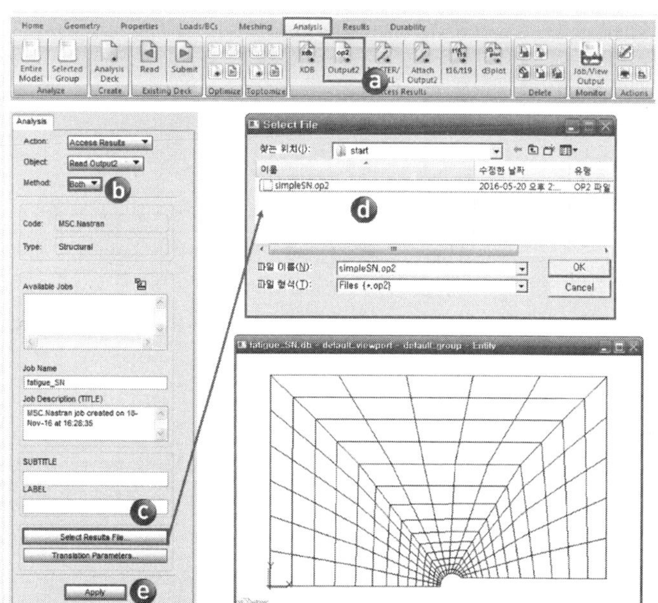

Step 3 정적해석 응력 결과 확인

ⓐ Results Tap에서 Fringe/Deformation 아이콘을 클릭한다.

ⓑ Select Fringe Result에서 **'Stress Tensor,'**으로 설정한다.

ⓒ **'Quantity: Max Principal'**으로 설정한다.

ⓓ Select Deformation Result에서 **'Displacements, Translational'**을 선택한다.

ⓔ **Apply 버튼**을 클릭한다.

ⓕ 화면에 나타난 결과를 확인한다.

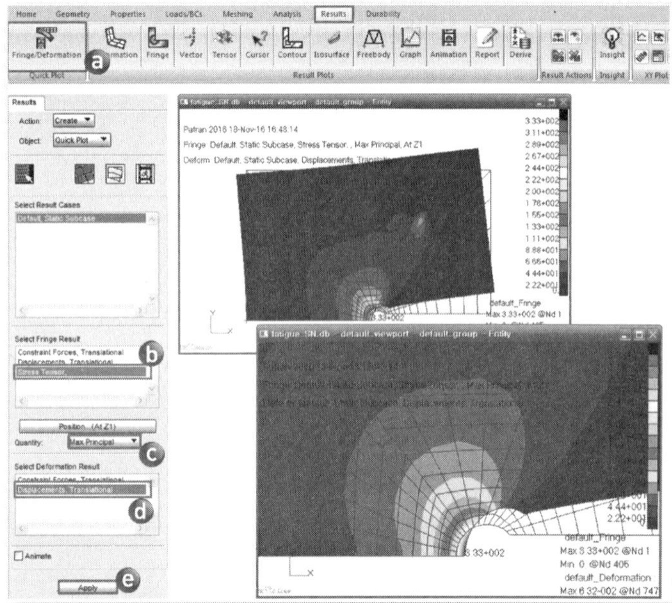

Step 4 MSC.Fatigue Interface

ⓐ Menu bar에서 **Tools MSC.Fatigue Main Interface** 순서로 클릭한다.

ⓑ MSC.Fatigue Form에서 아래 표와 같이 설정한다.

ⓒ Jobname에 **'simple_sn'**으로 입력한다.

ⓓ Title에 **'Simple S-N Curve Analysis'**으로 입력한다.

Analysis	S-N
Results Loc.	Node
Nodal Ave.	Global
Res. Units	MPa
Solver	Classic

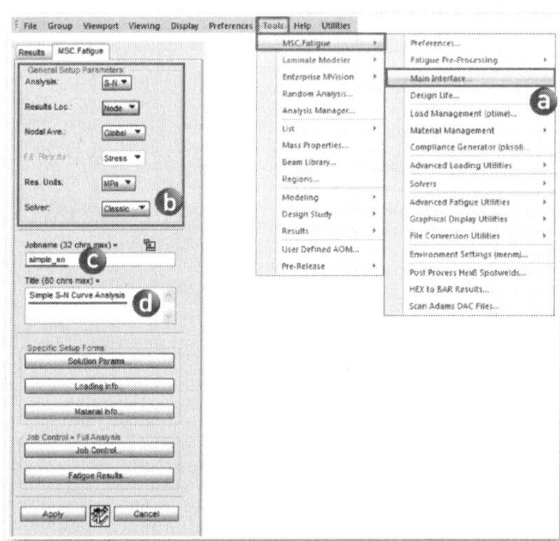

Step 5 Solution Parameter, Material 설정

ⓐ **Solution Params. 버튼**을 클릭한다.

ⓑ **'Mean Stress Correction: None'**으로 설정한다.

ⓒ **'Stress Combination: Max. Abs. Principal'**으로 설정한다.

ⓓ **OK 버튼**을 클릭한다.

ⓔ **Material Info. 버튼**을 클릭한다.

ⓕ Selected Materials Information에서 아래 표와 같이 설정한다.

ⓖ **Materials Database Manager 버튼**을 클릭한다.

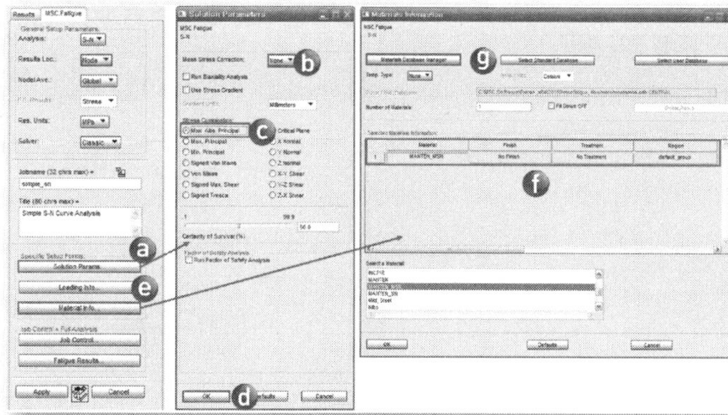

Material	Finish	Treatment	Region
MANTEN_MSN	No Finish	No Treatment	default_group

ⓗ PFMAT 창에서 Load 버튼을 클릭한 뒤 OK 버튼을 클릭하고 'data set 1'을 선택한다.

ⓘ 재료로 선정한 MANTEN_MSN 항목을 선택한다.

ⓙ Graphical display 버튼을 클릭한다.

ⓚ OK 버튼을 클릭하여 재료의 S-N curve를 확인하고 Cancel 버튼을 클릭하여 PFMAT 창을 닫는다.

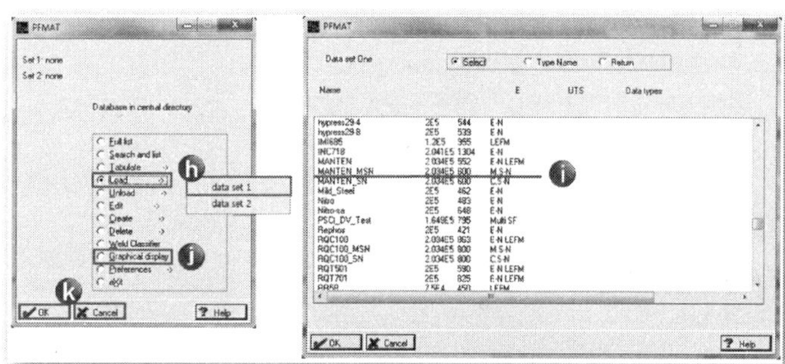

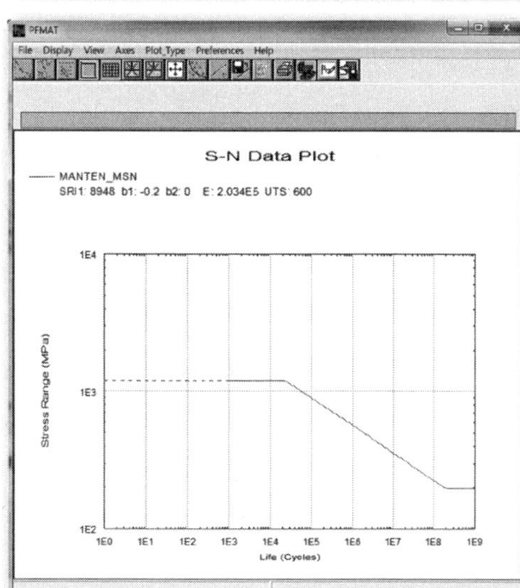

Step 6 하중조건 설정

ⓐ MSC.Fatigue Form에서 Loading Info. 버튼을 클릭한다.

ⓑ Time History Manager 버튼을 클릭한다.

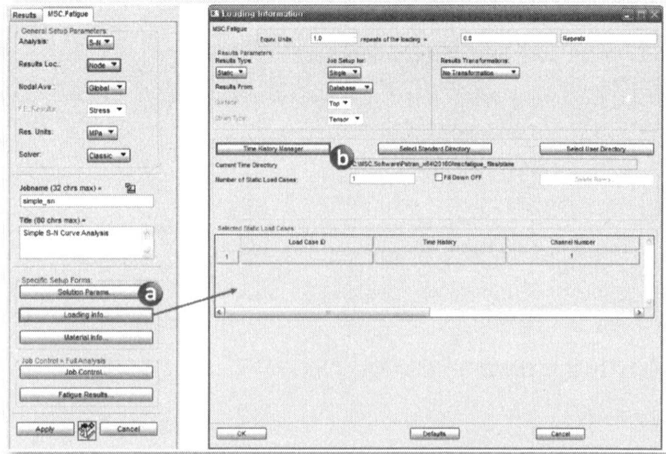

ⓒ PTIME 창에서 **Enter X-Y points 버튼**을 클릭하고 **OK 버튼**을 클릭한다.

ⓓ 다음 화면에서 **'Filename: unit_load'**, **'Description 1: Constant Amplitude, Fully Reversed Unit load'**, **'Load type: Force'**, **'Units: Newtons'**, **'Fatigue Equivalent units: Cycles'**으로 입력한다.

ⓔ **OK 버튼**을 클릭한다.

ⓕ Next Y Value에서 **'0', '1', '-1', '0'**을 **순서대로 입력**한다.

(하나씩 입력하여 Enter 키를 누르면 데이터가 생성된다.)

ⓖ **OK 버튼**을 클릭한 뒤 **End 버튼**을 클릭한다.

ⓗ **Plot an entry 버튼**을 클릭하고 **OK 버튼**을 클릭한다.

ⓘ **OK 버튼**을 클릭하여 하중 그래프를 확인하고 Cancel 버튼을 클릭하여 PTIME 창을 닫는다.

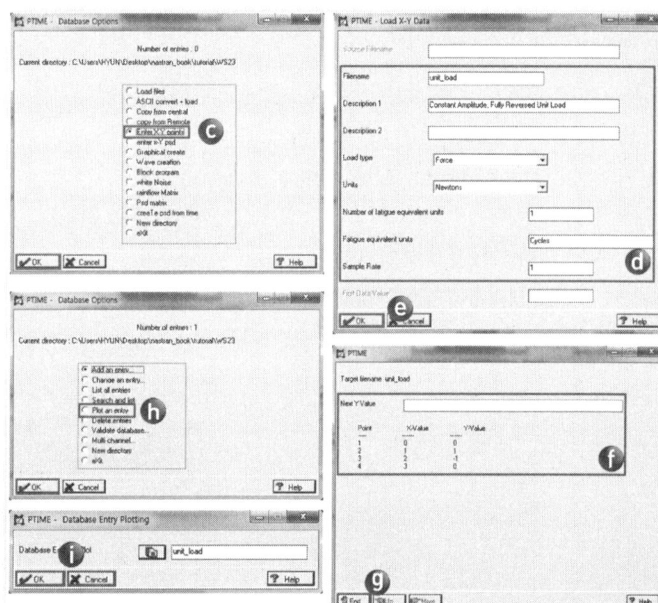

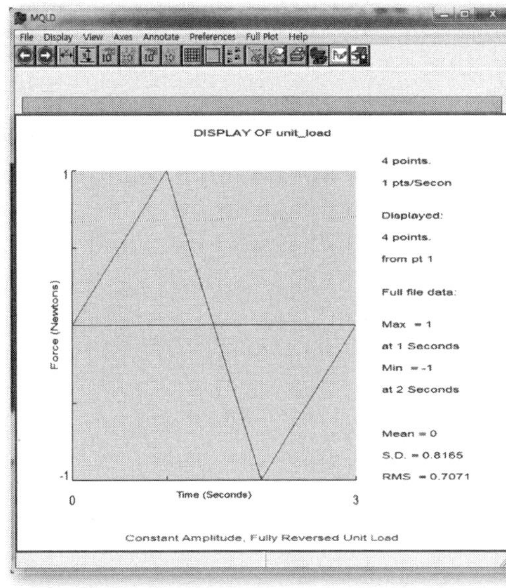

ⓙ **Load case ID** 아래 칸을 클릭한다.

ⓚ **Get/Filter Results 버튼**을 클릭한다.

ⓛ **Select All Results Cases에 체크**한 뒤 **Apply 버튼**을 클릭한다.

ⓜ Select a Results Load Case에 나타난 **'1.1-Default, Static Subcase'**를 선택한다.

ⓝ Time History에 **'Unit_Load.DAC'**을 선택한다.

ⓞ **OK 버튼**을 클릭한다.

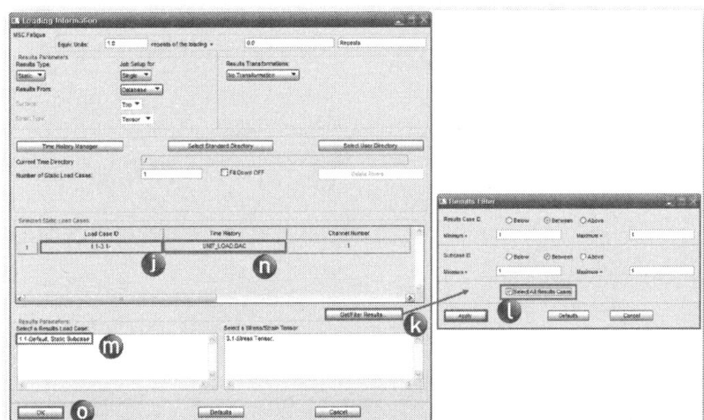

2 해석 (Solve)

Step 1 피로해석 수행

ⓐ **Job Control 버튼**을 클릭한다.

ⓑ **'Action: Full Analysis'**으로 설정한다.

ⓒ **Apply 버튼**을 클릭하면 해석이 수행된다.

ⓓ 해석 창이 사라지면 **Cancel 버튼**을 클릭한다.

ⓔ **Fatigue Results 버튼**을 클릭한다.

ⓕ **'Action: Read Results'**으로 설정한다.

ⓖ **Apply 버튼**을 클릭하면 피로해석 결과를 불러온다.

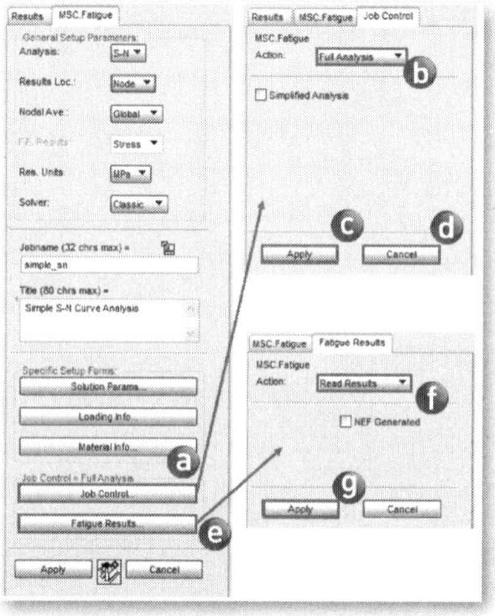

3 후 처리 (Post-Process)

Step 1 수명: Log scale

ⓐ Results Tap에서 **Fringe/Deformation 아이콘**을 클릭한다.

ⓑ Select Result Cases에서 **'Total Life, simple_snfef'**를 선택한다.

ⓒ Select Fringe Result에서 **'Log of Life (Cycles)'**을 선택한다.

ⓓ **Apply 버튼**을 클릭하면 계산된 수명이 나타난다.

ⓔ 본 예제 모델의 재료 및 하중조건에서 $10^{5.65}$번의 하중을 더 받을 수 있다.

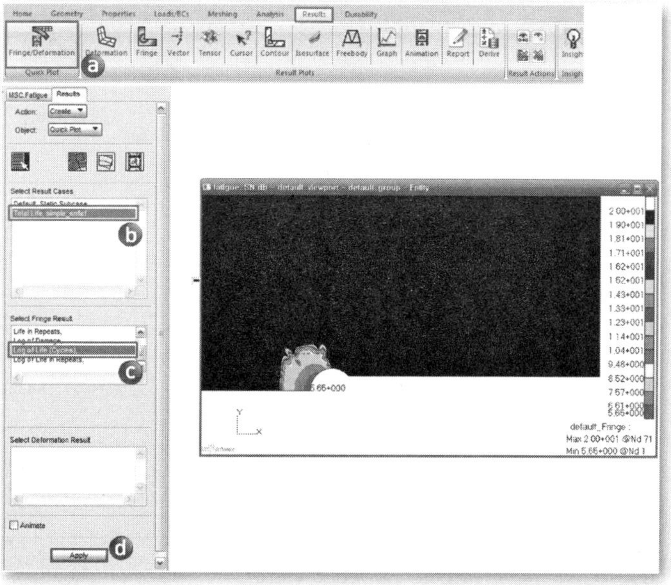

Step 2 Damage List

ⓐ Fatigue Results Form에서 **'Action: List Results'**으로 설정하고 **Apply 버튼**을 클릭한다.

ⓑ **OK 버튼**을 클릭한다.

ⓒ Filter on에서 **'Damage > 0'**으로 설정하고 **OK 버튼**을 클릭한다.

ⓓ **Most damaged nodes 버튼**을 클릭한다.

ⓔ **OK 버튼**을 클릭하면 가장 damage가 큰 node 순서대로 결과 값을 볼 수 있다.

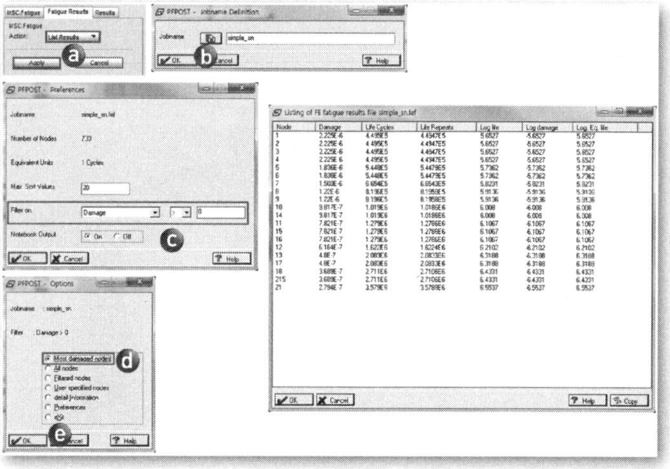

Workshop 24

Superelement

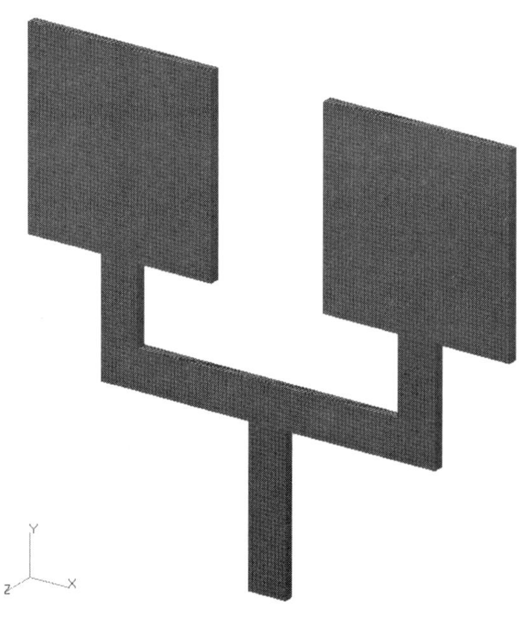

문제정의

Workshop 24는 가장 간단한 superelement 문제를 다룬다. 3D 요소인 solid 요소를 사용하여 모델링하고 사용되는 재료는 steel로 적용한다. 모델의 밑면을 고정하고 양쪽에 방향이 다른 힘을 줄때 superelement 방법을 이용하여 변위를 알아보고 normal mode 해석과 frequency response 해석도 진행한다.

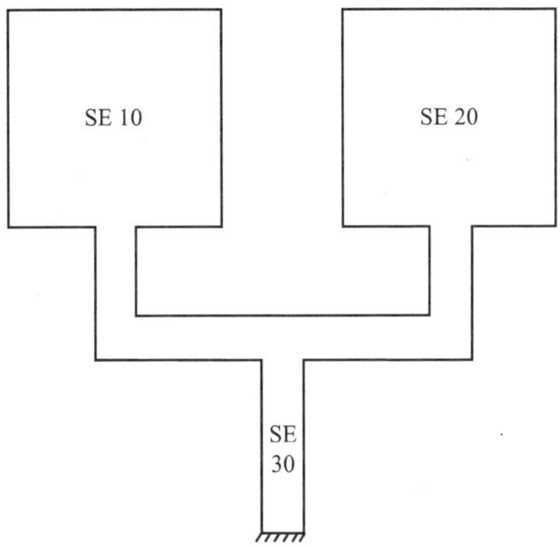

	설정
해석 시스템	Linear static (Sol 101) Normal mode (Sol 103) Frequency response analysis (Sol111)
단위계	N / ton / mm
재료	Steel
탄성계수, G	2.00E + 11 Pa
포아송 비, Nu	0.3
밀도	7850 kg/m^3

1 전 처리 (Pre-Process)

Step 1 .db파일 생성

ⓐ **Patran**을 실행한다.

ⓑ Home Tap에서 **New 버튼**을 클릭한다.

ⓒ 파일 이름을 **'Superelement.db'**으로 입력하고 **OK 버튼**을 클릭한다.

ⓓ New Model Preference에서 그림과 같이 설정하고 **OK 버튼**을 클릭한다.

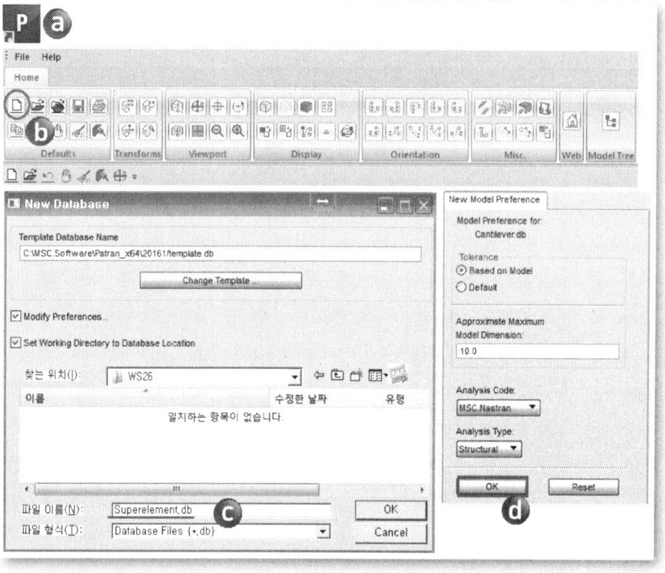

Step 2 모델 불러오기

ⓐ Menu Bar에서 File의 **Import를** 클릭한다.

ⓑ **'Source: MSC.Nastran Input'**으로 설정한다.

ⓒ **'flywatter.bdf'** 파일을 선택하고 **Apply 버튼**을 클릭한다.

ⓓ Summary 창이 뜨면 **OK 버튼**을 클릭한다.

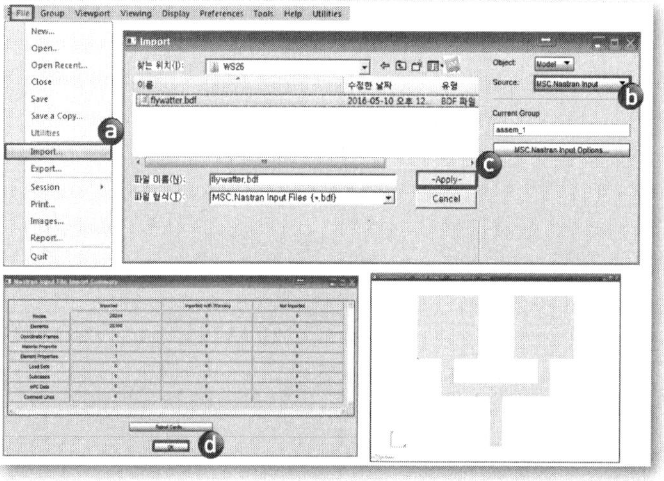

Step 3 경계조건 설정

ⓐ Loads/BCs Tap에서 **Displacement Constraint 아이콘**을 클릭한다.

ⓑ New Set Name을 **'fixed'**로 입력한다.

ⓒ Input Data를 눌러 그림과 같이 **Translations와 Rotations 항에 모두 < 0 0 0 >**로 입력하고 Input Data 창에 **OK 버튼**을 클릭한다.

ⓓ Load/Boundary Conditions Form에서 **Select Application Region 버튼**을 클릭한다.

ⓔ Select list에서 **Fem**을 선택하고 Select Nodes에 모델 밑면에 있는 모든 노드를 선택하고 **ADD 버튼**을 클릭한다.

ⓕ Application Region에 **'Node 26661:26671 27112:27122 27563:27573 28014:28024'**이 입력된 것을 확인하고 **OK 버튼**을 클릭한다.

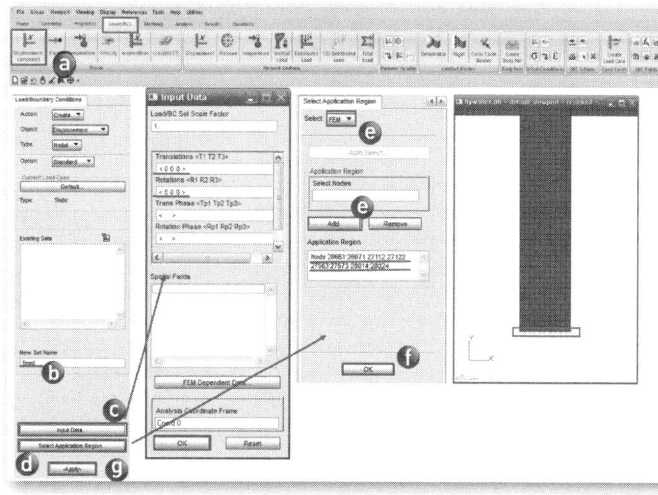

ⓖ Load/Boundary Conditions Form에서 **Apply 버튼**을 클릭하면 **'fixed' 경계조건**이 생성된다.

Step 4 Force 설정

ⓐ Loads/BCs Tap에서 **Force 아이콘**을 클릭한다.

ⓑ New Set Name을 **'force1'**로 입력한다.

ⓒ **Input Data 버튼**을 클릭한다.

ⓓ 그림과 같이 **Force항에 < 0,0,-10000 >로 입력**한다.

ⓔ **OK 버튼**을 클릭한다.

ⓕ Load/Boundary Conditions Form에서 **Select Application Region**을 클릭한다.

ⓖ Select list에서 **FEM**을 선택하고 Select Nodes에 Node 10354를 선택하고 **ADD 버튼**을 클릭한다.

ⓗ Application Region에 **'Node 10354'**이 입력된 것을 확인하고 **OK** 버튼을 클릭한다.

ⓘ Load/Boundary Conditions Form에서 **Apply 버튼**을 클릭하면 **'force 1'가** 생성된다.

ⓙ 같은 방법으로 **Node 13005** 에 힘 **< 0,0, 10000 >**와 같이 입력하여 **'force 2'**를 생성한다.

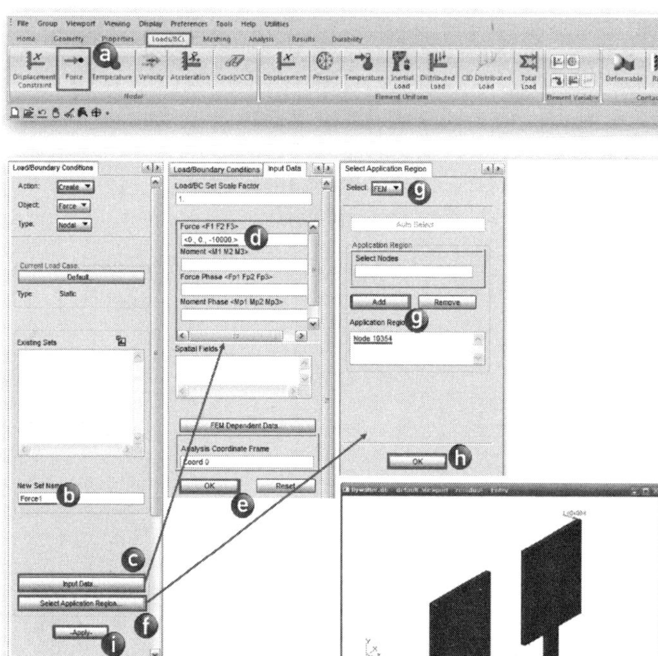

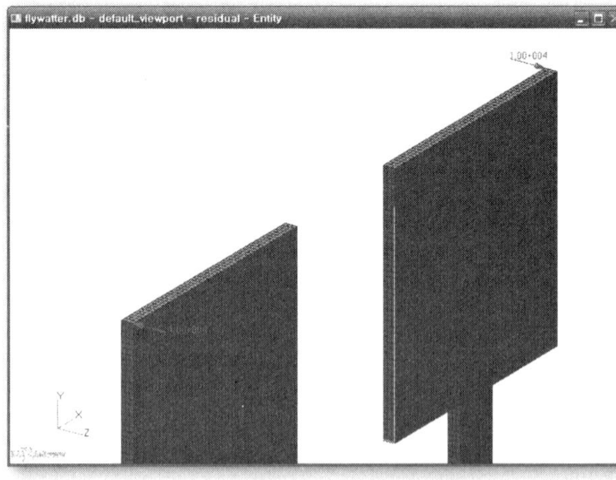

Step 5 Group 설정

ⓐ Group Tap에서 **Create**을 클릭한다.

ⓑ New Group Name을 **'SE1'**로 입력한다.

ⓒ Picking Filters Toolbar에서 Fem entity의 **Node, element 아이콘**을 이용하여 **Entity selection**에 그림에서와 같이 Node 1:10404과 element 1:7500를 선택한다.

ⓓ Group 창에 **Apply 버튼**을 클릭한다.

ⓔ 같은 방법으로 Group **'SE2'**에 **'Node 10405:20808과 Element 7501:15000'**을 선택하여 생성하고 Group **'SE3'**에 **'Node 22697:22707 23698:23708 24699:24709 25700:25710 26661:27100 27112:27551 27563:28002 28014:28453 Elm 18901:20100'**을 선택하여 생성한다.

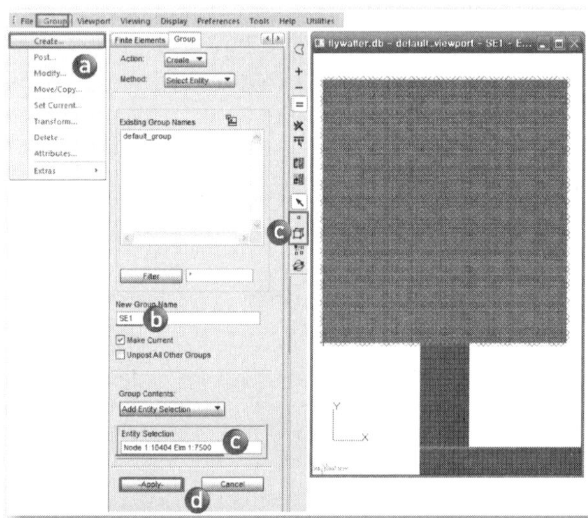

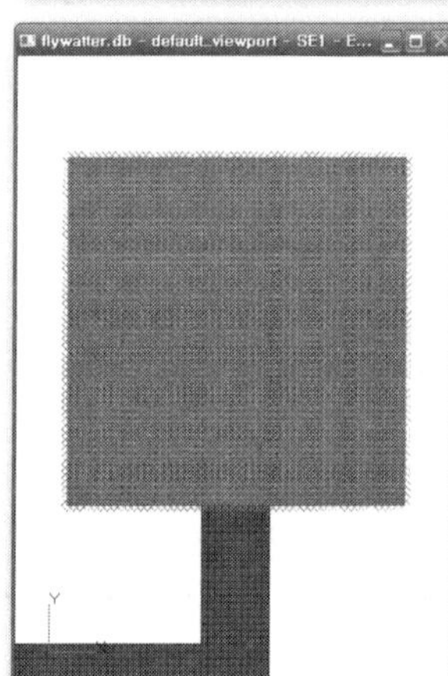

Step 6 Superelement 설정

ⓐ Meshing Tap에서 **Superelement 아이콘**을 클릭한다.

ⓑ Superelement Name을 **'SE1'**로 입력한다.

ⓒ Element Definition Group항에서 **SE1**를 선택한다.

ⓓ **Select Boundary Nodes**를 클릭하고 **Get Default Boundary Nodes**를 클릭하여 그림과 같이 **Select Boundary Nodes** 항에 **Node 21:31 2622:2632 5223:5233 7824:7834**을 입력한다.

ⓔ Select Boundary Nodes 창에 **OK 버튼**을 클릭한다.

ⓕ Finite element Form에서 **Apply 버튼**을 클릭한다.

ⓖ 같은 방법으로 Group '**SE2**'와 '**SE3**'으로 superelement '**SE2**'와 **'SE3'**을 설정한다.

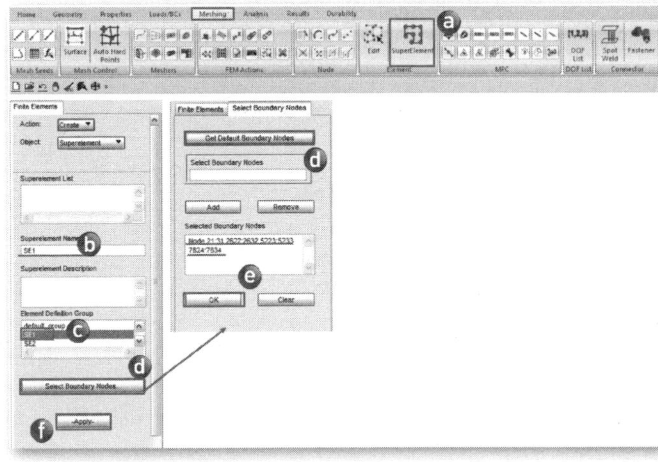

Step 7 Superelement 확인

ⓐ Meshing Tap에서 **SuperElement 아이콘**을 클릭한다.

ⓑ Action 항에서 **'Verify'**를 선택한다.

ⓒ **Select all**를 클릭하면 **SE1 SE2 SE3**항이 모두 선택된다.

ⓓ **Apply 버튼**을 클릭하면 그림에서와 같이 Superelement를 확인할 수 있다.

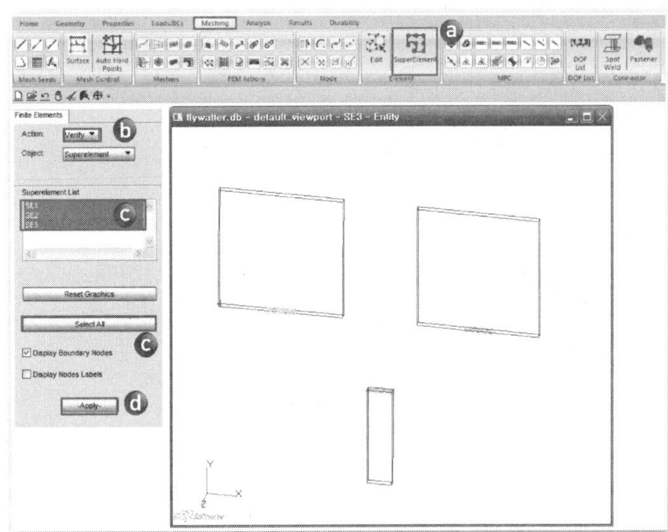

2 해석 1 (Solve)

Step 1 해석 설정

ⓐ Analysis Tap에서 **Entire Model 아이콘**을 클릭한다.

ⓑ Analysis Form에서 Job Name을 **'Linearstatic'**로 입력한다.

ⓒ Solution Type을 클릭하여 **'LINEAR STATIC'** 선택하고 **OK 버튼**을 클릭한다.

ⓓ Select Superelements를 클릭하여 **Select all**를 선택하고 **Write PART Superelement**를 클릭 취소하고 **OK** 버튼을 클릭한다.

ⓔ **Apply 버튼**을 클릭하면 해석이 수행된다.

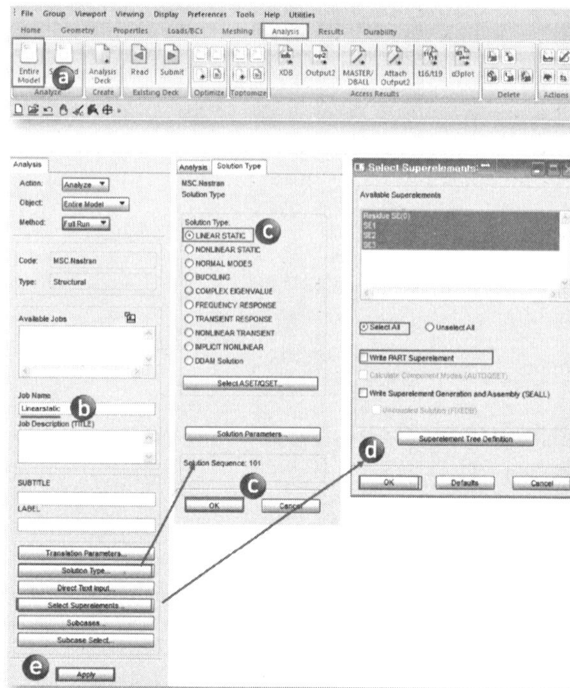

Step 2 결과파일 연결

ⓐ Analysis Tap에서 Access Results의 **XDB 아이콘**을 클릭한다.

ⓑ **Select Results File 버튼**을 클릭하여 해당 파일경로에 있는 **'Linearstatic.xdb'** 파일을 클릭한다.

ⓒ Analysis Form에서 **Apply 버튼**을 클릭한다.

3 후 처리 (Post-Process)

Step 1 Fringe

ⓐ Results Tap에서 **Fringe 아이콘**을 클릭한다.

ⓑ Selected Fringe Result에서 '**Displacements, Translational**'를 선택한다.

ⓒ **Apply 버튼**을 클릭하면 결과를 확인할 수 있다.

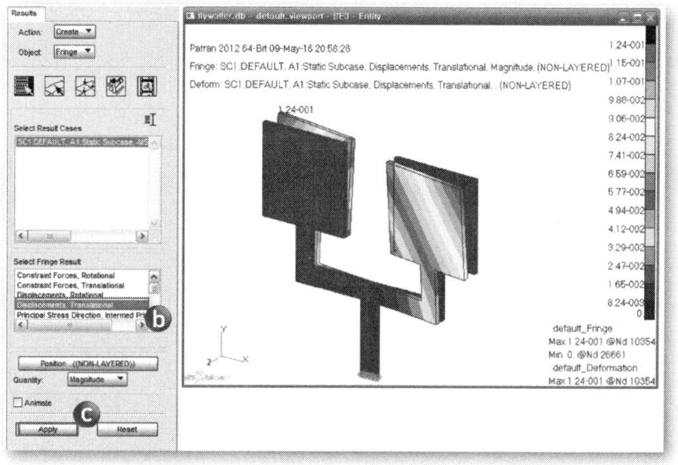

4 해석 2 (Solve)

Step 1 해석 설정

ⓐ Analysis Tap에서 **Entire Model 아이콘**을 클릭한다.

ⓑ Analysis Form에서 Job Name을 **'Normal-mode'**로 입력한다.

ⓒ Solution Type을 클릭하여 **'Normal modes'** 선택하고 **OK 버튼**을 클릭한다.

ⓓ Select Superelements를 클릭하여 **Select all**를 선택하고 **Write PART Superelement**를 클릭 취소하고 **Caclulate Component Modes(AUTOSER)**를 클릭한다.

ⓔ **Apply 버튼**을 클릭하면 해석이 수행된다.

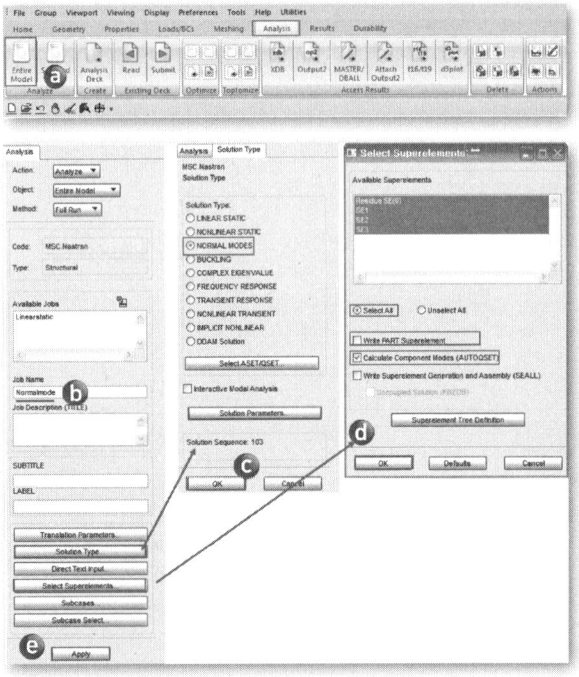

Step 2 결과파일 연결

ⓐ Analysis Tap에서 Access Results의 **XDB 아이콘**을 클릭한다.

ⓑ **Select Results File 버튼**을 클릭하여 해당 파일경로에 있는 **'Normalmode.xdb'** 파일을 선택한다.

ⓒ Analysis Form에서 **Apply 버튼**을 클릭한다.

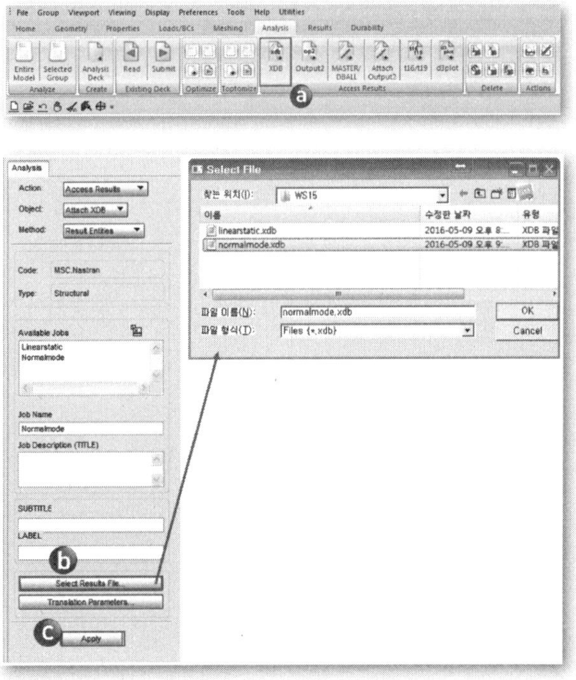

5 후 처리 2 (Post-Process)

Step 1 Deformation

ⓐ Results Tap에서 **Deformation 아이콘**을 클릭한다.

ⓑ 그림과 같이 Select Result Cases 중에 **A2 Mode1**을 선택한다.

ⓒ Select Deformation Result 중에 **'Eigenvectors, Translational'**을 선택한다.

ⓓ **Apply 버튼**을 클릭하면 결과를 볼 수 있다.

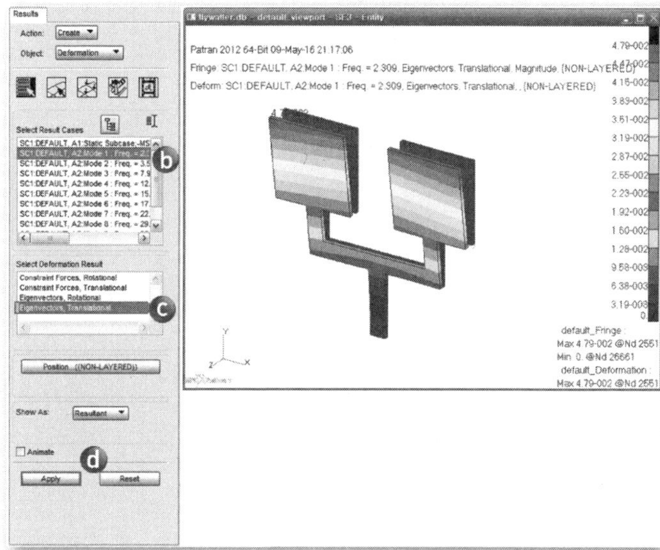

6 FRA 전 처리 (Pre-Process)

Step 1 Load case 생성

ⓐ Loads/BCs Tap에서 **Create Load Case 아이콘**을 클릭한다.

ⓑ Load Case Name을 **'Load'**로 입력한다.

ⓒ Type 항을 **Time Dependent**를 선택한다.

ⓓ Load Cases Form에서 **Apply** 버튼을 클릭하면 'Load' Load Case가 생성된다.

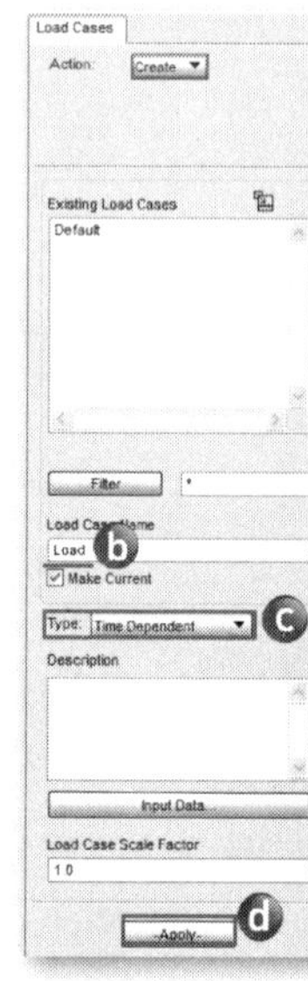

Step 2 Field 생성

ⓐ Loads/BCs Tap에서 LBC Fields의 **Create Non-spacial 아이콘**을 클릭한다.

ⓑ Field Name을 **'Force'**로 입력한다.

ⓒ Method 항을 **Tabular Input으로** 설정한다.

ⓓ Active independent variables에서 **Frequency(f)**를 선택한다.

ⓔ **Input Data**를 클릭하고 표에서와 같이 입력하고 **OK 버튼**을 클릭한다.

	f	Value
f-1	0	1
f-2	50	1

ⓕ Fields Form에서 **Apply 버튼**을 클릭하면 'Force' field가 생성된다.

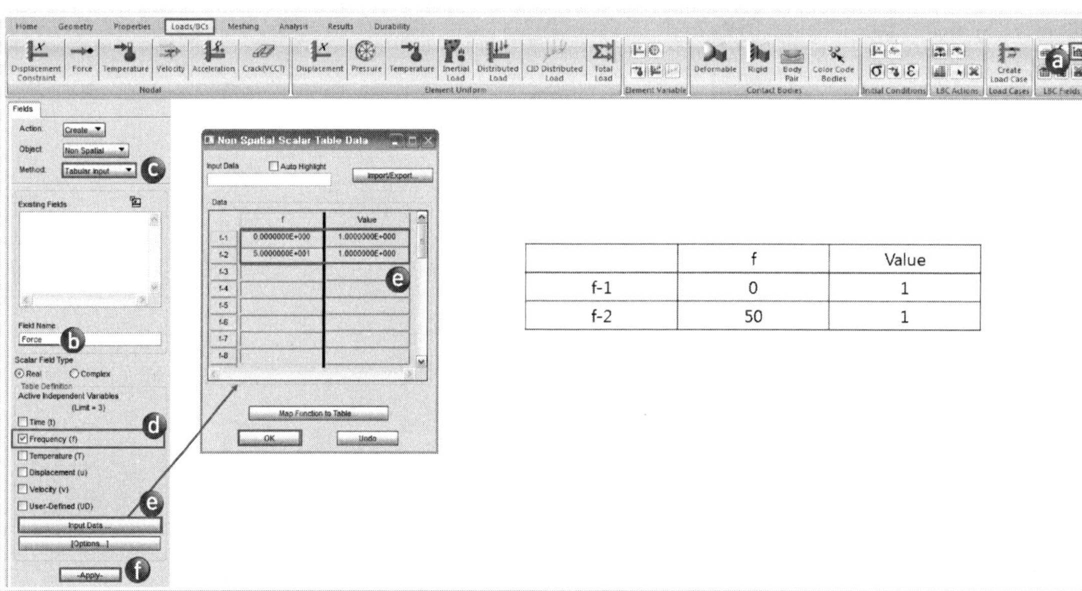

Step 3 Load case 수정

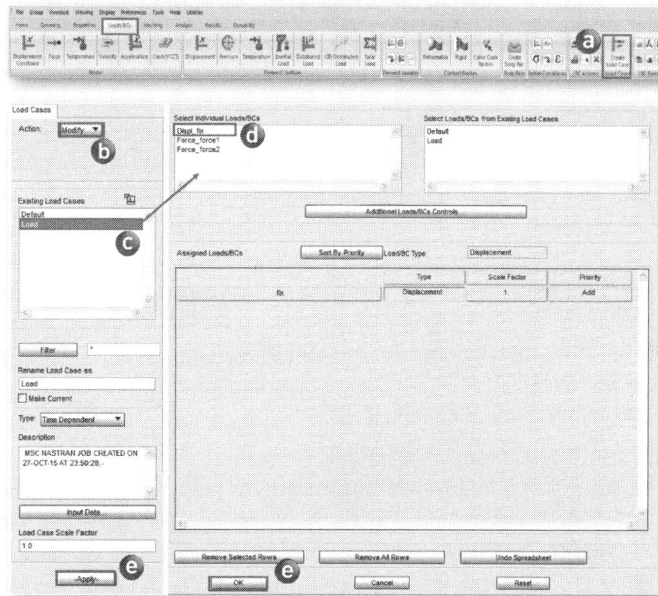

ⓐ Loads/BCs Tap에서 **Create Load Case 아이콘**을 클릭한다.

ⓑ Action에서 **'Modify'를 선택**한다.

ⓒ **Existing Load Case**에서 **Load**를 클릭한다.

ⓓ Select Individual Loads/BCs에서 '**Displ_fixed**'를 클릭하여 Load에 추가한다.

ⓔ **OK 버튼**을 클릭한 뒤 **Apply 버튼**을 클릭한다.

Step 4 Force 설정

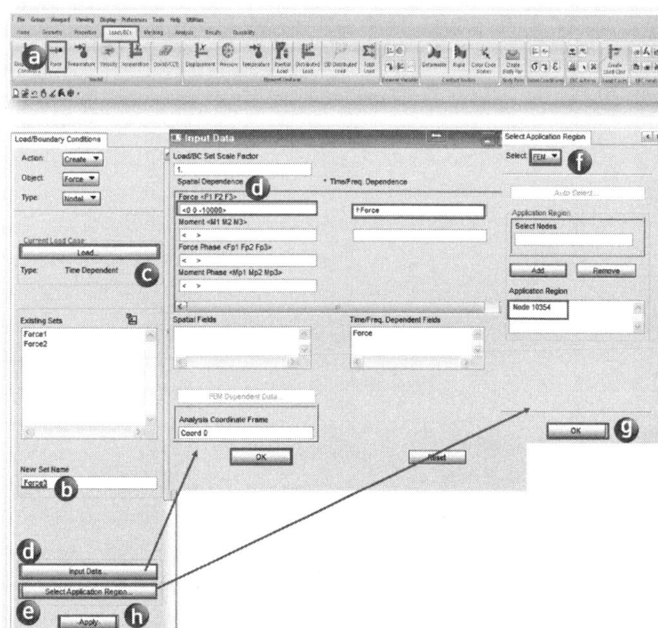

ⓐ Loads/BCs Tap에서 **Force 아이콘**을 클릭한다.

ⓑ New Set Name을 **'Force3'**로 입력한다.

ⓒ Current Load Case 항에 '**Load**'를 선택한다.

ⓓ Input Data를 눌러 그림과 같이 **Force항에 모두 < 0 0 -10000 >**로 입력하고 Time/Freq. Dependence 항에 **Force**를 선택하고 Input Data 창에 **OK** 버튼을 클릭한다.

ⓔ Load/Boundary Conditions Form에서 **Select Application Region 버튼**을 클릭한다.

ⓕ Select list에서 **FEM**을 선택하고 Select Nodes에 **Node 10354를** 선택하고 **ADD**를 클릭한다.

ⓖ Application Region에 **'Node 10354'**이 입력된 것을 확인하고 **OK 버튼**을 클릭한다.

ⓗ Load/Boundary Conditions Form에서 **Apply 버튼**을 클릭하면 **'Force3'가** 생성된다.

ⓘ 같은 방법으로 **Node 13005**에 Force 항이 **< 0 0 10000 >인 Force4**를 생성한다.

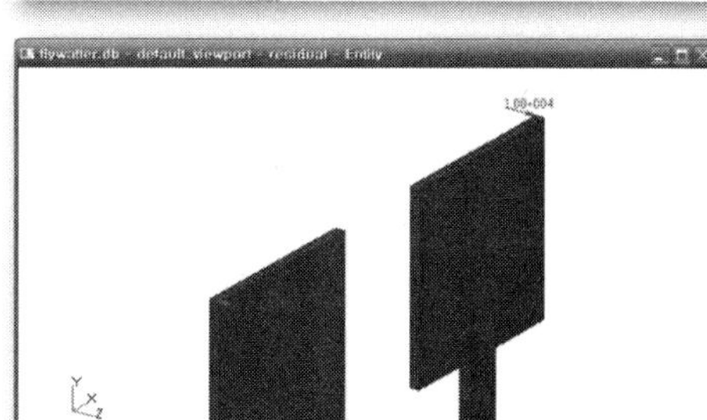

7 해석 3 (Solve)

Step 1 해석 설정

ⓐ Analysis Tap에서 **Entire Model 아이콘**을 클릭한다.

ⓑ Analysis Form에서 Job Name을 **'Frequency'**로 입력한다.

ⓒ Solution Type을 클릭하여 **'FREQUENCY RESPONSE'** 선택하고 Formulation는 Modal를 선택하고 **OK 버튼**을 클릭한다.

ⓓ Select Superelements를 클릭하여 **Select all**을 선택하고 **Write PART Superelement**를 클릭 취소하고 **Calculate Component Modes(AUTOSER)**를 클릭한다.

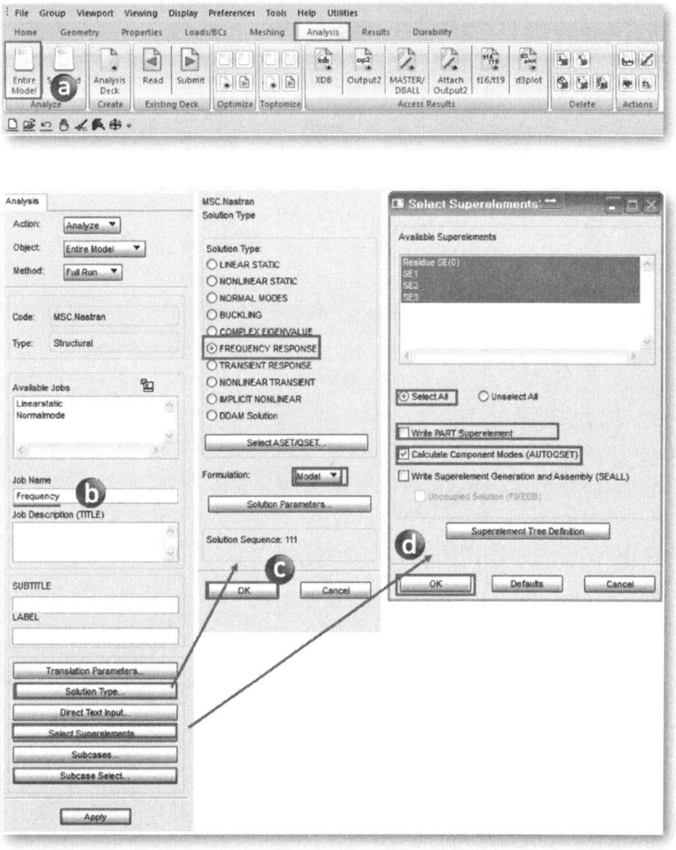

ⓔ **Subcases 버튼**을 클릭하고 Available subcases에서 **Load**를 선택한다.

ⓕ **Subcases Parameters 버튼**을를 클릭하고 **Define Frequencies**를 클릭한다.

ⓖ End Freq.에 **'50'**를 입력하고 No.Incr.에 **'200'**을 입력하고 **OK 버튼**을 클릭한다.

ⓗ Subcases 창에서 **Apply 버튼**을를 클릭한다.

ⓘ **Subcase Select**를 클릭하고 **Subcases Selected**에 **Load**를 선택하고 **OK버튼**을 클릭한다.

ⓙ Subcases창에서 **Apply 버튼**을를 클릭하여 해석을 수행한다.

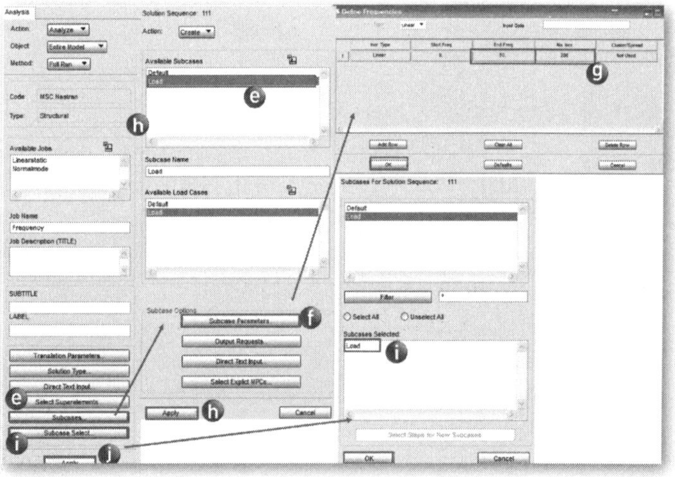

Step 2 결과파일 연결

ⓐ Analysis Tap에서 Access Results의 **XDB 아이콘**을 클릭한다.

ⓑ Select Results File을 클릭하여 해당 파일경로에 있는 **'Frequency.xdb'** 파일을 클릭한다.

ⓒ Analysis Form에서 **Apply 버튼**을 클릭한다.

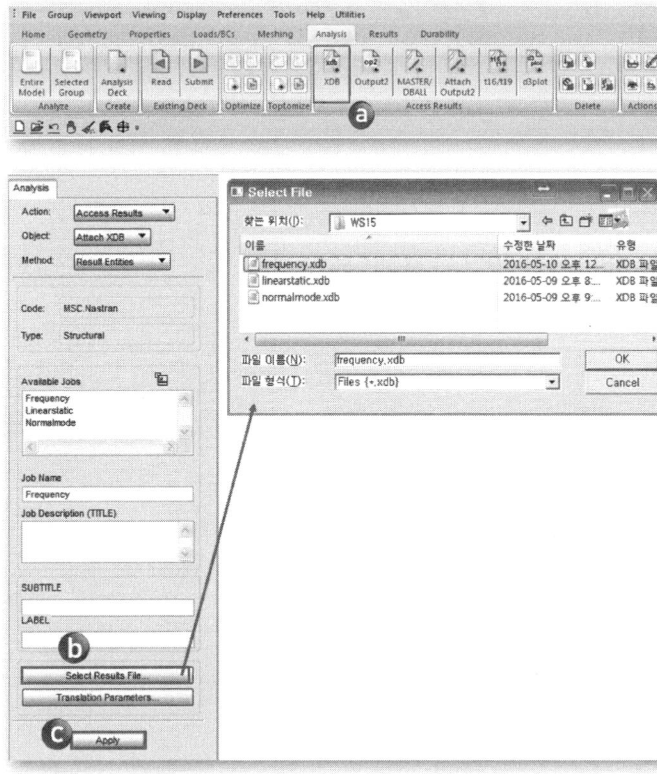

Step 1 Graph

ⓐ Results Tap에서 **Graph 아이콘**을 클릭한다.

ⓑ Select Result Cases 옆의 아이콘을 클릭하고 **A3**항 **Freq.=0~Freq.=50**를 동시에 선택한다.

ⓒ Select Y Result에서 '**Displacements, Translational'**를 선택한다.

ⓓ Variable 항에서 '**Frequency'**를 선택한다.

ⓔ Target Entities 아이콘을 클릭하고 Selcet Node항에 '**Node 10404'**를 선택한다.

ⓕ **Apply 버튼**을 클릭한다.

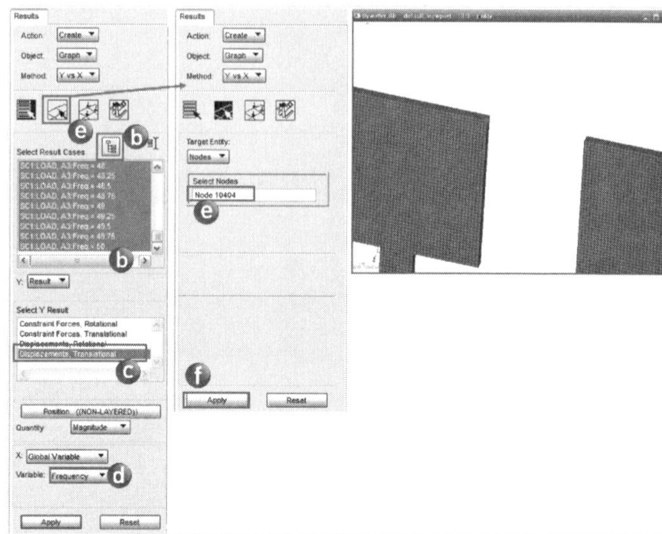

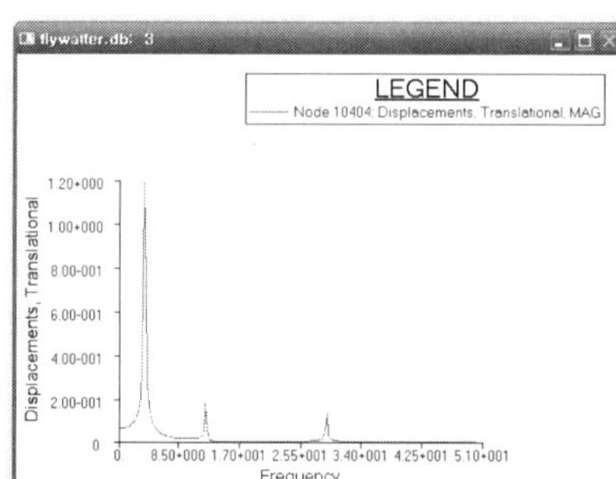

Workshop 25

ACMS
(Automated Component Mode Synthesis)

"ACMS는 본 교재 저자 김창완 교수가 박사학위 논문에서 개발한 알고리즘으로 전세계 자동차 회사들이 NVH 의 표준 도구로 현재 사용중임"

문제정의

Workshop 25는 가장 간단한 ACMS 문제를 다룬다. 3D 요소인 solid 요소를 사용하여 모델링하고 사용되는 재료는 steel로 적용한다. 모델의 밑면을 고정하고 normal mode 해석을 진행한다.

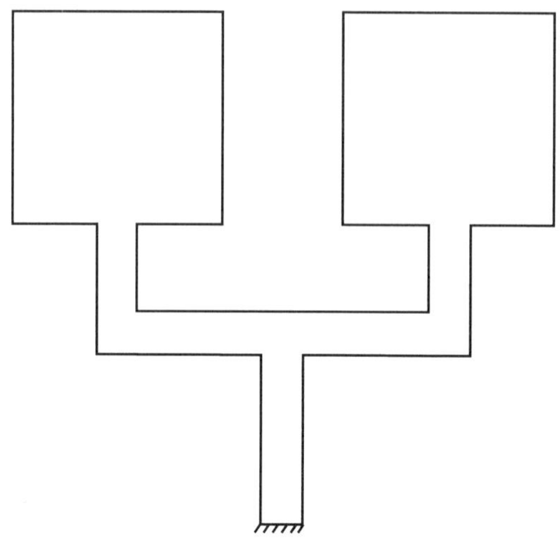

	설정
해석 시스템	Linear static (Sol 101) Normal mode (Sol 103) Frequency response analysis (Sol111)
단위계	N / ton / mm
재료	Steel
탄성계수, G	2.00E + 11 Pa
포아송 비, Nu	0.3
밀도	7850 kg/m^3

1 전 처리 (Pre-Process)

Step 1 .db파일 생성

ⓐ Patran을 실행한다.

ⓑ Home Tap에서 **New**를 클릭한다.

ⓒ 파일 이름을 **'ACMS.db'**으로 입력하고 **OK 버튼**을 클릭한다.

ⓓ New Model Preference에서 그림과 같이 설정하고 **OK 버튼**을 클릭한다.

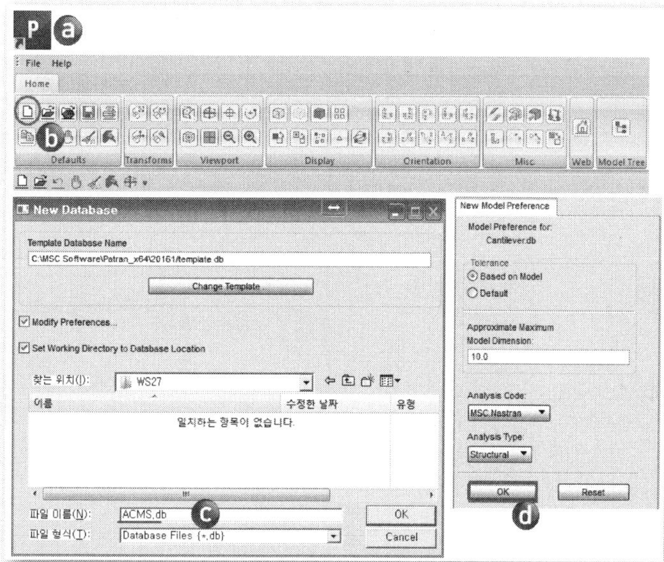

Step 2 모델 불러오기

ⓐ Menu Bar에서 File의 **Import를** 클릭한다.

ⓑ **'Source: MSC.Nastran Input'**으로 설정한다.

ⓒ **'flywatter.bdf'** 파일을 선택하고 **Apply 버튼**을 클릭한다.

ⓓ Summary 창이 뜨면 **OK 버튼**을 클릭한다.

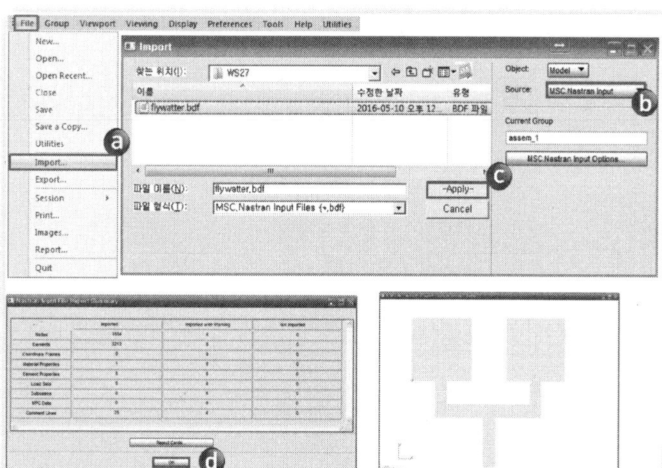

Step 3 경계조건 설정

ⓐ Loads/BCs Tap에서 **Displacement Constraint 아이콘**을 클릭한다.

ⓑ New Set Name을 **'fixed'**로 입력한다.

ⓒ Input Data를 눌러 그림과 같이 **Translations와 Rotations 항에 모두 < 0 0 0 >**로 입력하고 Input Data 창에 **OK 버튼**을 클릭한다.

ⓓ Load/Boundary Conditions Form에서 **Select Application Region 버튼**을 클릭한다.

ⓔ Select list에서 **Fem**을 선택하고 Select Nodes에 모델 밑면에 있는 모든 노드를 선택하고 **Add 버튼**을 클릭한다.

ⓕ Application Region에 **'Node 26661:26671 27112:27122 27563:27573 28014:28024'**이 입력된 것을 확인하고 **OK 버튼**을 클릭한다.

ⓖ Load/Boundary Conditions Form에서 **Apply 버튼**을 클릭하면 **'fixed' 경계조건**이 생성된다.

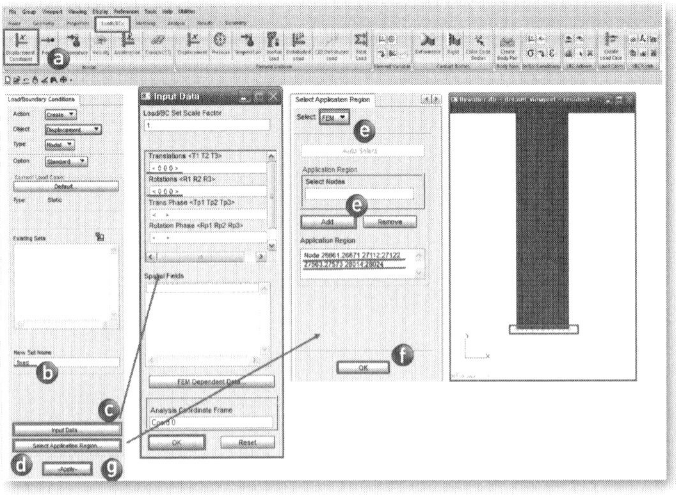

2 해석 (Solve)

Step 1 해석 설정 1

ⓐ Analysis Tap에서 **Entire Model 아이콘**을 클릭한다.

ⓑ Analysis Form에서 Job Name을 **'Normal-mode'**로 입력한다.

ⓒ Method 항에서 **Analysis Deck**을 선택한다.

ⓓ Solution Type을 클릭하여 **'Normal modes'** 선택하고 **OK 버튼**을 클릭한다.

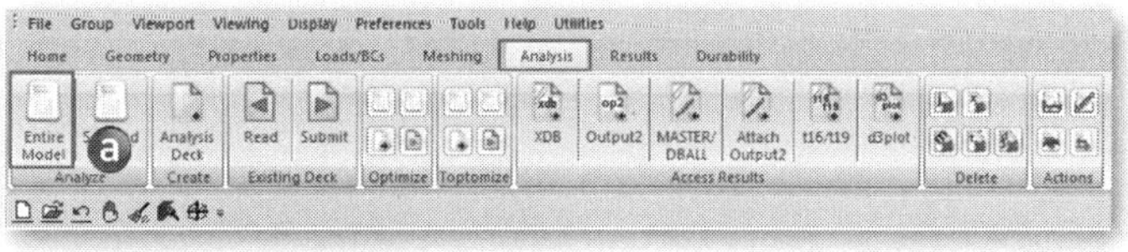

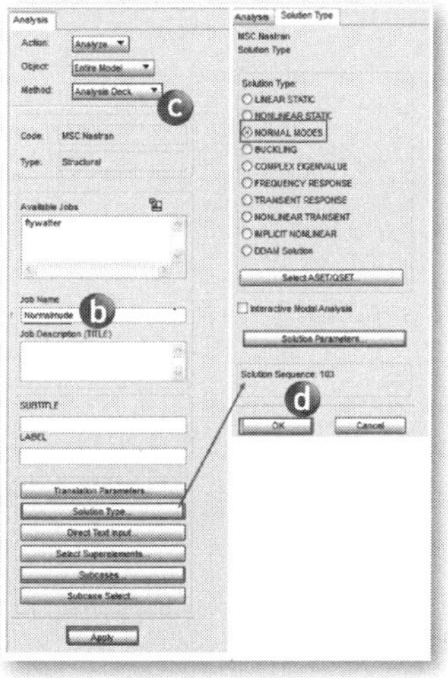

Step 2 해석 설정 2

ⓐ Analysis Form에서 **Subcases 버튼**을 클릭한다.

ⓑ Available Subcases에서 **Default**를 선택하고 **Subcases Parameters 버튼**을 클릭한다.

ⓒ Frequency Range of Interest에서 **Lower에 '0'을 입력하고 Upper에 '100'**을 입력한다.

ⓓ **OK 버튼**을 클릭한다.

ⓔ Subcases 창에서 **Apply 버튼**을 클릭한다.

ⓕ **Apply 버튼**을 클릭하면 Nastran input 파일이 생성된다.

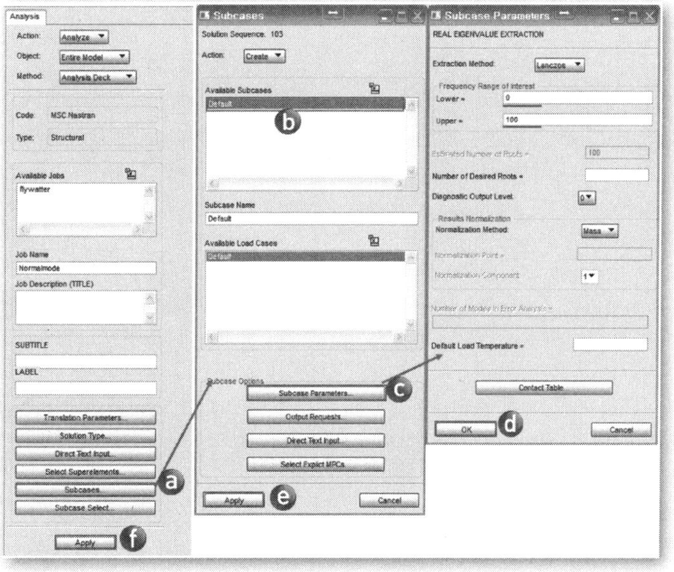

Step 3 Input 파일 변경, Nastran 수행

ⓐ 해당경로의 bdf 파일을 열고 SOL 103아래에 **'DOMAINSOLVER ACMS (PARTOPT =DOF)'**를 추가하고 저장한다.

ⓑ Nastran를 실행한 뒤 **'Normalmode.bdf' 파일**을 선택하면 실행된다.

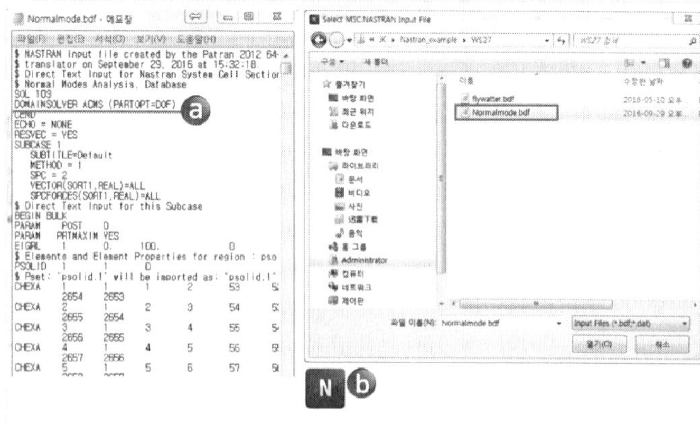

Step 4 결과파일 연결

ⓐ Analysis Tap에서 Access Results의 **XDB 아이콘**을 클릭한다.

ⓑ **Select Results File 버튼**을 클릭하여 해당 파일경로에 있는 **'Normalmode.xdb'** 파일을 클릭한다.

ⓒ Analysis Form에서 **Apply 버튼**을 클릭한다.

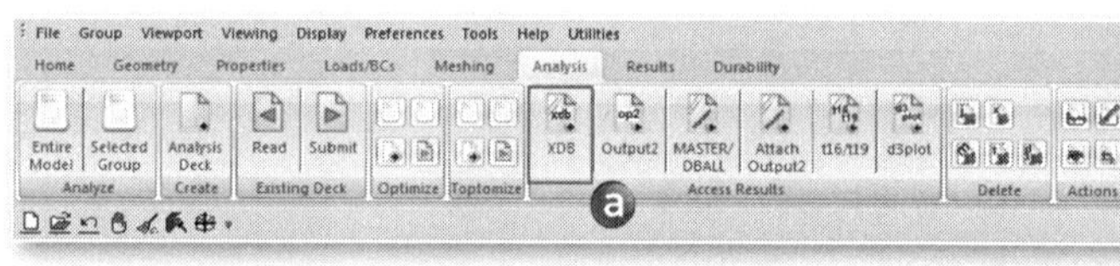

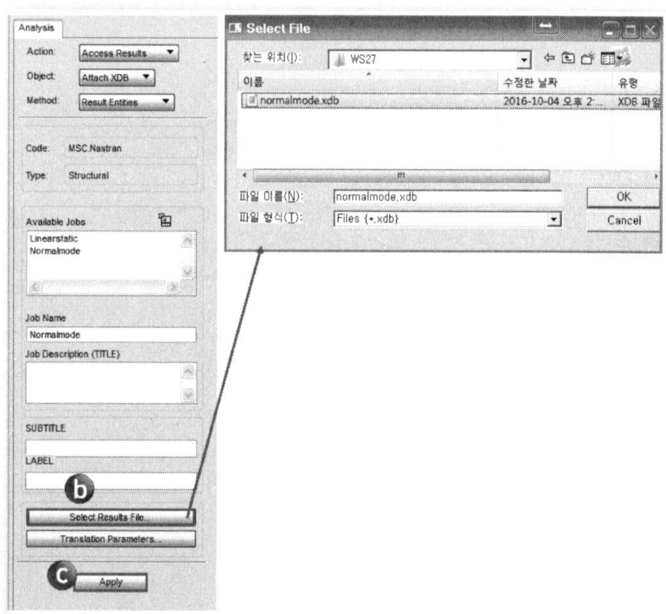

3 후 처리 (Post-Process)

Step 1 Deformation

ⓐ Results Tap에서 **Deformation 아이콘**을 클릭한다.

ⓑ 그림과 같이 Select Result Cases 중에 **A1 Mode1**을 선택한다.

ⓒ Select Deformation Result 중에 **'Eigenvectors, Translational'**을 선택한다.

ⓓ **Apply 버튼**을 클릭하면 결과를 볼 수 있다.

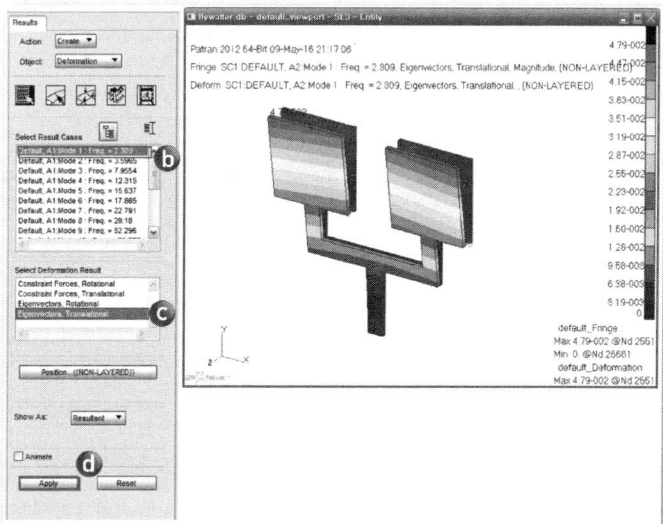

Workshop 26

Rotor Dynamics

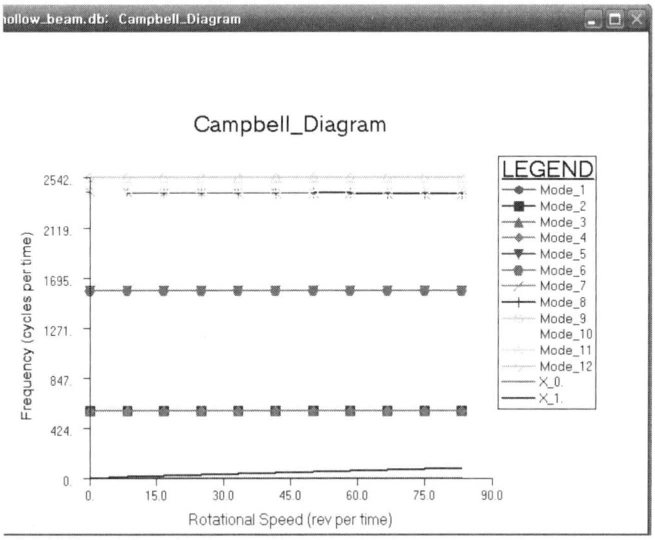

문제정의

Workshop 26에서는 1D Element와 Rotor Dynamics을 이용해서 5000 RPM으로 회전하는 원통형 회전자에 대해 해석하여 Campbell diagram을 확인해 본다. Campbell diagram은 회전자의 축 회전 속도에 따른 응답 스펙트럼이다. 회전자의 길이는 0.5 m이며 외경 0.1 m, 내경 0.05 m의 단면적을 가진다.

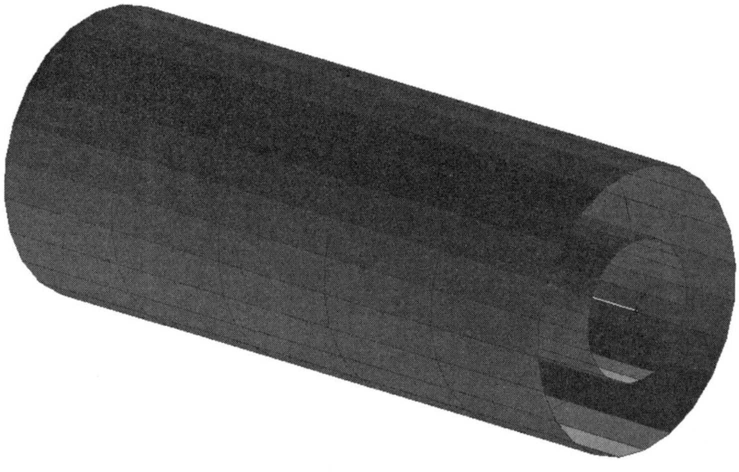

	설정
해석 시스템	Complex Eigenvalue (Sol 107)
단위계	N / kg / m
재질	Steel
탄성계수, G	200E + 9 N/m^2
포아송 비, Nu	0.3

1 전 처리 (Pre-Process)

Step 1 .db파일 생성

ⓐ **Patran**을 실행한다.

ⓑ Home Tap에서 **New**를 클릭한다.

ⓒ 파일 이름을 **'hollow_beam.db'** 입력하고 **OK 버튼**을 클릭한다.

ⓓ New Model Preference에서 그림과 같이 설정하고 **OK 버튼**을 클릭한다.

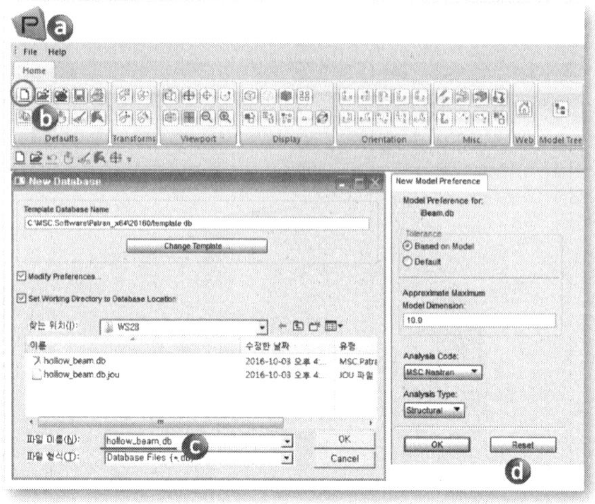

Step 2 Geometry 생성

ⓐ Geometry Tap에서 Curves의 **LineByXYZ 아이콘**을 클릭한다.

ⓑ Vector Coordinates List에서 **<0.5 0 0>**을 입력한다.

ⓒ Geometry form에서 **Auto Execute 체크**를 해제한다.

ⓓ Origin Coordinates List에서 **[0 0 0]**을 확인하고 **Apply 버튼**을 클릭하면 'Curve 1'이 생성된다.

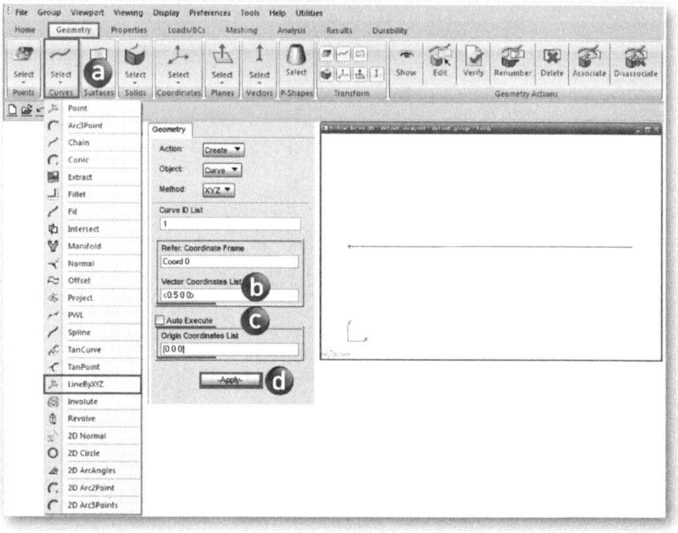

Step 3 Material 생성

ⓐ Properties Tap에서 **Isotropic 아이콘**을 클릭한다.

ⓑ Material Name을 **'steel'**로 입력한다.

ⓒ **Input Properties 버튼**을 클릭하여 **'Elastic Modulus= 200e9, Poisson Ratio= 0.3, Density= 7800'**를 입력하고 **OK 버튼**을 클릭한다.

ⓓ Materials form에서 **Apply 버튼**을 클릭하면 **'steel' 물성치**가 생성된다.

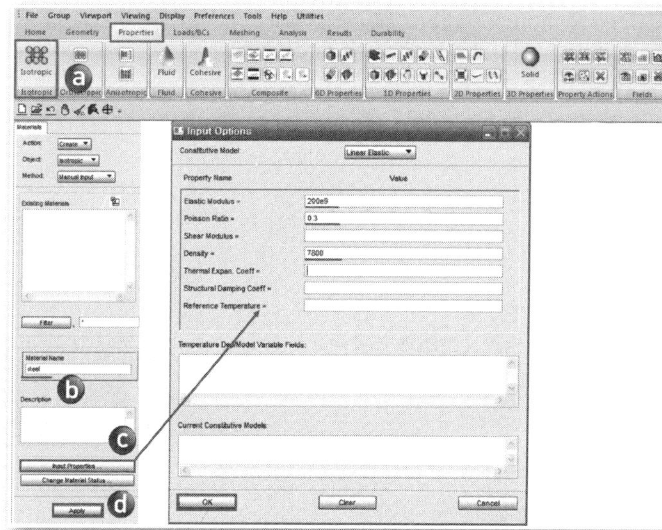

Step 4 Property 생성

ⓐ Properties Tap에서 1D Properties의 **Beam 아이콘**을 클릭한다.

ⓑ Property Set Name을 **'hollow_beam'**으로 입력한다.

ⓒ **'Options: General Section(CBEAM)'**으로 설정한다.

ⓓ **Input Properties 버튼**을 클릭한다.

ⓔ Mat Prop Name 오른쪽에 있는 아이콘을 클릭하고 Step 3 에서 만든 **'steel' 물성치**를 클릭한다.

ⓕ Bar Orientation에 **<0 1 0>**을 입력한다.

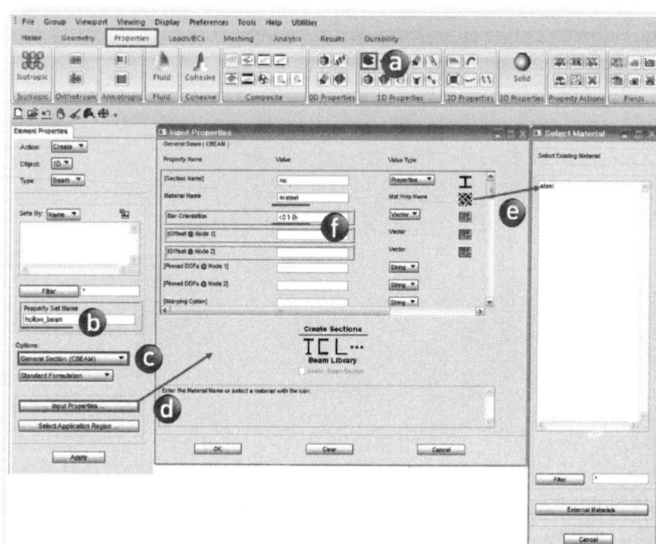

ⓖ Input Properties 창에서 **Beam Library 아이콘**을 클릭한다.

ⓗ New Section Name을 **'rotor_section'**으로 입력하고 오른쪽 화살표를 클릭한 후 **첫 번째 TUBE 아이콘**을 클릭한다.

ⓘ 빔 단면 치수 입력란에 **'R1=0.1', 'R2=0.05'**을 입력한다.

ⓙ Beam 아이콘 아래에 **Calculate/Display 버튼**을 클릭하면 빔 요소의 단면에 대한 특성이 계산된다.

ⓚ Beam Library 창의 **OK 버튼**을 클릭하고 Input Properties 창의 **OK 버튼**을 클릭한다.

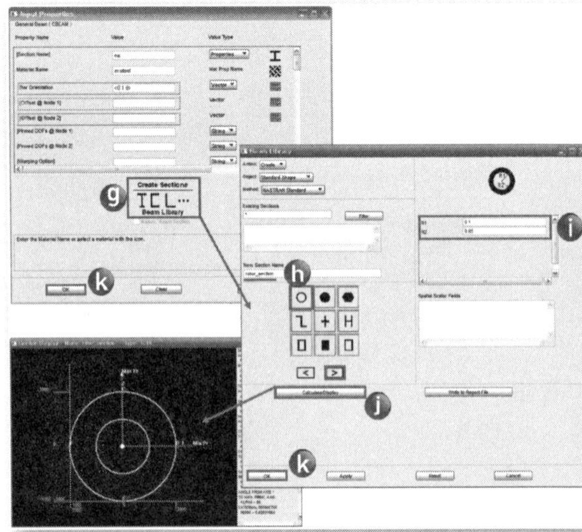

ⓛ Element Properties Form에서 **Select Application Region 버튼**을 클릭한다.

ⓜ 화면의 **'Curve 1'**을 선택하고 **Add 버튼**을 클릭한다.

ⓝ **OK 버튼**을 클릭하여 Element Properties Form으로 돌아온다.

ⓞ Element Properties Form에서 **Apply 버튼**을 클릭하면 **'hollow_beam' Property**가 생성된다.

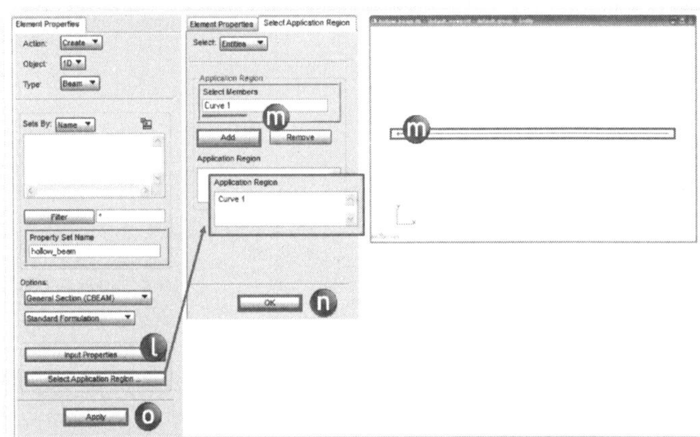

Step 5 Mesh 생성

ⓐ Meshing Tap에서 Meshers의 **Curve 아이콘**을 클릭한다.

ⓑ Curve List에서 화면의 **'Curve 1'**을 선택한다.

ⓒ **Automatic Calculation 체크를 해제**하고 **'Value=0.1'**을 입력한다.

ⓓ **Apply 버튼**을 클릭하면 Mesh가 생성된다.

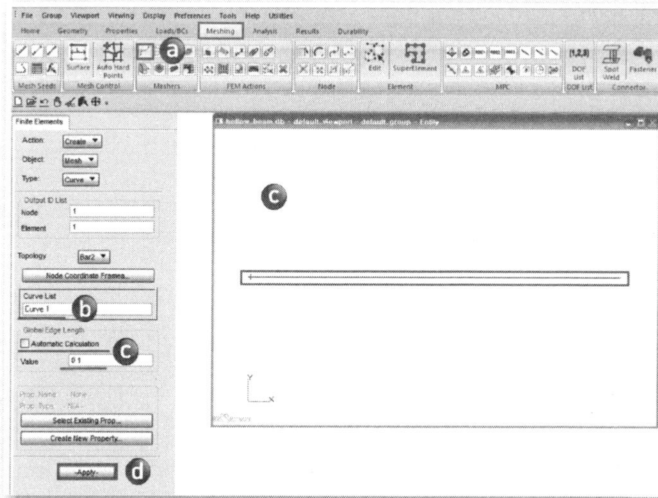

Step 6 경계조건 설정

ⓐ Loads/BCs Tap에서 **Displacement 아이콘**을 클릭한다.

ⓑ New Set Name을 **'fixed'**로 입력한다.

ⓒ **Input Data 버튼**을 클릭한다.

ⓓ **Translation 항에 <0 0 0>, Rotations 항에 <0 0 0>**으로 입력한다.

ⓔ Input Data 창에 **OK 버튼**을 클릭한다.

ⓕ Load/Boundary Conditions Form에서 **Select Application Region 버튼**을 클릭한다.

ⓖ Picking Filters Toolbar에서 **'Select : FEM'**으로 설정한다.

ⓗ 화면의 **'Node 1'**을 선택한 뒤 **Add 버튼**을 클릭한다.

ⓘ Application Region에 **Node**가 입력된 것을 확인하고 **OK 버튼**을 클릭한다.

ⓙ Load/Boundary Conditions Form에서 **Apply 버튼**을 클릭하면 **'fixed' 경계조건**이 생성된다.

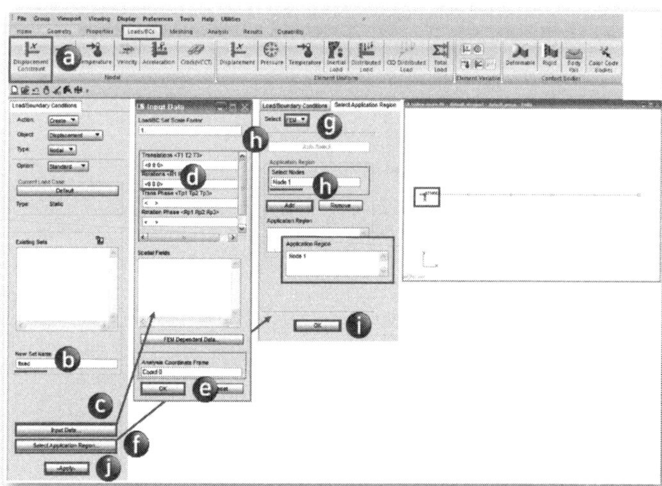

Step 7 Rotor Dynamics 설정

ⓐ Tools에서 Modeling, **Rotor Dynamics**을 클릭한다.

ⓑ Rotor Name에서 **'hollow_beam'**으로 입력한다.

ⓒ Rotor Node List에서 화면의 모든 **Node**들을 선택한다.

ⓓ Spin Direction Node 1에서 **'Node 2'**를 Spin Direction Node 2에서 **'Node 3'**를 선택한다.

ⓔ **Spin Profile 버튼**을 클릭한다.

ⓕ Speed values에서 **'1'**을 입력하고 **OK 버튼**을 클릭한다.

ⓖ Rotor Dynamics Form에서 **Apply 버튼**을 클릭한다.

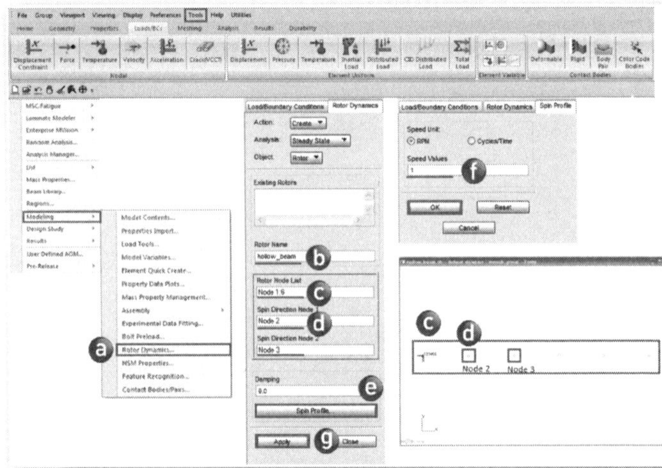

2 해석 (Solve)

Step 1 해석 설정

ⓐ Analysis Tap에서 **Entire Model 아이콘**을 클릭한다.

ⓑ Analysis Form에서 Job Name을 **'hollow_beam'**으로 입력한다.

ⓒ **Solution Type 버튼**을 클릭한다.

ⓓ Solution Type에서 '**COMPLEX EIGENVALUE'**를 선택한다.

ⓔ **'Formulation: Direct'**로 설정한다.

ⓕ **Solution Parameters 버튼**을 클릭한다.

ⓖ **'Mass Calculation: Coupled'**로 설정한다.

ⓗ **Complex Eigenvalue 버튼**을 클릭한다.

ⓘ Number of Desired Roots를 **'12'**로 입력하고 **OK 버튼**을 3회 클릭하여 단계적으로 팝업창을 닫고 Analysis Form으로 돌아온다.

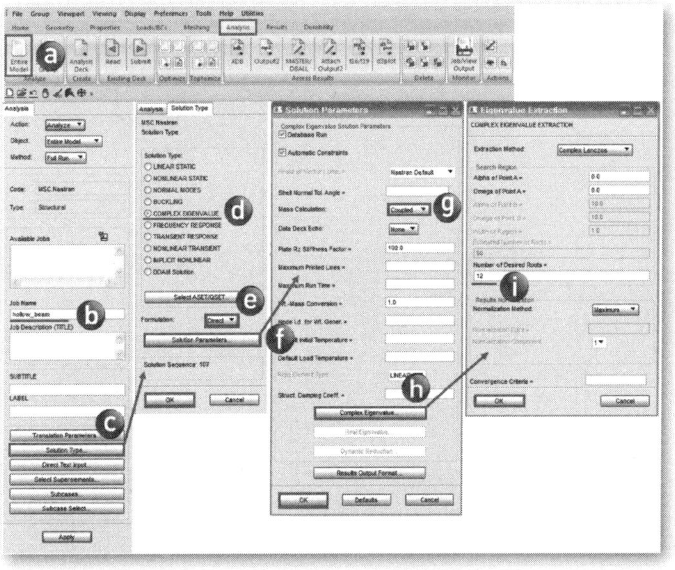

ⓙ **Subcases 버튼**을 클릭한다.

ⓚ Available Subcases에서 **'Default'**를 클릭한다.

ⓛ **Subcase Parameters 버튼**을 클릭한다.

ⓜ **Enable Rotor Dynamics를 체크**하고 **Specify Spinning Properties버튼**을 클릭한다.

ⓝ **'Options: Asynchronous'**으로 설정하고 Reference Rotor에서 **'hollow_beam'**을 선택한다.

ⓞ Speed에서 **'5000'**을 입력하고 **OK 버튼**을 2회 클릭하여 Subcases로 돌아와 **Apply 버튼**을 클릭하고 **Cancel 버튼**을 클릭한다.

ⓟ **Subcases Selected 버튼**을 클릭한다.

ⓠ **'Default'**를 선택하고 **OK 버튼**을 클릭한다.

ⓡ Analysis Form에서 **Apply 버튼**을 클릭하여 해석을 수행한다.

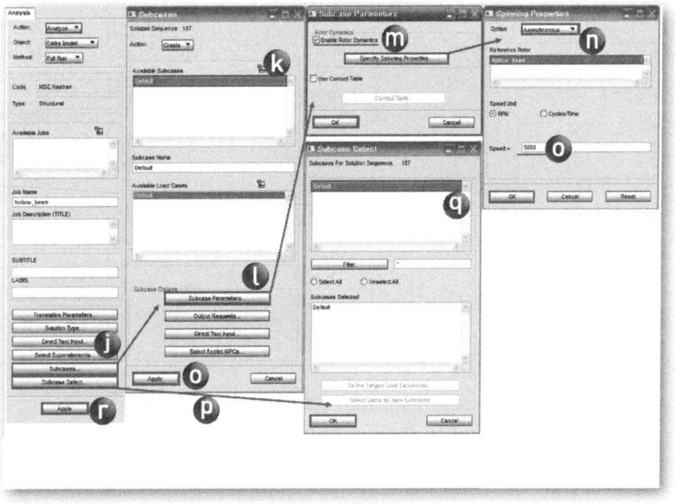

Step 2 결과파일 연결

ⓐ Analysis Tap에서 Access Results의 **XDB 아이콘**을 클릭한다.

ⓑ Select Results File을 클릭하여 해당 파일경로에 있는 **'hollow_beam.xdb'** 파일을 클릭한다.

ⓒ Analysis Form에서 **Apply 버튼**을 클릭한다.

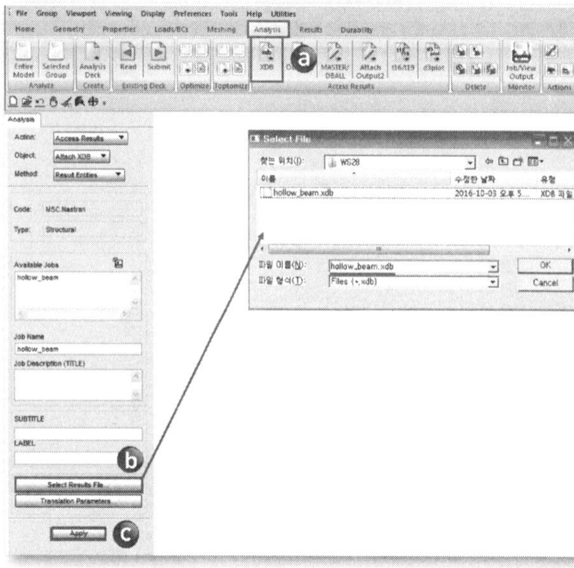

3 후 처리 (Post-Process)

Step 1 모드형상(Mode shape)

ⓐ Results Tap에서 **Fringe/Deformation 아이콘**을 클릭하고 **'Mode1'**을 선택한다.

ⓑ Select Fringe Result에서 **'Eigenvectors, Translational'**, Select Deformation Result에서 **'Eigenvectors, Translational'**을 선택한 뒤 **Apply 버튼**을 클릭한다.

ⓒ 화면에 나타난 결과를 확인한다.

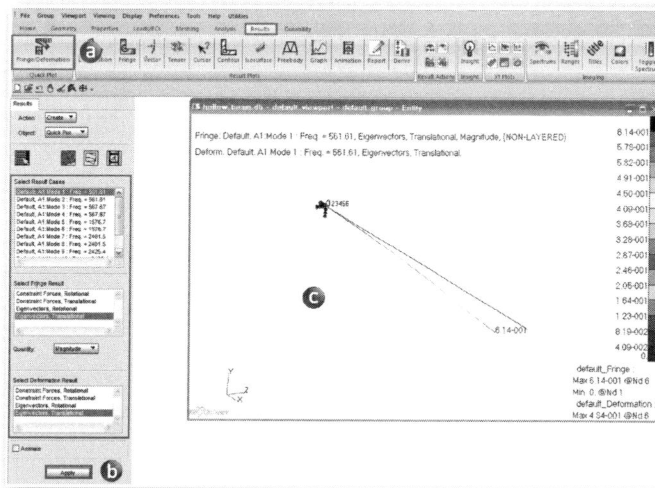

Step 2 Campbell diagrams

ⓐ 작업폴더(WS28) 안에 있는 **'hollow_beam.bdf'**을 메모장을 이용하여 불러온다.

ⓑ **'SOL 107'** text 위에 아래의 text를 삽입한다.

ASSIGN OUTPUT4='campbell_freq.op4',UNIT=71,FORM=FORMATTED,DELETE $ MODE FREQS

ASSIGN OUTPUT4='campbell_RPM.op4',UNIT=72,FORM=FORMATTED,DELETE $ SHAFT SPIN

ⓒ **'VECTOR(SORT1,REAL)=ALL'** text 위에 아래의 text를 삽입한다.

CAMPBELL = 100

ⓓ **'PARAM POST 0'** text 위에 아래의 text를 삽입하고 저장한다.

CAMPBLL 100 SPEED 11 RPM

DDVAL 11 5000.0 THRU 0.0 BY -500.

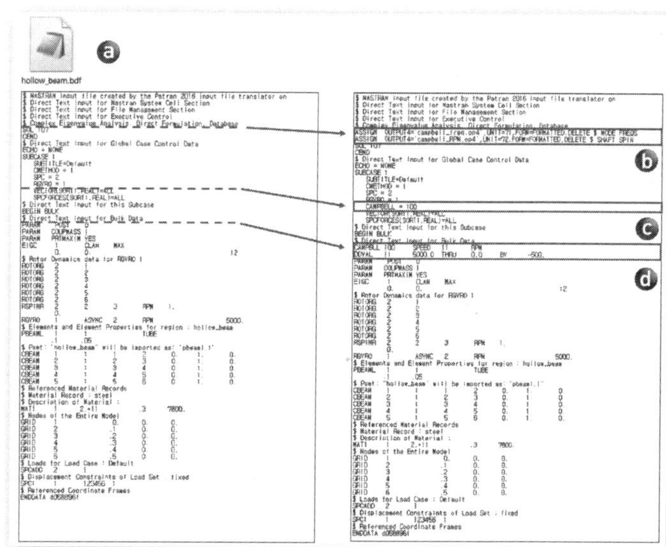

ⓔ **Nastran**을 실행한다.

ⓕ Select MSC.NASTRAN Input File에서 **'hollow_beam.bdf'**을 선택하여 해석을 수행한다.

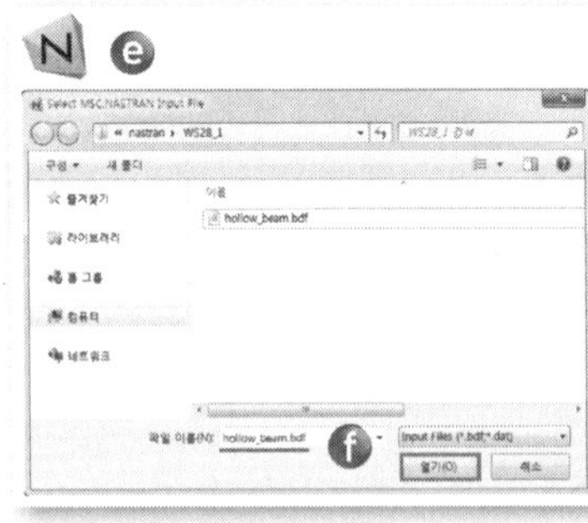

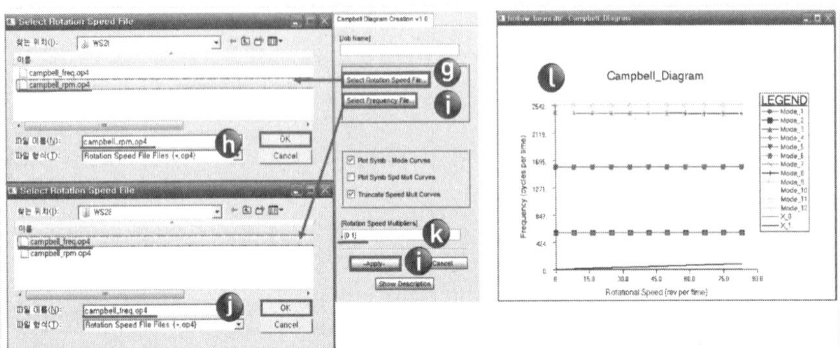

ⓖ Campbell Diagram Creation Form에서 Select Rotation Speed File을 클릭한다.

ⓗ **'campbell_rpm.op4'**를 선택하고 **OK 버튼**을 클릭한다.

ⓘ Campbell Diagram Creation Form에서 **Select Frequency File 버튼**을 클릭한다.

ⓙ **'campbell_freq.op4'**를 선택하고 **OK 버튼**을 클릭한다.

ⓚ Rotation Speed Multipliers에 **[0 1]**을 입력한다.

ⓛ Campbell Diagram Creation Form에서 **Apply 버튼**을 클릭하고 화면에 나타난 결과를 확인한다.

Workshop 27

Optimization

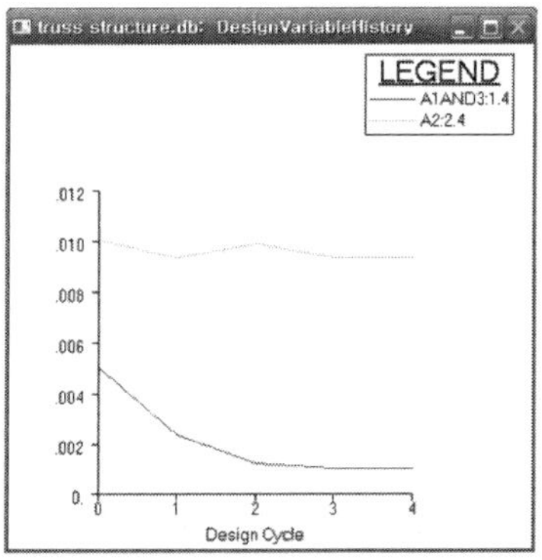

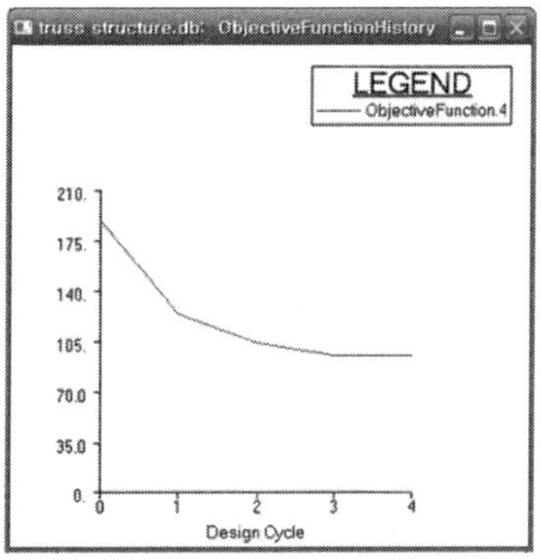

문제정의

Workshop 27에서는 'SOL 200'을 이용하여 3개의 각각 다른 단면적을 가진 CROD 요소의 구조물에 대하여 제한조건을 만족하는 단면적 최적화를 진행한다. 본 예제의 최적화 정식화는 아래 표와 같다. 아래 그림과 같이 두 가지 하중조건에서 각각 제한조건을 만족하면서 질량을 최소화 할 수 있는 단면적을 찾을 수 있다. 하중 조건은 표시된 방향으로 각 20000 lbf의 힘이 작용한다.

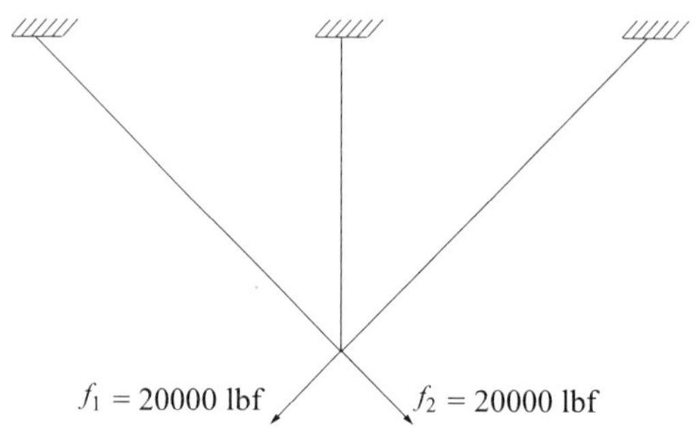

최적화문제 정식화	
설계변수	각 부제의 단면적 A_1, A_2, A_3
목적함수	구조물 질량 최소화 minimize M = f(A_1, A_2, A_3)
제한 조건	각 하중 조건에서 최대 변위 < 0.2 in -15000 psi < 각 하중 조건에서 응력 < 20000 psi 0.1 < 각 변수의 경계값 < 100

	설정
해석 시스템	Optimization (Sol 200)
단위계	lbf / lb / in
탄성계수, *G*	1E + 7 psi
포아송 비, *Nu*	0.33

1 전 처리 (Pre-Process)

Step 1 .db파일 열기

ⓐ **Patran**을 실행한다.

ⓑ Home Tap에서 **Open**을 클릭한다.

ⓒ 파일 **'Three_bar_truss.db'** 선택하고 **OK 버튼**을 클릭한다.

Step 2 Design Study 설정: 설계변수

ⓐ Tools에서 Design Study, **Pre-Process**을 클릭한다.

ⓑ '**Object: Design Variable**'과 **'Type: Property'**로 설정한다.

ⓒ Variable Name을 **'ROD1_Area'**로 입력한다.

ⓓ **'Dimension: 1D'**과 '**Type: Rod**'로 설정한다.

ⓔ Selected Prop. Set(s)의 오른쪽 아이콘을 클릭한다.

ⓕ Existing Prop. Sets에서 **'ROD1'**을 클릭한다.

ⓖ Selected Property의 오른쪽 아이콘을 클릭한다.

ⓗ Existing Prop. Names에서 **'Area'**을 클릭한다.

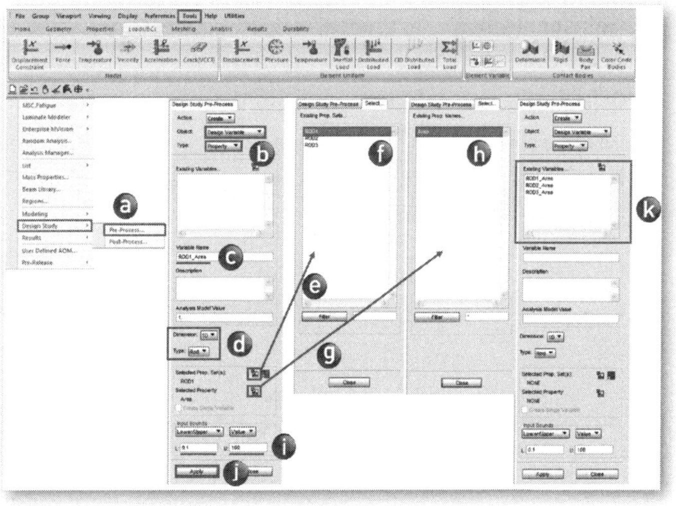

ⓘ Input Bounds에서 **'L=0.1', 'U=100'**을 입력한다.

ⓙ Design Study Pre-Process Form에서 **Apply 버튼**을 클릭하면 **'ROD1_Area' 설계변수**가 생성된다.

ⓚ 과정 c~j를 반복하여 **'ROD2_Area', 'ROD3_Area' 설계변수**를 생성한다.

Step 3 Design Study 설정: 변수 관계

ⓐ **'Object: Variable Relation'**을 **'Type: General(DLINK)'**로 설정한다.

ⓑ Variable Relation Name에 **'dlink1'**을 입력한다.

ⓒ Select Dep. Variable에서 **ROD3_Area**를 선택한다.

ⓓ **Define indep. Terms 버튼**을 클릭한다.

ⓔ Select Design Variable에서 **ROD1_Area**를 선택하고 **OK 버튼**을 클릭한다.

ⓕ Design Study Pre-Process Form에서 **Apply**버튼을 클릭하여 **'dlink1' 변수 관계**를 생성한다.

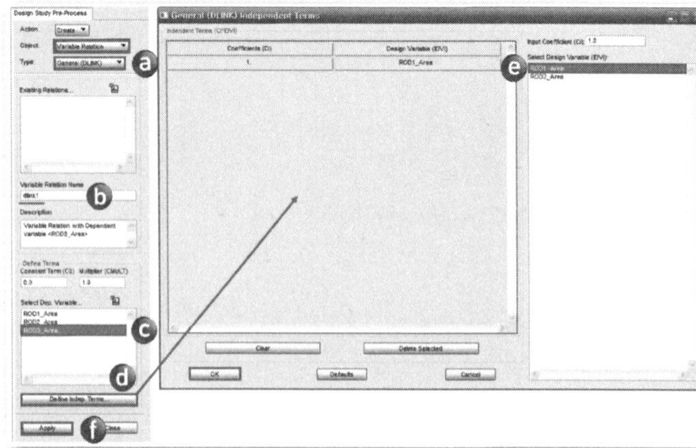

Step 4 Design Study 설정: 목적함수

ⓐ **'Object: Objective'**로 설정한다.

ⓑ **'Solution: Global'**과 **'Response: Weight'**로 설정한다.

ⓒ Objective Name을 **'weight'**로 입력한다.

ⓓ **'MinMax: minimize'**로 설정하고 **Apply 버튼**을 클릭한다.

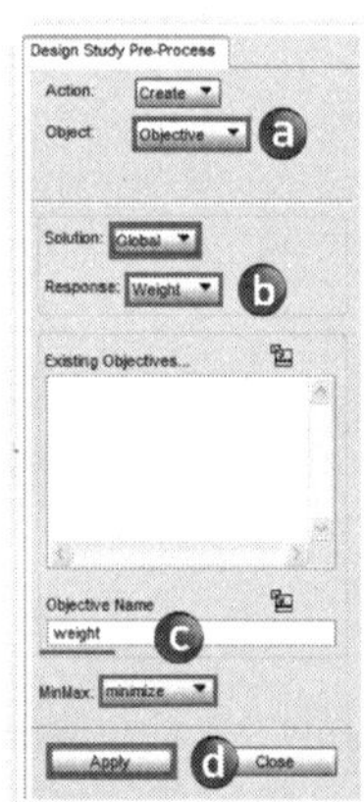

Step 5 Design Study 설정: 제한조건

ⓐ **'Object: Constraint'**로 설정한다.

ⓑ **'Solution: Linear Static'**과 **'Response: Displacement'**로 설정한다.

ⓒ Constraint Name을 **'disp_x'**로 입력한다.

ⓓ Select Node에서 화면의 **'Node 2'**를 클릭한다.

ⓔ Displacement Component에서 **'TX'**를 클릭한다.

ⓕ Lower Bound에서 **'-0.2'** Upper Bound에서 **'0.2'**을 입력한다.

ⓖ Design Study Pre-Process Form에서 **Apply 버튼**을 클릭하면 **'disp_x' 제한조건**이 생성된다.

ⓗ 과정 c~g를 반복하여 **'disp_y' 제한조건**을 생성한다.

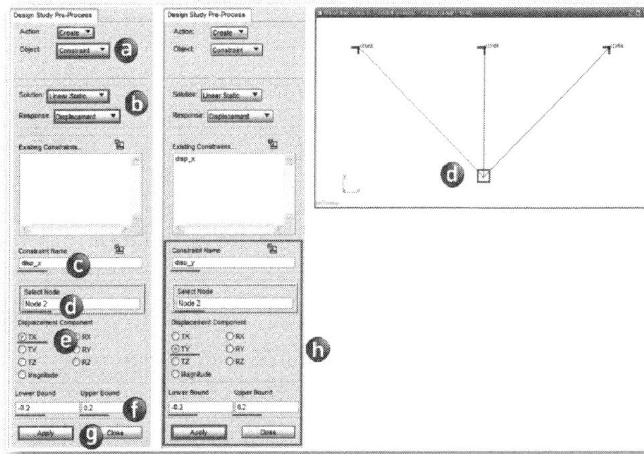

ⓘ **'Response: Stress'**로 설정한다.

ⓙ Constraint Name을 **'stress'**로 입력한다.

ⓚ **'PSET', '1D', 'Rod'**를 차례대로 선택한 후 오른쪽 아이콘을 클릭한다.

ⓛ Existing Prop. Sets에서 **'ROD1', 'ROD2', 'ROD3'**를 선택하고 **Apply 버튼**을 클릭한다.

ⓜ Lower Bound에서 **'-15000'** Upper Bound에서 **'20000'**을 입력한다.

ⓝ Design Study Pre-Process Form에서 **Apply 버튼**을 클릭하면 **'stress' 제한조건**이 생성된다.

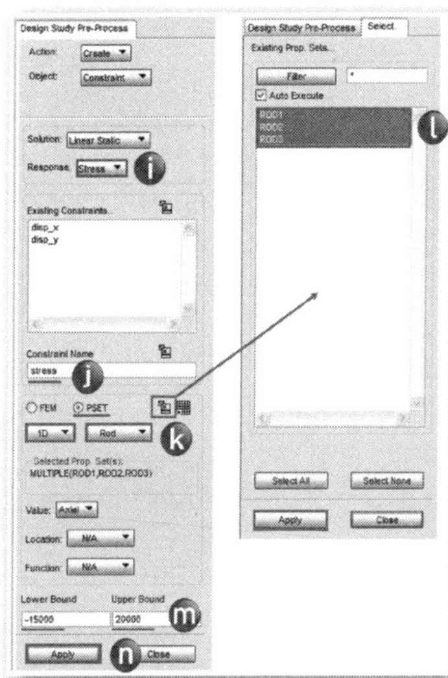

Step 6 Design Study 설정 (제한조건 세트)

ⓐ **'Object: Constraint Set'**로 설정한다.

ⓑ **'Solution: Linear Static'**로 설정한다.

ⓒ Constraint Set Name을 **'staticset'**로 입력한다.

ⓓ Select Constraints에서 **'disp_x', 'disp_y', 'stress'**를 선택한다.

ⓔ Design Study Pre-Process Form에서 **Apply 버튼**을 클릭하면 **'staticset' 제한조건 세트**가 생성된다.

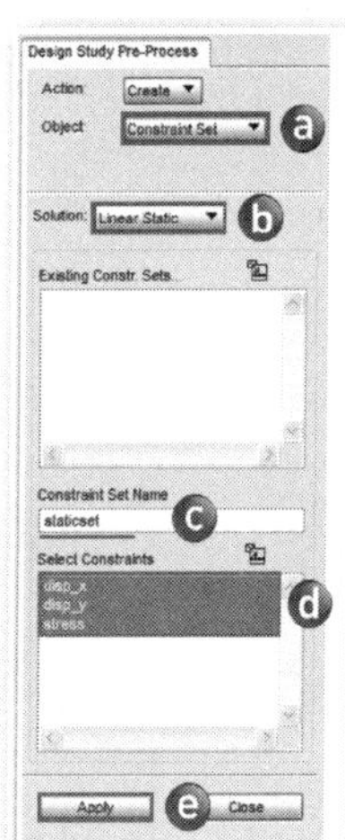

Step 7 Design Study 설정

ⓐ **'Object: Design Study'**로 설정한다.

ⓑ Design Study Name을 **'design _study_1'**로 입력한다.

ⓒ **Select Design Variables 버튼**을 클릭한다.

ⓓ 설정한 설계변수를 확인하고 **OK 버튼**을 클릭한다.

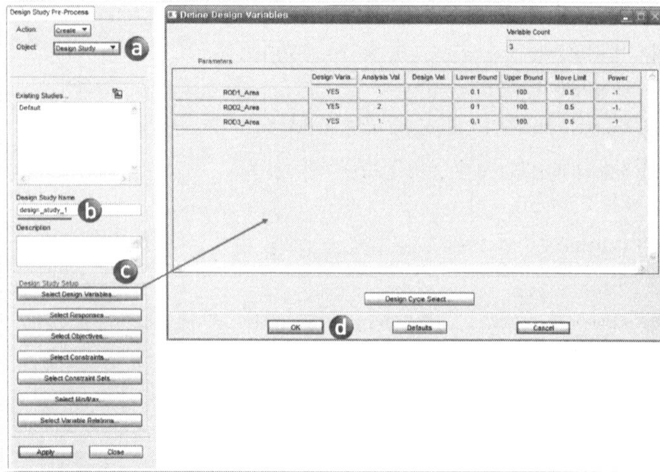

ⓔ **Select Objectives 버튼**을 클릭 후 Existing Objectives에서 **'weight'**를 선택한다.

ⓕ **Select Constraint Sets 버튼**을 클릭 후 Existing Constr. Sets에서 **'staticset'**를 선택한다.

ⓖ **Select Variable Relations 버튼**을 클릭 후 Existing Relations에서 **'dlink1'**을 선택한다.

ⓗ Design Study Pre-Process Form에서 **Apply 버튼**을 클릭하면 **'design_Study_1'이** 생성된다.

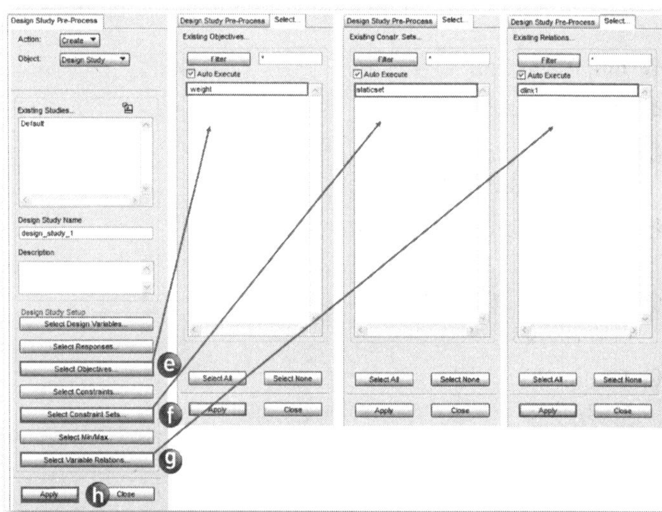

2 해석 (Solve)

Step 1 해석 설정

ⓐ Analysis Tap에서 **Entire Model 아이콘**을 클릭한다.

ⓑ **'Action: Optimize'**로 설정한다.

ⓒ Analysis Form에서 Job Name을 **'Three_bar_truss'**로 입력한다.

ⓓ **Design Study Select 버튼**을 클릭하고 Existing Design Studies에서 **'design_study_1'**을 클릭한다.

ⓔ **Global Obj/Constr. Select 버튼**을 클릭 후 Select an Existing Global Objective에서 **'weight'**를 선택하고 **OK 버튼**을 클릭한다.

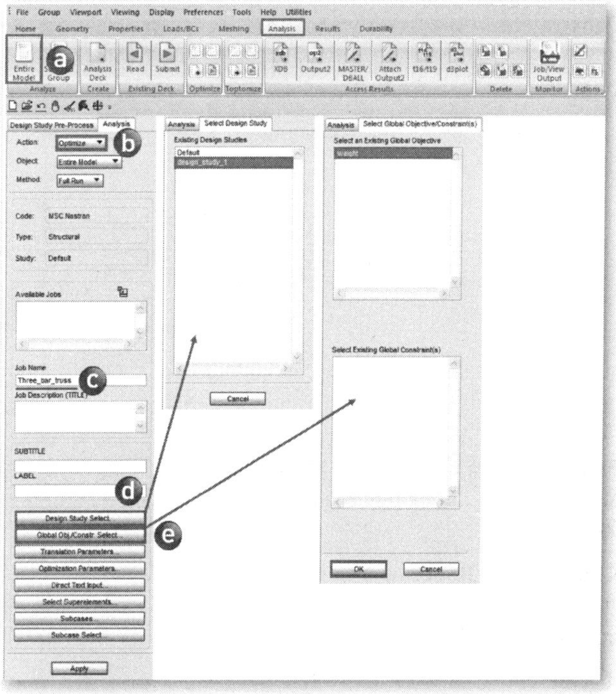

ⓕ **Optimization Parameters 버튼**을 클릭한다.

ⓖ Standard Cycles (DESMAX)에서 **'10'**을 입력한다.

ⓗ **Print Objective and design variables, Print Properties, Print all constraints, Print all responses** 모두 **체크한다.**

ⓘ Design Data (P1) n에서 **'1'**을 입력한다.

ⓙ **Advanced Optimization Parameters 버튼**을 클릭한다.

ⓚ Designed Property Move Limit(DELP)에서 **'0.5'**을 입력하고 **OK 버튼**을 클릭하여 Analysis Form으로 돌아온다.

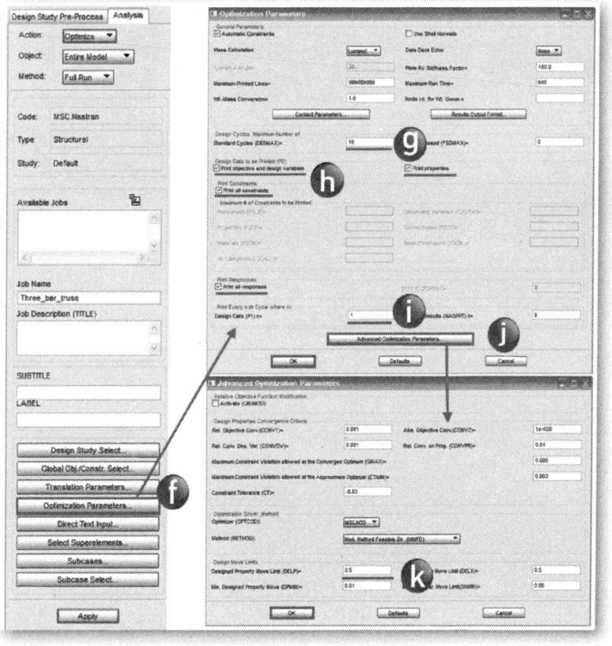

ⓛ **Subcases 버튼**을 클릭하고 **'Solution Type: 101 LINEAR STATIC'**로 설정한다.

ⓜ Available Subcases에서 **'Loadcase1'**을 Available Load Cases에서 **'Loadcase1'**을 클릭한다.

ⓝ **Constraints/Objective 버튼**을 클릭하여 Select Existing Constraint Sets에서 **'staticset'**을 선택하고 **OK 버튼**을 클릭한다.

ⓞ Subcase Create 창에서 **Apply 버튼**을 클릭한다.

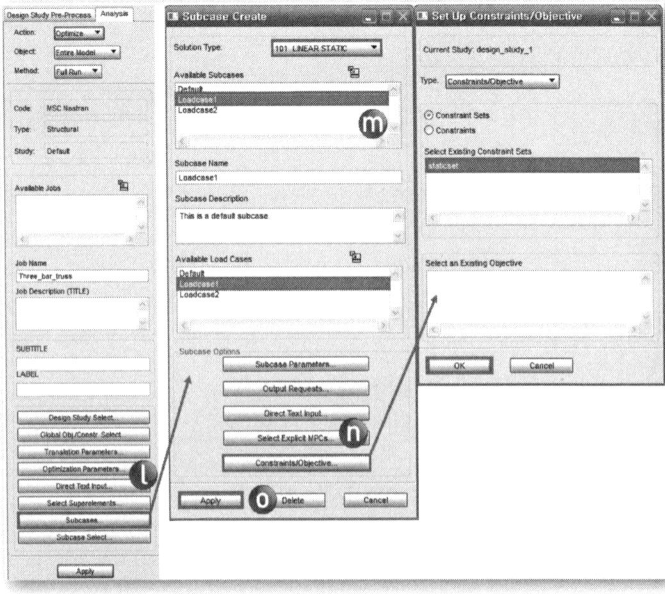

ⓟ Available Subcases에서 **'Loadcase2'**을 Available Load Cases에서 **'Loadcase2'**을 클릭한다.

ⓠ **Constraints/Objective 버튼**을 클릭하여 Select Existing Constraint Sets에서 **'staticset'**을 선택하고 **OK 버튼**을 클릭한다.

ⓡ Subcase Create 창에서 **Apply 버튼**을 클릭한다.

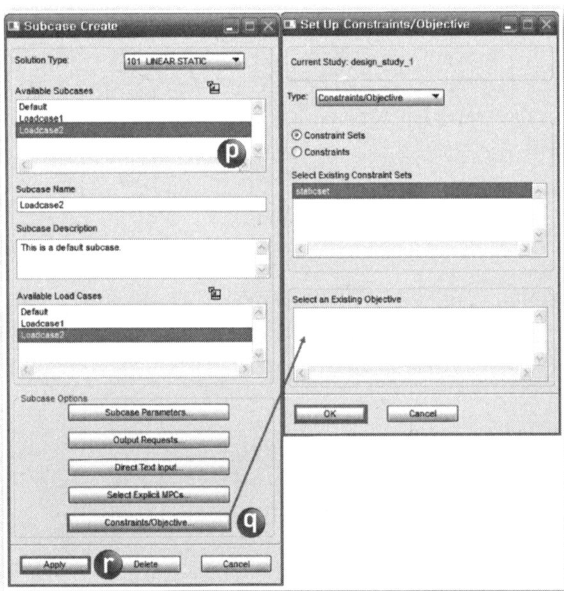

ⓢ **Subcases Select 버튼**을 클릭한다.

ⓣ **'Solution Type: 101 LINEAR STATIC'**로 설정하고 Subcases Available에서 **'Loadcase1', 'Loadcase2'**을 선택한 후 **OK 버튼**을 클릭한다.

ⓤ Analysis Form에서 **Apply 버튼**을 클릭하여 해석을 수행한다.

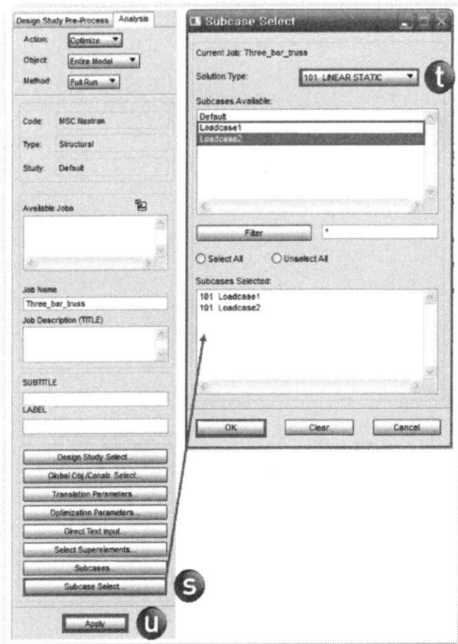

Step 2 결과파일 연결

ⓐ Analysis Tap에서 Access Results의 **Output2 아이콘**을 클릭한다.

ⓑ Select Results File을 클릭하여 해당 파일경로에 있는 **'three_bar_truss.op2'** 파일을 클릭한다.

ⓒ Analysis Form에서 **Apply 버튼**을 클릭한다.

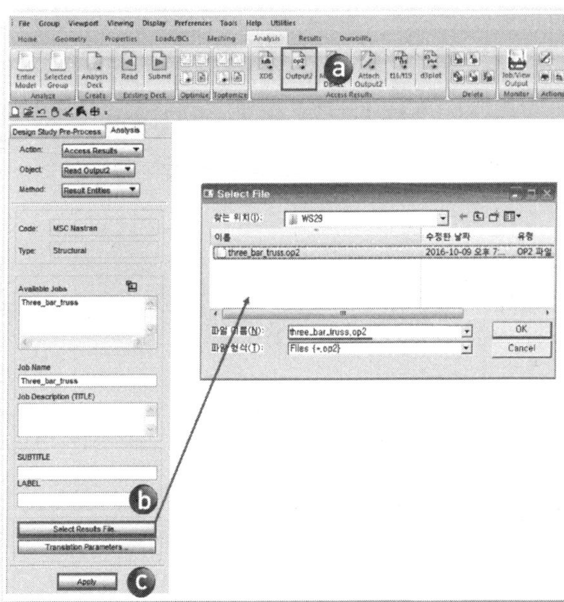

3 후 처리 (Post-Process)

Step 1 변위(Displacement)

ⓐ Results Tap에서 **Fringe/Deformation 아이콘**을 클릭한다.

ⓑ Select Fringe Result에서 **'Displacements, Translational'**, Select Deformation Result에서 **'Displacements, Translational'**을 선택한 뒤 **Apply 버튼**을 클릭한다.

ⓒ 화면에 나타난 결과를 확인한다.

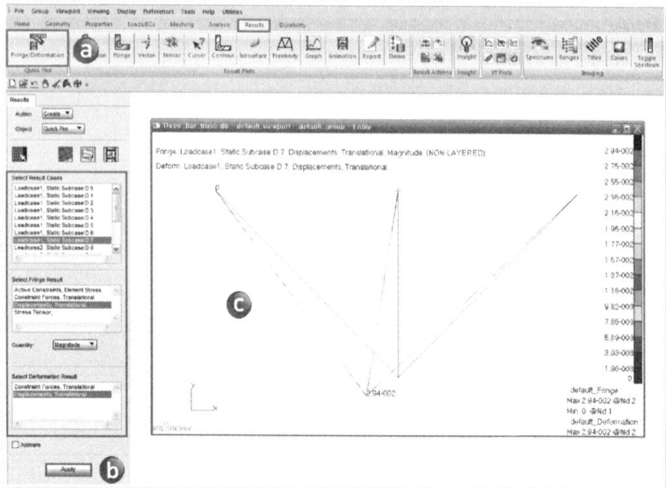

Step 2 설계변수 및 목적함수 그래프 (Design variable and Objective function graph)

ⓓ XY Plots에서 **Post 아이콘**을 클릭한다.

ⓔ Select Current XYWindow에서 **'DesignVariableHistory'**, PostUnpost XYWindow에서 **'DesignVariableHistory'**을 선택한 뒤 **Apply 버튼**을 클릭한다.

ⓕ Select Current XYWindow에서 **'Objective Function History'**, PostUnpost XYWindow에서 **'ObjectiveFunctionHistory'**을 선택한 뒤 **Apply 버튼**을 클릭한다.

ⓖ 화면에 나타난 결과를 확인한다.

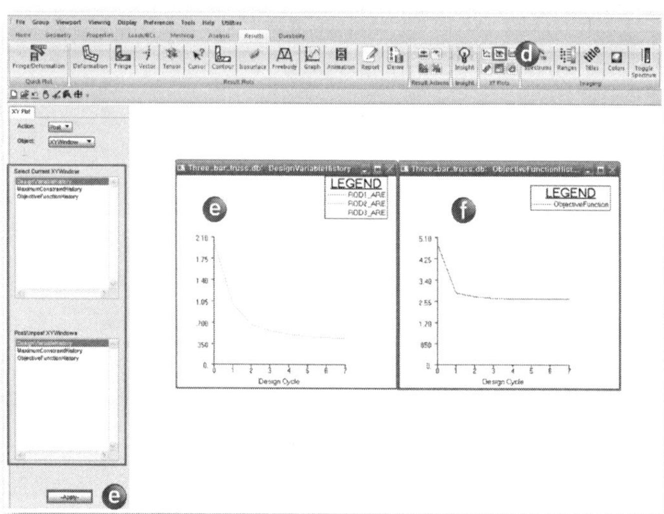

저자 : **김 창 완**

• 건국대학교 기계공학부 교수
• CAE 연구실 (http://cae.konkut.ac.kr)

The University of Texas at Austin의 Aerospace Engineering and Engineering Mechanics 학과에서 전산응용수학, 전산역학 분야에서 박사학위를 받았다. 박사학위에서 개발한 다단부분구조합성법을 이용한 진동 및 소음 해석 소프트웨어인 AMLS (Automated Multilevel Substructuring)는 현재 전 세계 자동차 회사에서 NVH 해석 도구로써 널리 사용되고 있다.

미국에서 유한요소해석 소프트웨어 NASTRAN의 진동 및 소음, 병렬 계산 분야의 개발자로 근무하다가 2007년부터 건국대학교 기계공학부에서 재직 중이다.

한국에서도 국산 다물체 동역학 소프트웨어인 RecurDyn의 개발에도 참여하였다. 또한 충돌 해석 분야에 널리 사용되는 미국 LS-DYNA 소프트웨어의 개발에도 현재 참여하고 있다.

주요 관심 연구분야는 유한요소해석법과 다물체 동역학 분야를 유체-고체-다물체 동역학 연성 해석 기법 개발과 다물체 동역학과 제어를 연성한 전기-기계 시스템 통합 해석 기법 개발이다. 이러한 multi-physics 해석 기법을 이용하여 최적설계를 수행하는 기법 개발에 관심을 두고 있다.

구조해석을 위한
MSC Nastran 입문서 정가 20,000원

발 행 2018년 2월 23일 초판 1쇄
저 자 김창완
발행인 정우용
발행처 도서출판 동화기술
경기도 파주시 광인사길 201(문발동, 파주출판도시)
Tel (031)955-4211~6 donghwapub@nate.com
Fax (031)955-4217 www.donghwapub.co.kr
(등록) 1977년 12월 19일/9-16호

ISBN 978-89-425-9163-3